U0278349

新主妇下厨房

杨帆 张成虎 ◎ 编著

华夏出版社
HUAXIA PUBLISHING HOUSE

编　委　会

前言

俗话说：民以食为天，食以安为先。食品安全，关乎每个人的健康和生命。食品是否吃得健康、吃得安全，对老百姓来说是"天大的事"。

为什么人们对食品安全问题有如此强烈的关注呢？因为食品毕竟不同于一般商品，它是人类健康生存最基本的物质条件，我们每个人每天都离不开它。所以，人们对食品安全的关注，自然胜过对一般商品质量的关注。因此，媒体上每曝光一个食品安全问题，都会引起轩然大波，人们都会感到不安和不满。如果在一段时间里连续出现几个食品的问题，就会使人们产生"没有食品信得过"的感受。

近些年，各种食品安全违法信息不绝于耳。每到此刻，人们都会提出这样的疑问：为什么在生活水平大大提高的今天，仍然会出现这么多的食品安全问题？

此外，在厨房烹饪的食品，如果没有一定的烹饪知识，即使食材是安全的，也会产生食品安全问题。

因此，本书从厨房的合理布置、如何选购餐具、如何选购食物、如何烹饪食物以及饮食习惯、食物搭配等方面，将在日常生活中形成的习惯与科学知识相结合，帮助人们正确纠正错误的认识。

厨房中不仅是我们日常烹饪美食的场所，也是家庭中最具科学含量的地方。厨房中的食品营养、食品化学等一些我们日常生活中可能被忽视或知其然而不知所以然的问题，本书也做了详细的介绍，使我们在自家厨房中烹饪得更科学，吃得更明白。

本书最大的特色是从不同角度，讲解了食品安全问题和食品营养，使人们了解某些营养素的需要量以及它们在预防疾病中的作用，从而通过平衡膳食预防疾病等。

我国的公众营养学基础普及还比较滞后。因此，这本书可以使大家更好地了解基本营养知识，合理膳食，从现在做起，养成良好的饮食习惯，达到终身受益的目的，使家庭及周围人群受益。

前言

目录

第一章　健康从厨房开始

第二章　如何选购美食

第三章　如何烹饪食物

第四章　饮食习惯与健康

第五章　厨房里的食物医生

第六章　如何储存食物

第七章　饮食不当，毒从口入

第八章 食物搭配的禁忌

健康从厨房开始

现在，人们的生活水平已有了很大的提高，居住环境已得到很大的改善。但"厨房病"却有增无减。医学专家认为，厨房油烟是祸首，饮食习惯不良是根源，应该改变长期习惯的"煎、炒、烹、炸"的烹饪方法，尽量用"蒸、煮"的烹饪方法。因为煎炒或油炸都可造成空气中苯丙芘含量增高，而苯丙芘是国际公认的强致癌物质。而有的专家则认为，现在的楼房布局大都比较密集，外围通风环境受到一定的破坏，加上厨房面积设计偏小，容易引起油烟长时间聚集不散。

厨房卫生对人体健康起着至关重要的作用，我们应该掌握一些有关厨房卫生的常识和处理技巧。

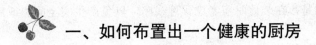

一、如何布置出一个健康的厨房

1. 合理布置厨房

为了便于烹饪和进餐，在布置厨房时，应注意其合理性。从平面看，要使厨房用具摆放留有一定的活动空间和提高其使用效率；从立体看，要使厨房用具通过相互结合，给人以视觉上的艺术美感。在安放厨房用具时，既要考虑用具的使用方便、安全、舒适，又要注意使用具高低相接，大小相配，达到协调统一。一般厨房功能的布局可分为：洗涤区（由水池、菜墩、配餐桌等组成），烹饪区（由炉、灶、锅、调味架等组成），储藏区（由菜橱、冰箱、冷藏柜、吊脚橱等组成），进餐区（由餐桌、椅、凳等组成）。但在总体安排时，要留出合理的活动空间，并使空间有最大的利用率。即尽可能使这个活动区域与厨房用具的间距互相合并，相互借用，避免厨房用具布置后出现不能使用的死角。尤其是面积较小的厨房，更不应在搭角处放置用具，以免影响活动空间的利用。

2. 色香味的要求

一道好菜讲究色香味俱全，一个美观、健康的厨房，也有色香味的要求。只要调动你的视觉、触觉、听觉、嗅觉等各个感官，就能布置出一个科学、健康的厨房。

视觉：如果厨房空间较小，橱柜就成为了厨房的主体。因此，橱柜的色系常常左右着整个厨房的颜色。而大厨房往往会留出较大空间给墙面，所以应着重考虑墙面的色调。专家建议，厨房最好选用冷色系，这样会显得比较干净。而且冷色系也能调和厨房内较高的温度及嘈杂的环境，不会使人感觉太热、太吵。如果想要厨房的色彩丰富些，可在餐具上下功夫，购置一些彩色的杯、碗、碟、筷等加以调剂。大厨房还可以配上少许绿色植物来美化空间。

触觉：一位熟练的主妇往往可以闭着眼在厨房中摸到想要的东西，这是厨房设计的最高境界。专家建议，厨房的设计应该适合个人的使用习惯。一般来说，厨房分为洗涤区、备餐区、烹饪区和延伸区4个部分。在前期设计时，应该先确定煤气灶、水槽、冰箱的位置，再按厨房的面积和个人习惯的烹饪程序，安排常用器皿的摆放位置。橱柜的高矮、柜门的开合方向等也是关键因素，一切都应以方便拿取物品等人性化设计为出发点。所以，在购买或定做橱柜之前，最好参考主人的身高及其使用习惯。

听觉：调味瓶、碗碟、炊具碰撞时发出的叮当声，抽油烟机在运转时发出的隆隆声，橱柜门闭合时发出的噼啪声等，这些杂音都会令人焦躁。要想把厨房内的噪音污染降至最低，专家建议，不妨选用静音抽油烟机，增加橱柜门关合的阻力，或采用一些减音装置等，都会有一定的帮助。目前，厨房设计还有一种新的趋势，就是增加音响或一些多媒体装置，让烹饪与音乐融为一体。需要注意的是，在装修时应考虑预埋线路，以免产生安全隐患或后期改造使厨房"破相"。

嗅觉：为达到嗅觉上的舒适，除了及时处理厨房垃圾、清理厨房卫生死角之外，还应保证厨房通风良好。可以选用有开窗系统的明厨设计方案，增加厨房的排换气系统，还可选用较大功率的抽油烟机。现在市面上出现了一些"智能型帮手"，如监测油烟味和煤气味的智能报警系统，可以随时提醒改善厨房空气质量。一些专家还建议，不妨多利用厨房里的一些"天然香味器"，如清晨面包机里烤出来的浓浓奶油香，晚餐后茶壶煮出的淡淡茶香等，都能使整个厨房的味道丰富起来，令人身心愉悦。

3. 厨房植物的装饰

一般厨房面积较小，而且设有炊具、橱柜等，因此摆设布置宜简不宜繁，宜小不宜大。厨房温度、湿度变化较大，应选择一些适应性强的小型盆花，如小杜鹃、小松树或小型龙血树、蕨类植物等，放置在食物柜的上面或窗台边。也可以选择小型吊盆紫露草、吊兰等，悬挂在离灶台较远的墙壁上。此外，还可用小红辣椒、葱、蒜等食用植物挂在墙上作装饰。需要注意的是，厨房不宜选用含花粉太多的花，以免开花时花粉落入食物中。

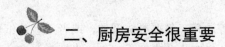

二、厨房安全很重要

1. 柜台设计要合理方便

吊柜及吊架的挂设高度都要根据家人的身高来设计，避免不小心撞到头。同时吊柜的宽度应比工作台窄。

抽油烟机的挂设高度要根据使用者的身高来设计，最好比头部略高一点，且抽油烟机与灶台的距离不宜超过 60 厘米。

灶台最好设计在台面的中央，保证灶台两边都预留有工作台面，以便炒菜时可以安全、及时地放置从炉灶上取下的锅或汤煲等，避免烫伤。

厨房门的设计也有讲究。为了确保厨房门不会因突然开启而撞到正在备餐的人，不宜设计为内开门，最好设计为外开门或推拉门。

2. 厨房电器布局要科学

厨房里的电器安全显得尤其重要。在设计内置式家电时，应预留边位，以便电器出现故障时易于移动修理。

装修时要有计划地在厨房多设电源插座。不可在洗涤盆、电炉或其他炉具旁铺设电线，同时要安装漏电保护装置。最好选择防水插座，最好有独立配电箱。如果厨房电器太多，用电量太大，厨房电线最好选用粗一些的。厨房摆放冰箱时，位置不宜靠近灶台。因为灶台经常会产生热量，而且又是污染源，会影响冰箱内的温度。同时冰箱也不宜太接近洗菜池，避免因溅出来的水导致冰箱漏电。

3. 挑选材料要防水防火

厨房是潮湿、易积水的地方，所有表面装饰材料都应选择耐水性能优良的材料。地面、操作台面的材料应不漏水、不渗水。墙面、顶棚材料应耐水及可用水擦洗。橱柜内部设计的材料必须易于清理，最好选用不易污染、容易清洗、防湿、防热而又耐用的材料，如瓷砖、防水涂料、PVC 板、防火板、人造大理石等。

火是厨房里必不可少的能源，所以厨房里使用的表面饰材必须注意防火要求，尤其是炉灶周围的材料要有阻燃性能。地面可选用防滑材料铺设。总之，所有材料都应该按防潮、防火、防蛀、抗菌性能好的原则挑选。需要注意的是，天然大理石有辐射，应选用人造大理石和石英石。

4. 小心尖锐的突出角

头顶上的器具、抽油烟机等边角，都要弄成圆的，或者用玻璃纸包住，或者买一些用来包住角的塑料小套子，能用便贴纸黏住的那种。厨房里最好避免用垫子、席子，以防拿着盘子、有开水的茶壶时容易滑倒。

5. 灶台前不要贴纸膜

有的家庭担心灶台前的墙壁会被油烟弄脏，于是贴上保鲜膜、塑料纸。其实，这些保护措施没有防火功能，如果黏上油，很容易燃烧。最好贴铝箔纸或者防火、防油的厨房贴纸。

6. 阀门开关不要藏得太严

为了美观，许多家庭把燃气阀门、电开关、水管总闸藏到角落或柜子里。一旦发生水、电、气泄漏，就不能及时关闭，会酿成大祸。所以，阀门、开关不要安装在难以操作的角落。阀门要选择带旋钮或长把手的，不要用那种必须用扳手、螺丝刀才能拧动的。每个家庭成员都要熟悉总开关的位置和操作方法。

7. 电器不要放在水池边

电饭锅、电炒锅清洗后，很容易就顺手放在水池边。潮湿的环境不仅会使电器线路加速老化，溅进去的水也会导致电器漏电。厨房里最好有个单独的台子摆放电器，使用后要擦干。

8. 炊具要注意安全使用期

食物有保质期，煤气灶、高压锅、微波炉等也要注意安全使用期。必须要定期检查维修，使用寿命到了就要更换新的。

9. 油烟不要直接排到窗外

油和食物在高温条件下会产生大量油烟，其含有 200 多种化合物，大多数对人体有害。所以，不能把油烟直接排到窗外，否则会使油烟悬浮在厨房周围，引起二次污染，应该用抽油烟机抽走。同时，在进行煲汤等油烟较少的操作时，打开抽油烟机的低速运转开关，这样既可以清洁抽油烟机内芯，也可以给厨房换气。

10. 孩子的安全防护

如果厨房的边角把手和突出部分设计得很尖，对于喜欢奔跑的孩子来说很危险。炉台上应设置必要的护栏，防止锅碗落下；各种洗涤等化学制品应放在专门的柜子；尖刀等器具应摆放在能安全开启的抽屉里。

11. 厨房如何安全用电

（1）湿手不可接触电器或电气装置，否则容易触电。电灯开关最好采用拉线开关。

（2）不可用铜丝作保险丝。因为铜丝的熔点高，不易断，起不了保护电路的作用。应按实际用电量来选用适当的保险丝。

（3）不可把活动用的软线直接勾挂在电源线上。

（4）灯头应用螺旋口式，并应加装安全罩。

（5）电饭锅、电磁炉、电热锅等可移动的电器，用完后除要及时关掉开关外，还应把插头拔出来，以防开关失灵而长时间通电，损坏电器，引起火灾。

（6）使用电炉应有专线。家用照明电路不可接电炉。因电炉的电热丝容易和受热器直接或间接造成触电事故。

（7）不要多个电器用一个插线板，微波炉、烤箱、抽油烟机、榨汁机等厨房里的电器越来越多，有的家庭会用一个大插线板来共同使用。如果几种电器同时使用，可能会导致着火。因此，长排的插线板不宜接 3 个以上的电器，短的不能接超过两个电器。

12. 家庭厨房如何防火

厨房是家庭最容易发生火灾的场所。厨房引起火灾的主要因素有：大量堆积易燃油脂、煤气炉未及时关闭、煤气漏气、电器设备未及时切断电源或超负荷用电等。对家庭厨房安全防火必须引起足够的重视。目前，城市居民一般都使用液化石油气、管道煤气和天然气等作燃料。烹饪时，必须有人看管。否则，火一旦被风吹灭，或者被锅内溢出的汤水浇灭，可燃气体就会大量泄露。这时如果遇上明火，甚至按门铃产生的电火花都有可能造成火灾和爆炸事故。

厨房发生火灾的另一个原因是烹饪操作不当。在炒菜，特别是用油煎炸食物时，油锅加热的时间过长常常会引起着火；或者食用油放入过多，油锅放置不平，锅内的热油漫出淋到火上也会导致火灾；也有一些家庭在煨汤时无人看管，浮在汤面上的油水溢出，遇火引起燃烧，也会引发火灾。另外，在使用微波炉的时候也应小心谨慎。使用前，一定要认真阅读说明书。加热和烹制食物量不要太多，要认真观察，定好时间，以免食物过热起火。窄口瓶或易拉罐不能放进炉内加热，因为气体受热后膨胀会引起爆炸。食物不要放在纸盘、塑料盘或木碗内进炉加热烹制。因为这些东西长时间加热后会烤焦、燃烧。一旦在烹饪中发生冒烟和起火现象，不要急着打开炉门，应该先切断电源。最好在厨房内配备小型干粉灭火器。

（1）厨房防火常识

①炉灶与可燃物之间应保持安全距离，防止引燃和辐射热造成火灾。

②厨房内不能堆放易燃、易爆物品。

③油炸食品时，油锅搁置要平稳，油不能过满，并控制好油温。

④起油锅时，人不能离开。油温达到适当高度时，应立即放入食品。

⑤煨、炖、煮各种汤类时，应有人看管，汤不宜过满。在沸腾时应调小炉火或打开锅盖，以防水或汤外溢熄灭火焰，造成燃气泄漏。

⑥用油锅时，人不能离开。如油温过高起火时。不要惊慌，可用锅盖迅速盖上，隔绝空气灭火。同时将油锅平稳端离炉火，待其冷却后才能打开锅盖。千万不可向着火的油锅内倒水灭火。

⑦使用燃气时，一定要有人照看，人离关火。

⑧炉具使用完毕，应立即熄灭火焰，关闭气源，通风散热。

⑨炉灶、排气扇等用具上的油垢要定期清除。

⑩离家或睡觉前，要检查厨房电器是否断电，燃气阀门是否关闭，明火是否熄灭。

（2）燃气泄漏时的紧急处理办法

①闻到强烈的刺鼻味道时，应首先关闭厨房内的燃气进气阀门，熄灭火源。

②立即打开门窗，进行通风换气。

③不能开关电灯、排风扇、使用电话机及其他电气设备，防止电火花引起爆炸。

④禁止敲打铁器与管道。

⑤严禁把各种火种，如烟头等带入室内。

⑥进入煤气味大的房间时，不能穿有钉子的鞋。

⑦通知燃气公司派人检查。

（3）安全可靠的检查燃气漏气的方法

用软毛刷或毛笔蘸肥皂水涂抹，发现肥皂水连续起泡的地方即为漏气部位；严禁用直接划火柴的方法来检查漏气部位。

（4）使用液化石油气的注意事项

不准倒灌液化气钢瓶，严禁将钢瓶卧放使用；不准在漏气时，使用任何明火和电器，严禁倾倒液化气钢瓶的残液；不准将气瓶靠近火源、热源，严禁用火、蒸汽等对气瓶加温；不准在使用时人离开，严禁将气瓶放在卧室内使用；应将气瓶放在阳光照射不到的地方或采取遮蔽阳光的措施。

三、警惕厨房里的隐形杀手

1. 燃煤气体的污染

我国许多家庭，尤其是农村家庭，仍然以燃煤为厨房主要能源。煤在燃烧过程中容易产生大量的飘尘，其中含磷化钡、二氧化硫、氧化氮、一氧化碳等污染物。动物实验证明，二氧化硫与磷化钡联合作用，动物肺癌的发病率高于磷化钡单独作用的发病率。因此，预防厨房空气污染的最好办法，就是尽量不以燃煤为厨房主要能源，应选用液化石油气、沼气、天然气等。

2. 烹饪时挥发的有毒油气

油烟中无形挥发的油气直接伤害到烹饪当事人，并充斥在室内，对小孩及孕妇伤害更大。挥发的有毒油气含有 300 多种有毒成分，其中 DNP（硝基多环芳香）是室外的 188 倍。丙烯醛等都是严重致癌物，长时间吸入会导致肺癌（肺腺癌）、慢性气管炎、支气管炎、白内障及免疫力下降。

3. 瓦斯及瓦斯燃烧的废气

家用天然气主要成分为甲烷，而甲烷具有毒性，如果人体长期吸入，主要临床表现为头疼、头晕、胸闷、乏力、咳嗽、心律失常、失眠、记忆力下降等，且有肺炎、心肌炎并发症。

4. 厨房燥热要当心

灶台高温燥热，将直接刺激烹饪当事人的皮肤，使之毛细孔扩张，挥发的油烟附着在皮肤上，长此以往会加速皮肤的老化粗糙，且会出现斑点。

5. 烤箱烧烤的污染

烤箱在烘烤时的有毒气体主要是丙烯醛，对身体的伤害更是可怕。

6. 水龙头的污染

军团菌在江、河、湖水，以及储水池、输水管道和土壤中都有可能存在，在输水管道水中可存活 350 天以上。军团菌系由空气传播，吸入后即有可能感染。吸入此菌后，防御功能正常的人不易引起感染，但儿童、老年人、吸烟者及癌症患者由于免疫功能低下，很容易引起感染。预防感染的最好办法是正确使用自来水，家庭清晨用水切不可一打开水龙头就接水刷牙、洗脸、做饭，更不可直接饮用。应把水龙头打开，让停留在水管里的自来水流出一会儿后再用。

7. 抹布的污染

研究证明，在一块普通的洗碗抹布上，每一平方毫米含有的病菌达 1000 万个以上，抹布用得越久，含菌就越多。据统计，仅以洗碗抹布为病菌传播媒介而导致的家庭传染病，占总发病率的 1/4 以上。为了消除这一隐患，各种抹布一定要分清且要专用；抹布应经常放到通风处摊晾或暴晒，千万不要拧半干就堆成一团，以免细菌衍生繁殖；洗涤餐具不要用化纤布，因为化纤纤维对胃肠有害；接触食品与餐具的抹布要定期用药液消毒或开水烫煮，抹布应经常更新。

8. 餐具洗涤剂的污染

家庭使用的洗涤剂一般毒性不大。所以，一些家庭在用洗涤剂洗完餐具后，没有用水彻底冲干净。这些残留的洗涤剂，其表面的直链烷基、苯磺酸钠等活性剂，还会对人产生低毒作用，少量进入体内会伤胃肠。因此，正确的方法是，根据被洗涤物的多少及油垢情况，在 40℃左右的水中加入适量的洗涤剂进行洗涤。洗涤剂不要加入过多，避免不必要的浪费。同时也利于冲洗干净。在用清水冲洗时，一定要用洗碗布不断擦洗，彻底清洗干净餐具上的洗涤剂，一般用清水冲洗 3～4 次即可。

9. 下水道的污染

家庭下水管道内藏有很多病菌，管道内的空气携带病菌倒流就会污染室内空气，影响家庭成员的健康。要定期清理消毒下水管道。

10. 抽油烟机内壁污垢的污染

厨房污染主要来自食用油加热过程中产生的油烟及抽油烟机内壁附着油垢所滋生的细菌。厨房中排放的油烟中含有一氧化碳、二氧化碳、氮氧化物及具有强烈致癌性的苯并芘等许多对人体有危害的物质，这也是家庭主妇容易衰老和多病的原因之一。我国妇女吸烟较少，但患肺癌比例较高的原因就在于厨房污染。

随着越来越多的消费者认识到油烟对健康的危害，在购买抽油烟机时更注重抽油烟机的排烟效果，却忽视了抽油烟机风柜内壁油污附着物对厨房环境的污染。抽油烟机在使用一段时间后，在抽油烟机风轮及风柜内壁上会积有大量油垢，遇热挥发容易产生焦油等致癌物质，被人体吸收后，极易引发肺部疾病，甚至肺癌。此外，油垢挥发的气体被人体吸入后还容易产生肥胖症状，这是大部分厨师偏胖的主要原因。所以，要定期清洗抽油烟机。

11. 厨房里的声、色、味的污染

除了大家所共知的细菌污垢外，厨房里还有噪音污染、视觉污染、嗅觉污染，而这3种污染却常常容易被人们忽视。

（1）噪音污染。按国家规定的标准，住宅区白天的噪音不能超过50分贝（一般说话声音为40～60分贝），室内噪声限值要低于所在区域标准值10分贝。实验证明，一个未经专业设计的厨房，噪声要远大于这个标准。医学证实，过度的噪音污染会导致人的耳部不适，出现耳鸣、耳痛症状；损害心血管；分散注意力，降低工作效率；造成神经系统功能紊乱。此外，还会对视力产生影响。各种调味瓶、碗碟、炊具碰撞时发出的叮当声，抽油烟机在运转时发出的呼呼声，橱柜柜门闭合时发出的噼啪声等，厨房里这些恼人的声音都会增加下厨者的焦躁情绪。专家建议，为把噪音的污染降至最低，储物架要设计合理；柜门要安装减震吸音的门板垫；按国家规定，抽油烟机的噪音要控制在65～68分贝之间，所以应选用抽力强与静音好的产品。

（2）视觉污染。视觉污染主要指错误的色彩搭配和光线运用对人体产生的危害。由于色温（光源颜色温度）会引起人体生理上的一些变化，不同的人对色彩的偏好有所不同。中老年人的橱柜应选用中性或淡雅的色调。医学专家认为，过于强烈的色彩会刺激人的感官，导致血液流动加快，心情易紧张；而太沉静的色彩，则会减缓血液流动速度，长时间接触容易让人迟钝。因此，这两种色调都不太适合中老年人。

厨房装修，除了考虑色彩搭配外，还应注意灯光的选用。很多人认为，厨房里有盏灯能照明就行了。据设计师介绍，其实这样做的后果是在厨房中形成不少阴影，即背光的视觉障碍区。这会影响下厨者的心情。专家建议，最好在厨房安装一些辅助光源协调照明。装修中也不适合使用较大面积的反光材料，以免引起头晕眼花。

（3）嗅觉污染。厨房内的不少气体也会对人体健康产生一定危害。

烹饪产生的油烟中，除含有一氧化碳、二氧化碳和颗粒物外，还会有丙烯醛、环芳烃等有机物质逸出。其中丙烯醛会引发咽喉疼痛、眼睛干涩、乏力等症状；过量的环芳烃会导致细胞突变，诱发癌症。

现在，时尚的厨房装修多采用开放式设计，但在制作中餐的过程会产生较大的油烟。开放式的厨房，空气流动范围较大，抽油烟机不能很好地聚敛排放油烟，这就会造成餐厅和客厅的油烟废气污染。专家建议，降低油烟污染的方法，首先要加强厨房的排换气系统。其次是尽量改变一些烹饪方式，少煎炸，多使用微波炉、电饭锅，减少厨房明火的产生。开放式的厨房要缓解油烟污染，可以在灶台与抽油烟机间安装一个半开放式的隔层，这样能有效聚敛烹饪过程中产生的油烟。

12. 橱柜的污染

橱柜最大的问题是不通风，容易滋生各种病菌，产生异味，这些都是导致腹泻等疾病的主要原因。另外，很多家庭的整体橱柜中还放有各种化学品，如洗涤剂、下水道疏通剂、强力除油剂等，这些都会带来危害。特别是家中有儿童的，这些地方绝不能放食品，以免儿童误食中毒。

13. 冰箱的污染

冰箱中生熟食品之间细菌交叉污染的几率最大，也是最易致病的地方。生肉食品应该包装好，放在冷冻室底部，避免渗出血水污染其他食品。另外，一定要注意食品的冷藏冷冻期限，有些食品腐烂是不明显的。

14. 食品包装袋的污染

很多普通塑料袋、包装物上含有的邻苯二甲酸盐等雌激素化学物质，食品包装塑料及罐头内壁涂料中的双酚 A 等都是导致癌症、精子数量减少，以及男孩、女孩比例失衡的罪魁祸首。

15. 保鲜膜的污染

研究发现，保鲜膜中可能含有邻苯二甲酸盐和 DEHA 等化学物质，微波炉加热后会产生致癌物。为安全起见，最好使用玻璃器皿或吸油纸来包装食物。

16. 农药残留的污染

蔬菜种植过程中使用的肥料、除草剂和杀虫剂等都具有一定的毒性，吃的时候一定要清洗干净。

四、餐具的选购及使用方法

1. 陶瓷餐具的选购和安全使用方法

陶瓷餐具不仅花色繁多，造型各异，而且细腻光滑，美观大方；不生锈、不腐朽、不吸水、易于洗涤，装饰性强。现在，人们对陶瓷餐具的性能和质量有了更高的要求：铅、镉等有害健康的重金属盐类溶出量不应超标；在受冷热冲击时有一定的承受能力，即具有一定的使用寿命；款式造型、花面设计、外观质量等应符合时代要求。

（1）选购要点。

陶瓷制品按其装饰方法的不同，分为釉上彩、釉下彩、釉中彩3种。其铅、镉溶出量主要来源于制品表面的釉上装饰材料，如陶瓷贴花纸和生产花纸用的陶瓷颜料等。由于这些颜料一般都含有一定量的铅，有的还含有镉。因此，陶瓷制品中含铅也是长期以来制作工艺中无法避免的问题，其中尤以釉上彩和其他劣质产品为最。人们长期使用这些餐具盛放醋、酒、果汁、蔬菜等有机酸含量较高的食品时，餐具中的铅等重金属就会溶出，并随食品一起进入人体蓄积，久而久之，就会引发慢性铅中毒。

选购陶瓷餐具时，应注意区分釉上彩、釉下彩、釉中彩。

①釉上彩是用釉上陶瓷颜料制成的花纸贴在釉面上或直接以颜料绘于产品表面，再经700℃～850℃温度烧制而成的产品。因烧制温度没有达到釉层的熔融温度，所以花面不能沉入釉中，只能紧贴于釉层表面，用手触摸制品表面有凹凸感，肉眼观察高低不平。釉上彩陶瓷有铅（镉）溶出量超标的隐患。

②釉中彩陶瓷的彩烧温度达到制品釉料的熔融温度，陶瓷颜料在釉料熔融时沉入釉中，冷却后被釉层所覆盖。这种产品表面平滑，有玻璃光泽。由于颜料不直接接触食物，所以铅（镉）溶出量较安全。

③釉下彩是我国一种传统的装饰方法，制品的全部彩饰都在瓷坯上进行，再经上釉一次烧成。这种制品和釉中彩一样，都是相对安全的。

由于是先画后烧，彩色图案都是在釉的下层，受到釉层的保护。故在长期清洗中图案都不会褪色，彩色颜料也不会溶出来。在选购时应注意选择正规产品，且以装饰面积小的釉下彩或釉中彩陶瓷餐具为佳，最好不要选择色彩浓艳，看上去花花绿绿及内壁带有彩饰的陶瓷餐具。另外，如果经济条件允许，还可以选择价格较贵的无铅釉绿色陶瓷餐具和具有抗菌功能的陶瓷餐具。

（2）安全使用方法。新购置的陶瓷餐具，使用前可用食用醋浸泡，以溶出大部分的铅；在使用的过程中，不要用彩色陶瓷餐具盛放酸性食品，以免发生化学反应；禁止将有金属装饰线条及图案颜色的器物置于微波炉使用。

有裂纹的陶瓷餐具最好不要用，因为裂纹里的污垢不容易清洗干净，极易使细菌繁殖，造成病从口入。若陶瓷制品本身无标识说是微波炉专用，勿放置微波炉中。普通碗盘不宜长时间用微波炉加热。

要注意陶瓷餐具的保养。不要用金属丝擦洗陶瓷餐具，因为这样易造成釉面擦伤，而擦伤处易吸污并造成花纹图案中的铅、镉等溶出，对人体健康不利。陶瓷餐具最好用手清洗，或使用洗碗机清洗，以免金边及花色褪色；不易清洗时，加入少许食用醋再清洗即可。金边擦少许醋，可光亮如新。

2. 塑料餐具的选购和安全使用方法

塑料在人们的生活中无处不在，塑料餐具更是家用器具的重要组成部分。目前认为安全的塑料餐具有聚乙烯、聚苯乙烯、聚丙烯塑料制品。在选购塑料餐具时，一定要注意确认该塑料属于哪种类型，再生塑料或添加深色色素的塑料及非食品用塑料，绝对不能用于盛放或包装食品。否则，将有可能会对人体造成毒害。专家指出，只要是按照国家标准生产的塑料餐具都是无毒的，可放心使用。如塑料微波炉餐具等。一般来说，正规商场中销售的各种塑料餐具，在质量检测中的各项指标都能符合国家标准，在高低温试验中也都表现不错。但一些餐具的装饰图案及一些色彩鲜艳的塑料餐具，则存在着安全隐患。

（1）选购要点。

尽量选择没有装饰图案或图案简单，且不在餐具内壁，并无色无嗅的塑料餐具。另外，厨房用具最好选择耐高热的聚丙烯产品。购买方便碗面时，若碗底标示的是"PS"（聚苯乙烯）或"PP"（聚丙烯），可放心使用。要警惕的是泡沫塑料碗，这种碗由掺了发泡剂的泡沫塑料制成，看上去材质疏松，热水一泡，发泡剂里含有的氨类化合物就会逃逸出来，随食物进入人体。

（2）安全使用方法。微波炉专用的聚丙烯保鲜盖，在用微波加热时盖上，可以留住食物水分，也不会产生毒性；应当避免在塑料罐里存放蜡、清洁剂等物品，因为这些化学气体蒸发后会穿透塑料材质。

3. 不锈钢餐具的选购和安全使用方法

不锈钢由于其金属性能良好，并比其他金属耐腐蚀，而且制成的器皿美观耐用，所以深受人们的喜欢。

（1）选购要点。

首先，消费者选购不锈钢产品时，应认真查看外包装上是否标注所用的材质和钢号，同时也可以用磁铁来判断。目前，用于生产餐具的不锈钢主要有"奥氏体形"不锈钢和"马氏体形"不锈钢两种。碗、盘等一般采用"奥氏体形"不锈钢生产，"奥氏体形"不锈钢没有磁性；刀、叉等一般采用"马氏体形"不锈钢生产，"马氏体形"不锈钢有磁性。

其次，还要认真观察餐具的外包装。规范的外包装上应该注明有生产厂家的厂名、厂址、电话、容器的卫生标准等字样。

最后，由于材料的不同，合格的不锈钢餐具的重量要大于伪劣产品。

（2）安全使用方法。不锈钢餐具虽然有许多优点，但要注意其使用方法。如使用不当，产品中的有害金属元素同样会在人体中慢慢蓄积，从而危害人体健康。

①不可长时间盛放强酸或强碱性食品。因为这些食品中都含有许多电解质，如果长时间盛放，不锈钢同样会像其他金属一样，与这些电解质发生化学反应，使有毒金属元素被溶解

出来。

②儿童慎用不锈钢餐具。现在家庭一般都会有不少的不锈钢制品。不锈钢其实是由铁、铬、碳及众多不同微量元素所组成的合金，铁是主要元素，铬是第一主要的合金元素。其中铬可能混有铅、镉等有害元素。如果使用不当，不锈钢中的微量金属元素同样会在人体中慢慢累积。当达到某一程度时，就会危害人体健康。所以使用不锈钢餐具时要注意，儿童则更应慎用不锈钢餐具，因为有可能会影响儿童的智力和发育。

③清洗不锈钢器皿，切勿用强碱性或强氧化性的化学药剂，如苏打、漂白粉、次氯酸钠等。

4. 筷子的选购和安全使用方法

筷子种类很多，有木筷、竹筷，还有骨筷、象牙筷、金属筷、塑料筷等。

（1）选购要点。

一般说来，木筷子较为轻便，但容易弯曲，不耐用，而且吸水性强，极易将细菌吸入筷子内。竹筷子没有特殊味道，不易弯曲，也不易吸入细菌等杂物。骨筷子多用牛骨及象骨制成，其中以鹿骨制成的骨筷为最佳，中医认为具有一定的保健作用。象牙筷是用象牙制成的，呈红白色，其中以有美观的纹络者为上品。银筷子用起来并不轻便。油漆筷子美观但不可用。油漆筷子是我国的传统食具，尊贵典雅，极具装饰性。但从卫生观点来看，对身体健康是不利的。这是因为，油漆是高分子有机化合物，大多含有毒化学成分，如黄色油漆，铅的含量占颜料总量的64%，铬的含量也达16.1%。若长期使用油漆筷子进餐，特别是油漆脱落随食物一起进入胃内，铅和铬等有毒物质就会进入人体被蓄积，就有发生慢性中毒的危险。因此，最好不要选购油漆筷子，应选购无油漆且符合卫生标准的天然竹制筷子。

（2）安全使用方法。一双筷子用了半年以后，在筷子上面细小的凹槽里就会残留许多细菌和清洁剂，在这种情况下致病的机会就会增多。而且筷子最容易传播幽门螺旋杆菌，而这种病菌极易引发胃炎。如果长时间不换筷子，还会引发伤寒、痢疾等病。为防疾病，最好能够半年换一次筷子。需要注意的是，洗筷子时，不可整把一起洗，要一双双慢慢洗，这样才能洗干净。

5. 玻璃餐具的选购和安全使用方法

随着人们审美水平与生活水平的不断提高，装饰性很强的玻璃餐具深受人们的喜欢。玻璃餐具的花色品种很多，总体来看，大致以花鸟虫鱼为主。而在造型上，玻璃餐具款式各异。在选择玻璃餐具时，除了看其造型外，还要注意与家中其他装饰品是否协调。

（1）选购要点。

造型各异的玻璃餐具虽然美观，但是归根到底，它的主要作用并非装饰，使用功能才是第一位的。因此，玻璃餐具必须耐用才行。而要满足这一点，就要选择不易碎的玻璃餐具。所以，消费者要尽量选择钢化玻璃材质的餐具。据专家介绍，质量好的钢化玻璃餐具不但不易碎，而且还具有耐高温的性能。

（2）安全使用方法。由于玻璃餐具经常与水接触，玻璃中的硅酸钠可能会与二氧化碳发生反应而生成白色的碳酸结晶，碳酸结晶对人体有害。因此，清洗玻璃餐具时要小心。在清洗玻璃餐具时切勿用金属清洁球刷，而应先用碱性清洗液清洗，再用软布擦拭，以保护玻璃表面不被划伤，防止硅酸钠与二氧化碳发生反应。

6. 木器皿的选购和安全使用方法

（1）选购要点。购买木器皿要注意其表面是否光滑，有无虫蛀。好的木器皿，闻一下应该有木头天然的清香，不刺鼻。

（2）安全使用方法。木制用品没有金属的冷硬感，保养起来也很容易，每次使用后应洗净擦干。

7. 仿瓷餐具的选购和安全使用方法

（1）选购要点。仿瓷餐具因其抗摔、耐高温以及颜色鲜艳、款式多样，目前在餐馆、食堂和家庭中被广泛使用，种类包括碗碟、调羹、水果盘等。仿瓷餐具常被制成印有可爱卡通形象的儿童餐具，深受儿童的喜欢。但很多人并不知道，仿瓷餐具又叫密胺餐具，其材质主要是三聚氰胺和甲醛树脂的聚合。据专家介绍，三聚氰胺本来就常用于制造塑料餐具，是允许使用在食品容器、包装材料中的。合格的仿瓷餐具安全性较高，只要正确使用，不必过分担心其危害。为了安全起见，消费者首先应购买正规厂家生产的合格仿瓷餐具，选择有 QS 标志的产品。其次尽量不要选购色彩过于鲜艳和有斑点的仿瓷餐具。

（2）安全使用方法。仿瓷餐具不适合高温蒸煮，不能用于微波炉烹饪，尽量不要长时间盛放酸性、油性、碱性等食物。

8. 奶瓶看清品牌小标识

有些不法商贩用废塑料制作劣质奶瓶，其含有大量有毒物质双酚 A。双酚 A 会造成婴儿的生殖系统和大脑发育失常。另外，劣质奶瓶中的低分子化合物即使在 20℃的常温下也会溶出，对呼吸道、肺等器官造成伤害。劣质塑料奶瓶上一般没有厂家和品牌小标识，奶瓶上的刻度也不准确，瓶身不透亮，且有斑斑点点的白色杂质。同时也要注意奶瓶内部不要有彩色图案，以免颜料遇热溶在奶或水里。

9. 餐具交替使用有益健康

不同的餐具在使用过程中都会释放出不同的元素，这些元素对身体会有不同的作用。其中任何一种元素过量都会对人体造成损害，因此，各种餐具应交替使用才能起到互补作用，有益人体健康。

10. 新购买的餐具不要马上使用

碗、筷等餐具，一般都要经过加工、装运、销售才能到达消费者手中。因此，将餐具买回家后，不能简单洗刷就用，而应放入锅内，用盐水煮沸消毒后方可使用。

11. 厨房抹布的选购和安全使用方法

厨房抹布有纯棉抹布、无纺抹布、塑料清洁布、钢丝球和一次性抹布等。

（1）钢丝球。在所有的抹布中，去污能力最强的恐怕就是钢丝球了，再脏的餐具也可以用它擦得十分干净。但如果手上不戴手套使用，就会很容易被钢丝球划伤皮肤。另外，钢丝球也会在光滑的餐具上留下划痕。多数钢丝球是用工业废钢制作的，有的甚至还挂着钢材表面的工业油脂。因此，买回钢丝球后，一定要在沸水中煮几次，以便除掉钢丝球表面的工业油脂和碎屑。同时，少用它清洗细瓷餐具。

（2）海绵抹布。海绵抹布的吸水性特别好，擦拭时，海绵里的水分能对餐具进行充分的冲洗，清洗起来省时省力。吸水性好的海绵抹布经常湿漉漉的，这样其中的很多透气孔中容易藏有细菌，非常难彻底清洁。因此，最好每周将海棉抹布煮沸或放在微波炉里灭菌 1 ~ 2 次。

（3）无纺抹布。无纺抹布质地非常柔软，可以对陶瓷餐具起到很好的保护作用，擦得也比较干净。除了定期消毒，经常晾晒以保持抹布的干爽外，无纺抹布不太结实，使用一段时间以后容易撕破，要注意及时更换。

（4）一次性抹布。一次性抹布用完就扔、不用清洗的方便特性，受到许多年轻人的青睐。一次性抹布多为纸制品，浸泡着一些化学物质，其中的酒精不会对不锈钢餐具造成影响，相反有很强的去污能力。一次性抹布含有化学物质，用来擦拭人造大理石台面会影响台面的光泽度，用来擦拭碗筷，会给健康带来安全隐患。

（5）丝瓜瓤：老人们使用的丝瓜瓤，其独特的纤维结构使其去除油污和水碱的能力超强。更重要的是，丝瓜瓤是纯天然的植物，对健康不会有丝毫的影响。

（6）安全使用方法。厨房里的抹布通常都会很油腻，难以清洗干净。有的家庭也没有很好的存放位置，于是随手撂在水池边或操作台上，也有的家庭将抹布挂在墙上。这样，抹布常处在潮湿的环境里，很容易滋生细菌。抹布用得越久，细菌就越多。一条全新的抹布在使用一周后，细菌数量就高达 22 亿个，包括大肠杆菌、沙门氏菌、霉菌以及一些病毒等。因此，经常更换或消毒抹布极其重要。洗抹布还要用以下的方法来消毒：

①煮沸消毒。将抹布投入开水中，煮 3 ~ 4 分钟。

②消毒液消毒。在 250 毫升清水中加入 1 毫升 84 消毒液，将抹布放入调好的水中浸泡两个小时以上。

③曝晒消毒。将抹布放在阳光下曝晒。

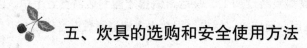

五、炊具的选购和安全使用方法

1. 菜板的选购和安全使用方法

有人认为,木质菜板用久了容易产生木屑,可能会污染食物,所以改用塑料菜板。殊不知,木质菜板能杀菌,而塑料菜板却没有这个功能。这是因为树木对抗细菌已有几十万年的历史,木质菜板虽然只是树木的一小部分,但仍然具有杀菌功能。

(1)选购要点。在选购竹菜板时,不要买那种颜色特别白的,最好先闻一下菜板的气味,如果有股酸酸的味道,很可能是用硫磺熏蒸漂白过的,或是黏合的,而黏合的胶水中含有害的物质。最好选择无胶水黏合的,即完全采取用螺栓紧固或竹签连接加固的竹菜板。

(2)安全使用方法。每次切完菜(特别是剁完肉馅后),应用清水刷洗,最好要刮去表面的食物残渣,清洗完毕,用布揩干。使用一周后,最好用开水洗烫一遍,然后放入浓盐水中浸泡几个小时,取出阴干。这样不但可以杀死细菌,而且还可防止菜板干裂,延长使用寿命。为了防裂,买回新菜板后应立即涂上食用油。其具体做法是:在菜板上下两面及周边涂上食用油,待油吸干后再涂,涂三四遍即可。菜板周边易开裂,可反复多涂几遍,油干后即可使用。因为油的渗透力强,又不易挥发,可以长期润泽木质,能防止菜板爆裂。食用油还有防腐功能,可使菜板经久耐用。

2. 菜刀的选购与安全使用方法

(1)选购要点。家用菜刀一般可选购夹钢菜刀,适合切肉、切菜等。选刀时,应选刃口平直的。想要知道刀口是否含有钢,可用刃口削铁试硬度。如果把铁削出硬伤,说明有钢有硬度。但绝不可将两把菜刀刃对刃地碰撞试硬度。另外,还要检查木把是否牢固,有无裂缝。

(2)安全使用方法。日常生活中经常需要使用菜刀、水果刀、剪刀等刀具,这些刀具锋利、尖锐,如果使用不慎,就可能会造成伤害。使用刀具应注意以下几点:

①使用刀具应注意力集中,不用刀具比划、打闹,更不能拿着刀具相互开玩笑,以免误伤别人和自己。

②刀具暂时不使用时,要放在安全稳妥的地方,不要使刀具的尖和刃部暴露在外,以防止刀具被碰落而伤人,或者不慎触碰而受伤。

③菜刀用盐水泡后好磨。把用钝的菜刀先放在盐水中泡20分钟,然后再磨,边磨边浇盐水。这样既容易磨得锋利,又可延长菜刀的使用寿命。

④菜刀除锈。菜刀生锈，可用马铃薯片或萝卜片加少许细沙末擦洗，刀锈立刻去除。还可用切开的葱头涂擦除锈。平时菜刀用完后可涂一点食用油或用姜片揩干，可以防止生锈。

3. 不粘锅的选购与安全使用方法

（1）选购要点。不粘锅的锅面上涂了一层性能稳定、无毒、耐高温、防腐作用优良的"聚四氟乙烯树脂"，烹饪时食物不粘锅。不粘锅有铝质、铁质、不锈钢等。

①铝质不粘锅重量轻、传热快，但遇酸碱性较强的食物时，铝易氧化释放出氧化物，对人体健康有害。因此，选择铝质不粘锅，要尽量避免烹饪酸碱性较强的食物。

②不锈钢不粘锅抗酸碱、耐高温、不易氧化，但有导热不均匀、易产生局部热等缺点。

③铁质不粘锅易生锈，锅体重，不太受欢迎。

②安全使用方法。我国生产的不粘锅炊具是符合国家标准的，是无毒的、安全的，但使用方法要正确。

①第一次使用前，先要把锅洗擦干净，然后在锅底涂上一层薄薄的食用油，以启动和更好地发挥不粘效果。

②铲勺应选择耐热的纤维塑料橡胶和木质制品，禁止用金属器具铲勺，忌用铲具叉刀在锅内切割食物，以免损伤涂层。

③尽管不粘锅有广泛的高低温使用范围（-250℃～260℃），但长期猛火烹饪，仍有可能会使涂层脱落，所以用中小火烹饪为宜。

④使用不粘锅时，若温度达到260℃就会导致不粘锅中有害成分分解。据专家介绍，水的沸点为100℃，如果用不粘锅煮菜，温度不会超过100℃。此外，如果只是用不粘锅炒菜，油冒烟后倒菜进锅，水烧开后，菜就差不多熟了，温度也不会太高。

⑤煎炸食物时，由于油的沸点是320℃，而且油一直是滚的，所以温度非常高，这样很容易导致不粘锅中的有害成分分解。所以，煎、炸食物时应尽量避免使用不粘锅。

⑦不能烹饪肉类食物。这是因为，不粘锅涂层的主要成分是聚四氟乙烯树脂，它有一个先天性缺陷，就是结合强度不高，不能完全覆盖在不粘锅表面，致使部分金属层裸露在外。而肉类等酸性食物会腐蚀金属，裸露部分一旦被腐蚀就会膨胀，从而导致涂层脱落，被人误食会危害健康。其次，按照中国人的烹饪习惯，像炒肉丝这样的菜，锅内温度在300℃～500℃之间，加上肉类本身含油很高，温度容易迅速升高，使锅表面附着的化学物质释放出有毒物质。除了不能烹饪肉类，不粘锅也不能烹饪蛋、白糖、大米等酸性食物。另外，像西红柿、柠檬、草莓、山楂、菠萝等酸性食物，也不宜使用不粘锅。

⑧禁止干烧。有的人在炒菜时喜欢把锅烧干、烧红后再加油，这样锅内温度就会超过260℃。因此使用不粘锅时，一定要杜绝这种习惯。

⑨清洗不粘锅，要先冷却，然后再用清水（最好滴少许洗洁精）洗净，忌用竹、铁制品刷锅，最好用柔软的棉纱团或海绵作清洗工具，以免损伤涂层。

4. 砂锅的选购和安全使用方法

（1）选购要点。砂锅炖制食物别有风味，煎药又不改变原味，是药膳制作中最常用的炊具之一。

①看陶质。好的砂锅所选用的陶质非常细且颜色多呈白色，表面釉的质量也很高，光亮均匀，导热性好。

②看结构。好的砂锅结构合理，摆放平整，锅体圆正。内壁光滑，没有突出的砂粒。锅盖扣盖紧密，且不变形。

③选购时将砂锅内装入足量的水，检查是否有渗漏现象。也可用手轻轻敲击锅体，听声音是否清脆，如有沙哑声，即说明砂锅有裂纹，最好不要购买。

④根据需要购买砂锅。一般来说，煎药不需要陶质很好的砂锅，选购价格便宜且无渗漏的砂锅即可。炖制食物的砂锅要求较高，最好选择质量好的白色砂锅。

⑤要买厨房专用的。有的人把旅游时买回来的美丽陶罐当汤煲用，觉得既美丽又特别，这很危险。因为旅游景点的陶器铅溶出量超标。长期使用铅超标的砂锅会造成铅中毒。而吸入少量的铅，也能引起神经和脑损伤以及免疫力下降。而超市或商场出售的专业炊具陶器，安全性才有保障。

（2）安全使用方法。砂锅是由石英、长石、黏土等多种原料制成的陶制品。经高温烧炼，锅体形成一种玻璃体，这种玻璃体对温差适应能力较差。砂锅骤然受热受冷，都会引起急剧膨胀或收缩，因而造成破裂。针对砂锅这一特性，使用时必须要注意以下几个方面：

①砂锅的瓷釉中含有少量铅。新购买的砂锅可先用 4% 食用醋水浸泡并煮沸，这样可以除掉大部分有害物质。

②新购买的砂锅，先洗干净后再加入水和茶叶，以小火煮滚，再将水倒掉。另外，也可用水或洗米水浸泡一夜，使砂锅内部质地软化，再用来熬一次粥，让米浆液渗入锅的材质中，使之更结实，加热之后不容易龟裂。

③每次使用前都要将砂锅外面的水擦干，在使用过程中还要防止砂锅内的汤溢出，也不能干锅，以防砂锅烧裂。

④ 要逐渐加温，不要骤然在大火上烧，以免胀裂。使用砂锅的火候与使用其他锅的火候不一样。使用铁锅讲究武火、文火、武火的顺序，而砂锅则是先用文火、再用武火，待汤烧开后再用文火煮熟。

⑤烧好食物后，砂锅离火时，用木片把砂锅架起来，使其均匀散热，缓慢冷却，以免缩裂。也可根据砂锅大小，做一个铁圈，当砂锅离火后，放在铁圈上，悬空自然降温，可延长砂锅的使用寿命。不要把砂锅放在水泥地上或瓷砖上，否则砂锅突然遇冷会破裂，发生危险。

⑥一般砂锅通常可以使用 150~200 次，若有裂缝就不宜再使用，以免烧煮时发生爆炸。

⑦砂锅不宜炒菜和熬制黏稠的食物，否则会缩短砂锅的使用寿命。

⑧不能盛装酸性食物，以减少在酸性环境中铅、镉的溶出。

⑨每次使用砂锅烹饪食物时，要以小火慢熬，切忌勿让火苗烧到锅边。冬天使用时，要先用热水将砂锅内部烫热，或先以小火烧砂锅，再将食物倒入。

⑩使用完后，必须放置10~15分钟，等到锅身降温才可以清洗，以免温差太大造成破裂。而且不要浸泡，要马上清洗，否则砂锅容易吸进污水，以至于发霉发臭。洗后也要擦干，并放在阴凉通风处晾干。最好涂上一层薄薄的色拉油，加强保护。

5. 铝锅的选购和安全使用方法

（1）选购要点。在挑选铝锅时，应注意锅身挺直圆正，锅底、锅盖及锅内外洁白光亮，没有暗色、黑色斑痕或裂缝。同时要检查部件结构，如铆钉、环头等是否牢固，有无麻点、砂眼。

（2）安全使用方法。用铝锅煎制食物时，煎炸前每克油中含有6微克左右的铝，煎炸后则增加到每克油含有10～20微克的铝；蒸饭时饭中的铝也会增加一倍左右。用铝锅的最大的危险就是，人体容易摄入过多的铝元素，而摄入过多的铝又是老年痴呆的致病因素。

铝离子已经成为国际公认的危害健康的物质。人体需要很多微量元素，如铁、铜、镍、锌、钙、磷等等，但就是不需要铝，一点都不需要。铝吸收多了会损伤大脑。所以最好把铝的炊具、餐具全部淘汰。因为铝的化合物对酸碱都有被溶性。据调查，目前我国贫血发生率较高，特别是儿童贫血约占50%，故不宜长期使用铝锅，尽量减少使用铝制品的机会。如果家庭中有贫血的患者，更以使用铁锅为宜。

①第一次使用铝锅，不要烧水或蒸馒头，以免使铝锅发黑。锅面有污垢不能用砂纸擦，更不要用浓碱水洗，宜用肥皂水洗涤。

②据测定，铝制品内不要长期存放酱、醋、盐及其他酸、碱性食物，因为酸、碱、盐对铝都有腐蚀作用，更不要长时间在铝锅里存放剩菜。

③不要用铝锅煮酸性食物。因为铝锅在煮有酸性的食物时，容易与酸发生化学反应。

④烧饭时锅底不要贴在烧红的炭上。铝锅内无水时更不能干烧，否则锅底会凹凸不平。

⑤如果长期不使用，可在铝制品的外面涂上一层食用油，使铝锅与空气隔绝可以防止腐蚀，然后放在比较干燥的地方。

⑥不要盛装腌制食物。腌制食物具有较强的酸或碱性，容易与铝产生化学反应，生成对人体有害的物质。

⑦铝、铁炊具不可混用。铁锅、不锈钢锅与铝铲，或铝锅与铁铲不能混用。因为较软的铝会被铁、钢锉损成粉状微粒，然后附在饭菜上进入人体。铝元素进入人体内贮存到一定量后，脑功能就会受到影响。故铝、铁炊具不能混用。

铝锅可用木质、竹质的铲或竹筷翻动食物。

⑧不宜用铝制器皿搅打鸡蛋。如果在铝制器皿内搅打鸡蛋，会使蛋白变灰色，蛋黄变绿色。

⑨忌存放米、面。米与面中都含有大量淀粉，如果存放时间较长，就会发酵并产生有机酸和二氧化碳。铝锅在有机酸、水和碳酸的侵蚀下，会出现白色斑点，脱落后又出现麻坑，甚至孔洞。

⑩忌烧煮时间过长。烧煮食物时间越长，进入食物中的铝就越多。一般情况下，用铝锅烧煮食物应控制在 4 个小时以内为宜。

⑪忌用碱、砂擦洗。如果用碱水擦洗，就会使铝制品保护膜溶在碱水中，使其失去保护作用。用砂灰擦洗铝制品也是这个道理。尽管擦得很干净，但是破坏了铝制品的保护层，反而会影响其使用寿命。

⑫忌用钢丝球刷洗铝制器皿。钢丝球具有去污力强、不易霉变等特点。但是，它不宜用来洗刷铝制器皿。这是因为，不锈钢的硬度远远大于铝的硬度，在洗刷过程中，易将铝制器皿表面刮出划痕，破坏具有保护器皿作用的氧化膜。如果用失去氧化膜保护的铝制器皿烧煮食物，铝元素极易溶入食物中，影响人体健康。

6. 无油烟锅的选购和安全使用方法

（1）选购要点。目前市场上的无油烟锅产品主要分为铝制和不锈钢制两种。无油烟锅与其他锅的最大区别就在于其锅体厚度增加，无油烟锅的锅底厚度一般为 4 毫米左右，其他锅的锅底通常小于 2 毫米。消费者在购买无油烟锅时，不要只注重是否无油烟，而忽视其他性能。

目前，我国没有针对无油烟锅制定生产标准及检测标准，对无油烟锅也无法进行质量性能检测。专家建议，消费者在购买无油烟锅时，一定要看清商家的各种宣传所附带的条件，做到理性消费。专家提醒，消费者在选购无油烟锅时要挑选专业厂家生产的产品，注重其售后服务，如果没有一套完整的售后服务体系，最好不要购买。另外，尽量在正规超市、商场购买。一是要认清锅底较厚的特征，一般为 4 毫米左右；二是要尽量购买信誉好的知名品牌。

第一，无涂层的无烟油锅。陶瓷合金锅是无油烟锅中的"极品"；质量好的无油烟锅，内外螺纹讲究工艺，螺纹分 3 种：锅内一般为微罗纹和细螺纹，锅外为粗螺纹和细螺纹过渡。其中陶瓷微螺纹品质最好，微螺纹比细螺纹更加细腻。无烟油锅的寿命比普通锅要长，因为无油烟材料的硬度比传统锅的硬度要高得多。市场上的无油烟锅的硬度大致分为 1300MP 和 2000MP；无油烟锅材料比普通锅重 1.5~2.5 倍。

第二，选基础材料是经过硬质氧化的铝合金，其导热均匀，而且不粘。

第三，选中间空心的夹层无油烟锅。通常就是在中间冲入水或者其他液体，借以达到导热均匀的效果。因为使用时比较麻烦，性能也比较不稳定，所以现在也比较少见了，建议大家不要选购。

（2）安全使用方法。无油烟锅之所以无烟，其原理就是利用超导材料的导热特性，将油温控制在油的气化沸腾点240℃以下，再利用其贮热特性达到烹饪食物的180℃以上。这样既节能又不破坏食物的营养，同时也杜绝了油烟的产生。

专家表示，无油烟锅不可能做到绝对无烟，由于缺乏行业标准，无油烟锅的特殊涂层是否有害还不得而知。但控制烟大烟小其实不在锅的材质，而完全靠温度控制。

①所有新锅在使用前，都应先用清水洗净，用抹布擦干后方可放置燃气炉上。将火开至最大，空烧两分钟，待到滴入锅体内的水滴呈荷叶露水状后，方可放入两勺食油或大油（猪油）。转中火，快速摇晃锅体，使锅体内的油始终处于流转状态，如此约10分钟，即可完成养锅程序。

②首次使用可能会有油烟冒出，属正常现象。

③使用的第一个星期，应避免蒸、炖、煮，使锅体尽快发挥不粘的性能。

④烹饪前，要先将锅体内外的水分或油污擦拭干净，以免锅具外表发黄、发黑。

⑤不要空烧锅体，否则容易引起火灾和锅体变形。

⑥尽管无油烟锅的抗酸碱性能极佳，但也应尽可能地避免长时间放置强酸、碱食物。

⑦在使用完后，应利用锅体的余温，用温水对锅体的内外壁及锅底及时进行清洗。清洗完毕后，用干布擦干锅内壁和锅底。这样及时清洗效果佳，且省时省力。

⑧不要使用金属类的清洗工具，用海绵或百洁布即可。

⑨使用后若锅内壁有白色斑点，是因为水和食物中的淀粉在加热过程中附在了锅壁表面，用少许醋或者柠檬片擦拭即可。

⑩锅体变黄和发黑，是由于加热温度过高所致，要及时清洗锅的内外壁，也可用白蜡加温水清洗。

7. 铜锅的选购和安全使用方法

（1）铜锅的选购。如果只是用作装饰的铜锅，或者铜锅标有"只作装饰用"的字样，就不要用来烹饪食物，因为这样的铜锅可能没有内层。因为在加热过程中可能会有大量的铜浸出到食物中。铜是人体的必要元素，但是摄取过量也会引起恶心、呕吐和腹泻等。购铜锅炊具时，应到正规的超市、商场购买，不要在菜市场或路边小摊购买。

（2）安全使用方法。专门用来烹饪的铜锅，一般在锅内有一层不锈钢的内层，也有少数有锡内层。铜导热性能良好，对任何接触到它的东西——包括空气、水气、食物等反应都很强烈。不锈钢内层可以防止铜接触到食物或和食物起反应。不过，有锡内层的锅容易磨损，因而露出底下的铜，所以应该谨慎使用。

①远离铜锈。铜生锈之后可生"铜绿"，即碱性醋酸铜及蓝矾（硫酸铜）。这两种物质有毒，可使人发生恶心、呕吐，甚至中毒。所以有铜锈的铜餐具，切不可使用。

②警惕破损。绝对不要使用没有内层，或者怀疑内层已有损坏的铜的铜锅来烹饪或盛装食物。

③不要把购自旅游地的铜器当做炊具，因为这样的铜器的安全性得不到保证。

④铜锅不宜熬药。铜的化学成分不稳定，易氧化，与中药化学成分发生反应，会影响药效。

8. 铁锅的选购和安全使用方法

（1）选购要点。铁锅主要分为精铁锅和铸铁锅两类，铸铁锅就是我们常说的生铁锅。那么，如何区别生铁锅和精铁锅？是不是生铁锅对人体健康更好呢？专家介绍，生铁锅是用灰口铁熔化，用模型浇铸制成的。传热慢，传热均匀，但锅环厚，纹路粗糙，也容易裂；精铁锅是用黑铁皮锻压或手工锤打制成，具有锅环薄，传热快，外观精美的特点。此外，生铁锅还具有一个特性，当火的温度超过200℃时，生铁锅就会通过散发一定的热能，将传递给食物的温度控制在230℃左右。而精铁锅则是直接将火的温度传给食物。对于一般家庭而言，使用铸铁锅较适宜。但精铁锅也有优点。第一，由于是精铁铸成，杂质少。因此，传热比较均匀，不容易出现粘锅现象。第二，由于材料好，锅可以做得很薄，锅内温度可以达到更高。第三，表面光滑，易清洁。

那么，我们又该如何选择铁锅呢？

①一"看"。看锅面是否光滑，但不能要求光滑如镜。由于铸造工艺所致，铁锅都有不规则的浅纹。一般情况下，铁锅都有些粗糙，这是不可避免的，用久了就会变得光滑。有疵点、小凸起部分的，一般都是铁，对锅的质量影响不大。但小凹坑对锅的质量危害较大，购买时需注意查看。

②二"听"。厚薄不均的锅不好。购买时可将锅底朝天，用手指顶住锅凹面中心，用硬物敲击。锅声越响，手感振动越大就越好。另外，锅上有锈斑的不一定就是质量不好，有锈斑的锅说明存放时间长。而锅的存放时间越长越好，这样锅内部组织更趋于稳定，初用时不易裂。

③三试水。将铁锅底部放入水中，检查是否渗水、翻水，观察锅中有无砂眼。

④铁锅的锅耳最好是用木头或其他隔热材料包裹的，如果是铁锅耳，则容易烫手。

（2）安全使用方法。使用铁锅最安全。铁锅虽然看上去笨重些，但它坚实、耐用、受热均匀，并且对人的身体健康有益。由于铁锅导热性能适中，在烹饪中易与酸性物质结合，使食物中的铁元素含量增加10倍，从而达到补血的目的，因而成为千百年来人们首选的炊具之一。营养学家认为，用铁锅烹饪，对特别需要补充铁的幼儿、少男少女和月经期女性都是有好处的。但是不缺铁的老年人，以及患血色素沉着症的人，最好不用铁锅烹饪食物。

①新铁锅使用前，要先除去铁锅的怪味。可以在锅里加上盐，将盐炒成黄色，然后在锅内加水和油煮开。要除掉腥味，可在锅内放少许茶叶，加水煮一下。如要除铁味，则可放些山芋皮煮一下。

②普通铁锅容易生锈，如果人体吸收过多的氧化铁，即铁锈，就会对肝脏产生危害，所以不宜盛食物过夜。

③刷铁锅时也应尽量少用洗涤剂，以保护铁锅的油层被洗刷尽。刷完锅后，还要尽量将锅内的水擦净，以防生锈。如果有轻微的锈迹，可用醋来清洗。

④铁锅炒蔬菜时，要急火快炒少加水，以减少维生素的损失。

⑤铁锅不宜用来熬药。因中药含有多种生物碱及各类生物化学物质，在加热条件下会与铁发生多种化学反应，使药物失效，甚至产生一定毒性。

⑥铁锅不能用来煮绿豆。因绿豆中含有单宁，在高温条件下遇铁会生成黑色的单宁铁，使绿豆汤变黑，有特殊气味，不但影响食欲、味道，而且对人体有害。

⑦富含鞣质的食物与饮料，不可用铁锅来煮，如水果汁、红糖制品、茶、咖啡、可可等。因这些食物的鞣质与铁元素化合成不溶解物质，不仅难以消化，而且对人体有害。

⑧铁锅不宜煮酸性食物。因为铁在酸性环境中加热，易生成亚铁盐类。有的亚铁盐具有一定的毒性，有的则使蛋白质迅速凝固，影响食物的吸收，降低食物的营养价值。

⑨尽量不要用铁锅煮汤，以免铁锅表面保护其不生锈的油层消失。

⑩不能用铁锅盛菜过夜。铁锅在酸性条件下可溶出铁，破坏维生素 C。

⑪炒完一道菜要刷一次锅，每次做完饭菜后必须洗净锅内壁并擦干，以免生锈。

⑫严重生锈、掉黑渣、起黑皮的铁锅不可再用。

9. 不锈钢炊具的选购和安全使用方法

识别真假不锈钢炊具的方法。

（1）选购要点。

市场上出售的不锈钢炊具，并非都是用不锈钢制成的。有些表面上虽光亮，但实际上是用不锈铁制成的。在湿度很大的情况下，仍会生锈。那么，怎样区分不锈钢与不锈铁制品呢？一般来说，正规厂家生产的不锈钢制品上都有打印代号，如 13—0、18—0、18—8，连接号前面的数字表示含铬，连接号后面的数字表示含镍。含镍量越高，制品的质量就越好。严格地说，只含铬而不含镍的制品属于不锈铁，既含铬又含镍的制品才是真正的不锈钢。如果制品上没有打印代号，一般都是不含镍的制品。由于镍是反磁性物质，所以在选购时，用磁铁一试就能鉴别出来。凡是能被磁铁吸引的就是不锈铁制品，不被磁铁吸引的才是不锈钢制品。

（2）安全使用方法。不可长时间盛放盐、酱油、醋、菜汤等，因为这些食品中含有很多电解质。如果长时间盛放，则不锈钢同样也会像其他金属一样，与这些电解质起电化学反应，使有毒的金属元素被溶解出来。

切忌用不锈钢锅煲中药。因为中药含有多种生物碱、有机酸等成分，特别是在加热条件下，很难避免不与之发生化学反应而使药物失效，甚至生成某些毒性更大的化合物。

切勿用强碱性或强氧化性的化学药剂，如小苏打、漂白粉、次氯酸钠等进行洗涤。因为这些物质都是强电解质，同样也会与不锈钢起电化学反应。不能空烧。不锈钢炊具比铁制品、铝制品导热系数小，传热时间慢，空烧会造成炊具表面镀铬层老化、脱落。要保持炊具的清洁。要经常擦洗，特别是存放过醋、酱油等调味品后，要及时洗净，保持炊具干燥。

不锈钢炊具导热性不均匀，不宜炒菜。一旦发现不锈钢炊具变形或者表层破损，就应该及时更换。忌大火烧煮食物。因为不锈钢导热系数小，底部散热慢，如火力过大，可使底部烧焦、结块。使用不锈钢炊具时，火力不宜过大，应尽量使底部受热面广而均匀。应避免与尖硬物碰撞。锅底有食物黏结烧焦时，应用水浸软后，用竹、木片轻轻刮去，不可用菜刀等锐器铲刮。

不锈钢炊具用一段时间后，表面会有一层雾状物，可用软布沾些去污粉揩擦，即可恢复光亮。不锈钢炊餐具用毕，不可长时间用水浸泡不洗，应及时清洗、擦干，不可让其自行干透。如其表面出现渍痕，可用蜡涂擦，便可除去。

10. 电磁炉的选购和安全使用方法

（1）选购要点。电磁炉是应用电磁感应加热原理制成的新型炉具，有别于煤气炉、微波炉、电炉和其他传统炉具，工作时没有明火，不提高环境温度，不消耗氧气，不产生二氧化碳等有害气体，没有对人体有害的微波辐射，无燃气炉具常有的泄漏、爆炸、灼伤等危险。

在购买电磁炉时，尽量选择有品质保证、设计较为合理安全的名牌产品。而购买电磁炉的一个重要环节，就是一定要向销售商索要电磁感应强度测试报告，通过报告来对比，选择低场强的产品。

（2）安全使用方法。电磁炉虽然简单实用，但电磁炉本身却有辐射。

①防止电磁炉辐射，首先要从选锅开始。理想的电磁炉专用锅具，应该是以铁和钢制品为主。因为这一类铁磁性材料会使加热过程中加热负载（锅体及炉具）与感应涡流相匹配，能量转换率高，相对来说磁场外泄较少。而陶瓷锅、铝锅等则达不到这样的效果，对健康的威胁也会更大一些。

②在使用时，要注意尽量与电磁炉保持一定的距离，不要靠得过近。电磁炉与微波炉使用时的注意事项比较相似，靠得越近则越容易被辐射，通常与电磁炉保持20厘米以上的距离较为安全。

③使用电磁炉的时间也不要过长。如果经常较长时间地使用电磁炉，应尽可能选择有金属隔板遮蔽的。因为在正常情况下，电磁炉若放在金属隔板下方，电磁辐射就明显降低。如果隔离设计不佳或直接把电磁炉放在桌面上，辐射量就会相应地增大很多。

④厨房里面的配套设施也非常重要，可以准备一件由不锈钢纤维制作的防电磁围裙，一对防电磁辐射的手套。这些准备可以使你在厨房中更加安全。

⑤电磁灶的排风口要保持清洁，必须经常除尘去污，可用吸尘器配合小刷子吸尘。使用半年左右，最好请专业人员打开电磁灶后盖，清除灶内的积尘，对微型风扇的主轴进行润滑保养。

⑥在进行保养工作中，切勿让水和油滴入灶内。

⑦当发现微型风扇不转时，必须停止使用，灶面板若有裂缝也应立即停用。

11. 微波炉的选购和安全使用方法

（1）选购要点。微波炉最大的特点就是热效率高，省时节能，清洁和使用方便。

①选购微波炉时，一定要选择标有生产厂家和有产品合格证的产品（包括说明书）。

②一般家庭中，选购功率800瓦以下的微波炉就可以满足使用要求。

③档次上的区别主要是在控制系统上。机械式控制系统结构简单，安全可靠，价格低廉，适用于普通家庭。电脑控制系统的功能齐全，豪华美观，适用于经济收入较高的家庭。

④因微波炉的微波不允许泄漏，所以挑选时应注意炉门密封是否严密，炉门玻璃是否完好，不应有划痕的破损。

⑤应有良好的接地装置，电源线应完好无破损，其引出处应有防止电源线被拉出的绝缘线夹。接通电源后，炉体不应漏电，用电笔测试不应亮，或以手背轻触应无"麻电"感。在微波炉内放入一杯水，数分钟后应变热。如果水不变热则说明微波炉工作不正常。

⑥如果有条件，可以在炉门外5厘米左右处测量微波炉的泄漏功率是否符合安全标准。

（2）安全使用方法。微波炉使用不当时，不但不能对食物进行良好的加热，而且还可能会损坏微波炉。

①在使用微波炉前，应注意检查炉门边封条，观察玻璃窗是否完好。如有异常或破损，应立即停止使用，以防微波泄漏。

②微波炉在没有放入食品时，严禁通电开机，以免在空载状态下，微波会轰磁控管，造成损坏。

③不能用金属容器盛装食物放入微波炉内。由于微波不能穿透金属器皿，所以不能加热食物。同时，放入炉内的铁、铝、不锈钢、搪瓷等器皿，微波炉在加热时会与之产生电火花，并反射微波损伤炉体。

此外，竹器、塑料、漆器等不耐热的容器，有凹凸状的玻璃制品，均不宜在微波炉中使用。瓷制碗碟不能镶有金、银花边。盛装食品的容器一定要放在微波炉专用的盘子中，不能直接放在炉腔内。对于一些金属箔纸包装的食物，应先拆去包装，再放入微波炉中加热。

④微波炉不要放在磁性物体的周围，以免影响加热效果。也不要放在电视机附近，应远离电视机2～3米，以免微波炉工作时，对电视信号造成干扰。

⑤不要使用微波炉加热化学剂制品。

⑥尽量别用塑料容器。在微波炉高温加热下，塑料容器尤其容易被分解出有害人体的苯乙烯分子，甚至熔化污染食物。即使是标有"微波炉专用"的塑料容器，也最好不要用。最好用玻璃或陶瓷容器来代替。

⑦在微波炉加热食品时，不应使用塑料保鲜膜，而应该选用餐巾纸来覆盖食物。

⑧忌炉内不清洁。若有食物残渣、油污等，会降低微波炉的加热效率。

⑨做清洁工作时，必须断开电源（拔下电源插头），使用湿布与中性洗涤剂擦拭，不要使用含有腐蚀性的化学清洁剂清洗微波炉内腔，不要冲洗。擦拭炉子外壳时，勿让水从通风口流入炉内电器中，以免造成损坏。

⑩炉内起火忌慌乱。如遇炉内起火，不必打开炉门，只要切断电源即可使火熄灭。

⑪忌长时间靠近微波炉。使用时应注意，不要较长时间靠近微波炉，通过观察窗观察炉内情况时也要迅速。

⑫忌长时间不检查。对使用时间较长的微波炉，应注意检查炉门封条是否损坏，发现损坏应及时更换。注意检查炉门是否变形，观察窗玻璃、箱体有无破损等，发现问题应及时处理。

（3）不宜放进微波炉烹饪的食物

①忌将熟肉用微波炉加热。因为在熟肉食品中细菌仍会生长，在用微波炉加热时，由于时间短，不可能将细菌全杀死。

②忌油炸食品。因高温会使油发生飞溅，导致火灾。

③不要用微波炉加热带壳和有包装的食物。因为微波加热过程很短，带壳的食物内部会急速升温膨胀而发生爆裂，把整个微波炉的炉腔搞得一团糟。食物的外包装有些可以用微波炉加热，有些不耐高温的包装在微波加热时可能会产生毒素，因此用微波炉烹饪之前要看清楚包装上的说明。密封的包装也会起到与食物外壳一样的作用，加热时也会爆裂。千万不要用微波炉加热带壳的鸡蛋，不带壳的熟鸡蛋也不能加热。

④微波炉不适宜烹饪油脂多而水分少的食物、干燥的食物、需要表面脆爽的食物，所以它不能替代烤箱和煎锅。

⑤最好不要用微波炉加热酸奶和其他含有活菌的食品。因为微波会杀死其中的有益菌，降低营养价值。冲调好的婴儿奶粉也不能用微波炉加热。

⑥同一食物尽量不要反复用微波炉加热。

⑦不宜用微波炉烹饪蔬菜。由于微波炉的热效率较高，用微波炉烹饪蔬菜会增加维生素 C 的损失。

12. 光波炉的选购和安全使用方法

（1）选购要点。光波炉的全称为数码光波微波炉。虽然名字后缀还叫微波炉，但与微波炉有本质的不同。光波炉在加热原理上和微波炉完全不同，微波炉是由普通的磁控管发射微波来完成，而光波炉则由光波迅速致热，能巧妙地利用光波和微波综合对食物进行加热。光波炉烹饪速度比普通微波炉更快，且能较好地保持食物内水分和营养成分不流失，可以确保食物原汁原味。目前，国家对光波炉的标准尚未出台，光波炉市场鱼龙混杂，伪劣产品不少。如何辨别真正的光波炉呢？专家提醒消费者，在选购时必须注意以下 5 点：

①看是否有专利证书。正规的光波炉生产厂家都有光波专利证书，消费者在购买时可先看厂家的专利证书。

②看是否有省级以上卫生防疫部门的检验证书。正规的光波炉生产厂家都拥有正规卫生防疫中心的检验证书，明确指出了其消毒杀菌的功效。

③看是否有光波标志。正规品牌的光波炉标有全球统一的"LIGHT WAVE"光波标志。

④真正的光波炉炉腔顶部有个内凹圆形的光波反射器，打开炉门就能看见。其目的是确保光波在最短时间内聚焦热能最大化。这是光波炉在结构上与普通的烧烤型微波炉的重要区别。

⑤最好购买知名品牌或口碑较好的品牌光波炉。

（2）安全使用方法。食品放入炉内解冻或加热时，若忘记取出且时间超过2个小时，则应丢掉不要，以免引起食物中毒。如果炉内放入铁、铝、不锈钢、搪瓷等金属器皿，容易产生电火花，既损伤炉体又不能加热食物。

使用保鲜薄膜时，在加热过程中最好不要让其直接接触食物。可将食物放入大碗底，用保鲜膜平封碗口，或不用保鲜膜而直接用玻璃或瓷器盖住，这样也可将水汽封住，使加热迅速均匀。在取出食物前可将保鲜膜刺破，以避免它粘到食物上。因高温油会出现飞溅，导致明火。如果不慎引起炉内起火时，切忌开门，应先关闭电源，待火熄灭后再开门降温。

13. 电饭锅的选购和使用方法

（1）选购要点。在选购时，要根据家庭人数和用饭量来确定电饭锅的规格。一般来说，两个人的家庭可选用功率为300瓦的电饭锅。3～4个人的家庭可选用500瓦的电饭锅。4个人以上家庭可选用700瓦的电饭锅。检查外观：漆膜要坚韧，无脱落，各种配件完好，无破裂、起泡等现象，锅盖和内锅的配合要严密。检查磁钢限温器。磁钢限温器安插在电板中央圆孔内。在弹簧的作用下，铝导片应贴在内锅的底面上。用手按动铝导热片，应该上下活动自如，富有弹性，不能有任何卡住的感觉。铝导片要略高出电热板表面，与锅底接触良好。检查内锅。内锅要圆正，没有外伤，锅底要和加热器板面的弧度相吻合。通电试验。通电后指示灯要立即亮起来，不能有闪烁现象。开关按键要灵活，通电和断电要良好。

（2）安全使用方法。仔细阅读并保管好说明书。使用过程中还应该保证电饭煲内胆和电热盘之间的清洁，避免出现水点、饭粒等杂物，否则会影响煮饭的效果，严重时还会有烧坏元器件的可能。平时使用完电饭煲后，最好放在桌面上保存，防止地面的灰尘进入电饭煲的底部。不要把电饭煲放在厨房或者容易被水喷溅到的地方，以免影响电饭煲的使用安全。

14. 电烤箱的选购和安全使用方法

（1）选购要点。一般家庭使用电烤箱，功率在500W～800W之间就可以了。最好挑选带有定时器或控温器的烤箱，其使用方便、可靠。在挑选时，除检查外观、质量外，还要进行通电试验：用电笔测外壳，不应带电；测定时开关，是否能按时切断电源；测控温装置，在箱内达到预定温度时，是否自动断电；检查多个开关、按键，是否灵活有效，指示灯能否正确显示。

（2）安全使用方法。使用前，先检查家用电表的负载能力。若插头没有接地线，则要检查电烤箱的外壳是否已接地。按说明书所示，将旋钮拧至所烤食物需用时间和温度的刻度上。如系自动电烤箱，当食品烤好后，会发出光信号，应及时切断电源，取出食品。使用时，不要将水滴溅到箱门的玻璃观察窗上，以免爆裂。每次用毕，应切断电源，把烤盘清洗干净。

15. 豆浆机的选购和安全使用方法

（1）选购要点。豆浆机属于现代厨房的实用性小家电，操作简便快捷，是家庭生活的好帮手。那么，我们应该如何选购豆浆机呢？

①因为是直接接触食物的用具，所以应该选择有良好信誉的品牌，其所用的材质和配件都比较好。

②要选择符合国家安全标准的豆浆机。挑选时还应检查电源插头、电线等，应买国家级质量安全体系认证的产品，如 CCC 认证、欧盟 CE 认证等。但是现在一些市场销售的产品仍未通过 CCC 认证，消费者一定要注意。

③容量大小的选择。根据需要制作豆浆的多少来选择豆浆机的大小。一般豆浆不容易保存，一次不要制作太多。如果是 2 人，可以选用 800ml ～ 1000ml 的豆浆机；如果是三四人，建议选择 1000ml ～ 1300ml 的豆浆机；如果是 4 人以上，建议选择 1200ml ～ 1500ml 的豆浆机。

④要选择结构设计合理和容易清洗的豆浆机。不必要的功能会增加豆浆机的售价。因此，在选购豆浆机时要具体问题具体分析，不可轻信厂家的片面之词，以免买回不合适的产品。

⑤由于豆浆机是小家电，维修起来有点麻烦。因此，对于豆浆机的售前、售中和售后服务，以及满足服务的网点密度等问题都需要注意。

（2）安全使用方法。认真阅读豆浆机的安全使用说明书，严格按照说明书上的步骤进行操作。

16. 洗碗机的选购和安全使用方法

（1）选购要点。随着人们生活水平的提高，洗碗机逐渐进入平常百姓家庭。要选购一台物美价廉、经济实惠的洗碗机，应注意以下 4 个方面：

①要选择型号较好的。洗碗机的种类比较多，按其开门装置区分，可分为前开式和顶开式两种。前开式的门打开后，可以拉出每个格架，放取餐具非常方便。顶开式则放、取餐具不太方便，顶部也无法充分利用。按洗涤方式区分，洗碗机又可分为叶轮式、喷射式、淋洗式和超声波式等 4 种。目前较为常用的为叶轮式和喷射式，这两种洗涤方式的洗碗机具有结构简单、效果较好、售价低和维修容易等优点。消费者可根据家庭情况和个人爱好来选择。

②要挑选合适的规格。洗碗机的规格通常以其耗电功率的大小来表示，也有的以机内存放碗碟的有效容积来表示。没有干燥功能的洗碗机，其耗电功率只不过几十瓦；而有干燥功能的洗碗机，其功率有 600W~1200W 不等。至于选择多大规格的洗碗机，一般来讲，三四口之

家，可选购 700W ～ 900W 的洗碗机。

③要选择实用的功能。目前的洗碗机发展日新月异，一些高新技术得到了大量应用，如微电脑控制、气泡脉动水流、双旋转喷臂、传感器检测等，使人在选购时眼花缭乱。其实，普通家庭在功能的选择上，只要具备洗、涮、干燥 3 种功能及自动程序控制就可以了。在一些新功能中，快速洗涤、冲涮、旋转喷涮等也是较实用的。

④要选择良好的外观。洗碗机外壳的烤漆应该均匀、光亮、平滑，四周及把手无锋边利角。碗架格拉出要方便、灵活，无卡滞现象。各功能键、钮要开关灵活，通电良好。通电后，洗碗机的水泵和电动机要运转自如，且振动要小，噪音要低。操作完毕后，洗碗机应能自动断电。

（2）安全使用方法

①洗碗机的安装应靠近水龙头及下水道的平台上，接好进水管和排水管，并远离炉灶等热源。放好后调整脚螺丝的相对高度，使整机保持水平的位置。

②洗碗机使用时，必须接上地线，以确保安全。

③往机内放餐具时，餐具不应露出金属篮外。比较小的杯子、勺等器具，要避免掉落和防止碰撞，以免破碎。必要时可使用更加细密的小篮子盛装这些小器具，这样会更安全些。

④所洗涤的餐具中，切不可夹带其他杂物，如鱼骨、剩菜、米饭等，否则容易堵塞过滤网或妨碍喷嘴旋转，影响洗涤效果。

⑤洗碗机运行期间，切勿堵塞排气口，同时勿强行移动或冲击洗碗机，以免发生故障。

⑥为了更好地洗净餐具，消除水斑，应采用专用的洗碗机洗涤剂来清洗餐具，而不可用肥皂水或洗衣粉来代替。专用洗涤剂的特点是低泡沫、高碱性，因此不能直接用手工洗涤，以免灼伤皮肤。

⑦要经常保持洗碗机内外的清洁卫生，使用完毕后最好用刷子刷去过滤器上的污垢和沉积物，以防堵塞；洗涤槽内每月应用一些除臭剂清除臭气 1 ～ 2 次。清洁时，其控制开关等勿被水淋湿，保证绝缘性能，以免漏电。

17. 消毒碗柜的选购和安全使用方法

（1）选购要点。目前消毒碗柜品牌众多，产品质量良莠不齐，很多消费者感到无所适从。那么，如何选购一台合格的消毒碗柜呢？

①购买品牌。品牌有质量保证。

②根据实际情况购买。购买消毒碗柜时应考虑家庭人口数量、消毒食具的种类等多种因素，如果家庭人口多要选购大容量的。

③购买功能好的。消毒碗柜设有消毒、保温、烘干、开门报警等多种功能，以电脑碗柜消毒功能为最好。

④购买消毒效果好的。购买消毒碗柜的主要目的就是对食具进行消毒。但针对目前消毒

碗柜行业良莠不齐的质量状况，消费者在选购产品时，要注意产品是否有权威卫生部门的卫生检验报告。

⑤购买节能的。消毒碗柜加热时间的长短及其工作的稳定性，直接关系到电能的耗费。一般情况下，电脑消毒碗柜采用恒温消毒，用最佳的温度和最短的时间完成消毒过程，可大大降低使用成本。

⑥看售后服务。售后服务是产品质量保证的延伸，购买时要充分考虑厂家在本地区是否有完善的售后服务网点及良好的服务信誉。很多小企业因条件限制，售后服务是无法保证的。

（2）安全使用方法

①位置摆放要科学。消毒碗柜应放置在干燥通风处，离墙要大于30厘米。消毒期间非必要时，请勿开门，以免影响消毒效果。消毒结束后，过10分钟再取出餐具，效果会更好。

②消毒碗柜要"干用"。采用加热消毒的消毒柜是通过红外线发热管通电加热，使柜内温度上升至200℃～300℃，达到消毒的目的。而红外线发热管的电极却很容易因为潮湿而氧化。如果洗完的碗还滴着水就放进消毒柜，其内部的各个电器元件及金属表面就容易受潮而氧化，在红外发热管管座处出现接触电阻，易烧坏管座或其他部件，缩短消毒碗柜的使用寿命。应将餐具洗净沥干后再放入消毒碗柜内消毒，这样能缩短消毒时间和降低电能消耗。

③餐具摆放要正确。碗、碟、杯等餐具应竖直放在层架上，最好不要叠放，以便通气和尽快消毒。

④消毒方法要正确。消毒碗柜并不是所有的东西放进去都能够消毒。一般来说，塑料等不耐高温的餐具不能放在消毒碗柜下层高温消毒，而应放在消毒碗柜上层臭氧低温消毒，以免损坏餐具。一些彩色的陶瓷餐具不宜放入消毒碗柜中消毒。因为彩色陶瓷餐具的颜料都含有铅、镉等重金属，若遇到高温就容易溢出。消毒碗柜在工作状态下，内部温度可高达200℃左右。经常在这些消毒过的彩色瓷器里放置食品，容易使食品受到污染，危害健康。

⑤消毒碗柜要常通电。消毒碗柜可代替普通碗柜，并起到避免洁净碗筷被二次污染的作用。虽然消毒碗柜的密封性比较好，但是如果里面的红外线发热管长期不发热，柜子里的潮湿空气就难以及时排出，附着在餐具上的霉菌就会滋生，危害人体健康。因此，消毒碗柜最好一两天通电消毒一次，最少也要每周开一两次，这样既起到消毒的作用，又可延长其使用寿命。

六、餐具和厨具的正确摆放方法

不少家庭习惯于把洗过的碗和碟子摞在一起放在橱柜里，这样不利于碗碟的通风干燥。刚洗过的碗碟叠放在一起很容易积水，加上橱柜密闭不通风，水分很难蒸发出去，自然会滋生细菌。此外，碗碟摞在一起，上一个碗碟底部的脏物全都沾在下一个碗碟上，很不卫生。要想保持碗碟的干燥和清洁，专家建议：

1. 设个碗碟架

清洗完毕，顺手把碟子竖放、把碗倒扣在架子上，很快就能使碗碟自然风干，既省事又卫生。有的人在洗碗碟后喜欢用干抹布把碗碟擦干。但是，抹布上带有许多细菌，这种貌似干净的做法却适得其反。

2. 筷子筒和刀架要透气

筷子和口腔的接触最直接、最频繁，存放时要保证通风干燥。而有的人把筷子洗完后放在橱柜里，或放在不透气的塑料筷筒里，这些做法都是不对的。最好是放在不锈钢丝做成的、透气性良好的筷子筒里，而筷子筒钉在墙上或放在通风处，这样能很快就把水沥干。还有人习惯在筷子上搭一块干净的布防灰尘。其实，蒙上布反而会妨碍水分的散发。放在筷子筒里的筷子，只要在用之前用清水冲洗一下就可以。另外，把菜刀放在不通风的抽屉或刀架里也是不对的，同样应放在透气性良好的刀架里。

3. 把厨具挂起来

很多人习惯把厨具放在橱柜里，这样不利于厨具保持干燥。应在吊柜和橱柜之间，或在墙上方便的地方安装一根结实的横杆，并在横杆上装上挂钩，把清洗后的锅铲、漏勺、洗菜篮等挂在上面。在离这些用具较远的一端挂抹布、洗碗布和擦手毛巾。在横杆的另一端安装一个更结实的挂钩，把切菜板也悬挂起来。采用这种办法，还能使厨房保持整洁，各种用具拿起来也很顺手，可谓一举多得。

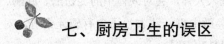

七、厨房卫生的误区

1. 一块抹布到处擦

如果用一块抹布既擦拭台面、水池，又擦拭刀具、碗碟等，就会造成细菌交叉污染。因此，厨房中的抹布必须按需求分开使用，做到"专布专用"。厨房里至少要有3块抹布，如擦台面和水池一块，擦刀具和铲子一块，擦盘子和碗筷一块。

2. 在同一水池里洗涮

有的家庭把碗筷、蔬菜、痰盂、拖把等都放在同一池里洗涮，这很容易造成细菌的交叉污染。因此，家庭中最好把洗厨具、蔬菜与洗痰盂、拖把等的水池分开。

3. 物品摆放太随意

厨房中各种物品很多，而厨房中物品的摆放，对家庭卫生极为重要。有人买菜回来就把菜篮往饭桌上一放，拣菜、吃饭都在同一桌上进行，这也会造成污染。因此，厨房也要分污染区和清洁区，一切都要按类归放。

4. 忽视了菜板与菜刀的清洁

有的家庭窗明几净，物品井井有条，但却忽视了菜板与菜刀的清洁。其实，菜板和菜刀是最容易藏污纳垢的地方。每次使用后，菜板都要认真刮净、清洗，木质菜板还应在日光下晾晒消毒。切过生鱼、肉、禽的刀最好用开水烫一下，以免寄生虫的污染。

5. 用隔夜自来水

很多人都有一种习惯，清晨用水往往一打开水龙头就刷牙、洗脸、做饭等，更甚者直接饮用自来水。但最新的研究发现，隔夜水龙头往往藏有一种细菌——军团菌。人如果感染这种嗜肺军团杆菌就会得一种症状酷似肺炎的"怪病"。患者一般有胸痛、嗜睡、烦躁、抑郁、神志模糊、定向障碍等中枢神经症状，有的还伴有腹泻、腹痛、恶心、呕吐等消化道症状，更为严重者甚至会致人死亡。

6. 用洗衣粉洗厨具和餐具

洗衣粉的主要成分是烷基苯磺酸钠，有较强的去污能力，所以有人喜欢用它来洗油渍较多的厨具和餐具。如果洗衣粉进入人体，会对人体中的淀粉酶、胰酶、胃蛋白酶的活性起到很大的抑制作用，容易引起人体轻微中毒。洗衣粉还含有磷元素等，对人体也有不同程度的危害。因此，洗衣粉不可用来洗厨具和餐具。

7. 菜板和菜刀不分生熟

有的家庭在切生食品和熟食品时都使用同一把菜刀和同一块菜板，最多也是在切完生食品后用开水烫一下菜刀和菜板，接着又切熟食。但细菌往往不可能因开水短时间的加热而消灭干净，很容易造成熟食品被污染，人进食后易生病。故菜刀在切熟食品之前应煮一会儿。而家庭中最好有切熟食品和生食品两块菜板。

8. 做完每道工序都不洗手

有的人只是在开始做饭前洗一次手，直到结束后才再洗手。专家指出，在做饭的过程中只洗一次手是远远不够的。每当从一道工序转到另一道工序时，都必须要洗手，否则可能会交叉传播细菌。如切好肉后，即将洗蔬菜之前；或者洗完青菜后，要剥葱蒜之前，都必须要洗手。

9. 油放在灶台上

很多人在做饭的时候，都习惯把油瓶放在灶台边上，这样炒菜时顺手就能拿到。但这样却容易使食用油变质。食用油在阳光、氧气、水分等的作用下会分解成甘油二酯、甘油一酯及相关的脂肪酸，这个过程也称为油脂的酸败。灶台旁的温度高，如果长期把油瓶放在那里，高温环境就加速了食用油的酸败进程，使油脂的品质下降。长期食用这样的油，人体需要的营养得不到补充，有害物质却大量蓄积，就会危害身体健康。油脂酸败产物对人体多种酶有损害作用，会影响正常代谢，甚至可能会导致肝脏肿大和生长发育障碍等。所以，最好把油瓶放在远离灶台的环境。

10. 用化纤布做厨房抹布

有人喜欢用化纤布或线团擦洗餐具，这样对身体健康非常不利。因为常见的化纤布都是由化工原料加工的。用此类物品擦洗餐具，一些难以用肉眼发现的细小纤维就会黏在餐具上，随着食物进入人的胃肠道。由于化纤纤维不能被胃酸和身体内的多种活酸分解，很容易滞留在胃肠黏膜上，刺激和诱发胃肠道疾病。若用带有颜色的化纤布或线团擦洗餐具，其纤维上的染料对人体的刺激将会更大，甚至会引起过敏反应。因此，不要用化纤布擦洗餐具。厨房抹布宜选用纱布或本色毛巾，并经常消毒，以保证对人体无害。

11. 用塑料袋包装食品很随意

塑料袋是用两种塑料薄膜制成的。一种是聚乙烯、聚丙烯和密胺等原料制成，另一种是用聚氯乙烯制成的。前者无毒，后者有毒，不能包装食品。塑料袋有无毒性可用下列简便方法鉴别：无毒塑料袋没入水中后可浮出水面，而有毒塑料袋没入水中后不能向上浮。另外，也可用手触摸，有润滑感者无毒；抓住塑料袋一端，用力抖一下，发出清脆声音者无毒，反之则有毒。

八、厨房清洁技巧

1. 巧除厨房异味

（1）消除餐具和厨具上的异味。在洗碗水中放几片柠檬皮（还可再加橘子皮或滴几滴醋），就能消除餐具上的腥、膻等异味。同时，它还能使硬水软化，增加瓷器的光泽。同样，切过鱼的菜刀，用柠檬皮擦一擦就能去腥；在锅里放点柠檬皮用水煮一会儿，就可完全消除腥味。

（2）巧去手腥味。做饭时会很容易弄得一手鱼腥、肉腥或油腥味，用香皂或洗衣粉也去不了腥味，但用柠檬皮搓手却能去除腥味。如果能在柠檬皮水里泡一会儿，效果更佳。而且，用柠檬皮擦手，其所含的柠檬油可使皮肤细腻光滑。

（3）巧除冰箱异味。把切碎的柠檬皮用纱布包好放在冰箱的一角，会让你每次开启冰箱门时就会闻到一股怡人清香的味道。但是，要经常更换柠檬皮。

（4）巧除屋内异味。在锅里用低温烤一小片柠檬皮，不仅可除去屋内的异味，而且还可使屋内香味扑鼻。把柠檬皮装在丝袜里挂在厨房里，就是最天然的芳香剂了。锅内放少量食醋，加热使之蒸发，或在火炉旁烤一些橘皮，厨房内的异味便可消除。

（5）除掉锅中的腥味。做过鱼的锅里，往往残留着鱼腥味。可以把锅烧热，然后放进几片泡过的湿茶叶，锅里的腥味即可除去。

2. 巧除厨房污垢

（1）巧除锅垢。如果锅底发黑，放点柠檬皮加水在锅里煮一会儿，锅底就会变新了，而且还能保持很长一段时间不会再氧化。如果平底锅用完若不及时清洁，锅底层就会积起厚厚的油垢，可在一定程度上影响火候。所以在洗锅的时候，可以用除油效果极好的茶叶来擦洗，就可以把平底锅里外都擦得很干净。

（2）巧擦灶台。灶台上经常会残留一些烧菜溅出的油渍，如果是新鲜的油渍，只要用干的餐巾纸就可以擦掉。但是对于常年积累下的顽固油渍，就很难擦掉了。可以用抹布蘸上柠檬水来擦灶台，就很容易把油渍擦洗干净。此外，把百洁布在啤酒中浸泡一会儿，然后擦拭有顽渍的灶台，灶台即可光亮如新。擦拭时，还应不断更换擦拭面。还可以倒些啤酒或米酒在厨房的操作台上，因为酒精具有很强的去油污功能。再用清水洗净，操作台就能光亮如新。

（3）巧洁水池。如果洗脸池或浴缸里有水滴留下的黄色斑痕，用柠檬皮擦拭就能神奇消失。

（4）巧洁厨房墙砖。厨房墙砖上，时间长了就会出现难除的油污。用柠檬皮沾上少许精盐擦拭，就可擦除墙砖上的油污。此外，还可用卫生纸或纸巾给墙砖"敷面膜"。将卫生纸或纸巾贴在墙砖上，再喷洒清洁剂放置一会儿，就像女性敷面膜一样。清洁剂不但不会滴得到处都是，而且油垢还会全部黏上来。只要将卫生纸或纸巾撕掉，再用干净的抹布蘸清水擦一两次，墙砖即可焕然一新。至于油污较重的墙砖，可将卫生纸或纸巾贴在墙砖上过夜，或用棉布代替卫生纸，等油渍被纸巾或棉布充分吸收后，再用湿抹布擦就可以擦掉。抽油烟机内侧的通风扇，也可使用此法。

（5）巧洁水龙头。新鲜的柠檬皮具有强效去污的作用。用柠檬皮在有污垢的水龙头或其他金属上擦拭，无需用力，顽渍就能轻松去除。一片水分充足的橙子皮也具有强效去污的作用。用橙子皮的外面，无需用力搓，水龙头上的顽渍就能轻松除去。面粉擦变黑的水龙头。对氧化变黑的水龙头，只要取食用面粉适量，先用干布蘸面粉擦拭，然后再用湿布擦拭，最后再用干布擦，反复擦洗几次，变黑的水龙头即可恢复光亮。牙膏擦水龙头。挤一点牙膏，用废牙刷来刷水龙头，然后用清水洗掉牙膏，水龙头就会立即变光亮。

（6）巧除煤气炉。炉上的火架被油或汤汁弄脏，即使用清洁剂来处理，也不能擦干净，可以用水煮火架。先盛满一大锅水，然后放入火架。待水热之后，顽垢就会被分解而自然剥落。火架上的瓦斯孔也经常会被汤汁等污垢堵住，造成气体不能完全燃烧，所以最好每周用牙签清理孔穴一次。此外，还可用黏稠的米汤涂在灶具上，待米汤结痂干燥后，用铁片轻刮，油污就会随米汤结痂一起被除去。如果用较稀的米汤、面汤直接清洗，效果也不错。

（7）巧除玻璃。厨房里的窗户、灯泡和玻璃器皿等，时间长了就会被油烟熏黑，不易洗净。可将适量的食醋加热，然后用抹布蘸些微热的食醋擦拭，油污很容易就会被擦掉。

（8）巧洗抽油烟机。厨房的抽油烟机要定期清洁。清洁抽油烟机风扇的时候，只要把清洁剂混合一些温水装入喷壶，用风扇的离心力，将软化的油污甩出，就可以达到清洗的目的。如果排气扇被油污熏黑了，可以用抹布蘸白醋来擦。

（9）巧除厨房地面油污。厨房地面油污多，不易擦净。擦地前可先用热水将油污的地面湿润，使污迹软化，然后在拖把上倒一些醋再拖，就能去除地面上的油污。此外，还可以先倒些小苏打在油渍上，再加一点水溶解，最后用清水拖地，油渍很快就没了。

（10）碱水除油垢。食用碱用温水泡开后，再加少许热水，用来清洗油腻特重的餐具、厨具，其效果最好。

（11）面汤洗碗好。面条里含有碱。煮面条时，碱会溶于煮面条的水中，使面汤含有碱性。所以，用面汤洗碗，油污很容易就被洗净。

（12）巧除水槽污垢。不锈钢水槽流水口的污垢很难清理。可以用白萝卜头蘸少许小苏打粉来擦拭。此外，还可以先在流水口上撒些小苏打粉，使小苏打粉完全覆盖后，再在上面滴一些白醋。静置3分钟，加少许热水，使它的去污能力更强。然后用废牙刷仔细地把流水口刷一遍，顽固的油渍很快就会消失。

（13）茶包食用油巧洗塑料篮。平时洗菜用的塑料篮、筐等，放在厨房久了就很容易黏上污垢，而且很难用一般的清洁剂清洗干净。可以用喝茶剩下的茶包或茶叶，加少许食用油混合后擦洗菜篮或菜筐，然后再用海绵蘸少许清洁剂轻轻一擦，顽固的污垢就能轻松地被清洗干净。

（14）食用盐洗茶垢。茶杯里面经常会残留一些茶垢，很难清洗干净。可以用食盐去搓洗杯中茶垢，茶垢很快就会溶解。

（15）白醋可洗菜板。菜板要经常清洁。在一杯温水中加少许白醋或者几滴柠檬汁，倒在厨房专用的餐巾纸上，然后将纸巾覆盖在菜板上。15分钟后拿掉纸巾，菜板上的臭味和黑垢就全都没了。最后再拿到太阳底下晒干，即可达到最好的清洁消毒效果。

（16）橙子皮可去水壶水垢。把橙子皮加入水壶中，与水同煮，煮开后，水壶里面的水垢很容易就能擦掉。

（17）菠萝皮可洗不锈钢锅。不锈钢材质的锅长期直接在火上煮，锅底非常容易变黑，而黑垢又很难用普通清洁剂清洗干净。即使是用钢丝球，有时也未必能刷干净。在锅里面放一些菠萝皮，加水煮沸，然后放入变黑的不锈钢锅，煮开20分钟，不锈钢锅上的黑垢就会变淡了。如果多蒸煮几次，黑垢就会逐渐消失。

（18）马铃薯皮可去除金属器具上的锈。金属器具生锈了，可用马铃薯皮擦拭，锈就会很快被去除，变得锃亮。

（19）食用碱可去除搪瓷器皿焦迹。搪瓷器皿烧焦后，常常附有变黑的食物焦迹。可在器皿中加水淹没焦迹，并加入适量食用碱，烧热稍浸，然后刷洗，焦迹即可被清除。

（20）食醋加盐可去铜锈。铜火锅的铜锈具有毒性，如果进入人体就会引起中毒。故在使用铜火锅前，应仔细检查，如发现绿色铜锈，可用布蘸加盐的食醋擦拭，就可以把铜锈彻底清洗干净。

（21）苏打粉可清洁厨房排水管。厨房长时间排出的油污会附着在排水管的管壁上，加上腐败的菜渣，易引发排水管恶臭和滋生细菌。所以，排水管底部的污垢，应每个月清理一次。可以分别将1杯盐和苏打粉倒入排水管内，再注入热水，就能清洗干净。

[第二章]
如何选购美食

随着生活水平的不断提高，人们对食物的营养和安全的要求也越来越高。因为食物不仅对人体的生长发育、体质强弱、工作效率及人的寿命等产生重要影响，而且与疾病的发生和发展也有着密切关系。在日常生活中，人们每天都要为自己选择食物。但选择的食物是否安全，对身体的健康影响极大。近年来，虽然国家采取了很多行之有效的措施，使食品的质量安全不断提高。但消费者在选择食品时，仍然要十分小心。为此，本章专门收集了怎样识别肉类、水产类、蛋、奶、蔬菜和水果等方面的小知识，希望能够帮助消费者了解更多的消费知识，进一步提高自身的辨别能力，正确选购安全的食品。

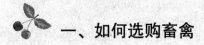 **一、如何选购畜禽**

肉类食品是人们日常生活中最常吃的食物之一。因其营养丰富、味道鲜美而深受人们的喜欢。但是，面对各种肉类食品，如何进行选购呢？尽量到信誉比较好的大商场、大超市购买，不要从流动摊贩、无证摊贩购买不合格的肉类食品。

1. 如何选购猪肉

消费者在购买猪肉时，首先要查看检疫验讫印章和检疫证明。加盖在猪皮上的检疫验讫印章通常是长条形的，多为蓝色，也有红色的。拥有这种标识的猪肉可以放心食用。但是，消费者在购买猪肉时，由于种种原因无法查看到检疫验讫印章和检疫证明。所以，掌握一定的猪肉品质鉴别方法，对消费者能购买到安全的猪肉是大有帮助的。

（1）新鲜猪肉的鉴别方法。脂肪洁白，肌肉有光泽，红色均匀，外表微干或微湿润。用手指压在瘦肉上的凹陷能立即恢复，且有鲜猪肉特有的正常气味。

（2）不太新鲜猪肉的鉴别方法。肌肉呈暗灰色，无光泽，外表风干或潮湿，切面发黏，肉汁浑浊。肌肉指压后凹陷恢复慢，且不能完全恢复。脂肪无光泽发黏，稍有酸味。煮熟后肉汤浑浊，无香味，略有油脂酸败味，汤表面浮油滴少。

（3）变质猪肉的鉴别方法。肌肉颜色变深，呈淡绿色，无光泽，切面发黏，肉汁严重浑浊。指压后凹陷不能复原，且留有明显痕迹。水煮后肉汤浑浊有臭味，有黄色絮状物漂浮，汤表面几乎无油滴。冬季气温低，嗅不到气味，可通过烧或煮，变质的腐败气味就会散发出来。

（4）注水猪肉的鉴别方法。这种猪肉由于含有多余的水分，所以肌肉色泽变淡，或呈淡灰红色。有的偏黄，显得肿胀。切面潮湿。销售注水肉的案子是湿漉漉的，严重的还有积水。此外，指压猪肉，形成的凹陷很快弹起，则没注水；如凹陷弹起缓慢，并有液体渗出，可能是注水猪肉。

（5）病害猪肉的鉴别方法。识别病死猪肉的方法为"四看一闻一查"。

一看表皮。健康猪肉的表皮没有出色斑点；病死猪肉的表皮上常有紫色出血斑点，甚至会出现暗红色的弥漫性出血点，也有的会出现红色或黄色的隆起疹块。

二看脂肪。健康猪肉的脂肪呈白色或乳白色；病死猪肉的脂肪呈红色、黄色或绿色等异常色泽。

三看肌肉。健康猪的瘦肉一般为红色或淡红色，色泽鲜艳，很少有液体流出；病死猪肉的颜色发红发紫，无光泽，挤压时有暗红色的血汁渗出。

四看弹性。健康猪肉有弹性；病死猪肉无弹性。健康猪肉闻起来无异味；病死猪肉有血腥味、腐臭味及其他异味。查看时，病死猪肉的淋巴结是肿大的。而质量合格的猪肉的淋巴结大小正常，肉切面呈鲜灰色或淡黄色。

①猪囊虫肉的鉴别方法。猪囊虫病是由钩绦虫的幼虫寄生在猪的肌肉里所引起的一种寄生虫病。患猪囊虫病的猪肉，俗称米猪肉。呈囊泡状，肉眼观察有小米粒大到豌豆大小不等的囊泡，其中有一个白色的头节，就像石榴籽一样。猪囊虫也见于猪的心脏上。吃猪囊虫肉会使人患绦虫病。如果人间接地吃进虫卵也会患囊虫病，其后果严重。

米猪肉最显著的特征是瘦肉中有呈椭圆形、乳白色、半透明的水泡，大小不等。从外表看，像是肉中夹着米粒。

②猪瘟病肉的鉴别方法。病猪全身皮肤，包括头部和四肢皮肤上都有大小不一的鲜红色出血点，肌肉和脂肪也有小出血点。全身淋巴结呈紫色，俗称"肉枣"。肾脏贫血色淡，也有出血点。个别肉贩常将猪瘟病肉用清水浸泡一夜，第二天再销售。这种肉外表显得特别白，不见有出血点。但将肉切开，从断面上看，脂肪、肌肉中的出血点依然明显。

③猪丹毒病肉的鉴别方法。瘀块型猪丹毒，在颈部、背部、胸腹部，甚至四肢皮肤上，都可见有方形、菱形、圆形及不规则形且突出皮肤表面的红色瘀块，俗称"打火印"。败血型

猪丹毒，全身皮肤都呈紫红色，有的是胸腹部、头和四肢皮肤呈紫红色，俗称"大红袍或小红袍"。全身淋巴结肿大、发红，切开后见有黄色液体流出。肾脏肿大，常呈紫黑色。严重的败血型猪丹毒病肉，全身脂肪呈灰红或灰黄色，肌肉呈暗红色。

（6）排酸猪肉的鉴别方法。"排酸肉"是"排酸冷却肉"或"排酸冷藏肉"的简称。我们平时所吃的鲜猪肉，很容易受到微生物的污染而腐败变质。但如果在屠宰后及时进行冷却处理，使猪肉的温度在 24 小时内降到 0℃～4℃，并在以后的一系列加工、流通和销售过程中始终保持这个温度，就能够抑制肉中酶的活性和大多数微生物的生长繁殖，使肉的纤维结构发生变化，容易咀嚼和消化，营养的吸收利用率也高，口感更好。这就叫肉的排酸过程。从卫生学和营养学的角度来说，肉类排酸是现代肉品学及营养学所提供的一种肉类后成熟工艺。

由于排酸肉对肉的加工工艺要求很高，必须是在屠宰后及时冷却排酸，包装、储存、运输和销售也在低温控制中进行。这些步骤中，只要有一个达不到要求，就不能叫真正的排酸肉。然而，在我国推广"排酸肉"还有很多技术问题需要解决。市场上存在一些不合格的排酸肉，只完成了冷却过程中的某几个步骤，我们要学会鉴别排酸肉是否合格。单从外表上很难区分，合格的排酸肉和不合格的排酸肉在颜色、气味、弹性、黏度上有细微差别，只有做熟后才能明显感觉到不同：合格的排酸肉更嫩，做的时候不用裹蛋液和淀粉，熬出的汤更是清亮醇香。

（7）选购猪肉不宜太"好色"。猪肉煮熟了，由粉红色变成较浅的褐白色。可是，有些猪肉煮熟了还是粉红色，甚至比生的时候还要鲜艳漂亮。这是因为肉中加了亚硝酸钠。用亚硝酸钠腌制的肉，煮过、炒过之后仍然是美丽的粉红色。然而，亚硝酸钠本身是有毒的，还可能会与氨基酸发生反应，产生致癌的"亚硝胺"。在选购肉类食品时，不要太"好色"，特别是半成品肉类和熟食用合成红色素来染色，用量过多，不利于健康。

（8）"瘦肉精"猪肉的鉴别方法。辨别"瘦肉精"猪肉，一是看猪肉皮下脂肪层的厚度。健康猪肉在皮层和瘦肉之间会有一层脂肪，而瘦肉精猪肉因猪吃药生长，导致其皮下脂肪层明显变薄。二是看猪肉的颜色和纤维。一般情况下，含有瘦肉精的猪肉特别鲜红、光亮；健康猪肉的肉质好，纤维弹性好。含有瘦肉精的猪肉纤维则比较疏松，切成小片不能立于案上。

专家指出，人食用含瘦肉精的猪肉后会出现头晕、恶心、手脚颤抖、心跳加速，甚至心脏骤停而致昏迷死亡。特别对心律失常、高血压、青光眼、糖尿病和甲状腺机能亢进等患者有极大危害。

2. 猪内脏的鉴别方法

（1）猪肝的鉴别方法。先看外表。表面有光泽，颜色紫红均匀的是健康猪肝。用手触摸，感觉有弹性，无硬块、水肿、脓肿的是健康猪肝。另外，有的猪肝表面有菜籽大小的小白点，这是致病物质侵袭肌体后，肌体保护自己的一种肌化现象。把白点割掉仍可食用。如果白点太多就不要购买。

（2）猪肚的鉴别方法。挑选猪肚应首先要看色泽是否正常。其次要看胃壁和胃的底部有无出血块或坏死的发紫发黑组织。如果有较大的出血面就是病猪肚。最后闻有无臭味和异味，若有就是病猪肚或变质猪肚，这种猪肚不要购买。

（3）猪腰的鉴别方法。挑选猪腰首先要看表面有无出血点，若有则不正常。其次看形体是否比一般猪腰要大和厚，如果是又大又厚，应仔细检查是否有肾红肿。检查方法是：用刀切开猪腰，看皮质和髓质（白色筋丝与红色组织之间）是否模糊不清，若模糊不清的就不正常。

3. 肉松、火腿肠的鉴别方法

选购肉松和火腿肠食品时，首先要选择有 QS 标志的产品，其次要注意看产品的标识标注是否规范。尽量到一些信誉比较好的大商场、大超市购买。尽量选购知名品牌的产品，因为这些产品的生产企业规模大，质量控制严格，产品质量有保障。在选购肉松产品时，应注意看产品的配料表。如果配料表中有淀粉，则产品为肉粉松，肉粉松的蛋白质等营养成分相对比普通肉松要少。选购火腿肠时，应注意标签上标示的产品级别，级别越高的产品，含肉的比例就越高，蛋白质的含量也相应高。另外，在购买火腿肠时，应选择摸上去弹性好的产品。因为弹性好，肉的比例就高。选购肉松和火腿肠制品时，最好选择近期生产的产品，一次购买量不宜过多。已开封的肉制品一定要密封，最好在冰箱中冷藏保存，尽快食用。此外，要注意观察产品的外包装，不要购买火腿肠肠衣或肉松的包装袋上有破损的产品。

（1）劣质火腿肠的鉴别方法。一些不法分子为了牟取高额利润，在制作火腿肠时掺杂、掺假，消费者在购买时要十分小心。

（2）掺淀粉火腿肠的鉴别方法。掺淀粉的火腿肠，外观硬挺、平滑，貌似瘦肉比例高且干燥。如仔细观察，这种火腿肠表面缺乏正常火腿肠中瘦肉干燥收缩导致的凹陷；掰开火腿肠，即可见断面的肉馅松散，黏结程度低，可见淀粉颗粒。用碘酒涂在白纸上，趁其未干时，将火腿肠的断面按在有碘酒的纸上。若掺有淀粉，按压处就会变成蓝黑色。

（3）母猪肉火腿肠的鉴别方法。母猪肉肉质粗硬，有难以去除的腥味。虽可食用，但属次质肉。母猪肉灌制的火腿肠，看上去瘦肉比例高，但瘦肉部分颜色较深，呈深紫黑色。掰开看，瘦肉纤维粗，并可见绞不碎的白色纤维状筋膜。

（4）用变质火腿肠灌制火腿肠的鉴别方法。变质火腿肠泡开剁碎后，掺入新鲜肉馅灌制的火腿肠，外观特殊，火腿肠的两端呈黄色，中段可见分布不规则的紫黑色的瘦肉硬结。掰开火腿肠，在肉馅中亦可触摸到这种泡不开的硬结。

（5）掺人工合成色素火腿肠的鉴别方法。正常火腿肠的肥肉为白色，瘦肉为玫瑰色或深红色，红白分明。掺有人工合成色素的火腿肠呈不正常的胭脂红色。如去掉肠衣，把肉馅放在水中，水也会变红色。

4. 如何选购羊肉

羊肉是家庭经常食用的肉品之一，营养丰富。羊肉主要有新鲜、不新鲜和变质之区分，也有羊龄大小之别。挑选时，主要对羊肉的颜色、弹性、黏度以及气味加以鉴别。

（1）新鲜羊肉的鉴别方法。肉色鲜红且均匀，有光泽；肉细而紧密，有弹性；外表略干，不黏手；气味新鲜，无其他异味。

（2）不新鲜羊肉的鉴别方法。肉色深暗，外表黏手，肉质松弛无弹性，略有氨味或酸味。

（3）变质羊肉的鉴别方法。肉色暗，外表无光泽且黏手，有黏液；脂肪呈黄绿色，有异味，甚至有臭味。

（4）老羊肉的鉴别方法。肉色较深红，肉质略粗，不易煮熟，新鲜老羊肉气味正常。

（5）小羊肉的鉴别方法。肉色浅红，肉质坚而细，富有弹性。

（6）山羊肉与绵羊肉的鉴别方法。山羊肉比绵羊肉膻，这是由于山羊肉脂肪中含有一种叫4—甲基辛酸的脂肪酸，这种脂肪酸挥发后会产生一种特殊的膻味。其鉴别方法如下：

一是看肌肉。绵羊肉黏手，山羊肉发散，不黏手；二是看肉上的毛形。绵羊肉毛卷曲，山羊肉硬直；三是看肌肉纤维。绵羊肉纤维细短，山羊肉纤维粗长；四是看肋骨。绵羊的肋骨窄而短，山羊的肋骨则宽而长。不过，从营养成分来说，山羊肉并不低于绵羊肉。相比之下，绵羊肉比山羊肉脂肪含量更高，这就是为什么绵羊肉吃起来比山羊肉更加细腻可口的原因。山羊肉的一个显著特点就是胆固醇含量比绵羊肉低。因此，可以起到预防血管硬化及心脏病的作用，特别适合高血脂患者和老年人食用。

山羊肉与绵羊肉还有一个很大的区别。中医认为山羊肉是凉性的，而绵羊肉是热性的。因此，绵羊肉具有补充营养的作用，适合产妇、病人食用；而山羊肉则病人最好少吃，普通人吃了以后也要忌口，最好不要再吃凉性的食物和瓜果等。

（7）真假羊肉的鉴别方法。鸭肉更加细嫩，羊肉相对粗糙。如果用鸭脯肉串冒充羊肉串，则会出现肥瘦都很均匀的现象，而真正的羊肉串肥瘦搭配变化很大；鸭脯肉串细看可以发现外层有细微毛孔，而羊肉串则没有毛孔。真正的羊肉串碳火烤熟后不见红，饱满多汁，也就是俗话说的嫩。而假的羊肉串摊贩会烤得很焦，让你无法鉴别真假。

（8）真假羊肉片的鉴别方法。市场上的确有用低价猪肉、鸭肉制成的假羊肉片。低价假羊肉的造假手法主要有两种。一种是在羊肉中掺入猪肉，另一种则是直接用猪肉、鸭肉掺上羊油、香精、羊肉粉等，有些还掺色素冒充羊肉，消费者很难辨别出来。现在假羊肉加工技术非常高明，不仅味道很像真羊肉，而且有些商贩在猪肉、鸭肉中加入羊血蛋白，就连颜色都丝毫不差。一般来说，生肉制品所用肉的质量会好一些，因为肉的颜色、质地消费者一目了然。但是做菜用的肉经过腌制、调味，根本鉴别不出真假羊肉，更容易让假羊肉有可乘之机。

消费者可以从色泽、纹理、脂肪分布 3 个方面来分辨真假羊肉片。

①色泽。羊肉的颜色是鲜红色，但比牛肉略淡；猪肉是粉红色，鸭肉是暗红色。此外，羊

肉的脂肪部分应该是洁白细腻的，有些羊肉卷脂肪部分发黄，这是冻得太久了，这种羊肉新鲜度很差，营养及口感也不好。

②纹理。猪肉纹路较粗，排列分布也不规则，呈网状结构；羊肉的纹路较细，呈条纹状排列分布。

③脂肪分布。牛肉和羊肉区别于其他肉类的一大特征就是瘦肉中混杂脂肪，细看丝丝分明，俗称"大理石花纹"。猪肉和鸭肉则没有。一些假羊肉通过把肥瘦猪肉切碎再压紧切片，也能做出这种花纹。但纤维混乱，很容易辨别。

对于普通消费者来说，最好的方法就是去清真农贸市场购买，或者去超市买大品牌的羊肉制品，这样质量会更有保障。另外，最好不要购买价格太低的羊肉，以免买到假羊肉。

5. 如何选购牛肉

（1）看色泽。新鲜的牛肉有光泽，红色均匀，脂肪洁白或淡黄色；变质的牛肉色暗，无光泽，脂肪呈黄绿色。

（2）摸黏度。新鲜牛肉外表微干或有风干膜，不黏手，弹性好；变质牛肉的外表黏手或极度干燥，新切面发黏，指压后凹陷不能恢复，留有明显的压痕。

（3）闻气味。新鲜牛肉具有鲜肉味；变质牛肉有异味，甚至有臭味。切开的新鲜牛肉稍微呈黑色，30 分钟氧化后就会变成新鲜的红色。重叠部分没有进入氧气，呈现黑色。但是氧气能到达的部分如果呈现黑色，就要特别注意。肥肉呈黑色，两端干燥，这种牛肉的新鲜度已经降低了。

①老、嫩牛肉的鉴别方法。老牛肉肉色深红、肉质较粗；嫩牛肉肉色浅红，肉质坚而细，富有弹性。

②注水牛肉的鉴别方法。注水后的牛肉很湿润，肌肉表面有水淋淋的亮光，大血管和小血管周围出现半透明的红色胶样浸湿，肌肉间结缔组织呈半透明红色胶冻状。横切面可见到淡红色的肌肉。如果是冻结后的牛肉，切面上能见到大小不等的结晶晶粒。拿一张纸巾放在牛肉上挤压一下，如果是注过水的牛肉，纸巾会迅速被水浸湿，用火点不能燃烧；如果是没有注过水的新鲜牛肉，纸巾会因黏上牛油而很容易被点燃。

③牛肉与马肉的鉴别方法。

市场上，偶尔有个别不法商贩将马肉当成牛肉卖，坑害消费者。从肌肉的色泽看。牛肉呈淡红色，切面有光泽；马肉呈深红色、棕红色或苍红色。从肌纤维形状看。牛肉肌纤维较细，切断面颗粒感不明显；马肉肌纤维较粗，间隙大，切断面颗粒非常明显。从肌肉的嫩度上看。牛肉质地结实，韧性较好，嫩度较差；马肉质地较脆，嫩度较强，韧性较差。从肌肉的脂肪看。牛肉脂肪呈白色，肌纤维间脂肪明显，切面呈大理石状；马肉脂肪呈黄色，柔软而黏稠；肌纤维间很少夹杂脂肪。

6. 如何选购鸡肉和活鸡

（1）"西装鸡"的鉴别方法。消费者在购买"西装鸡"的时候，应注意以下几点。

①看外包装。正规厂家的外包装色泽鲜亮，印刷图案清晰，手感较好，封口处较平整、规范。正规厂家包装说明中有厂家名称、联系电话、保存方法和注意事项等。另外，还有保质期和生产日期；生产许可证号和产品标准号。外包装正面有椭圆形动物检疫合格标志。

②看内包装。合格的"西装鸡"，皮色粉白或微黄，肉质鲜亮、饱满。解冻后，触摸有弹性。病死鸡皮色发红或发黑，外皮皱缩。解冻后触摸无弹性或弹性不好。

（2）鸡翅的鉴别方法。消费者在选购鸡翅时，首先应该观察鸡翅表皮的新鲜度。新鲜鸡翅的外皮色泽白亮呈米黄色，并富有弹性，有一种特殊小鸡肉鲜味，无残留毛及毛根。其次，价格也是判断鸡翅质量好坏的重要因素。如果鸡翅的价格比较低，就要谨慎购买。此外，销售渠道也很重要，最好选择大型的超市或商场，购买带包装的鸡翅。同时选购信誉好的厂家的产品。如果冷冻鸡翅雪白饱满，可能是注水的。

（3）白条鸡的鉴别方法。白条鸡是指褪去了鸡毛且摘掉了内脏的鸡。

①好的白条鸡，颈部应有宰杀刀口，刀口处应有血液浸润痕迹。

②好的白条鸡，眼球饱满，有光泽，眼皮多为全开或半开。病死的白条鸡，眼球干缩凹陷，无光泽，眼皮完全闭合。

③好的白条鸡，表皮呈白色或微黄色，表面干燥，有光泽。病死的白条鸡，由于放血不充分，表皮充血严重，常常脱毛不净。

④好的白条鸡，肛门处清洁，并且无坏死或病灶；病死的白条鸡，肛门周围不洁净，并常常发绿。

⑤好的白条鸡，鸡爪不弯曲；病死的白条鸡，鸡爪呈团状弯曲。

⑥鉴别白条鸡最好的、最有效的方法是，查验有无动检部门出具的动物检疫合格证明或标有检疫合格标志。

（4）注水白条鸡的鉴别方法。好的白条鸡的胸肌及两股内侧部位，表皮比较松弛，可用手指拉起；注水白条鸡的这些部位特别丰满，手指难以拉起，且注水部位的指压痕迹不能复原。其次，也可用刀割开疑似注水的部位，若发现皮下出现粉红色胶冻样物，亦可确定为注水白条鸡。另外，用六号注射针头，在疑似注水的部位刺一两下，同时压紧附近表皮，如针眼内有液体外溢，则证明白条鸡已注水，而正常的白条鸡无此现象。

（5）活宰和死宰鸡的鉴别方法。如果购买已经宰杀好的鸡，需要注意是否是鸡死后再宰杀的：如果屠宰刀口不平整，放血良好的是活鸡屠宰的；而刀口平整，甚至无刀口，放血不好，有残血且血呈暗红色，则是死后屠宰的鸡。

（6）活鸡的鉴别方法

（1）健康活鸡。健康的活鸡，羽翼丰满、鸡冠鲜红、眼有神，头、口、鼻颜色正常。手摸鸡嗉囊内无积食、水、气体和硬物，软而有弹性，倒提没有液体流出口外。健康的活鸡，胸肌肉和腿肌肉肥厚，皮色正常。检查活鸡肛门时，健康活鸡可见肛门紧缩，周围绒毛干净，无绿色和白色污物，没有石灰质粪便。

（2）病活鸡。病活鸡的两只眼睛紧闭或半闭，且暗淡无光，有分泌物流出。精神萎靡，四肢无力，步伐不稳健甚至瘫软。嘴喙间有黏液，不爱吃食。手摸鸡嗉囊发硬。病活鸡的双翅和尾巴下垂，羽毛松乱而无光泽。皮肤有红斑与肿块，胸肌十分消瘦。肛门松懈，周围羽毛有脏物或白色物。

（3）笼养鸡：一群都是一个颜色。鸡皮白皙粗糙，毛锥（鸡皮疙瘩）粗大、脂肪层厚、肉质粗糙、肌肉纤维成束但不紧实，入口油腻。脚短、爪粗圆而肉厚。

（4）散养鸡：也称柴鸡、草鸡、土鸡，即农家放养的鸡，识别的方法可以看脚：散养鸡的脚爪细而尖长，粗糙有力。鸡皮细腻、白皙、肉质细腻紧实、肌肉纤维成束、毛锥（鸡皮疙瘩）细小，口感清香。

挑选嫩鸡：识别鸡的老嫩主要看鸡脚。脚掌皮薄，无僵硬现象；脚尖磨损少；脚腕间的突出物短的是嫩鸡。

7. 如何选购鸭肉和活鸭

（1）注水鸭肉的鉴别方法。拍肌肉：注水的鸭肉特别有弹性，一拍就会听到"啵、啵、啵"的声音。看翅膀：翻起鸭的翅膀仔细查看，若发现上面有红针点，周围呈乌黑色，就证明已经注了水。掐皮层：在鸭的皮层下，用手指一掐，明显地感到打滑，说明是注过水的。抠胸腔：如果是将水用注射器打入鸭胸膛的油膜和网状内膜里，只要用手指在上面稍微一抠，注过水的鸭肉网膜就很容易被抠破，水便会流淌出来。用手摸：未注过水的鸭，身上摸起来平滑，皮下注过水的鸭高低不平，摸起来好像长有肿块。拿纸试：用一张干燥易燃的薄纸，贴在已去毛的鸭背上，稍加用力停留片刻，然后取下用火烧。若纸燃烧，说明未注水；不燃烧，则为注水的鸭。

（2）活鸭的鉴别方法。活鸭的挑选方法和活鸡的挑选方法相同。

①鸭子老嫩的鉴别方法。选购活鸭时，凡摸上去气管较细（一般如竹筷粗细）者是嫩鸭，摸上去气管较粗者则是老鸭。选购冻鸭时，如鸭身较糙，有小毛，重1500克左右则是嫩鸭；反之，鸭身光滑，光皮上无小毛，重1000克左右则是老鸭。

②灌水鸭的鉴别方法。鸭被灌水后，手摸其腹部和两翅骨下，有滑动而失去肥壮结实的感觉。被灌了水的家禽多半都不愿意活动，只喜欢蹲着；若宰杀脱毛后，还可发现肉、皮颇松，呈鼓胀状态。

8. 如何选购鹅肉和活鹅

（1）鲜鹅肉的鉴别方法。品质好的鹅肉，皮表干燥、紧缩，呈白色或淡黄色，并带浅红色。眼睛充实饱满，角膜有光泽。口腔黏膜光亮，喙干燥，有弹性。当切开肉时，可见皮下脂肪为淡黄色，肌肉呈淡玫瑰色。用手触摸时，有一定的硬度和弹性，手感较干燥。新鲜的鹅肉，除本身固有的腥味外，不应有其他异味。优质鹅肉煮的汤，应澄清透明，脂肪团聚于汤表面，具有鲜香的气味和滋味。

（2）注水鹅的鉴别方法。注水鹅可分3种：大剂量的注水量在200ml以上，中剂量的注水量在100ml～200ml之间，小剂量的注水量在100ml以下。具体鉴别方法如下。

①正常的白条鹅，胸肌及两股内侧皮肤较松弛，可用手拉起；胸骨突出于两侧胸肌，似牛背样；腹部平坦扁平，皮肤松弛，有少许皱纹。

②大量注水的白条鹅，一般个体较小，可见到整个鹅特别饱满，两侧胸肌几乎与胸骨平，胸部平坦，皮肤紧张，用手拉不起皮。指压注水部位，指印不复原。冬天指压有冰茬感，腹部丰满，严重者腹部膨起。对大量注水的白条鹅，应禁止食用，进行集中销毁。

③中量注水的白条鹅，外观可见两侧胸肌丰满，皮肤紧张。注水部位指压有痕迹，不易复原。两股内侧皮肤紧张，皱纹消失，指压皮下结缔组织有滑动感。对中量注水的白条鹅，肌肉无变性及腐败的，切除注水部位高温处理后也可食用。

④少量注水的白条鹅不易检出，但仔细观察鹅胸肌，两股内侧较丰满，手指拉皮肤时拉起较低。指压复原慢。对少量注水的白条鹅，注水部位无变性腐败，肉质良好，切除注水部位即可食用。

（3）活鹅的鉴别方法。健康活鹅的特征是，头颈高昂，羽毛紧密有光泽，尾部上举，眼睛圆而有神，肢体有活力。手摸的感觉是，肌肉发育良好，胸部丰满，背部宽阔，翅下肌肉突出，尾部丰满，全身肥度好。

9. 如何选购狗肉

在一些农贸市场，有的不良商贩用羊肉冒充狗肉卖。其鉴别方法如下：

（1）狗肉和羊肉的鉴别方法。狗肉和羊肉的表皮和精肉都很相似，一般较难辨别，但凭经验细致分辨还是可以鉴别的。首先，狗毛比羊毛难脱，所以，一般狗肉的皮下毛根较多。在狗皮的切口上可以看到较多的"毛根"，而羊肉却少此现象。其次，狗肉比羊肉的肉质稍微结实，颜色稍深红。另外，还可以通过嗅觉来鉴别，狗肉呈腥味，而羊肉呈膻味。

（2）被毒死狗肉的鉴别方法。一看脖子上有无血洞和绳扣痕迹；脖子上有血洞的狗肉是现杀的活狗，脖子上无血洞的狗肉是从外地运来的死狗肉。二看狗肉表面是否苍白无血：现杀的狗呈红色，闻起来有腥味，被毒死的狗肉则很苍白。三看狗嘴里有无残留物和药的异味。如果有残留物和药的异味，则是被毒死的狗。

10. 如何选购驴肉

（1）驴肉的鉴别方法。新鲜的驴肉多呈红褐色，脂肪颜色淡黄有光泽。次鲜驴肉肌肉部分呈褐色且无光泽。新鲜驴肉肌肉脂肪滋味浓香。次鲜驴肉肌肉脂肪平淡或无滋味。新鲜驴肉肌肉组织坚实而有弹性，肌肉纤维较细有弹性。次鲜驴肉肌肉组织软松而缺乏弹性。

（2）马肉、骡子肉与驴肉的鉴别方法。有些不良商贩用马肉和骡子肉来冒充驴肉销售。如果是用马肉来冒充驴肉，则很容易分辨。因为马肉不但口感不好，而且纤维比较粗糙，用肉眼就可以看出来。如果是用骡子肉冒充驴肉，用肉眼就很难分辨出来了。只能通过品尝肉质的细腻程度以及口感的好坏来判定了。俗话说：驴肉香，马肉臭，饿死不吃骡子肉。驴肉味美汤鲜，香而不腻，肉酥爽滑。

11. 如何选购冻肉

冷冻肉的好坏主要根据肉的色、味、弹性和酸度来分辨。质量好的冻肉，颜色呈浅灰色，肥肉和油脂呈白色。闻无怪异味，口尝不泛酸。手指压下去的部位不能平复，并出现红色斑迹。解冻后分泌出浅红色液汁。不好的冻肉或经过多次解冻的复冻肉，各处颜色不一，分别呈蓝色、浅蓝色或鲜红色。用手指压，肉色无变化。解冻后，肉质松软而无弹性。骨髓由白色变为红色。

12. 如何选购咸肉

咸肉是我国传统的利用食盐保存肉类的一种方法。尤其是在南方农村中，常有用盐腌肉的习惯。

质量好的咸肉：肉皮干硬、苍白色、无霉斑及黏液，脂肪呈白色或带微红色，质硬，肌肉切面平整，呈鲜红或玫瑰红色且均匀，无异味。

变质的咸肉：肉皮黏滑、发软、灰白色，脂肪呈灰白色或黄色，质地似豆腐状，肌肉切面呈暗红色或带灰绿色，有腐败臭味或虫蛀等。

13. 如何选购腊肉

腊肉与咸肉的主要区别在于腊肉先经腌制，再进行熏制。我国南方各地生产腊猪肉较多，在华北、西北地区生产腊牛肉、腊羊肉较多。

质量好的腊肉：色泽鲜亮，肌肉呈鲜红色或暗红色，脂肪透明或呈乳白色；肉身干爽、结实，富有弹性。用手指压过后无明显凹痕，并具有腊肉应有的风味。

变质的腊肉：色泽灰暗无光，脂肪明显呈黄色，表面有霉点、霉斑，擦拭后仍有霉迹，肉质松软、无弹性，且带黏液；脂肪有明显酸败味或其他异味。

腊肉虽然是传统风味食品，但营养价值并不高，且对人体健康有害，所以不能多吃。

14. 如何选购肉馅

肉馅是指鲜肉或解冻肉经绞肉机绞碎的肉。在绞碎过程中，肉受到机械热的影响，以及接触空气面积增大、肉汁渗出等因素，微生物很容易生长繁殖。细菌在肉馅中繁殖速度比在完整的鲜肉上要快 3～4 倍，故应随绞随用。

优质肉馅：肉糜红白分明，气味正常，无杂物。

劣质肉馅：肉糜呈灰暗或暗绿色，有异味或臭味，可见到杂物。

选购肉馅时，要注意肉馅整体应是一种颜色。不新鲜的肉馅表面呈黑色。肉馅是最容易腐败的。冷藏最多 1 天，冷冻 1 周。

那么如何鉴别甲醛肉馅？

经甲醛处理过的肉馅，外观上很难区分，但有明显的刺激性气味。鉴别时，一要先闻是否有刺鼻的气味。二可把肉馅泡在水里，看是否有其他颜色的漂浮物。

毫无光泽的肉馅，掺入了化学药剂后，立即会变得光鲜发亮。有些商贩将很不新鲜的肉，用绞肉机绞成馅状后，当场加入一些不明物用手搅拌，很快肉馅的颜色就会发生明显变化，鲜嫩得像刚屠宰出来的肉一样。

15. 如何选购酱卤类肉制品

酱卤类肉制品主要有酱肘子、酱猪耳、酱猪蹄、酱肉、扒鸡、卤鸡翅、凤爪等。酱卤类肉制品是我国传统肉制品中的中高档产品，具有营养丰富、肉质细腻、鲜嫩爽口、携带方便、食用简单等特点。专家提醒消费者，选购酱卤类肉制品要注意以下问题：

（1）选购带包装的产品。因为包装完好的产品可避免流通过程中的二次污染。如果是真空包装的，要看其真空度是否完好。如发现膨袋现象，说明已变质，不可以食用。还要看产品的生产日期、保质期，以防买到过期产品。

（2）要到大商场购买知名品牌的酱卤肉。在大商场购买信誉度高、品牌好的产品，质量有保证。而一些没有品牌的产品，很多是小作坊生产的，其质量难有保证。

（3）要尽量选购近期生产的产品。酱卤类肉制品虽有一定的保质期，但产品会逐渐氧化，新生产的产品口味最好。

（4）要选购弹性好的产品。弹性好通常会肉多，口味好。

（5）警惕颜色鲜亮的产品。购买时要警惕那些颜色格外鲜亮、卖相很好的酱卤肉。专家介绍说，酱卤过的肉应该是暗红色的。颜色太过于鲜艳，应提防亚硝酸钠使用超标。亚硝酸钠是一种潜在的致癌物质，过量或长期食用对人的身体会造成危害，甚至会致癌。

（6）优质酱卤肉的肉质应新鲜，略带酱红色，具有光泽；肉质切面整齐平滑，结构紧密结实，有弹性，有油光；具有酱卤肉的风味，无异味。外观为完好的自然块，洁净，新鲜润泽，呈肉制品应具有的自然色泽，无异物附着。

二、如何选购水产品

水产品包括淡水鱼、海水鱼和各种水生动植物，如虾、蟹、蛤蜊、海参、海蜇和海带等，因其味道鲜美，所以深受人们的喜欢。随着人们生活水平的提高，水产品的质量安全问题，已经越来越引起人们的关心和重视。

1. 如何选购活鱼

因海水鱼脱离海水环境就会很快死亡，所以活鱼仅限于淡水鱼。质量好的活鱼，在水中游动自如，呼吸均匀，对外界刺激敏感。鱼体表面黏液清洁透明，无伤，不掉鳞。喜欢在鱼池底部、中间游动的鱼，品质最佳。如发现鱼肚皮朝上不能直立，或能直立但游动缓慢，反应迟钝，鱼鳞脱落，有伤或有病害，则是鱼即将死亡的征兆。

2. 如何选购新鲜鱼

新鲜鱼是指死后不久的活鱼。新鲜的鱼表皮有光泽，鱼鳞完整、贴伏，并有少量透明黏液；鱼背坚实有弹性，用手指压一下，凹陷处立即平复；鱼眼透明，角膜富有弹性，眼球饱满凸出；鱼腮鲜红或粉红，没有黏液，无臭味；鱼腹不膨胀，肛孔白色，不突出。不新鲜、甚至变质的鱼，鱼鳞色泽发暗，鳞片松动；鱼背发软，肉与骨脱离，指压时凹陷部位很难平复；鱼眼塌陷，眼睛灰暗；鳃的颜色呈暗红或灰白色，有陈腐味和臭味；鱼腹膨胀，肛孔鼓出。

3. 如何选购海斑与养斑鱼

各类斑鱼价格本来就不菲，而海斑和养斑鱼的差价就更大。因此，有不良商家把人工饲养的养斑鱼冒充大海捕捞的海斑鱼销售，赚取丰厚利润。识别海斑与养斑鱼，通常看鱼唇。海斑鱼的嘴唇是完整无损的，因为在大海里自由觅食，极少发生相互争食而使嘴唇受损的现象。而养斑鱼就不一样，在有限的活动水域里，常常为了夺食而导致嘴唇伤痕累累。这种对比，在酒楼的海鲜池里可以看得一清二楚。即使煮熟了，鱼唇的伤痕仍然是无法修复的。

4. 如何选购三文鱼

三文鱼不同于其他的鱼，它的肉越新鲜，颜色就越深。放时间久了，颜色会慢慢变浅，呈浅的桔黄色。

5. 如何辨别受污染的鱼

江河、湖泊由于受工业废水排放的影响，致使鱼遭受污染而死亡。有些不良商贩把这些受污染的鱼也运到市场出售。受污染鱼的鉴别，有以下几个方法：

（1）体态。受污染的鱼，常呈畸形，如头大尾小，或头小尾大，腹部发胀发软，脊椎弯曲，鱼鳞色泽发黄、发红或发青。

（2）鱼眼。受污染的鱼，眼球浑浊、无光泽，有的眼球向外突出。

（3）鱼鳃。受污染的鱼，鳃丝色泽暗淡，通常发白。

（4）气味。受污染的鱼，一般有氨味、煤油味、硫化氢气味等，缺乏鱼腥味。

6. 如何选购淡水养殖鱼与野生鱼

一般情况下，野生鱼与养殖鱼可这样分辨：一看颜色。野生的颜色稍浅；二看"条形"。"苗条"一点、体形正常无畸形的，是野生的。比较"胖"、略显短肥或有畸形的，一般都是饲料养殖的；三看烹饪时间长短。烹饪时间较短即熟的是野生的，时间较长的是饲料养殖的。四尝味道。味美汤鲜、肉质细嫩的是野生的，否则就是饲料养殖的。

7. 如何鉴别毒死鱼

在农贸市场上，常见有被农药毒死的鱼类出售。购买时要特别注意。毒死鱼要从以下几方面鉴别：

（1）鱼嘴。正常鱼死亡后，闭合的嘴能自然拉开。而毒死的鱼，鱼嘴紧闭，不易自然拉开。

（2）鱼鳃。正常死的鲜鱼，其鳃色是鲜红或淡红。而毒死的鱼，鳃色为紫红或棕红。

（3）鱼鳍。正常死的鲜鱼，其腹鳍紧贴腹部。而毒死的鱼，腹鳍张开而发硬。

（4）气味。正常死的鲜鱼，有一股鱼腥味，无其他异味。而毒死的鱼，从鱼鳃中能闻到一股农药味，但不包括无味农药。

8. 如何选购冻鱼

鲜鱼经 -23℃低温冻结后，鱼体发硬，其质量优劣不如鲜鱼那么容易鉴别。冻鱼的鉴别应注意以下几个方面：

（1）体表。质量好的冻鱼，色泽光亮，如鲜鱼般鲜艳，体表清洁，肛门紧缩。质量差的冻鱼，体表暗无光泽，肛门突出。

（2）鱼眼。质量好的冻鱼，眼球饱满突出，角膜透明，洁净无污物。质量差的冻鱼，眼球平坦或稍陷，角膜浑浊发白。

（3）组织。质量好的冻鱼，体形完整无缺。用刀切开，肉质结实，脊骨处无红线，胆囊完整不破裂。质量差的冻鱼，体形不完整，用刀切开，肉质松散，胆囊破裂。

9. 如何选购黄鱼

黄鱼的质量优劣，一般从鱼的体表、鱼眼、鱼鳃、鱼肉、黏液腔等方面鉴别。

（1）体表。新鲜质好的黄鱼，体表呈金黄色，有光泽，鳞片完整，不易脱落。新鲜质次的黄鱼，体表呈淡黄色或白色，光泽较差，鳞片不完整，容易脱落。

（2）鱼鳃。新鲜质好的大黄鱼，鳃色鲜红或紫红，小黄鱼多为暗红或紫红。无异味或鱼腥臭味，鳃丝清晰。新鲜质次的黄鱼，鳃色暗红、暗紫或棕黄、灰红色，有腥臭味，但无腐败臭味，鳃丝粘连。

（3）鱼眼。新鲜质好的黄鱼，眼球饱满突出，角膜透明。新鲜质次的黄鱼，眼球平坦或稍陷，角膜稍浑浊。

（4）鱼肉。新鲜质好的黄鱼，肉质坚实，富有弹性。新鲜质次的黄鱼，肉质松弛，弹性差。如果肚软或破肚，则是变质的黄鱼。

（5）黏液腔。新鲜质好的黄鱼，黏液腔呈鲜红色。新鲜质次的黄鱼，黏液腔呈淡红色。

10. 如何选购带鱼

带鱼的质量优劣，可以从以下几个方面鉴别：

（1）体表。质量好的带鱼，体表富有光泽，全身银鳞全，且银鳞不易脱落。翅全，无破肚和断头现象。质量差的带鱼，体表光泽较差，银鳞容易脱落，全身仅有少数银磷。鱼身变为暗灰色，有破肚和断头现象。

（2）鱼眼。质量好的带鱼，眼球饱满，角膜透明。质量差的带鱼，眼球稍陷缩，角膜稍浑浊。

（3）鱼肉。质量好的带鱼，肉质厚实，富有弹性。质量差的带鱼，肉质松软，弹性差。

11. 如何选购螃蟹

选购螃蟹一定要新鲜，所以一定要拣活的买。大小都可以，但是一定要重。因为母的蟹黄多，所以母的更好。

一看蟹壳。凡壳背呈黑绿色，且有亮光的，都是肉厚壮实的；壳背呈黄色的，大多是较瘦弱的。

二看肚脐。肚脐凸起的，一般都是膏肥脂满的；肚脐凹进去的，大多是膘体不足。

三看螯足。凡螯足上绒毛丛生，都是螯足健壮的；而螯足无绒毛，则体软无力。

四看活力。将螃蟹翻转身来，腹部朝天，能迅速用螯足弹转翻回的，活力强，可保存；不能翻回的，活力差，能存放的时间不长。

五看雄雌。农历八、九月里选雌蟹，九月过后选雄蟹。因为雌雄螃蟹分别在这两个时间性腺成熟，滋味、营养最佳。

12. 如何鉴别蟹肉与人造蟹肉

有人用价格低廉的鳕鱼肉加工成人造蟹肉，与真正的蟹肉相比，价格却相差很多。鉴别方法：鳕鱼肉在聚焦光束照射下，能显示出明显的有色条纹。此外，如果是用鲽鱼、鲴鱼、鲷鱼、斑鳟、梭鱼等肉加工成人造蟹肉，也能显示出有色图案。而蟹肉及虾肉则不会产生此现象。

13. 如何选购虾

要选购虾体完整、甲壳透明发亮、须足无损伤、虾体硬、头与身紧连、味道腥鲜、表面呈青绿色的虾，否则为不新鲜的虾。

（1）对虾的鉴别方法。对虾的质量优劣，主要从色泽、体表、虾肉、气味等方面鉴别。

①色泽。质量好的对虾，色泽正常，卵黄按不同产期呈现出自然的光泽；质量差的对虾，色泽发红，卵黄呈现出不同的暗灰色。

②体表。质量好的对虾，虾体清洁而完整，甲壳和尾肢无脱落现象，虾尾未变色或有极轻微的变色；质量差的对虾，虾体不完整，全身黑斑多，甲壳和尾肢脱落，虾尾变色面大。

③虾肉。质量好的对虾，虾肉组织坚实紧密，手触弹性好；质量差的对虾，虾肉组织松弛，手触弹性差。

④气味。质量好的对虾，气味正常，无异味；质量差的对虾，气味不正常，一般有异味。

（2）基围虾的鉴别方法。基围虾有活虾和冻虾之分。鲜度好的活基围虾，虾头呈青色，肚子白色，虾背透明。鲜度不好的基围虾，虾头变红，虾肚纹路不清晰，虾肚由白色变成乳白，虾头摇摇欲坠。如果虾头完全掉了，除了挤压原因外，这种虾就极有可能已经开始腐烂。基围虾大小不同，价格相差可达一倍。活虾和冻虾的价格也不同。

（3）青虾的鉴别方法。青虾又称河虾、沼虾。属于淡水虾，端午节前后为盛产期。青虾的特点是，头部有须，胸前有爪，两眼突出，尾呈叉形，体表青色，肉质脆嫩，滋味鲜美。青虾的质量优劣，可从虾的体表颜色，头体连接程度和虾肉状况来鉴别。

①体表颜色。质量好的青虾，色泽青灰，外壳清晰透明；质量差的青虾，色泽灰白，外壳透明较差。

②头体连接程度。质量好的青虾，头体连接紧密，不易脱落；质量差的青虾，头体连接不紧，容易脱离。

③虾肉。质量好的青虾，色泽青白，肉质紧密，尾节伸屈性强；质量差的青虾，色泽青白度差，肉质稍松，尾节伸屈性稍差。

（4）虾酱的鉴别方法

①优质虾酱：色泽粉红，有光泽，味清香。酱体呈黏稠糊状。无杂质，卫生清洁。

②劣质虾酱：呈土红色，无光泽，味腥臭。酱体稀薄而不黏稠。混有杂质，不卫生。

（5）干海米的鉴别方法。优质的干海米，大小均匀，外皮微红，里面的虾肉是黄白色，肉细结实，洁净无斑，光亮且有鲜香味；如果是添加色素或其他化学物品的海米，外观看上去更加红润，掰开看里面的虾肉也是通红的。也可以用水泡上几粒，若是添加了色素，则水会变红。也可以抓一把海米用力攥一下，如粘到一起，则说明海米水分过大，容易腐烂变质。另外，新鲜的海米味道鲜香，细嚼有甜味；不新鲜的海米色泽陈暗，个体不完整，虾糠较多。

（6）虾皮的鉴别方法。虾皮从加工工艺上可以分两种：一种是生晒的，即从海里捕捞上来直接晒干的；一种是熟制虾皮，即煮完后再晒干的。优质虾皮纯净身干，片大整齐，呈淡红色（生晒者为淡黄色），有光泽，有鲜虾味，无杂质。攥在手里不粘手，尝起来不牙碜，闻起来没有哈喇味。颜色呈淡黄色，无鲜味，带有霉点者为次品。劣质虾皮则含杂质、灰质多，有异味，不宜选购。

（7）生虾仁和熟虾仁的鉴别方法。在市场上销售的鲜虾仁，必须以冻结状态来保证其新鲜程度。选购时，要注意冻虾仁的裹冰表面应完整清洁，无溶解现象。好的虾仁肉质应清洁完整，呈淡青色或乳白色，且无异味；劣质虾仁则肉质不整洁，组织松软，色泽变红，且有酸臭气味。熟虾米最好用嘴尝一下，有点甜味的比较好。

（8）养殖海虾与野生海虾的鉴别方法。养殖海虾与野生海虾营养成分差异不大，但野生海虾味道比养殖海虾鲜美。因此，野生海虾比养殖海虾在同等大小、同样鲜度时，价格却差异很大。一些商贩利用消费者缺乏鉴别能力，以养殖海虾冒充野生海虾。

鉴别方法：养殖海虾的触须很长，而野生海虾的触须较短；养殖海虾头部"虾栺"长，齿锐，质地较软。而野生海虾头部"虾栺"短、齿钝，质地坚硬。

（9）碱发虾仁的鉴别方法。碱发的虾仁，是将虾仁放入浓碱水中腌几个小时，然后放入沸水锅中焯至一定程度，再放入清水中浸泡几个小时。这时的虾仁的体积会变得很大，重量也大大增加。碱发后的虾仁，略带透明感，有碱味，质地很嫩，稍煮即会糊化，而且收缩极大，成菜味道差、不鲜美。未碱发的虾仁，口感爽脆、细嫩，煮时不会糊烂，收缩较小，成菜味道鲜美。

（10）冷冻虾的鉴别方法。冷冻虾的好坏，首先从颜色上鉴别。颜色较淡，则说明冷冻时间过长。其次从壳上鉴别。如果壳是紧贴虾仁的，蒸熟也是这样，则虾不好。冷冻虾颜色新鲜，并且越透明越好。放置时间长的虾会褪色，并且开始呈现白色。虾的背部呈青黑色表示新鲜，放置时间长了就会渐渐变成红色。一般来说，虾壳坚硬，头部完整，体部坚硬、弯曲，个头大的虾味道比较鲜美。另外，虾的冷冻时间不要超过两个月，否则容易中毒。

14. 如何选购水发水产品

由于甲醛（福尔马林）是强效防腐剂，所以一些不法商贩故意在水发水产品中加入甲醛，以延长保存期，改善外观。因此消费者在购买水发水产品时，应注意观察。

用甲醛浸泡后的水发水产品的蛋白质凝固，因而变得坚韧而富有弹性，嗅之有淡淡的药水味。外观、色泽晶莹透明，十分漂亮。但食之较脆，且有"嚼头"，缺少海鲜特有的美味。

正常的水发水产品色泽，不会过于鲜亮而脱离产品的本来颜色，体软少弹性，有腥味，用手触摸时，不会过于光滑。

对特别洁白、肥嫩和有异常气味的产品要警惕。消费者在购买的时候千万不要只图表面"光鲜"，应尽量在一些正规、信誉度高的大商场、超市购买。

15. 如何选购甲鱼

甲鱼分野生和养殖两种。野生甲鱼色黑，养殖甲鱼色泽泛白。健康的甲鱼肚皮纯白，如果饲养环境不好，水质受到污染，甲鱼的肚皮就会发乌，甚至有斑点。

16. 如何选购鲍鱼干

（1）优质鲍鱼。从色泽观察，呈米黄色或浅棕色，质地新鲜有光泽。从外形观察，呈椭圆形，鲍身完整，大小均匀，干度足。表面有薄薄的盐粉，若在灯影下，鲍鱼中部呈红色更佳。从肉质观察，肉厚，鼓胀饱满，新鲜。

（2）劣质鲍鱼。从颜色观察，呈灰暗、紫褐，无光泽，有枯干灰白残肉。鲍体表面附着一层灰白色物质，甚至出现黑绿霉斑。从外形观察，体形不完整，边缘凹凸不齐，大小不均和近似"马蹄形"。从肉质观察，肉质瘦薄，外干内湿，不凹陷亦不鼓胀。

（3）鲍鱼的新旧之分。刚干制出来的鲍鱼称为"新水"，存放两年以上的称为"旧水"。"新水"色泽较浅，鲍鱼味不够浓，且"糖心"不足（"糖心"是指在鲍鱼的干制过程中，鲍鱼肉中的化学物质起反应而形成）。"旧水"色泽更好，味道浓香粘牙。所以鲍鱼年份越长，品质越好，价格越贵。

17. 如何选购鱿鱼干

鱿鱼干体形完整，光亮洁净，具有干虾肉的颜色，表面有细微的白粉，身干，淡口的为优质品；体形部分蜷曲，尾部及背部红中透暗，两侧有微红点的则次之。

18. 如何选购鱼肚

鱼肚是用海鱼的鳔，经漂洗加工，晒干制成的海味品。市场上常见的鱼肚有黄鱼肚、闽子肚、广肚、毛常肚等。鱼肚一般以片大纹直，肉质厚实，色泽明亮，体形完整的为上品；体小肉薄，色泽灰暗，体形不完整的为次品。色泽发黑的，说明已经变质，不能食用。

19. 如何选购鱼皮

鱼皮是用鲨鱼和黄鱼的皮加工而成的名贵海味干制品。富有胶质，营养和经济价值都很高，是我国海味名菜之一。鱼皮的质量优劣鉴别方法，主要是观察鱼皮内外表面的净度、色泽和鱼皮的厚度等。

（1）鱼皮内表面。通常称无沙的一面。无残肉，无残血，无污物，无破洞。鱼皮透明，皮质厚实，色泽白，不带咸味的为上品。如果色泽灰暗，带有咸味，则为次品，泡发时不易发胀。如果色泽发红，即已变质腐烂，称为油皮，不能食用。

（2）鱼皮外表面。通常称带沙的一面。色泽灰黄、青黑或纯黑，富有光润的鱼皮，表面上的沙易于清除，这种鱼皮质量最好。如果鱼皮表面呈花斑状的，沙粒难于清除，这种鱼皮质量较差。

20. 如何选择贝类

选购贝类时，首先要看存放贝类的水质是否澄清，是否有排泄物。其次可用手碰一碰，如果会收缩就可以选购。

（1）河蚌的鉴别方法。新鲜的河蚌，蚌壳盖紧密关闭，用手不易掰开，闻之无异臭的腥味。用刀打开蚌壳，内部颜色光亮，肉呈白色。如蚌壳关闭不紧，用手一掰就开，有一股腥臭味，肉色灰暗，则是死河蚌。其细菌最易繁殖，肉质容易分解产生腐败物，这种河蚌不能食用。

（2）牡蛎的鉴别方法。牡蛎又称海蛎子，是一种贝类软体动物。新鲜而质量好的牡蛎，它的蛎体饱满或稍软，呈乳白色，体液澄清，呈白色或淡灰色，有牡蛎固有的气味。质量差的牡蛎，色泽发暗，体液浑浊，有异臭味，不能食用。

那么，如何识别牡蛎干？

牡蛎干又称蚝豉，是用鲜蚝（学名牡蛎）加工制成，有生熟两种干品。用鲜蚝肉直接晒干而成的叫生蚝豉；将鲜蚝肉及汁液一起煮熟后，再晒干（或烘干）的叫熟蚝豉。蚝豉以体形完整、结实、肥壮，肉饱满，表面无沙和碎壳，色泽金黄及淡口的为上品。体形瘦小，色泽黄中略带黑色的次之。选购时，还要注意蚝豉的边，看它是不是完整，太零碎的就是不好的。而生晒的蚝豉最好就是用来焖猪腿、烧肉等，味道特别鲜美；熟晒的用来煲汤也可以。

（3）蚶子的鉴别方法。蚶子又称瓦楞子，是我国的特产。由于蚶肉鲜嫩可口，价廉物美，深受人们的喜欢。新鲜的蚶子，外壳亮洁，两片贝壳紧闭严密，不易打开，闻之无异味。如果壳体皮毛脱落，外壳变黑，两片贝壳开口，闻之有异臭味的，则是死蚶子，不能食用。有些不良商贩，将死蚶子已开口的贝壳，用大量泥浆抹上，使购买者误认为是活蚶子。所以，购买蚶子时，要逐只检查。

（4）花蛤的鉴别方法。新鲜的花蛤，外壳具固有的色泽。平时微张口，受惊时两片贝壳紧密闭合。斧足和触管伸缩灵活，具固有气味。如果两片贝壳开口，足和触管无伸缩能力，闻之有异臭味的，则不能食用。

（5）贝肉的鉴别方法。新鲜贝肉色泽正常且有光泽，无异味，手摸有爽滑感，弹性好。不新鲜贝肉色泽减退或无光泽，有酸味，手感发黏，弹性差。

干贝是采用扇贝、日月贝和江贝内的闭壳肌，经加工晒干制成的海味干制品。每个贝壳只能取一小块肉。干贝以色泽杏黄或淡黄，表面有白霜，颗粒整齐，肉柱较大、坚实饱满，肉丝清晰，有特殊香味，味鲜、淡口的为上品；而肉柱较小，盐重的次之；颜色发暗发黑的更差。

21. 如何选购海蜇

海蜇头的质量分两个等级：

一级品：肉干完整，色泽淡红，富有光泽，质地松脆，无泥沙、碎杆及夹杂物，无腥臭味。

二级品：肉干完整，色泽较红，光泽差，无泥沙，但有少量碎杆及夹杂物，无腥臭味。

下面是人造海蜇与天然海蜇的鉴别方法。

人造海蜇系用褐藻酸钠、明胶为主要原料，再加以调料而制成。色泽微黄或乳白色，脆而缺乏韧性，牵拉时易于断裂，口感粗糙如嚼粉皮，并略带涩味。

天然海蜇是海洋中根口水母科生物，捕获后再经盐矾腌制加工而成。外观呈乳白色，肉黄色、淡黄色，表面湿润有光泽。牵拉时不易折断，口咬时发出响声，并有韧性。其形状呈自然圆形，无破边。

选购海蜇头时，用两个手指头把海蜇头提起，如果易破裂，肉质发酥，色泽发紫黑色，说明坏了，不能食用。

22. 如何选购海带

海带产品目前主要有 3 种：干海带、腌渍海带和速食海带。干海带是以鲜海带直接晒干或加盐处理后晒干的淡干、盐干海带。腌渍海带是以新鲜海带为原料，经烫煮、冷却、腌渍、脱水、切割（整理）等工序加工而成的海带制品。速食海带是以鲜海带或淡干海带为原料，经洗刷、切割、热烫或熟化制成的速食调味食品。

（1）选购标有 QS 标志的产品。

选购标有 QS 标志的海带产品。因为具有 QS 标志产品的企业，国家已经对其生产必备条件、人员素质、质量管理体系等一整套过程进行了严格的审核，审核通过后，其生产的产品才允许销售。因此标有 QS 标志的海带产品比较安全。

(2) 颜色不正常的海带谨慎购买。海带的正常颜色是深褐色，海带经盐渍或晒干后，具有自然墨绿色或深绿色。颜色过于鲜艳的海带购买时要慎重。海带买回家后，如果清洗后的水有异常颜色，也应该停止食用，以免影响身体健康。

（3）干海带的鉴别方法。海带以叶宽厚、色浓绿或紫中微黄、无枯黄叶者为上品。海带是含碘最高的食物，同时还含有一种营养价值极高的甘露醇。碘和甘露醇，尤其是甘露醇呈白色粉末状附在海带表面，不要将此粉末当做是已霉变的劣质海带。另外，选购经加工捆绑后的海带，应无泥沙杂质，整洁干净无霉变，且手感不黏。

（4）腌渍海带的鉴别方法。一般腌渍海带在食用前用温水浸泡，可增重 3 倍左右。购买时应观察是否为海带自有的深绿色，以壁厚者为佳。

（5）速食海带的鉴别方法。随着海带的营养价值和药用价值越来越被人们所接受，速食海带的小包装产品和深加工产品也逐渐进入大型超市。因此，消费者尽量从大型超市或商场购买标签完整、知名品牌的海带产品。

23. 如何选购鱼翅

鱼翅是鲨鱼鳍制成的食品。市场上销售的鱼翅一般都是经过加工后的干货（又称熟货），工序包括刮沙、起骨、晒干等。鱼翅按鱼鳍的位置，可分为勾翅（尾鳍）、脊翅（脊鳍）及翼翅（胸鳍）。勾翅价格最高，因每条鲨鱼只有一条，全条均属翅针，针身比脊翅及翼翅的针身粗长。脊翅较短，比勾翅少翅针，属中等货。翼翅较薄，翅针粗细中等，售价较低。

选购时，要选干净，头部无骨、无肉、无皮，表面无膜黏着，呈金黄色的。白色的鱼翅是经漂染制成的，色泽鲜明，翅针粗壮，翅身软滑。

真假鱼翅的鉴别方法：

如果鱼翅放到水里不收缩，那肯定是假的，因为真鱼翅过水后会收缩。真鱼翅色泽自然，层次丰富；而假鱼翅颜色偏白，无层次感，水一泡就显得特别通透，看起来像塑料；真鱼翅吃起来口感细腻，丝丝分明，软中有劲；假鱼翅咬起来软烂，吃起来像粉丝。

24. 如何选购海参

海参体形应完整端正，身干，一般含水量小于 15%，淡口结实而有光泽，大小均匀，肚内无沙的为上品；体形较完整、结实，色泽暗淡的则次之。

25. 如何选购墨鱼干

墨鱼干体形完整，光亮洁净，颜色柿红，有香味，身干而淡口的为上品；体形基本完整，局部有黑斑，表面带粉白色，背部暗红的则次之。

26. 如何选购紫菜

优质紫菜表面有光泽，片薄，呈紫褐色或紫红色，口感柔软，有芳香味，清洁无杂质。次质紫菜表面光泽差，片厚薄不均匀，呈红色并夹杂有绿色，口感及香味差，含杂藻多，有泥沙等夹杂物。

27. 如何选购发菜

市场上的发菜一般分为原发菜和洗水发菜两种。原发菜食用时要挑出草根和杂质，洗水发菜则较干净。

识别真假发菜有两种办法：一是用水浸后挤干。真正的发菜会发胀松开，弹性较好。假发菜浸水后反而会缩小，没有弹性。二是用火烧。真发菜燃烧性较差，假发菜可以一直烧下去。

28. 如何选购章鱼干

章鱼干以体形完整，色泽明亮，肥大，爪粗壮，体色柿红带粉白，有香味，足够干且淡口的为上品；而色泽紫红的次之。

29. 如何选购沙虫干

沙虫干以体形完整端正，肉较厚且呈半透明状，虫体金黄或淡黄色，大小一致，足够干，淡口，表面无沙粒和碎壳者为优质品；体形基本完整，但较瘦小的次之。

30. 如何选购螺旋藻

选购螺旋藻时，要注意以下 3 点：

一看。正常的螺旋藻是墨绿色。如果颜色呈浅绿色，说明螺旋藻是养殖的，是先天营养不良造成的；如果颜色发黑，是变质的螺旋藻；但是，有许多不法商贩采用染色的方法，使螺旋藻颜色变深，或者添加淀粉配合染色，或者用海草晒干粉碎冒充螺旋藻。因此，消费者在选购时要特别注意。

二闻。正常的螺旋藻带有海草的特殊腥味，并且还有一种藻香味。由于螺旋藻生长在碱性水中，会有一点碱味，但不可太重；如果有霉味，或者根本没有味道，或者味道很淡，或者有刺激氨味，都是不正常的。

三尝。把螺旋藻放到嘴里慢慢咀嚼。正常的螺旋藻有一种藻香味，没有苦味、咸味。如果感觉到有尘土等杂质感，说明不干净。

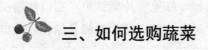

三、如何选购蔬菜

各种蔬菜都具有本品种固有的颜色。有光泽，表示蔬菜的成熟度及鲜嫩程度。蔬菜品种繁多，总体上可以按照颜色分为两大类：深绿色叶菜，如菠菜、苋菜等，这些蔬菜富含胡萝卜素、维生素 C、维生素 B_2 和多种矿物质；浅色蔬菜，如大白菜、生菜等，这些蔬菜有的富含维生素 C，胡萝卜素和矿物质的含量较低。

不买颜色异常的蔬菜。有的蔬菜颜色不正常，如菜叶失去平常的绿色而呈墨绿色，毛豆碧绿异常等，它们在采摘前可能喷洒或浸泡过甲胺磷农药，不宜选购。为了使有些蔬菜更好看，不法商贩用化学药剂进行浸泡，如硫、硝等，这些物质有异味，而且不容易被冲洗掉。多数蔬菜具有清香、甘辛香、甜酸香等气味，不应有腐败味和其他异味。多数蔬菜具有新鲜的状态，如有蔫萎、干枯、损伤、变色、病变、虫害侵蚀，则为异常形态。还有的蔬菜由于人工使用了激素类物质，会长成畸形。

许多消费者认为，蔬菜叶子虫洞较多，表明没打过药，吃这种菜更安全。其实，这是不科学的。蔬菜是否容易遭受虫害是由蔬菜的不同成分和气味的特异性决定的。所以，在众多蔬菜中，有的蔬菜容易被害虫所青睐，如青菜、大白菜、卷心菜、花菜等，它们就是多虫蔬菜。由于虫害多，一些种植者会经常喷药，这就容易导致农药残留。有些蔬菜虫子不大喜欢吃，如茼蒿、生菜、芹菜、胡萝卜、洋葱、大蒜、韭菜、大葱、香菜等，不妨多选购。

各种蔬菜施用化肥的量也不一样。氮肥（如尿素、硫酸胺等）的施用量过大，会造成蔬菜的硝酸盐污染比较严重。研究发现，蔬菜硝酸盐含量由大到小的顺序是：根菜类、薯芋类、绿叶菜类、白菜类、葱蒜类、豆类、瓜类、茄果类、食用菌类等，蔬菜的根、茎、叶的污染程度远远高于花、果、种子。所以，我们选购蔬菜时，尽可能多地选购一些瓜、果、豆和食用菌，如黄瓜、西红柿、毛豆、香菇等。

1. 如何选购茄子

茄子有紫红色和淡红色两种。在春季，淡红色的茄子先上市，随后紫红色茄子上市。茄子的老嫩对于品质好坏影响极大。判断茄子老嫩有一个可靠的方法，就是看茄子的眼睛大小。在茄子的萼片与果实连接的地方，有一白色略带淡绿色的带状环，这就是茄子的眼睛。眼睛越大，表示茄子越嫩；眼睛越小，表示茄子越老。此外，嫩茄子手握有黏滞感，发硬的茄子是老茄子。色泽明亮表示新鲜程度高，表皮皱缩、光泽黯淡说明已经不新鲜了。茄子的最佳消费期为五、六月。

2. 如何选购苋菜

苋菜有红苋、青苋和彩苋 3 种。红苋叶片紫红色，吃口软糯；青苋叶绿色，吃口硬性；彩苋，又名观音米苋，叶脉附近呈紫红色，叶片边缘呈绿色，吃口软糯。总的说来，叶片厚、皱的吃口老，叶片薄、平的吃口嫩。选购时，手握苋菜，手感软的嫩，手感硬的老。苋菜宜选叶大茂密的。苋菜的茎部纤维一般较粗，咀嚼时会有渣，一般只吃菜叶部分。5~6月为最佳消费期。

3. 如何选购芹菜

西芹有凹凸纵筋的为最佳。芹菜的叶子折断了，叶柄可能会导致空心。因此，叶片完整的芹菜才能购买。叶色浓绿的芹菜，说明生长期间干旱缺水，生长迟缓，粗纤维多，吃口老，所以不宜选购。芹菜是否新鲜，主要看叶片是否平直。新鲜的芹菜，叶片是平直的。存放时间较长的芹菜，叶片尖端就会翘起，叶片软，甚至发黄起锈斑。应挑选菜梗短而粗壮，菜叶翠绿而稀少的芹菜。

4. 如何选购韭菜花和韭菜

韭菜花以花苞未开的为首选。一旦开花之后，茎部就会变得坚硬筋粗，嚼之无味。韭菜按叶片宽窄，可分为宽叶韭菜和窄叶韭菜。宽叶韭菜嫩，香味清淡；窄叶韭菜卖相不如宽叶韭菜，但香味浓郁。真正喜欢吃韭菜的人，当以窄叶韭菜为首选。需要注意的是，叶片宽大异常的韭菜要慎买，因为有可能使用了生长刺激剂（人工合成的植物激素）。

5. 如何选购洋葱

洋葱有橘黄色皮和紫色皮两种，最好选购橘黄色皮的。这种洋葱每层比较厚，水分多，口感脆；紫色皮的水分少，每层比较薄，如果选购不新鲜的，根本嚼不了。选购洋葱时，应选购外皮完整，按压时有坚实感，茎顶部和茎盘干燥、修整良好、新鲜清洁，无病虫害及未发芽的洋葱。

6. 如何选购大葱

选购大葱时，应尽量选购葱白部分比较白、比较肥厚的品种，味道会更加清甜。

7. 如何选购莲藕

莲藕营养丰富，含铁量很高，具有药用价值。莲藕要买根茎肥大，黄色，每节两端细小，中间肥胀的。

莲藕太白不能买。

市场上出现了一种莲藕，看上去白白胖胖，但凑近一闻，却有一股若隐若现的酸味。这是不法商贩使用盐酸、硫酸等对莲藕进行浸泡处理的结果。使用工业用酸处理过的莲藕看起来很白，闻着有酸味，但买回家经水冲洗后颜色就会变，而且比普通的藕更容易腐烂。吃起来口感偏酸，会对人的消化系统产生腐蚀和刺激作用。因此，消费者在买藕时，一定不要光图好看，挑的时候尽量多看、多闻。

8. 如何选购茭白

应选购外壳有赤斑花纹、笋皮洁白光滑鲜美、笋身直、笋肉脆嫩的茭白笋。茭白肉呈黑斑才是好货。黑斑是刺激茭白增生的真菌，可使茭白更加鲜嫩。为延长茭白的销售期，使其长久地保持新鲜、白嫩，不少菜农把茭白浸水，这样，既卖相好，又能增加茭白的重量。

9. 如何选购土豆

应选择肉色浅黄，质地紧密，皮色光洁，薯形圆整，芽眼较浅，表皮完好的新鲜土豆。千万不能吃出芽的且皮呈绿色的土豆。

10. 如何选购芋头

以须根少而黏有湿泥、带点湿气、外皮无伤痕的芋头最新鲜。储放芋头前应先去除泥土，将芋头擦干后用报纸包起来，再放在阴凉通风的地方。

11. 如何选购青豆角

青豆角以豆粒胀而不破裂的为好。用手触摸豆角，若豆荚较实且有弹力，则是鲜嫩的。

12. 如何选购荷兰豆

荷兰豆以豆荚青翠、嫩绿、细小，肉质实而厚，茎部嫩绿的为上品。

13. 如何选购豆芽

豆芽的茎部要短而肥壮，脆而容易折断，整个茎部洁白、无锈色为佳。

如何识别化学豆芽。

用化肥或除草剂催发的豆芽，不仅生长得快、长得好，而且须根不发达。不但没有清香脆嫩的口味，而且残存的化肥等在微生物的作用下还可生成亚硝酸氨，有诱发食道癌和胃癌的危险。

在选购豆芽时，要先抓一把闻是否有氨味，再看是否有须根。如果有氨味和无须根的，就不要购买和食用。

14. 如何选购黄瓜

黄瓜分为3种：一是无刺的。皮光无刺，色淡绿，吃口脆，水分多，系从国外引进的黄瓜品种。二是少刺的。皮光滑少刺（刺多为黑色），皮薄肉厚，水分多，味鲜，带甜味。三是密刺的。皮瘤密刺多（刺多为白色），绿色，皮厚，吃口脆，香味浓。

不管什么品种的黄瓜，都要选嫩的，最好是带花的（花冠残存于脐部）。同时，任何品种都要挑硬的。因为黄瓜含水量高达96.2%。刚摘下来，瓜条是硬的，失水后才会变软。但硬的不一定都是新鲜的。因为把变软的黄瓜浸在水里就会吸水变硬。只是瓜的脐部还有些软，且瓜面无光泽，残留的花冠多已不复存在。消费者购买时要特别注意。

15. 如何选购南瓜

有褶皱的南瓜含水分较多，瓜皮没有黑点的为好。用手拿时感觉沉甸甸，且瓜瓣大小均匀的南瓜为新鲜的。若是切开出售的，可选种子肥厚如杏仁般的南瓜，且切面要新鲜的。

16. 如何选购丝瓜

丝瓜摇动时，瓜身不僵硬的为良种。丝瓜皮色深绿，勾棱挺直凸起的为新鲜丝瓜。

17. 如何选购苦瓜

苦瓜以瓜皮有光泽，绿中带黄的为佳，这种苦瓜不太嫩也不太老。苦瓜身上一粒一粒的果瘤，是判断苦瓜好坏的特征。颗粒愈大愈饱满，表示瓜肉愈厚；颗粒愈小，瓜肉相对较薄。选苦瓜除了要挑果瘤大、果形直立的，还要洁白漂亮。如果苦瓜呈黄色，说明已经过熟，果肉柔软不够脆，失去苦瓜应有的口感。

18. 如何选购青椒

选购青椒时，一看面要光滑，二看没有掉皮，三看没有破裂。如果比较重视营养，可买红椒吃。因为红椒的维生素 C 比青椒多 0.8 倍，胡萝卜素要多 3 倍，而且红椒分量轻（比重小），在经济上也较合算，只是吃口不如青椒脆嫩。

19. 如何选购萝卜

萝卜可分为长萝卜、圆萝卜、小红萝卜 3 种。

（1）不管哪种萝卜，以根形圆整、表皮光滑为优。一般说来，皮光的往往肉细。

（2）分量较重。掂在手里沉甸甸的。这样可避免买到空心萝卜。

（3）皮色正常。皮色起"油"（半透明的斑块）的萝卜，不仅不新鲜，甚至还有可能是受了冻的（严重受冻的萝卜，解冻后皮肉分离，极易识别），这种萝卜基本上失去了食用价值。

（4）买萝卜不能贪大，以中型偏小为宜。这种白萝卜肉质比较紧密，烧出来成粉质，软糯，吃口好。

（5）表面无空隙，有弹性和光泽，根部呈直条状不弯曲的白萝卜为好。

（6）在挑选胡萝卜时，以色泽鲜浓者较优，且茎的切口越小越新鲜，因为芯会随着时间长而变粗。如果芯变成绿色或带点黑色，则较老。

20. 如何选购花菜

选购花菜时，一要看花球的成熟度，以花球周边未散开的为最好；二要看花球的洁白度，以花球洁白微黄、无异色、无毛花的为好。

花菜烹饪前不宜用刀将花球切开，这是因为如果用刀将花球切开，就会造成花球粉碎散落，不成形，影响外观和口感。

21. 如何选购辣椒

买辣椒一定要买颜色均匀、表面光滑无皱、没有破口的，这样的辣椒才好。

辨别辣椒辣不辣，可以看颜色。如果颜色比较浅的就不会太辣。如果颜色比较深，甚至接近深绿色了，辣味就比较足。

22. 如何选购西红柿

西红柿主要有两类。一类是大红西红柿，糖、酸含量都高，味浓；另一类是粉红西红柿，糖、酸含量都低，味淡。如果要生吃，就买粉红的。因为这种西红柿酸味淡，生吃较好；如果要熟吃，就尽可能买大红西红柿。因为这种西红柿味浓郁，烧汤和炒食风味都好。

果形与果肉的关系。扁圆形的果肉薄，正圆形的果肉厚。需要特别注意的是，不要买青西红柿及有"青肩"（果蒂部青色）的西红柿。因为这种西红柿营养差，而且含有的西红柿苷有毒性。此外，不要购买颜色不匀、花脸的西红柿。因为这是感染西红柿病毒病的果实，味觉、营养均差。

怎样辨别催熟西红柿？

有些商贩用催熟香蕉的方法来催熟西红柿，就是在西红柿上涂上一种"乙烯利"的化学药物。此药虽毒性较低，但长期食用对人体有害。催熟的西红柿多为反季节上市，通体发红，手感很硬，外观呈多面体。掰开一看，籽呈绿色或未长籽，瓤内无汁；而自然成熟的西红柿，蒂周围有些绿色，捏起来很软，外观圆滑，而籽粒是土黄色，肉质红色、沙瓤、多汁。

23. 如何选购山药

山药药食俱佳，含有丰富的营养。

选购山药时，应选表皮光洁无异常斑点的。如果有异常斑点绝对不能买。因为只要表皮有任何异常斑点，就表明已经感染病害，食用价值降低了。

涂泥巴的山药：不少菜市场摊主在山药上涂上湿泥巴，把原本已存放很久的山药，再以新鲜的样貌出售，需要特别小心。

24. 如何选购扁豆

扁豆品种较多，多以嫩荚供食用。只有红荚种（猪血扁等）可荚粒食用，鼓粒的吃口也好，富香味。青荚种以及青荚红边种豆以嫩荚吃口更好，不可购买鼓粒的。

25. 如何选购冬瓜

冬瓜有青皮、黑皮、白皮 3 个品种。黑皮冬瓜肉厚，可食率高；白皮冬瓜肉薄，质松，易入味；青皮冬瓜则介于两者之间。以黑皮冬瓜为佳。选瓜条匀称、无热斑（日光的伤斑）的冬瓜。需要注意的是，要用手指压冬瓜肉，买肉质致密的。因为这种冬瓜吃口好；肉质松软的煮熟后会变成"一泡水"，吃口差。

26. 如何选购菠菜

菠菜分小叶种和大叶种两种。不管什么品种，都是叶柄短、根小色红、叶色深绿的好。在冬季，叶色泛红，是受过霜冻的，吃口更为软糯香甜。一般以冬至（12 月下旬）到立春（2 月上旬）为最佳消费期。有时会看到菠菜叶子上有黄斑，叶背有灰毛，表示感染了霜霉病。要挑没病的买。大叶的菠菜，其叶子大而厚，是被化肥催化所致。

27. 如何选购菜心

菜心在冬季和早春上市的有 3 种：一是腊菜心。叶色深，尖叶，见花采收，12 月至 1 月上市。二是一刀齐菜尖。叶色淡，现蕾即采，不可见花。以购买中等大小、粗细如手指般的为最好，不可空心，2 至 3 月上市。还有一种常菜心，叶柄短，节间密，花茎粗细中等，不见花、不空心的为上品。

28. 如何选购茼蒿

茼蒿又叫蓬蒿。蔬菜市场上有尖叶和圆叶两种。尖叶茼蒿又叫小叶茼蒿或花叶茼蒿；圆叶茼蒿又叫大叶茼蒿或板叶茼蒿。尖叶种叶片小，缺刻多，吃口粳性，但香味浓；圆叶种叶宽大，缺刻浅，吃口软糯。春季易抽薹，不要买抽薹的。茼蒿病虫害少，农药污染轻。10、11、12 和 3、4 月为最佳食用期。

29. 如何选购冬笋

在选购冬笋的时候，发现其笋壳张开翘起，还有一股硫磺气味，那么表明这种冬笋可能是用硫磺熏过的。如果是新鲜的冬笋，它的壳包得很紧。

慎购白嫩光鲜的竹笋。

一些不法商贩首先往鲜竹笋中加入二氧化硫，然后套入薄膜袋装箱保存。一个月后，再整理装箱，再次加入二氧化硫防腐保鲜。这样可使得鲜竹笋的外表白嫩光鲜，而且保存时间更长。我们在购买竹笋时，要注意包装标识是否完善，产品外观是否正常。另外，打开包装后也应闻一闻是否有刺鼻的异味。如有则可能为二氧化硫残留量较高的产品，要慎食。

30. 如何选购卷心菜

选购卷心菜时，叶球要坚硬紧实，松散的表示包心不紧，不要买（尖顶卷心菜吃的是新鲜，松点也无妨）。叶球坚实，但顶部隆起，表示球内开始抽薹。中心柱过高，食用风味变差，也不要买。

卷心菜是对钙敏感的蔬菜。缺钙现象会经常出现。症状是叶缘枯死（菜农管它叫金镶边）。这是一种生理病害，不影响食用品质。食用时只要将枯死的叶缘部分摘掉即可。

31. 如何选购四季豆

选购四季豆时，应挑选豆荚饱满、肥硕多汁、折断无老筋、色泽嫩绿、表皮光洁无虫痕，具有弹性的四季豆。

32. 如何选购黄花菜

看：颜色亮黄，条长而粗壮，粗细均匀者为优质；颜色深黄并略显微红，条形短瘦，不甚均匀者质量次之；颜色黄褐，条形短瘦蜷缩，长短不一，带有泥沙的则质量最差。

攥：手攥一把黄花，手感柔软有弹性，松开手后黄花也随即松散的，表明水分含量少。松手后黄花不易散开的表明水分含量较多；若松手时有黏手感，表明已有所变质。

闻：闻黄花的气味。有清香者为优质；有霉味者为变质；有硫磺味者为熏制品；有烟味者为串烟严重的。

33. 如何选购芦笋

选购芦笋，以形状正直、笋尖花苞紧密、没有水伤腐臭味，表皮鲜亮不萎缩，细嫩粗大，基部未老化，用手折之即断者为佳。

34. 如何选购小白菜

选购小白菜时，以叶片完整、坚挺而不枯萎、叶绿茎白、茎叶均肥厚的为佳。

35. 如何选购空心菜

选购空心菜，应挑选叶片完整，青绿色，新鲜细嫩，不长须根的为佳。

36. 如何选购大白菜

质量好的大白菜，新鲜、嫩绿、紧密结实。有虫害、松散、茎粗糙、叶子干瘪发黄，带土过多、发育不良的大白菜质量较差。有的大白菜的外层菜叶看似很好，但里面的叶子上有些小黑点。这可能是农药的沉淀物，会对人体有害，易致癌，故不能食用。

37. 如何选购野菜

近年来，由于人们崇尚"绿色食品"，所以野菜逐渐受到人们的青睐。不少人认为，野菜是自然生长的，没有施用过化肥、农药，应该是最安全、最绿色的食品。

专家指出，这种说法并不科学。由于绿色植物对于大气具有净化作用，不但能吸附空气中的尘埃和固体悬浮物，而且还对空气和土壤中的有害气体、化学成分具有过滤作用。如果这些野菜生长在污染地带就会受污染，而且污染物还较难清洗干净。如果食用了被污染的野菜，就会对身体造成危害，严重的还会引起食物中毒。有些长势茂盛的野菜，经常是生长在垃圾堆或者被污染的河道附近，因为这些地方的"养料"特别丰富。专家还指出，生长在纯天然环境中的野菜，如果附近没有污染源，周围没有农作物被施用农药，土壤未受污染，这样的菜还是比较安全的，可以放心食用。首先，不要在公园和果园挖野菜。因为公园和果园的草地都喷洒过农药。其次，不要在污水沟、化工厂附近挖野菜。虽然野菜碧绿鲜嫩，但土壤有可能被污染，长出的野菜也不宜采食。最后，也不要挖繁华路边的野菜。

38. 如何选购绿色蔬菜和有机蔬菜

蔬菜按安全可靠性从低到高分别为放心蔬菜、无公害蔬菜、绿色蔬菜、有机蔬菜。目前，国内的绿色蔬菜主要是指放心蔬菜和无公害蔬菜，还难以达到真正的绿色级别。

（1）无公害蔬菜、绿色蔬菜和有机蔬菜的区别

①无公害蔬菜。限制使用化学农药，限制使用化肥，不限制使用生长激素，不限制使用转基因技术。

②绿色蔬菜。限制使用化学农药，限制使用化肥，限制使用生长激素，不限制使用转基因技术。

③有机蔬菜。禁止使用化学农药，禁止使用化肥，禁止使用生长激素，禁止使用转基因技术。

（2）如何识别绿色蔬菜。绿色蔬菜是指无农药残留，无污染，无公害，无激素的安全、优质、营养的蔬菜。那么，如何识别呢？

①看标鉴。绿色蔬菜认证有效期一般为3年。如超过这个期限，则是无效的。

②看形状。长得奇形怪状的蔬菜一般不是绿色蔬菜，可能含有激素、化肥等有害成分。

（3）如何识别有机蔬菜。有机蔬菜是指在生产和加工中不使用化学农药、化肥、添加剂和化学防腐剂，也不用基因工程生物及其产物，它是真正源自自然、富含营养、高品质的安全环保生态食品。现在市场上有不少真假难辨的有机蔬菜，应该如何辨认、购买有机蔬菜呢？

①选择正规商店。市场摊贩的蔬菜来源经常变换，并不稳定。如果对有机蔬菜了解不多，应该到信誉度高的大商场或超市购买。

②看认证标记。蔬菜包装上应该有有机认证标记，明确标示生产者及验证单位的相关资

料（名称、地址、电话）等。如果是比较谨慎的消费者，还可以依据这些资料到相关网站或者相关部门查询。

③凭口感。有机蔬菜吃起来很清脆，感觉很新鲜，与其他蔬菜有不一样的口感。

④有机蔬菜要清洗。有机蔬菜很干净，不需要仔细清洗。这种想法是错误的。有机蔬菜虽然是在不添加农药、生长剂的环境下种植的，但是仍要注意虫卵和寄生虫，还是要仔细清洗。洗时要放在水龙头下逐片冲水，并用手搓洗。

39. 如何选购大棚蔬菜

不少人认为，大棚菜一般是在冬天生产的，外面天寒地冻，虫子很少，因而农药用得也少。即使用药也是杀菌农药，这类药往往是低毒的。

专家指出，冬天大棚外固然虫害很少，但大棚内的高温条件却不影响虫害的发生，危害程度也不比露天菜轻。最重要的一点是，同样情况下大棚内用药后农药降解速度比露天慢。另外，认为杀菌类农药高效低毒也不太确切，有些杀菌药的毒性并不低。而且目前的农药残留检测多为杀虫剂，对杀菌药检测难度大，检测较少，但并不说明不存在危险性。

40. 如何选购豇豆

豇豆又称长豇豆、带豆，是夏季的主要蔬菜之一。以新鲜脆嫩、粗细匀称、富有光泽、子粒饱满、没有病虫害的为优。

41. 如何选购泡菜

优质的泡菜成品应该是：色泽鲜艳，香气浓郁，质地脆嫩，咸酸适口，稍有甜味、鲜味及调料味，不发黏，无霉变。凡是色泽变黯，组织软化，缺乏香气，过咸或过酸，或咸而不酸且有苦味的泡菜，都是不合格的。

42. 如何选购香菇

应该选购体圆、菌伞肥厚、盖面平滑、质干不碎的香菇；用手捏菌柄有硬感，放开手后菌伞立即蓬松如故；颜色黄褐，远闻有香气，无霉变和碎屑的香菇。

43. 如何选购花菇

花菇是菌伞面有似菌花一样的白色裂纹。应该选购黄褐色且有光泽，菌伞厚实，边缘不卷的花菇。质优的花菇香气浓郁。

44. 如何选购平菇

以平顶、浅褐色、菌伞较厚、伞边缘完整、破裂口较少、菌柄较短的为好。

平菇在夏天和冬天的颜色略有不同。夏天因为温度高，所以生长快，颜色浅。冬天的生长期较长，颜色较深。但品味、口感和营养价值都是一样的。

45. 如何选购草菇

草菇颜色有鼠灰（褐）色和白色两种。应选择表面不发黄的、新鲜幼嫩、螺旋形、质硬、菇体完整、不开伞、不松身、无霉烂、无破裂、无机械伤的草菇。此外，还要看有无异味、病虫、死菇、发黏、萎缩、变质等现象。

四、如何选购蛋类

蛋分为两种，一种是不含受精卵的蛋，不能孵化，只能食用。另一种是种蛋，就是含受精卵的蛋，可以孵化。有些不良商贩将孵化失败的种蛋拿到市场上去卖。专家建议，尽量不要选购和食用。

如何分辨普通蛋和种蛋？挑选鸭蛋或者鸡蛋时，不要只贪图蛋的个头大。一般情况下，种蛋比普通蛋重，而且摇起来有蛋和壳分离的感觉。另外，普通蛋表面摸起来有些糙，而种蛋则显得很光滑。

1. 如何选购鸡蛋

（1）新鲜鸡蛋的鉴别方法。新鲜鸡蛋的表面上有一层像雾一样的薄层，叫做蛋壳膜，是不光滑的。太光滑的蛋不新鲜。新鲜的鸡蛋，在同样重量下手感比较沉。

①耳听鉴别：新鲜鸡蛋相互碰击时声音清脆，手握蛋摇动无声。不新鲜的鸡蛋相互碰击时会发出嘎嘎声（孵化蛋）、空空声（水花蛋），手握蛋摇动时有晃荡声。

②鼻嗅鉴别：用嘴向蛋壳上轻轻哈一口热气，然后用鼻子嗅其气味。新鲜鸡蛋有轻微的生石灰味。

③打开鉴别：把鸡蛋打开倒在盆或碟里，新鲜的鸡蛋摊开面积小，呈圆形，蛋黄在正中间，且向上鼓。如果仔细看，蛋黄的两边还有细细的螺旋状白色带子拴着。

④煮熟鉴别：新鲜的鸡蛋不容易剥壳，且蛋白可以剥出 3 层。

⑤用水鉴别：把鸡蛋放在盛满水的盆里，如果鸡蛋在水中沉下去就是新鲜鸡蛋，浮起来的就是坏鸡蛋。这是因为，新鲜的鸡蛋比重比水大，所以放在水里会沉下去。不新鲜的鸡蛋，里面的蛋白质会产生氨和硫化氢等气体，蛋壳里有了气体，鸡蛋的比重就比水小了，因而放在水里就会浮起来。

（2）柴鸡蛋的鉴别方法。柴鸡蛋是指农家散养的鸡所产的蛋。洋鸡蛋是指养鸡场或养鸡专业户用合成饲料养的鸡所产的蛋，柴鸡蛋又称土鸡蛋。柴鸡蛋不含任何人工合成抗生素、激素、色素，与普通鸡蛋相比，蛋白浓稠，蛋白质含量提高5%～6%，脂肪降低3%，胆固醇降低19.8%，味道香鲜、质嫩无腥味。专家指出，如果单从蛋的某个特征去鉴别，很难买到真的柴鸡蛋。鸡蛋的大小、外壳的颜色和硬度、蛋清蛋白的颜色以及煮熟后的色泽，都可以用来鉴别柴鸡蛋。只有整体上都满足土鸡蛋要求的鸡蛋，才有可能是真正的柴鸡蛋。

①柴鸡蛋比洋鸡蛋稍小、色浅，较新鲜的有一层薄薄的白色的膜。而洋鸡蛋的蛋壳色深。如果你还不能确定，可在购买后打开蛋壳，蛋黄呈金黄色的是柴鸡蛋，蛋黄呈浅黄色的为洋鸡蛋。

②柴鸡蛋味道香。真正的柴鸡蛋比其他鸡蛋都好吃。

③柴鸡蛋虽然个头小，但是蛋黄并不比洋鸡蛋小。洋鸡蛋个头大，蛋清多，即水分多。

④柴鸡蛋蛋清清澈黏稠，略带青黄色，蛋黄色泽金黄，浮在蛋青之上，不沉底，一根牙签插在蛋黄中间可以直立。蛋壳坚韧厚实，因含钙量高，不像其他鸡蛋壳那样脆薄。将熟鸡蛋剥壳放在手中揉捏，柴鸡蛋即使被捏得扁扁的，蛋白也不会开裂，还是一只完整的鸡蛋。

（3）真假鸡蛋的鉴别方法。

①假鸡蛋的蛋壳的颜色比真鸡蛋的蛋壳亮一些，但不太明显。

②用手触摸假鸡蛋蛋壳，会觉得比真鸡蛋粗糙一些。

③晃动假鸡蛋时会有声响，这是因为水分从凝固剂中溢出的缘故。

④用鼻子细细地闻，真鸡蛋会有淡淡的腥味。

⑤轻轻敲击，真鸡蛋发出的声音较脆，假鸡蛋声音较闷。

⑥假鸡蛋打开后不久，蛋黄和蛋清就会融到一起。这是因为蛋黄与蛋清都是同质原料制成所致。

⑦在煎假蛋时，蛋黄在没有搅动的情况下就会自然散开。这是因为包着人造蛋黄的薄膜受热容易裂开的缘故。

（4）买鸡蛋的误区

①蛋壳颜色与营养有关。蛋壳颜色有白、浅褐、褐、深褐和青色。有人喜欢红壳蛋，有人喜欢青壳蛋，认为营养价值更高。其实，所有的鸡蛋的营养价值都差不多，与蛋壳颜色并无必然联系。

鸡蛋的营养价值的高低，主要取决于饲料的营养结构与鸡的摄食情况，与蛋壳的颜色无多大关系。一般刚下蛋的母鸡所产的蛋，壳色最深，然后逐渐变浅。产蛋量高的母鸡，其蛋壳颜色较浅。通过选育的方法也可以改变蛋壳色彩的深浅。因此，根据蛋壳颜色不能判断是否为柴鸡蛋，以及营养价值的高低。

②蛋小的都是柴鸡蛋。鸡蛋的大小受遗传因素的影响较大，一个品种品系的鸡，所产蛋的大小也不一样；饲料的营养和喂养方式对鸡蛋的大小也有一定的影响。柴鸡蛋较小，但是

小的鸡蛋并非全是柴鸡蛋。现代科技的发展，使得人们可以根据需求培育产蛋大小不同的鸡品种。

③红心蛋就是柴鸡蛋。很多人在购买鸡蛋时，认为蛋黄为金黄色或是红棕色的就是柴鸡蛋。其实，这种辨别标准并不科学。为了使鸡蛋"红心"，有的人向饲料中添加色素。因此，蛋黄颜色不能判断是否为"柴鸡蛋"的依据。

2. 如何选购鸭蛋

新鲜鸭蛋、假鸭蛋的鉴别方法与鸡蛋的一样。而咸鸭蛋用鸭蛋腌制而成。出售时，有的洗净，有的外壳有泥。外壳有泥的咸鸭蛋，好的裹泥完整，无霉变，蛋壳无裂纹。无泥的咸鸭蛋的鉴别方法：看、摇、剥。

（1）看外观。品质好的咸鸭蛋，外壳干净，光滑圆润，弹壳呈青色；质量较差的咸鸭蛋，外壳灰暗，有白色或黑色的斑点。这种咸鸭蛋容易碰碎，保质期也相对较短。

（2）轻摇蛋体。质量好的咸鸭蛋，应该有轻微的颤动感觉。若感觉不对并带有异响，说明鸭蛋已经变质。

（3）可以通过迎着光亮看蛋心是否为红色，如果透着红色就是好的咸鸭蛋。

（4）剥开蛋壳。质量好的咸鸭蛋，黄白分明，蛋白洁白，咸味适中，油多味美，蛋黄质地细沙，味道鲜美。而质量差的咸鸭蛋，蛋白较烂、腐臭、咸味较大，最好不要食用。

（5）在挑选真空包装的熟咸鸭蛋时，要注意看真空外包装袋不能漏气，否则容易变质。

3. 红心鸭蛋的鉴别方法

不少地方都出现了含有苏丹红的红心鸭蛋。其实，正宗的"红心鸭蛋"与有害的"红心鸭蛋"，完全可以通过色泽来鉴别。

四季蛋黄颜色的变化：放养鸭子产的蛋，蛋黄颜色会随四季变化而改变。

春天，食物来源丰富，营养充足，鸭蛋质量非常好，蛋黄略呈红色。夏季，食物来源减少，蛋黄的红色变浅。秋季，鸭子以稻谷为主食，此时蛋黄颜色偏黄。冬季，鸭子全靠饲料喂养，蛋黄呈浅黄色。而且，即使是同一批鸭子所产的蛋，蛋黄颜色也会深浅不一。而鸭子食用添加苏丹红的饲料后，蛋黄颜色则没有四季的区别了。

（1）煮蛋鉴别。由于人为添加的色素更容易分离，所以放在水中会浮于水面或者溶在水里。因此，在煮鸭蛋的时候，如果发现水的颜色有变化，则说明很可能是人为添加的色素，最好不要食用。

（2）切蛋鉴别。蛋黄自然红的鸭蛋，蛋黄"红中带黄"，切开之后能明显看见有红油流出，味道鲜美。而吃了"涉红"饲料的鸭子所产蛋的蛋黄是鲜红色的，用它制成咸鸭蛋切开之后，可以闻到有玉米面的味道，且蛋黄坚硬、干燥。

关于红心鸭蛋更有营养的说法，专家认为这是错误的。这是一种消费误区，鸭蛋蛋黄无论红、黄都有同等的营养价值。

4. 如何选购鹌鹑蛋

鹌鹑蛋外壳为灰白色，并夹杂有红褐色和紫褐色的斑纹。优质蛋色泽鲜艳，壳硬；蛋黄呈深黄色，蛋白黏稠。蛋的重量为 10 克左右，比鸽子蛋还小，但营养价值却超过鸡蛋的 3 倍。

5. 如何选购松花蛋

松花蛋又称皮蛋，挑选时采用一观二摇三掂的方法：

（1）观。挑选皮蛋时首先要看个头，尽量选择个头稍大的皮蛋。其次要注意看蛋壳颜色，有大黑点的皮蛋不要选，壳上的麻点越少越好。蛋壳的颜色要浅。好的皮蛋，蛋壳呈浅绿灰色或灰白色，而且不能有丝毫裂口。

（2）摇。可取皮蛋放在耳旁摇动，好皮蛋无声，坏皮蛋有声。

（3）掂。把皮蛋放在手中上下轻轻晃动，皮蛋落下时有弹性颤动感的好，弹性越大越好；用食指敲打皮蛋的小头，感到有弹性颤动的为好。

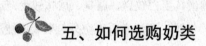

五、如何选购奶类

奶类及其制品是一种营养成分齐全、人体易消化吸收、营养价值较高的天然食品。奶类食品主要营养成分是含有丰富的优质蛋白质、维生素 A、核黄素和钙等。市场上常见的奶类食品有鲜奶、含乳饮料、酸奶、奶粉等。

为了更好地区分和选择不同种类的奶类和奶制品，广大消费者掌握必要的常识，做到科学消费、健康消费。

1. 如何选购乳饮料

市场上的奶类品种繁多，一般可分为牛乳和乳饮料两大类。乳饮料的包装上标有"饮料"、"饮品"、"乳饮料"等字样，其配料表中除了牛奶外，一般还含有水、甜味剂等。乳饮料是以新鲜牛奶为原料，在加工过程中加入适量的水、可可粉、各种果汁、蔗糖等辅料，经有效的杀菌，有的还加入乳酸菌发酵而加工制成的具有不同的风味的乳饮料。根据国家标准，乳饮料中的蛋白质及脂肪含量必须大于 1%。乳饮料又可分为中性含乳饮料和酸性含乳饮料。

按照国家标准要求，乳饮料中牛奶的含量不得低于 30%，也就是说水的含量不得高于 70%。因为乳饮料不是纯牛奶做的，所以其营养价值不能与纯牛奶相提并论。

乳酸饮料与乳酸菌饮料有何不同。

乳酸饮料和乳酸菌饮料喝起来味道差不多，许多人以为是同一类饮料。其实二者有较大差别。

乳酸饮料属配制型饮料，主要配料为水、白糖、奶粉、果汁、酸味剂、香料等。该产品的生产周期短，工艺较简单，不需发酵，只要将各种配料混合均匀制成乳浊液即可，保质期一般是 6 个月。

乳酸菌饮料属发酵型饮料，主要配料为水、白糖、奶粉等。配料中一般不加酸味剂，但制品却酸甜适口。这是由于在生产过程中，原料里接种了乳酸菌，经过一段时间的发酵，乳酸菌分解了原料中的一部分糖，产生一定量的乳酸和其他一些带有香味的物质。它的生产工艺比配制型的乳酸饮料复杂，生产周期也要长得多。

目前，市场上出售的乳酸菌饮料分两种类型：

一种是具有活性的乳酸菌饮料，简称活性乳，就是在乳酸菌饮料中含有活的乳酸菌。按要求，每毫升活性乳中活乳酸菌的数量不应少于 10 万个。当饮用了这种饮料后，乳酸菌便沿着消化道到大肠。由于它具有活性，乳酸菌在人体的大肠内迅速繁殖，同时产酸，从而有效抑制腐败菌和致病菌的繁殖和成活，而乳酸菌则对人体无害。这种饮料要求在 2℃～ 10℃下贮存和销售，密封包装的活性乳保质期为 15 天。

另一种是非活性乳酸菌饮料，也就是通常所说的乳酸菌饮料，一般不具有活性。其中的乳酸菌在生产过程中的加热无菌处理阶段已被杀灭。这种饮料可在常温下贮存和销售，保质期不少于 3 个月。

2. 如何选购纯牛奶

纯牛奶主要有 3 类：未经杀菌的鲜牛奶、巴氏杀菌牛奶和灭菌牛奶。

生鲜牛奶营养丰富，在许多发达国家中，未经杀菌的生鲜牛奶是最受消费者欢迎的，价格也最为昂贵。挤出的新鲜牛奶中含有天然溶菌酶等抗菌活性物质，能够在 4℃下保存 24 ～ 36 个小时。这种牛奶无需加热，不仅营养丰富，而且还保留了牛奶中的一些微量生理活性成分，如免疫球蛋白、细胞因子、生长因子等，对儿童的生长发育最有好处。但是，在我国未经杀菌的鲜牛奶还非常少见，因为牛奶养殖场的卫生条件很难达到要求。所以，《食品标签国家标准实施指南》中明确规定，加工食品不得称"鲜"。对于牛奶来说，以往出现在巴氏奶等包装上的"鲜奶"字样都要被去掉。市场上包装不同、名称不同的牛奶，其营养价值也有区别。

鉴别纯牛奶的好坏，主要看两个指标：总干物质（也叫非脂乳固体）和蛋白质。它们的含量越高，牛奶的营养价值就越高。

（1）巴氏杀菌乳与灭菌乳的区别。在我国，纯牛乳有巴氏杀菌乳和灭菌乳两种，从产品的配料表上可以看到这两种产品的配料只有一种，即鲜牛乳。巴氏杀菌乳与灭菌乳，除感官特性有所不同外，主要看两个指标，即蛋白质和非脂乳固体。巴氏杀菌乳要求蛋白质含量必须在 2.9% 以上，非脂乳固体要求在 8.1% 以上。而灭菌乳因有灭菌调味乳和灭菌纯牛乳之分，故对蛋白质含量分别要求在 2.3% 和 2.9% 以上，非脂乳固体在 6.5% 和 8.1% 以上。

巴氏杀菌乳，就是我们常见的"巴氏消毒奶"，是采取"巴氏杀菌法"进行杀菌的牛奶，也叫"低温奶"。"巴氏杀菌法"，就是将牛奶加热到 75℃~ 80℃，进行 10 ~ 15 秒的杀菌，瞬间杀死牛奶中的致病菌，保留对人体有益的细菌。不过，由于这种方法不能消灭牛奶中所有的微生物，因此产品需要冷藏，保质期也比较短。

巴氏杀菌牛奶价格便宜，其营养价值与鲜牛奶差异不大，无需再次煮沸，用微波炉加热 1~2 分钟便可直接饮用。

优点：口感、风味上较接近原奶，营养价值与鲜牛奶差异不大，B 族维生素的损失仅为 10% 左右。

缺点：牛奶中的一些生物活性物质可能会失活。

适宜人群：所有对牛奶不过敏的人。

贮存条件：一般在 2℃~ 6℃的条件下，保存 7 ~ 15 天，最长不要超过 16 天。

包装标识：一般有塑料袋、玻璃瓶、新鲜屋等包装。

灭菌乳，就是将牛奶加热到 130℃~ 140℃，进行 4 ~ 5 秒的杀菌，瞬间杀死牛奶中的微生物和芽孢，最大限度地保留牛奶中的营养成分，并在无菌状态下灌装。由于牛奶中一点微生物都不存在，因此可在常温下保存，而且保质期比较长。

优点：不含细菌，在常温下保存期长，可达 6 个月以上。方便携带和饮用。

缺点：不仅会破坏鲜奶中部分维生素，而且对牛奶的风味也有一定的影响。

贮存条件：在常温下可保存 6 ~ 9 个月。

包装标识：一般有塑料瓶、利乐砖、利乐枕等包装。

（2）牛奶新鲜度的鉴别方法。鉴别牛奶的新鲜度，有以下几种简易方法：

①颜色观察。新鲜牛奶呈乳白色，有固有的香味，无异味，呈均匀的流体，无沉淀，无凝结，无杂质，无异物，无黏稠现象。若牛奶色泽淡黄，奶上有水状物析出，则表明为陈奶。

②试验观察。在盛水的碗内滴几滴牛奶，奶汁凝固沉底的为好奶，浮散的则质量不佳。将奶滴入清水中，若化不开，则为新鲜牛奶；若化开，就不是新鲜牛奶。将牛奶与水掺在一起滴在指甲上，如果呈球状停在指甲上，则是新鲜牛奶；如果落在指甲上就流散，则不是新鲜牛奶。如果是瓶装牛奶，只要在牛奶上部观察到稀薄现象或瓶底有沉淀的，则不是新鲜奶。

③煮沸观察。把牛奶煮沸，表面有奶皮乳脂的是好奶，表面出现豆腐花状的是陈奶或变质奶。具体做法：把牛奶置沸水中 5 分钟，如有凝结或絮状物产生，则表示牛奶不新鲜或已变质。

（3）选购牛奶的注意事项。购买牛奶时，一定要去正规的超市和商场，千万不要贪图便宜，从小贩、地摊和其他不正规渠道购买。最好选择品牌知名度高且标识说明完整、详细的产品。选购时应特别注意包装袋（盒）上标注的生产期、保质期，超过保质期的不要购买饮用。要注意不同种类、不同包装的产品，其保质期和保存方法也不一样。若保存方法不当或包装破损时最好不要购买。最好选择不透明容器包装的牛奶，可减少 B 族维生素的损失。尽量购买保质期短的牛奶。不要为了便于贮藏，认为保质期越长的牛奶就越好。买回来的牛奶最好直接饮用，不要再次加热，否则会造成营养进一步损失。打开包装的牛奶应一次喝完，存放的时间越长，营养损失就越大。

3. 选购牛奶的误区

①消毒灭菌温度越高越安全。有人认为超高温灭菌奶会更安全，其实不然。因为，牛奶的营养成分在高温下会遭到破坏，其中的乳糖在高温下甚至会焦化，所以超高温灭菌奶并非是最好的选择；巴氏消毒法不会破坏牛奶的营养成分，且灭菌率可达 97.3% ～ 99.9%，只要将牛奶置于合适的温度下，所残存的少量细菌会被有效抑制，不会影响人体健康。

②含钙量和浓度越高越有营养。各厂家生产的牛奶本身的含钙量差别并不大。但有些厂家为了寻找卖点，在天然牛奶中添加了化学钙，人为地提高产品的含钙量。但这些化学钙不仅不能被人体吸收，而且久而久之还会在人体中沉淀下来，甚至会形成结石。许多厂家在牛奶中勾兑奶油和香精，使牛奶变浓变香，口感也很好。其实，这样的牛奶远不如天然的淡香牛奶对人体有利。

4. 如何选购酸奶

酸牛乳是牛乳经发酵而制成的，不仅具有牛乳的营养价值，而且酸牛乳含有的乳酸菌等有益微生物还会抑制人体肠道中的腐败菌，促进营养物质的消化吸收。

酸牛奶是被公认的老幼皆宜的理想食品，它不仅具有独特风味，而且酸甜适度，芳香可口，营养丰富。以含有多种对人体有益的乳酸菌而深受广大消费者的青睐。

（1）酸奶的分类。目前市场上常见的两种酸奶制品，一种是由鲜牛奶添加两种菌类后发酵制成的传统酸奶；另一种是在前者发酵的基础上，又添加了另外两种乳酸菌类的益生菌酸奶，其在标识上通常有"益生菌"字样。传统酸奶不含有活性乳酸菌，但是非活性乳酸菌的酸奶也是有营养价值的。因为在乳酸菌发酵过程中，消耗掉了乳糖，产生一系列的代谢产物，如维生素类、酶类等，这些代谢产物对人体都是有益处的。而益生菌酸奶必须含有活性乳酸菌，这种酸奶除了具有乳酸菌发酵过程中产生的一系列有益人体的代谢产物外，其含有的活性乳酸菌，还有利于调节人体肠道微生态的平衡。

一般来说，乳酸菌发酵酸奶，乳酸菌可以是活性的，也可以是非活性的；而益生菌酸奶的最大特点就在一个"活"字。益生菌酸奶从生产到销售过程中必须保持冷冻保存，并且在保质期内要保持一定的活菌数才能称得上保证质量，才能更好地促进人体健康。传统的酸奶通常按生产方法可分为两类：

凝固型酸奶：牛乳在添加发酵剂后立即进行包装，并在包装容器中发酵而成。

搅拌型酸奶：在发酵罐中接种发酵剂。凝固后，再加以搅拌装入杯或其他容器内。

此外，还可根据脂肪含量的高低来分为高脂酸奶、全脂酸奶、低脂酸奶、脱脂酸奶 4 种。

（2）酸奶质量的鉴别方法。在选购酸奶的时候，要看清包装上的说明。按国家标准，原味酸奶的蛋白质含量应当不低于 2.5%，调味酸奶的蛋白质含量应当不低于 2.3%。如果再少，就不能叫做酸奶了。

合格的酸奶凝块均匀、细腻、无气泡，表面可有少量的乳清析出，呈乳白色或淡黄色，气味清香且具有弹性。搅拌型酸奶由于添加的配料不同，会出现不同色泽。

变质的酸奶，有的不凝块，呈流质状态；有的酸味过浓或有酒精发酵味；有的冒气泡，有一股霉味；有的颜色变深黄或发绿。有些酸奶加入了"嗜酸乳杆菌"或者"××双歧杆菌"，对于调整胃肠功能、促进消化、减轻肠道感染等都有更好的作用。

（3）益生菌奶的鉴别方法。益生菌是指活的微生物，它们有的耐酸能力强，可以经受住人体胃酸的考验；有的能在人体肠道中稳定繁殖一段时间，为人体肠道健康服务。

科学家把这些能促进肠道菌群生态平衡，对人体起到有益作用的微生物统称为益生菌。使用乳酸菌发酵的乳制品都具有一定的保健功能。如有的具有降低胆固醇功能，有的具有降低血压功能，有的具有治疗糖尿病功能等。为此，专家建议，要挑适合自己的酸奶。

酸奶中添加的菌群虽然名目繁多，但作用大同小异，主要是有利于人体消化吸收。不过，由于菌群需在低温冷藏条件下才能存活，在酸奶运输、销售等环节中会死掉一部分，所以包装上标明的活菌群的数量与销售、饮用时的数量是不一致的。另外，如果摄取过多也会破坏人体肠道中的菌群平衡，反而会使消化功能下降。

（4）选择一周内出厂的酸奶。一般来说，刚出厂的酸奶含有 50 亿～ 100 亿个活性菌。但由于菌类品质的差异化，一些酸奶在出厂一段时间后，所剩下的能够调节人体胃肠功能的益生菌已经不多了。

专家指出，嗜酸乳杆菌在两周后，活菌数量就降为原来的 25%，甚至更低。4 周后活菌数降为原来的 10% 以下。消费者在选择酸奶的时候，一定要注意酸奶的生产日期。应当尽量选择一周内出厂的酸奶，越新鲜的酸奶，保健作用越好。

5. 如何选购奶粉

奶粉和纯鲜奶一样，也分全脂奶粉和脱脂奶粉两大类。不同之处在于奶粉有加糖、不加糖两种，而纯鲜奶则不加糖。

（1）全脂奶粉。全脂奶粉是用鲜奶加工而成。加工时，首先将鲜奶除去 70% ～ 80% 的水分，然后使用高温喷雾方法脱水而成。每 100 克全脂奶粉约含蛋白质 25 克，脂肪 35 克，糖 35 克。高温处理后，多数营养成分的消化吸收率都不亚于纯鲜奶；所含的酪氨酸、色氨酸、蛋氨酸等必需氨基酸利用率也不变。也就是说，奶粉基本具有牛奶营养价值高、易消化、易吸收等优点，是良好的营养食品。

有人认为，奶粉比牛奶的营养价值更高，这种观点是片面的。与奶粉相比，纯鲜奶是新鲜的，具有一定的"鲜活"特征。纯鲜奶中含有的乳糖可通过发酵过程，促进有益菌群的生长，改变胃肠道的微生态环境；纯鲜奶中的乳糖酶活性很强，可增强胃肠道蠕动，促进消化液分泌。总之，纯鲜奶和奶粉各具特色，可结合起来饮用。

（2）脱脂奶粉。脱脂奶粉是相对于全脂奶粉的另一类奶粉制品，有加糖、不加糖两种。其制作工艺和全脂奶粉基本一致，但脱水前要先把鲜奶中的脂肪（奶油）脱去。因为脱脂，所以每100克奶粉中蛋白质、乳糖所占的比例比全脂奶粉更高，脂肪含量则只占0.1%左右。

脱脂奶粉主要适用对象有两类：一是中老年人，二是高血脂、动脉硬化性心血管疾病患者。中老年人的新陈代谢机能已显著降低，喝脱脂奶粉有助于减少发生血脂代谢紊乱的危险。后一类患者体内已出现明显的脂代谢紊乱，喝脱脂奶粉（或脱脂奶）可避免摄入过多的脂肪，加重病情。但是，有些销售商利用人们普遍惧怕脂肪摄入太多会导致肥胖的心理，过分渲染脱脂奶粉的优越性。其实，这是一种误导，尤其是对少年儿童群体而言，更是片面的。

肥胖的少年儿童确实有体脂累积过多的现象。但是，这不能成为喝脱脂奶的理由。营养专家指出，首先，对正处于旺盛生长发育的青少年儿童，脂肪是生长发育所必需的营养素之一，只是不能摄入过多。按每天早、晚各一杯的饮奶量，就不会过量。青少年儿童限制脂肪摄取过多，主要是不要过多摄入肉类和其他动物性食品。而且，过分限制青少年儿童的脂肪摄入，对促进智力发展及维持良好的性发育都非常不利。其次，由于脱脂奶粉中的脂肪锐减，使奶中的脂溶性维生素A、D等无法被充分吸收，对青少年儿童生长发育和健康都不利。最后，也是最重要的原因，就是对肥胖的形成机理要有正确的认识。与摄入脂肪的多少有一定的关系，但不是决定性的因素。

6. 选购奶粉注意事项

①看清生产日期及保质期。外包装标识应该清楚，包括制造日期、保存期限、冲调方法等。避免买到那些标识不清的假冒伪劣或过期变质的产品。尽量选择近期生产的奶粉。

②注意包装和内容物。检查包装是否密闭，既不能鼓，也不能瘪。同时，也可以通过摇动罐体来判断奶粉是否有结块。如果有撞击声，则说明奶粉已经变质，不能选购和食用。袋装奶粉的鉴别是用手去捏，如果手感松软平滑，内容物有流动感，则为合格产品。如果手感凹凸不平，并有不规则的大小块状物，则为不合格产品。质量好的奶粉，颗粒均匀，无结块，无杂质，颜色呈均匀一致的乳黄色。如果有结块或异味则有可能是变质产品。若有杂质，说明产品不合格。如果呈白色或面粉状，则有可能掺入了淀粉类物质。

③选购知名品牌。尽量选择知名品牌的奶粉。因为知名品牌的奶粉都有良好的售后服务和专业咨询。但是，在选购知名品牌时不要只听广告，不要贪贵求洋，价格高的奶粉在质量上并不一定有保证。现在市场上的洋奶粉非常热销，其原因主要有：一是不少人认为洋奶粉质量

一定好，高价格等于高质量；二是洋奶粉厂家为消费者提供了周到的服务，如举办育儿知识讲座、开辟专家热线、赠送婴儿营养食谱、育儿手册等，使家长感到亲切、可信；三是洋奶粉的包装、口味、溶解性确实比国产的好；四是婴儿对第一口奶有很强的适应性，吃了第一次奶粉后会导致婴儿对该产品的依赖性。

现在国内著名的奶粉生产厂都采用了国外先进的生产设备、技术和工艺。因此，国产奶粉的质量已有了很大的提高，在许多方面已接近或达到洋奶粉水平。目前，国产奶粉都是以普通植物饲料饲养的奶牛产的奶为原料，比有些国外的牛吃动物饲料产的奶更安全，至少没有感染疯牛病的可能。

7. 如何选购奶油和奶酪

奶油和奶酪都是乳制品，但其性质和作用却有很大差别。

（1）奶油。奶油又称黄油，是由牛奶中分离出的脂肪加工而成的。主要用来制作奶油蛋糕、面包、糕点等，或直接用于佐餐（如涂抹面包等）。青少年儿童适量吃奶油，可促进食欲，增加能量摄入。但是，因为奶油所含的能量很高，且其成分80%以上都是动物性脂肪，所以摄入过多易导致肥胖。已出现超重、肥胖的青少年儿童，不必禁止摄入奶油，但应严格控制摄入量。

奶油质量好坏的鉴别方法：

①形状。包装开封后仍保持原状，没有油外溢，表面光滑的奶油质量较好；如果有变形，出现油外溢、表面不平、偏斜和周围凹陷等情况，则为劣质奶油。

②色泽。优的奶油透明，呈淡黄色，否则为劣质奶油。

③气味。优质奶油具有特殊的芳香。如果有酸味、臭味则为变质奶油。

④光滑度。优质奶油用刀切时，切面光滑、不出水滴，否则为劣质奶油。

⑤温度。奶油必须保存于冷藏设备中，适宜温度为 $-5\,℃\sim5\,℃$。所以，购买时应查看冷藏设备的温度是否符合。

⑥口感。优质奶油放入口中能溶化，无粗糙感。否则为劣质奶油。

⑦日期。查看生产日期和保持期。奶油一般在适宜温度下，保存 6 个月风味不会改变。

（2）奶酪。奶酪又叫乳酪或干酪，和奶油完全不同，它富含优质蛋白质。众所周知，牛奶中含丰富的优质蛋白质，其主要来自酪蛋白。酪蛋白在一定的酸度下，可与钙、磷等结合成酪蛋白胶粒。运用该原理，可使用特殊的酵解工艺，使酪蛋白在凝乳酶的作用下，凝结成奶酪。奶酪可用于佐餐，或拌食蔬菜水果或作为冷饮伴侣，或直接食用。奶酪摄入量多，与长得高大、健壮，精力充沛，参加体育锻炼的动机强烈不无关系。奶酪对钙、优质蛋白质、脂溶性维生素的富集作用，使其能充分发挥对生长发育的促进作用，纠正营养不良。

奶酪质量好坏的鉴别方法：

①检查包装是否完好，表面是否均匀，不应有气孔。

②打开内包装时，不应有奶酪黏连在塑料薄膜上。

③闻一闻，应该有奶香味。如果有怪味，说明已经变质。

④质地较硬适中，不黏不碎。

8. 如何选购"概念奶"

"概念奶"是指"特浓奶"、"高钙奶"、"高锌奶"、"活性奶"等，是在牛奶中添加脂肪或钙、铁、锌等微量元素的牛奶。专家指出，在牛奶中添加脂肪、钙等并非不可。但牛乳本身就是天然的理想食品，人为添加这些物质能否提升牛奶的营养价值以及对人体的作用到底有多大，目前仍然没有结论。有些专家还指出，在牛奶中添加微量元素可能不利于健康。

所谓的"概念奶"，只是厂家为了更好地推销自己的产品而进行的概念炒作。我国的牛奶市场还处于发育阶段，消费者对牛奶的知识懂得不多。一些经过精心策划，并大肆渲染的"概念奶"，的确迷惑了不少消费者。这些"概念奶"的销量的确比一般的牛奶要多。专家提出，我国目前还没有制定高钙量、中钙量、低钙量的标准，究竟奶类制品的含钙量达到何种水平才可以称为"高钙"呢？一些厂家宣称自己生产的奶制品为含高钙量产品或额外添加了钙成分，其实都是言过其实。专家指出，牛奶本身的含钙量就很丰富了，很多企业都争相生产高钙奶，只是为追求市场卖点而大做钙的文章。

所谓"特浓奶"根本就不存在。一些厂家推出的"特浓奶"，其实只是人为加工而成的高脂肪奶。"特浓奶"只是厂家炒作的一个概念，对健康并无特别益处。

选儿童奶别让概念忽悠。

近几年，儿童奶市场竞争异常激烈，众多乳品厂家纷纷推出各种高钙、益智、有菌、无菌乳品。家长们对这些乳品能否促进孩子健康并不确定，却被接踵而来的概念搞得不知所终。

不少家长认为，乳品包装上标明各种英文字母和各种营养元素的乳品就是最好的，并以购买此类产品为主。对此，专家认为，给孩子选择乳品不能只看包装，而要考虑3个因素：能促进营养吸收，能增强孩子的免疫力，能补充孩子所需的充足的蛋白质及维生素。专家说，对于正常人，特别是儿童，纯牛奶是最好的选择，而牛奶新鲜和营养最为关键。牛奶的主要功能是补充钙和蛋白。在牛奶中加入一些果汁、谷物、红枣等，这些物质能否被人体吸收至今还没有定论。有的"概念奶"中的蛋白质和脂肪含量还降低了，从蛋白质、脂肪的含量角度来说，营养还不如纯牛奶。

9. 如何选购芦荟酸奶

芦荟酸奶是以新鲜的牛奶为原料，经过巴氏杀菌后再向牛奶中添加有益菌，经发酵后，再冷却灌装的加入芦荟提取液的一种牛奶制品。

芦荟的药性功能并非人人都适用，所以，凡添加有库拉索芦荟凝胶的食品必须标注"本品添加芦荟，孕妇与婴幼儿慎用"字样，并在配料表中明确标注"库拉索芦荟凝胶"以及每日食用量不应超过 30 克等警示语。这是卫生部等六部局针对食品中添加芦荟联合发布的公告要求。据了解，芦荟因有药用功能，孕妇和婴幼儿若食用易引起身体不适，甚至会突发病症。

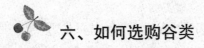

六、如何选购谷类

1. 如何选购大米

（1）新陈大米的鉴别方法。当年收获上市的大米叫新米。新米营养丰富，清香可口。颜色白中泛青，含水分较多，煮熟后糯性大，柔软清香。存放一年以上的大米为陈米。陈米的营养成分和品质不同程度地下降，口感较粗糙。其具体鉴别方法如下：

①看硬度。大米粒的硬度主要是由蛋白质含量决定的。米的硬度越大，蛋白质含量和透明度就越高。新米要比陈米硬度大，选购时，用牙咬一下就能感觉出来米硬度的强弱。

②看腹白。腹白是指大米腹部不透明的白斑。一般含水分过高或不够成熟的稻谷加工的米，腹白较大。陈米的腹白呈现淡咖啡色。

③看爆腰。观察大米粒外观是否有一条或多条横裂纹，如有则为爆腰米。这种米属于劣质米，煮熟后夹生，营养价值较低。

④看颗粒。新米颗粒均匀有光泽，陈米颗粒表面呈灰粉状或有白沟纹，而白沟纹、灰粉越多就越陈旧。有霉味、虫蛀粒，或有活虫、死虫的也是陈米。

⑤将手插入米袋或米桶中，抽出后观察手面。有少许白色粉面，轻吹即掉的说明是新米，轻吹不掉且搓之有油泥的为陈米或劣质掺假米。

⑥水分和香气。陈米缺乏稻谷的清香。新米颗粒内的水分比陈谷新碾的大米多，用手使劲撮捏时感觉黏性很强，最新鲜的大米甚至可以捏紧成一团，而陈米则捏不起来，如散沙，较生硬。

（2）抛光米的鉴别方法

①看。陈米颜色偏黄，米粒浑浊，通透性不好，即使经过抛光加工，通透性依然不好，而且颜色偏白；矿物油米的表层有一层油膜，反光性强，显得特别亮，但颜色仍然偏黄。

②闻。抛光米加工精度越高，味道越淡。陈米有一种捂过的陈味，矿物油米会有一股淡淡的油腥味。而陈米长期储存需用化学药剂进行防潮防霉处理，所以闻起来有淡淡的化学药剂味道。

③抓。抓一把米轻轻地撮一撮，新米有一点发涩，而抛光米比较滑。用矿物油抛光的米还会有种油腻的感觉；用热水浸泡用矿物油抛光的米，过一段时间，再用手抓就会有比较明显

的油腻感，严重的还会有油花出现。

④尝。取几粒米放到嘴里，标准米表层富含淀粉、糖类、蛋白质、纤维素、维生素的谷皮层和胚层，感觉有淡淡的甜味。而抛光米加工精度越高，表面的谷皮层和胚层就越少，甜味也就越淡，营养自然相对单一。

（3）糙米的鉴别方法。稻谷由谷壳、果皮、种皮、外胚乳、糊粉层、胚乳和胚等各部分构成。糙米是指脱去谷壳，保留其他各部分。精制大米（即通常所说的大米）是指仅保留胚乳，而将其余部分全部去掉。由于稻谷中除碳水化合物以外的营养成分大部分都集中在果皮、种皮、外胚乳、糊粉层和胚中，因此糙米的营养价值明显优于精制大米。

糙米能增强人体免疫功能，促进血液循环，预防贫血、便秘等。那么，消费者该如何挑选真正的糙米呢？首先看外观颜色。大部分糙米都是黄褐色，也有红色或绿色的，品种不同颜色也有所差异。然后，将糙米的皮刮开看，里面的颜色跟普通大米是一样的，才是真正的糙米。有些白色的所谓糙米，只是口感糙，消费者要注意鉴别。如果当时不能确定是否是糙米，可以先买少量回家品尝，确定是糙米再大量购买。

（4）超市定型包装大米的鉴别方法。在超市购买定型包装的大米，消费者无法直接从米的感官形状上鉴别其质量的好坏，但仍能从其外包装上加以挑选。主要是观察其外包装是否完整，有无破损；产品的标签上是否标注了产品的品牌、等级、产品标准号、生产厂家、地址、生产日期、保质期等，没有这些标识的大米最好不要购买。真空包装的大米，如果有破损、漏气等，也最好不要购买。

（5）清洁米的鉴别方法。清洁米又叫免淘米，是一种清洁干净、晶莹整齐、符合卫生要求、不必淘洗就可以直接蒸煮食用的大米。清洁米是应用特殊工艺生产的免淘大米，避免了做饭时因淘洗而造成营养成分的流失。这种米方便食用，具有较好的贮藏性，风味明显好于常规贮藏条件下的普通大米。

免淘大米比普通大米在加工过程中增加了抛白、水磨机抛光、色选等多道工序，需要一定的生产设备才能生产。但由于目前我国对免淘米尚无标准，少数生产企业在不具备生产设备的条件下，将经过多次打磨而成的产品也称之为免淘大米。所以，我国没有真正的免淘大米。市场上销售的免淘米基本都是小包装，消费者在购买时，应仔细看其包装标识，若标注内容不齐全，最好不要购买。免淘米的米粒表面光洁，透明度高，基本不含杂质，但钙、磷、铁等微量元素和维生素 B 族比一般大米少。

2. 如何选购糯米

中籼糯米呈长椭圆形，粳糯米呈椭圆形，均呈乳白色，不透明。掺假糯米的米粒形状不一致，且煮熟后的黏性明显下降。还可将糯米用碘酒浸泡片刻，再用清水洗净米粒，假糯米为紫红色，而真糯米为蓝色。

3. 如何选购黑米

黑米是一种药、食兼用的大米，米质佳，食用价值高。除煮粥外，还可以制作各种营养食品和酿酒。现代医学证明，黑米具有滋阴补肾，健脾暖肝、明目活血等疗效。其所含营养成分多聚集在黑色皮层，故不宜精加工，以食用糙米或标准三等米为宜。煮粥时，夏季将黑米用水浸泡一昼夜，冬季浸泡两昼夜，淘洗次数要少，泡黑米的水要与黑米同煮，以保存营养成分。

目前，市场上常见的黑米掺假有两种：一种是存放时间较长的次质或劣质黑米，经染色后以次充好出售；另一种是采用普通大米经染色后冒充黑米出售。真黑米经水洗后也会掉色，只不过没有染色黑米厉害而已。消费者在购买黑米时可以从以下几个方面进行鉴别：

（1）看标签。在购买黑米时，要认准 QS 标志，如果外包装上没有 QS 标志，这种产品肯定不合格。

（2）看光泽。真黑米表皮层有光泽，劣质黑米没有光泽。

（3）看表皮。用手抠真黑米米粒，只能抠下片状的东西。若抠下粉状的东西，则是染色的劣质黑米。

（4）看米心。真黑米的米心是白色的，而普通大米的米心则是透明的，没有颜色。如果用大米染成的黑米，染料的颜色会渗透到米心里去，所以米心也是黑的。

（5）看淘米水。真黑米的淘米水是紫红色，稀释以后也是紫红色或偏近红色。如果泡出的水像墨汁一样，经稀释后还是黑色，这就是染色的劣质黑米。

4. 如何选购小米

优质小米，米粒大小、颜色均匀，呈乳白色、黄色或金黄色，有光泽，很少有碎米。无虫，无杂质。闻起来具有正常的清香味，无其他异味。手摸有凉爽感，尝起来味微甜，无任何异味。常见的次质、劣质小米，主要是由陈小米经过筛、染色等加工而成。米粒大小、颜色不均匀，没有光泽，手摸有涩感。严重变质的小米，手捻易碎，碎米多，闻起来有异味或有霉变气味、酸臭味、腐败味和不正常的气味。尝起来无味、微有苦味、涩味及其他不良滋味。

有些不良商贩为了掩盖轻度发霉的小米，先将小米漂洗，然后加少量姜黄等黄色素进行染色。鉴别时，可取少量小米放在软白纸上，用嘴哈气使其润湿，然后用纸捻搓小米数次，观察纸上是否有轻微的黄色。如有黄色，则说明小米染有黄色素。另外，也可将少量小米加水润湿，观察水的颜色变化。如有轻微的黄色，则说明掺有黄色素。

5. 如何选购高粱米

（1）看。一般高粱米呈乳白色，有光泽，颗粒饱满、完整，均匀一致。用牙咬，断面质地紧密，无杂质、虫害和霉变。次质和劣质高粱米色泽暗淡，颗粒皱缩不饱满，质地疏松，有虫蚀粒、生芽粒、破损粒、杂质等。

（2）闻。取少量高粱米于手掌中，用嘴哈热气，然后立即嗅其气味。优质高粱米具有其固有的气味，无任何其他不良气味。次质和劣质高粱米微有异味，或有霉味、酒味、腐败变质味及其他异味。

（3）尝。取少量高粱米，用嘴咀嚼。优质高粱米具有其特有的滋味，味微甜。次质和劣质高粱米乏而无味或有苦味、涩味、酸味及其他不良滋味。

6. 如何选购面粉

（1）品种的选择。面粉的品种一般有特制粉、上白粉、标准粉 3 种。特制粉的出粉率为 62% 左右；上白粉的出粉率为 73% 左右，标准粉的出粉率为 83% 左右。

（2）面粉质量的选择。面粉的质量是由品种和面粉的纯度、粗细度、精度和面筋质来决定的。面粉的纯度是指麦屑的含量和面粉的色泽，精度愈高，面粉麦屑的含量就愈少，粉色就愈白。面筋质是指面粉筋力的强弱和蛋白质含量。面筋质含量的高低与小麦品质和加工工艺有关。面筋质含量越高，面粉的质量就越好。根据国家规定标准，特制粉的面筋质不低于 26%，上白粉不低于 25%，标准粉不低于 24%。从质量上说，特制粉比上白粉好，上白粉比标准粉好。

①看。看包装上是否标明厂名、厂址、生产日期、保质期、质量等级、产品标准号等内容，尽量选用标明不加增白剂的面粉；看包装封口线是否有拆开重复使用的痕迹，若有则为假冒产品；看面粉颜色，面粉的自然色泽为乳白色或略带微黄色，若颜色纯白或灰白，则为过量使用增白剂所致。

②闻。正常的面粉具有麦香味。若有异味或霉味，则为增白剂添加过量，或面粉超过保质期，或受到外部环境污染，或已变质。

③选。要根据不同的用途选择相应品种的面粉。制作面条、馒头、饺子等要选择面筋质含量较高，有一定延展性、色泽好的面粉；制作糕点、饼干及烫面制品则选用面筋质含量较低的面粉。

④抓。用手抓一把面粉，使劲一捏，松手后面粉随之散开，则是水分正常的面粉；如不散，则为水分多的面粉。同时，还可用手捻搓面粉。质量好的，手感绵软；若过分光滑，则质量差。手指捻捏时有粗粒感，生虫、有杂质、有结块、手捏成团的则为劣质面粉。

⑤尝。取少许面粉细嚼，优质面粉味道淡而微甜。微有异味并有发酵、发甜、发苦等异味，有刺喉感，咀嚼时有砂声的则为劣质面粉。

7. 如何选购挂面

在购买挂面时，除考虑口味、价格因素外，还应考虑以下几点：

（1）选购品牌知名度较高的产品。因为这种产品的生产企业，都具有一定的生产规模，企业注重产品质量。

（2）从感官上进行粗略判断。正常挂面应色泽均匀一致，洁白，稍带微黄，无酸味、霉味及其他异味；花色挂面则应具有添加辅料的特殊气味。面条应无杂质、无霉变、无虫害、无污染。

（3）购买保质期内的产品。变质产品食用后有可能会引起呕吐、腹泻等情况。

（4）注意包装是否结实，整齐美观。正规厂家都是采用自动包装机包装。而造假商贩为降低成本，都是在极简陋的条件下进行手工包装。所以，面条的外包装既不结实，也不美观。

（5）应注意产品包装上是否标明了厂名、厂址、产品名称、生产日期、保质期、配料等内容。最好不要购买既无厂名、厂址又无产品名称、生产日期的白袋包装的产品。

（6）在烹饪时也可观察到挂面的质量优劣。优质的挂面煮熟后不糊，不浑汤，口感不黏，不牙碜，柔软爽口。

8. 如何选购面包

（1）看包装。优质面包的包装，必须用食品包装纸或食品专用塑料袋包装，图案清晰，整齐美观，不能有破裂或封口脱落的现象。包装纸或袋上应标明厂名、产品名称、商标、生产日期、保质期。

（2）看色泽。优质面包的表面，应呈金黄色或棕黄色，且均匀一致。无斑点，有光泽，不能有烤焦和发白的地方。

（3）看表面状态。优质面包的表面，应光滑、清洁、无明显粉粒。没有气泡、裂纹、变形的情况。

（4）看形状。优质面包应符合所要求的形状，如枕形面包两头大小应该一致。

（5）看断面。将面包切开，观察断面。优质面包气孔应细密均匀，呈海绵状，不能有大孔洞，要富有弹性。如果存放时间过长，面包则变硬无弹性。

（6）试口感。优质面包，口感松软适口、无酸、不黏、不牙碜、无异味、无未溶化的糖和盐。

9. 如何选购馒头、花卷、豆包

很多消费者都习惯在超市购买馒头、花卷、豆包等主食，在选购的时候要注意以下几个要点：

（1）不要买过分洁白的面食。面粉中含有微量的胡萝卜素，所以，无论磨得怎样精细的面粉，都不可能是洁白的颜色。然而，有些消费者却偏偏喜欢洁白色。于是加工者就会想办法把面食弄得很洁白。一般有两种方法：超量添加"过氧化苯酰"氧化剂，甚至是国家许可量的两三倍；或者用硫磺来熏蒸。无论哪一种方法都会破坏食品中的维生素，而且还会带来安全隐患。因此，消费者不要买过于洁白的馒头、花卷、豆包等面食。有一点黄色反而是正常的。

（2）不要买口感太好的面食。为了使口感更好，一些加工者可能会在面食中加入多种添加物质，如明矾、硼砂等，增加面食的筋力和黏性，使面食更好吃。然而，明矾含有铝，多食可损害神经系统和心血管系统；硼砂则有明显毒性。所以，消费者不能一味地追求更筋道、更黏糯、更有弹性的感官状态，

10. 如何选购大豆

（1）看皮色。大豆的皮色不仅与品种有关，而且还与生长环境有关。雨量适当，成熟期间日照充足，大豆的皮色就会光彩油亮。根据光泽程度，可鉴别大豆质量。一般情况下，皮面洁净有光泽，颗粒饱满且整齐均匀的是好大豆，反之质量较次。

（2）看脐色。大豆的脐色是鉴别大豆质量的标准之一。脐色一般可分为黄白色、淡褐色、褐色、深褐色及黑色 5 种。其中以黄白色或淡褐色的质量较好，褐色或深褐色的质量较次。

（3）看肉色。豆肉（即子叶）为深黄色的含油量多，豆肉为淡黄色的含油量较少。

（4）看水分。大豆含水分多少可用牙齿磕试。干脆的水分少，质量好；发软的水分较高，质量次。

11. 如何选购绿豆

首先要看其外观和色泽。优质绿豆，外皮呈蜡质，颗粒饱满、均匀，很少有破碎，无虫，不含杂质。次质、劣质绿豆，色泽暗淡，颗粒大小不匀，饱满度差，破碎多，有虫，有杂质等。

其次要闻其气味。向绿豆哈一口热气，然后立即嗅气味。优质绿豆具有正常的清香味，无其他异味。微有异味或霉变味等不正常气味的为次质、劣质绿豆。有虫蚀粒和虫尸的也说明是陈豆。

七、如何选购方便食品

随着生活节奏的加快，人们越来越渴望从繁重的家务劳动，尤其是厨房劳动中解脱出来，更好地利用与支配时间。于是方便食品由此应运而生，并受到人们的广泛欢迎。方便食品具有省时、省事、体积小、节省燃料、便于食用、携带和保存等诸多优点。

方便食品的种类很多，大致可分成以下 4 种。即食食品：如各种糕点、面包、馒头、油饼、麻花、汤圆、饺子、馄饨等，这类食品通常买来后就可食用。速冻食品：是把各种食物事先烹饪好，然后放入容器中迅速冷冻，稍经加热后就可食用。干或粉状的方便食品：如方便面、方

便米粉，方便米饭，方便饮料或调料、速溶奶粉等，通过加水泡或开水冲调就可立即食用。罐头食品：用软袋、金属及玻璃瓶包装的食品。这种食品较好地保持了食品的原有风味，体积小，重量轻，卫生方便，只是价格稍高。

另外，还有一部分半成品食品，也算是方便食品。在选购方便食品时，要特别注意以下几个问题：一是品牌。正规的大企业、大品牌所生产的食品，质量比较有保证。二是生产方法。如方便面就有油炸和非油炸两种加工方法，尽量挑选非油炸的，一方面没有经过高温，有害物质相对较少；另一方面可以减少热量摄入，控制体内脂肪含量。三是生产日期。一定要选购在保质期内的食品，不要买过期或即将过期的食品。特别是油炸的，如方便面等，尽管加入抗氧化剂，但时间长了油脂还是会氧化、酸败，不利于人体健康。四是特价方便食品最好不要买。因为特价方便食品一定是有原因的。除了超市本身搞活动的特价可以买外，如果是厂家的特价方便食品，一定不要图便宜。特别是面包、牛奶等方便食品。

1. 如何选购肉类半成品

肉类半成品主要有两种，一种是独立密封软袋包装，一种是厂家直供散装半成品。最好挑选独立包装的食品。由于超市人流多而杂，空气中飘浮着很多细菌。因此散卖的肉类半成品很有可能会成为健康隐患。

熟肉制品包装要密封，无破损。要闻有无异味，若有异味则不要食用。已开封的肉制品尽量一次食用完。如果一次吃不完，最好贴层保鲜膜放在冰箱里，保存不要超过 3 天。冰箱也不是保险箱，时间长了也会有细菌。

2. 如何选购饼干

选购饼干时，尽量去大型超市或商场，且要购买有包装的，不要购买散装的。更不要在农贸市场的小贩那里购买。好的饼干外形完整，花纹清晰，组织细腻，厚薄基本均匀，无收缩、变形，有细密而均匀的小气孔，用手掰易折断，无杂质。劣质饼干起泡，组织粗糙，破碎严重，有污点。有的饼干甚至还含有杂质且发霉。

3. 如何挑选冲调的方便食品

（1）看标识。购买冲调方便食品时，要查看产品的厂名、厂址、生产日期、保质期、储藏条件、食用方法或注意事项、QS 标志等标识是否齐全，产品是否在保质期内。

（2）看品牌。尽可能选择信誉度高的大企业生产的品牌产品。

（3）看颜色。应选择色泽正常的产品。如黑芝麻糊的色泽不应太黑；核桃粉应为米色，不应有其他杂色。

4. 如何选购粽子

（1）要选购有厂名、厂址、生产日期和保质期的粽子，而且还要有 QS 标志。

（2）购买粽子时，不要贪图颜色鲜绿好看，用传统风干粽叶包制的粽子，虽然颜色陈旧暗淡，但更加安全。

（3）如果购买真空包装的粽子，要查看是否有漏气或鼓气现象，如果有漏气或鼓气现象则不要购买。

（4）观察粽子形态，粽角端正，扎线松紧适当，无明显露角，粽体无外露。剥去粽叶，粽体外观有光泽。无杂质，无夹生，不得有霉变、生虫和其他外来污染物。

（5）食用时，若感到口味不正，则不要食用。粽子应具有粽叶、糯米及其他谷类食物应有的香味，不得有酸败、发霉、发馊等异味。

（6）流动商贩露天加工的粽子和没有塑料袋包装的速冻粽子，质量难以保证，消费者购买时一定要小心挑选。

（7）选购粽子要警惕"返青粽叶"。颜色鲜绿的粽子多是由工业硫酸铜和氯化铜浸泡过的"返青粽叶"包制的，食用后会危害人体健康。粽叶的采摘季节通常在每年的 7～10 月份。受地域、保存、运输等环节影响，在第二年的端午节前后，颜色肯定会发生变化，加上粽子在销售前要经过高温蒸煮，粽叶绝不可能保持鲜绿色。所以，目前市场上销售的速冻粽子、真空粽子、熟制粽子等，都极少采用新鲜粽叶。然而，一些粽子生产厂家为了使粽子有好的"卖相"，就会采取化学染色手段：在浸泡粽叶时，加入硫酸铜、氯化铜等工业原料，使已失去原色泽的粽叶重新变绿，这种粽叶通常被称为"返青粽叶"。

（8）"返青粽叶"的鉴别方法。一看外表。原色粽叶的颜色发暗发黄。"返青粽叶"则呈均匀的青绿色，且表面鲜亮。二闻味道。由原色粽叶包制的粽子煮熟后，会散发出粽叶的清香。由"返青粽叶"包制的粽子煮熟后，粽叶不但香味不浓，反而有淡淡的硫磺味。三看煮水。原色粽叶包制的粽子煮熟后，煮水会呈现淡黄色。而由"返青粽叶"包制的粽子，粽叶由于经过化学处理，颜色会比较稳定。加热后，煮水会呈现淡淡的绿色。如果绿色较明显，则说明化学原料的含量很高。

5. 如何选购罐头食品

随着生活节奏的加快，以及人们对罐头食品的认可，食用罐头的人群也越来越多。由于罐头食品的生产技术比较可靠，质量把关比较严格，罐头质量问题并不突出，但消费者在购买罐头食品时，仍要注意挑选。

（1）水果罐头的鉴别方法。水果罐头的主要原料有干鲜、水果，用砂糖、柠檬酸、盐等作为辅料，主要有糖浆类、糖水类、果汁类、干果类和果酱类。

①糖汁水果罐头。去皮核的水果，皮核应去尽；削皮的果面要光滑、平整，无虫眼锈斑，

果块大小一致，厚薄均匀。小果不带梗（海棠除外）。果肉不得过烂，过烂果每罐最多不得超过15%，但也不得有过硬或有硬心的果肉；果肉色泽应为天然色，不得人工着色。汤汁透明清澈，不含杂质，糖水浓度为30%左右。

②果酱罐头。果酱色泽应与原果实相符。用浓色果肉制的果浆，色泽允许为淡褐色。浓度要高。倾罐时倒不出果酱，静置时不分泌糖汁。不允许人工着色，无异味和香精味。

（2）肉类罐头的鉴别方法。肉类罐头主要是指以猪、牛、羊、兔、鸡等畜禽肉为原料，经过加工制成的罐头。其种类很多，根据加工和调味方法的不同，可分为原汁清蒸类、腌制类、烟熏类、调味类等。肉类罐头多数用马口铁包装。好的罐头由于内部是真空，所以罐顶或者罐底应该是平的或者是向内凹的。而密封泄漏或杀菌不当的罐头，罐内仍有细菌繁殖，会产生气体。因此罐顶或罐底会凸起，这样的罐头就不能再食用了。

肉类罐头的内容物，应色泽明亮，不得发乌、灰暗、灰白（肥肉除外）。切块大小整齐，肉质不过烂，汤、肉分清，碎肉屑少，肉汁加热透明。红烧罐头为浅褐色；清蒸罐头为无色，肉及汤无变味现象，咸淡适口；带骨的罐头，骨头约占15%；不带骨头的罐头，不得有骨头存在。汤汁罐头，汤汁含量一般为25%～30%。

①容器外观鉴别。优质罐头：整洁、无损。 次质罐头：罐身出现假胖听、突角、凹瘪或锈蚀等，或是氧化油标、封口处理不良（俗称有牙齿，即单张铁皮咬合的情况）以及没留下罐头顶隙等。 劣质罐头：出现真胖听、焊节、沙眼、缺口或较大牙齿等。

②色泽鉴别。优质罐头：具有该品种的正常色泽，并应具有该肉类应有的光泽与颜色。次质罐头：比该品种正常色泽稍微变浅或加深，肉色光泽度差。劣质罐头：肉色不正常，尤其是肉表面变色严重，切面色泽呈淡灰白色或已变褐色。

③气味和滋味鉴别。优质罐头：具有与该品种一致的特有风味，鲜美适口，肉块组织细嫩，香气浓郁。次质罐头：具有该品种所特有的风味，但气味和滋味差，或含有杂质。劣质罐头：有明显的异味或酸臭味。

④汤汁鉴别。优质罐头：汤汁基本澄清，汤中肉的碎屑较少，有光泽，无杂质。次质罐头：汤汁中肉的碎屑较多，色泽发暗或稍显浑浊，有少许杂质。 劣质罐头：汤汁严重变色、浑浊或含有恶性杂质。

⑤ 敲击鉴别。优质罐头：敲击时，听到的声音清脆。次质罐头：敲击时发出空或闷声响。劣质罐头：敲击时发出破锣声。

（3）水产类罐头的鉴别方法。水产类罐头主要是以鱼、虾、蟹、贝等海产品及淡水鱼类为主要原料，经过加工制成的罐头。其主要品种有油浸类、清蒸类、调味类、原汁茄汁类等。水产品罐头，作料用量适当，质量正常，不得有腥气；肉段整齐，不得糜烂。油炸罐头，必须炸透，酥脆可口，不得有焦味和酸败味。

①容器外观鉴别。优质罐头：整洁，无损。次质罐头：罐身假胖听、突角、生锈、氧化油标、牙齿、单咬、无真空等。劣质罐头：真胖听、爆节、沙眼、缺口、大牙齿或罐头外污秽不

洁，锈蚀严重。

②色泽鉴别。优质罐头：具有与该品种相应的正常色泽。次质罐头：具有与该品种相应的色泽，但光泽变暗。劣质罐头：色泽不正常，有严重的变色或呈黑褐色。

③气味和滋味鉴别。优质罐头：具有该品种所特有的风味。块形整齐、组织细嫩、气味和滋味适口而鲜美。次质罐头：还有该品种所固有的风味，但气味和滋味都较差，无异味。劣质罐头：有严重的腥臭味或有其他明显的异味。

④组织状态鉴别。优质罐头：块形大小整齐，组织紧密而不碎，软硬适度。若为贝类则具有弹性，无杂质。次质罐头：块形大小基本一致，组织较紧密，软硬尚适度。若为贝类则具有弹性。个别的有杂质，有的还残存着去除不净的鳞片和鳍等。劣质罐头：块形大小不一，碎块很多，组织松软。若为贝类则无弹性。有严重的杂质或恶性杂质。

⑤敲打鉴别。优质罐头：敲打时响声清脆。次质罐头：敲打时响声发空或闷。劣质罐头：敲打时呈破锣响声。

（4）蔬菜类罐头的鉴别方法。蔬蔬类罐头的主要原料是蔬菜，用砂糖、柠檬酸、盐等作为辅料。蔬菜类罐头主要有清水类、调味类等。蔬菜颗粒大小一致或接近一致，变形破裂的不得超过20%。汤汁味正，无杂质，无酸味和苦味。

①容器外观鉴别。优质罐头：商标清晰醒目、清洁卫生，罐身完整无损。次质罐头：假胖听、突角、锈蚀、凹瘪、氧化油标、牙齿、单咬，无真空。劣质罐头：真胖听、爆节、沙眼、缺口、大牙齿。

②色泽鉴别。优质罐头：具有与该品种相应的色泽，均匀一致，具有光泽，色泽鲜艳。次质罐头：具有与该品种相应的色泽，但不鲜艳，块形较大，不够均匀。劣质罐头：色泽与该品种应有的正常色泽不一致，常呈暗灰色，无光泽或有严重的光色、变色。

③气味和滋味鉴别。优质罐头：具有该品种所特有的风味。果蔬块具有浓郁的芳香味，鲜美而酸甜适口。次质罐头：还具有该品种所特有的风味，但芳香气味变淡，滋味较差。劣质罐头：气味和滋味不正常，具有酸败味或严重的金属味。

④汤汁鉴别。优质罐头：汤汁基本澄清，有光泽，无菜梗等杂质。次质罐头：汤汁稍显浑浊，还有光泽，但有少量的菜梗，或有其他杂质。劣质罐头：汤汁严重浑浊或有恶性杂质。

⑤敲打鉴别。优质罐头：敲打时响声清脆。次质罐头：敲打时响声发空或发闷。劣质罐头：敲打时呈破锣响声。

八、如何选购食用油

食用油是人们日常生活的必需品，是为人体提供热能和必需的脂肪酸并促进人体对脂溶性维生素吸收的重要食物。食用油有大豆油、花生油、玉米油、橄榄油、葵花籽油、菜籽油等。面对众多的食用油，消费者应如何选择呢？

专家介绍，压榨法和浸出法是目前国际上最安全、最适用、也是最经济的制造工艺。压榨油就是用物理压榨的方式榨油，一般花生油和香油都采用这种工艺。压榨出来的油有浓郁的香味，保持原料原有的营养成分，品质比较纯正。而浸出法是针对大豆和菜籽等而言的，采用化学物质进行分离和提取，炼出来的油杂质全被滤掉了，当然也没有了香味。由于这种方法相对产油率较高，所以世界各国90%的油类都采用这种方法。浸出油可能会有微量化工残留物，但不会对人体产生危害，所以浸出油是安全的。

在农贸市场上常见的炼油摊完全没有标准可言，他们炼出的食用油只经过简单的工艺处理，没有卫生保障和保质期。如果想买到放心油，就不要购买市场上零售的散装油。

如何知道植物油含水分？

用干燥洁净的小管，插取少许食用植物油涂在易燃烧的纸片上，燃烧时产生油星四溅现象，并发出"叭叭"的爆炸声，说明水分含量高。也可用钢勺取油少许，在炉火上加热，温度在150℃~160℃时，如出现大量泡沫，且发出"吱吱"响声和油从钢勺内往外四溅，说明水分含量高；加热后拨去油沫，观察油的颜色，若油色变深，有沉淀，说明杂质较多。另外，植物油的水分含量若在0.4%以上，则浑浊不清，透明度差。可将食用植物油装入1个透明玻璃瓶内，观察其透明度。

1. 如何选购橄榄油

橄榄油中含有极高比例的油酸，是一种胃肠最容易接受的食用油。它能使油脂降低，以减少胆囊炎和胆结石的发生。无论是对老年人还是孩子，橄榄油都是最佳食用油之一。面对形形色色的橄榄油，消费者该怎样鉴别呢？消费者在选购橄榄油时，要做到看、闻、尝3个步骤。

正常橄榄油的颜色应该是黄绿色，发白或发红的颜色都不是正常橄榄油的颜色；不能闻到腐败气味；品尝时应带点辣味。橄榄油的储存方法也很关键。避免过高的温度和强光直射，否则会使橄榄油品质下降得很快。应尽量避免购买塑料包装的橄榄油。因为橄榄油会吸收其化学成分，劣质塑料包装还可能含有致癌物质。也不要购买活性金属包装，如铜制金属包装的橄榄油。此外，油酸含量的高低是衡量橄榄油质量好坏的一个最重要的指标，油酸含量越高，橄榄油的品质就越好。

（1）高品质的橄榄油有以下特点。观：油体透亮，浓稠，呈金绿色或金黄色，颜色越深越好。而精炼的油中色素及其他营养成分被破坏。闻：有果香味，不同的树种有不同的果味香，品油师甚至能区分 32 种不同的橄榄果香味，如甘草味、奶油味、水果味、巧克力味等。尝：口感爽滑，有淡淡的苦味及辛辣味，喉咙的后部有明显的感觉，辣味感觉比较滞后。

（2）劣质的橄榄油有以下特点。观：油体浑浊，缺乏透亮的光泽，说明放置时间长，且开始氧化。颜色浅，感觉很稀，说明是精炼油或勾兑油。

闻：有陈腐味、霉潮味、泥腥味、酒酸味、金属味、哈喇味等异味。说明变质，或者橄榄果原料有问题，或储存不当。尝：有异味，或者干脆什么味道都没有。说明变质，或者是精炼油或勾兑油。

2. 如何选购山茶油

由于山茶油有大量的抗氧化物，因此在常温下的保质期可长达两年，比一般食用油长得多。山茶油中含极高比例的油酸，是一种胃肠最容易接受的食用油。它能使油脂降低，以减少胆囊炎和胆结石的发生。无论是对老年人还是孩子，山茶油都是最佳食用油之一。

山茶油所含必需脂肪酸也比其他植物油和动物油高。必需脂肪酸是人体新陈代谢不可缺少的物质。人体一旦缺乏，生物膜结构的更新会受到影响。必需脂肪酸还能促进胆固醇变成胆汁酸盐，阻止胆固醇在血管壁上沉淀，对防止动脉硬化有一定作用。

（1）野生初榨茶出油的鉴别方法

①看品名和分类。根据国际通行的植物油脂理论，野生初榨茶油按其等级可分为茶子毛油（原油）、精制级茶油等。最新的国家食用油标准也明确规定：毛油（原油）不能直接作为食用油。

②看加工工艺。野生初榨茶油，是将人工采集的油茶果在很短的时间内，通过物理冷榨工艺获得的纯天然油脂。与将油茶饼作为原料，用化工溶剂制取油脂的浸出法有着本质区别。按照我国新的食用油管理办法，食用油脂加工方法必须在标签上注明"压榨法"或"浸出法"。

③看产地。产地对于价格和质量的影响很大。野生初榨茶油的品质好坏在于树种、气候、经纬度等地理条件。五百里井冈山野生初榨茶油的树种主要是遂金子（原产自遂川县）。该油茶品种只有在五百里井冈山区才能产出独特的茶油风味，茶油香味绵长和非常高的多酚含量是该树种最知名的特点。

④看包装。野生初榨茶油对光敏感，光照如果持续或强烈，野生初榨茶油就易被氧化。因此，建议购买 PET 瓶包装，或不易透光的礼盒包装的茶油。这样，保存的时间就会较长，野生初榨茶油中的营养成分不易被破坏。

⑤看品质。野生初榨茶油品质的好坏，一方面是内在的各项理化指标要求是否达到国家绿色食品标准；另一方面需要通过感官进行测定。

（2）茶油品质好坏的鉴别方法

茶油的感官鉴别主要有看、闻、尝、听 4 个方面。

①看。首先看油脂的透明度，其次是看色泽。品质好的色泽较淡且无沉淀；另外还要注意包装上的保质期和 QS 认证，尽量购买在保持期内有 QS 认证的产品。

②闻。可以在手掌上滴一两滴油，双手合拢摩擦发热，闻其气味，有异味的油说明质量有问题。

③尝。用干净的筷子或玻璃棒，沾取一些油脂，放入口中尝其味道。口感带酸味的油是不合格的产品；有焦苦味的油说明已发生酸败；有异味的油可能是掺假油。

④听。鉴别水分是否超标。取油层底部的一两滴油，涂在易燃的纸片上，点燃后燃烧正常且无异常声音的是合格产品；燃烧不正常且发出"吱吱"声的是不合格产品；燃烧时发出"叭叭"的爆炸声，则说明水分严重超标。

（3）浸出茶油和压榨茶油的鉴别方法。在包装袋上一些生产厂家把浸出茶油标明是压榨茶油，那么消费者如何鉴别呢？

①压榨的油色比较透亮、清澈，黄和红的指标都比较低，颜色偏淡。

②浸出的颜色就偏黄一些。把压榨和浸出的茶油放在一起对比，就可以区分出来。

③压榨的茶油油烟比浸出的少，营养成分高。

④压榨茶油是直接从茶子压榨，然后精炼而成，品质是最好的。

⑤浸出茶油是通过一种食用溶剂将压榨后的茶饼（茶粕）中的残油提炼出来。所以，从工艺上，食用级别的化学溶剂会使营养成分部分被破坏。

⑥目前市场上以浸出茶油为主，因为价格便宜，消费者比较容易接受。但是，还是有不少不良厂家将浸出的茶油在标签上写成是压榨的，以欺骗消费者。

另外，一级、二级、三级等标识表示第几次工艺，越往后越差，跟橄榄油特级初榨、二榨、三榨等是一个概念。

（4）真假茶油的鉴别方法。如果茶油里掺有豆油、色拉油等低价油，普通消费者根本看不出来，只有化验才能鉴别出来，而且食用后也没有食品安全的问题。这就造成了大量不法者故意造假。国内大部分茶油子都被农民自己消化掉了，农民用最简陋、最原始的压榨设备自己榨油吃，然后把茶饼卖给生产茶油的企业，这些企业用收购的茶饼生产浸出茶油。

目前市场上真正属于压榨级别的茶油不过 1～2 个品牌，大部分均为便宜的浸出茶油，可能是勾兑了大豆油、棕榈油等低价油。选购茶油学问深，消费者要擦亮眼睛仔细看。

3. 如何选购玉米油

玉米油性质温和，纯洁无瑕，超绿色油类，少油烟、无油腻、烟点高，是一种比精制油更为纯净的食用油。玉米油是从玉米胚芽中提炼出来的油，是一个新品种的高级食用油。营养成分很丰富，不饱和脂肪酸含量高达 58%，油酸含量在 40% 左右，胆固醇含量最少。鉴别玉米油的质量，有以下几个方面：

（1）色泽。质量好的玉米油，色泽淡黄，质地透明莹亮。

（2）水分。水分不超过 0.2%，油色透明澄清的质量最好。反之，质量差。

（3）气味。具有玉米的清香气味，无其他异味的质量最好。有酸败气味的质量差。

（4）杂质。油色澄清明亮，无悬浮物，杂质在 0.1% 以下的质量最好。反之，质量差。

4. 如何选购调和油

调和油又称调合油，是根据使用需要，将两种以上经精炼的油脂（香味油除外），按比例调配制成的食用油。调和油澄清、透明，可作熘、炒、煎、炸或凉拌食物等。调和油一般选用精炼大豆油、菜籽油、花生油、葵花籽油、棉籽油等为主要原料，还可配精炼过的米糠油、玉米胚油、茶油、红花籽油、小麦胚油等特种油脂。

世界卫生组织、联合国粮农组织和中国营养学会等权威机构经研究证明，当人体吸收的饱和脂肪酸、单不饱和脂肪酸、多不饱和脂肪酸的平衡比例达到 1：1：1 时，才可以达到最健康、完美的营养吸收。这三类脂肪酸在人体饮食中起着平衡营养的重要作用。如果过量吸收饱和脂肪酸和单不饱和脂肪酸，就容易引起体内胆固醇增高、血压高、冠心病、糖尿病、肥胖症等疾病；当吸收多不饱和脂肪酸可降低血脂，防止血液凝聚。当这三类脂肪酸不平衡时就会破坏体内脂肪系统的正常代谢，使疾病有机可乘。

目前市场上已经出现了各种不同的调和油。有的是由一种以上的油种混合，如用花生油和大豆油配比而成的调和油。经过营养专家研究发现，由花生和大豆两种油调和而成的调和油，虽然比单一油在营养方面有了进一步的提高，但还是不能达到人体膳食结构的 1：1：1 平衡。为此，用精炼菜籽油、精炼大豆油、精炼玉米胚芽油、精炼葵花籽油、花生油、芝麻油、精炼亚麻籽油、精炼红花籽油等 8 种油，采用最佳比例调和成促进人体吸收各种脂肪酸的 1：1：1 的调和油，确保营养的最佳均衡状态。目前市场上的"第二代调和油"，由于能促进人体达到各种脂肪酸 1：1：1 吸收的均衡比例，而被誉为真正的营养健康食用油。调和油的保质期一般为 12 个月。目前调和油只有企业标准，没有国家标准。

5. 如何选购色拉油

色拉油系指各种植物原油经脱胶、脱酸、脱色、脱臭（脱脂）等加工工序精制而成的高级食用植物油。

色拉油是从国外音译过来的，指的是国外用来拌沙拉和凉菜的油。色拉油要求油的熔点比较低，低温下也不会凝结。在 0℃ 条件下冷藏 5 小时仍能保持澄清、透明。

色拉油是新标准的一级油，是加工等级最高的食用油，它的特点是既可以炒菜，又可以凉拌菜。目前市场上色拉油的品种有：大豆色拉油、菜籽色拉油、棉籽色拉油、花生色拉油、葵花籽色拉油、米糠色拉油等。色拉油和高温烹饪油本质上没有区别，只是熔点不一样。

色拉油的包装容器应专用、清洁、干燥和密封，符合食品卫生和安全要求，不得掺有其他食用油和非食用油、矿物油等。保质期一般为 6 个月。目前市场上供应的色拉油有大豆色拉油、菜籽色拉油、葵花籽色拉油和米糠色拉油等。

鉴别质量好的色拉油有以下 3 点。

（1）颜色清淡、无沉淀物或悬浮物。

（2）无臭味，保存中也没有出现使人讨厌的酸败气味，气味正常、稳定性好。

（3）好的色拉油具有耐寒性，将加有色拉油的蛋黄酱和色拉调味剂放入冷藏设备中时不分离。若将色拉油放在低温下，也不会产生浑浊物。

6. 如何选购花生油

花生油淡黄透明，色泽清亮，气味芬芳，滋味可口，是一种比较容易消化的食用油。花生油含不饱和脂肪酸 80% 以上。另外还含有软脂酸、硬脂酸和花生酸等饱和脂肪酸 19.9%。

纯正花生油的鉴别方法：

（1）生产日期。花生油是一种食品，新鲜才是最好的。花生油的香味物质在制油过程中，以吸附方式存在于油中。所以这种香味物质易挥发或分解。花生油即使在保存期内也有一个自动氧化、分解过程。如果花生油放置久了，香味就会逐渐淡化，直至消失。同时酸值也会上升，过氧化物也会增多，口感也会变差，营养成分也会遭到破坏。一般来说，近期生产的花生油比早期生产的花生油的内在质量要好些。

（2）感官。新鲜花生榨出来的花生油，色泽自然，金黄明亮，闻起来具有花生油的天然浓郁香味。若用霉烂或放过了夏天的花生仁榨出来的花生油，色泽深暗，无光泽，闻起来苦，吃起来涩，入口回味清淡，有卡喉的感觉。

（3）实际检验。好的花生油出现油烟的温度高，而且随着温度升高，花生油色泽基本没有变化，在高温后的口感依然香滑醇厚。如果花生油在低温时已经浓烟大冒，香味很快就会散发尽，肯定不是好的花生油。

（4）闻味。将买来的花生油倒在手上一点，然后两手用力搓至微热，这时闻手上的花生油，应该有一股花生的香味，并且这股香味能持续很长时间，这样的花生油是优质的花生油。如果没有花生的香味，或香味很快就消失了，那么证明这样的花生油是假的伪劣的花生油。

（5）凝固温度。将买来的花生油倒入一个容器内（少许），将其放入冰箱内冷冻，一两个小时以后将花生油拿出，如果花生油冻上了，说明是好油；如果没冻上，则证明是劣质产品。

7. 如何选购大豆油

大豆油的色泽较深，有特殊的豆腥味。热稳定性较差，加热时会产生较多的泡沫。大豆油含有较多的亚麻油酸，较易氧化变质，并产生"豆臭味"。从食用品质看，大豆油不如芝麻油、葵花籽油、花生油等。从营养价值看，大豆油的脂肪酸构成较好，它含有丰富的亚油酸，能显著降低血液胆固醇的含量，有预防心血管疾病的功效。大豆油中还含有多量的维生素E、维生素D及丰富的卵磷脂，对人体健康非常有益。另外，大豆油的人体消化吸收率高达98%。所以大豆油也是一种营养价值很高的食用油。

（1）大豆油的鉴别方法。目前，在市场上大豆油以其营养丰富、口感良好、价格低廉的特点，已成为食用植物油中最重要的品种，所以使其成为市场上最频繁被掺假和假冒的产品之一。纯大豆油是无色透明、略带黏性的液体，具有豆油特有的味道。在市场上常见的主要是一级大豆油。对大豆油质量的鉴别，应注意以下几个方面：

①气味：具有大豆油固有的气味，不应有焦臭、酸败或其他异味。一级大豆油基本无气味，等级低的大豆油会有豆腥味。

②滋味：大豆油一般无滋味。滋味有异感，说明油的质量发生变化。

③色泽：质量等级越好的大豆油，颜色就越浅，一级大豆油为淡黄色，等级越低，色泽就越深。

④透明度：质量好的大豆油应是完全透明的。油浑浊、透明度差，说明油质差或掺假。

⑤沉淀物：质量越高，沉淀物越少。一级大豆油常温下应无沉淀物，在0℃下冷冻5个半小时，应无沉淀物析出。但冬天低于0℃则会有较高熔点的油脂结晶析出，为正常现象，非质量问题。

⑥标签：主要看标签上的出厂日期和保质期，没有这两项内容的大豆油不要购买。在未经特殊处理的条件下，大豆油的保质期最长也只有一年。

（2）掺假大豆油的鉴别方法

①冷藏鉴别。把大豆油放入冰箱冷藏室中，零上4℃即可，30分钟后取出。纯正大豆油仍然是清澈透明，非纯正大豆油则会出现白色絮状物或者沉淀物。

②加热鉴别。水分多的植物油，加热时会出现大量泡沫，且发出吱吱声。油烟有呛人的苦辣味，说明油已酸败。质量好的油，泡沫应少且消失快。

③烧纸鉴别。取一根干燥洁净的细管子，插入静置的油容器里，直到底部，抽取少许，涂在易燃烧的纸片上点燃，听其发出的声音，观察燃烧的现象。燃烧时纸面出现气泡，并发出"滋滋"的响声，水分约在0.2%～0.25%之间；如果燃烧时油星四溅，并发出"叭叭"的爆炸声，水分约在0.4%以上。如果纸片燃烧正常，水分约在0.2%以内。这种方法主要用于检查水分。

（3）转基因大豆油可放心食用。虽然大多数人对"转基因"的认识仍然模糊不清，但"转基因食品"早已悄然走进人们的生活。转基因大豆油是目前我国市场上最常见的转基因食品，不少食用调和油中也含有转基因大豆成分。转基因大豆油是否会对人体健康造成危害呢？

①转基因大豆油符合标准

研究证明，转基因大豆油在蛋白质、脂肪、碳水化合物、膳食纤维、氨基酸、脂肪酸等方面与原始大豆油无明显差别；在加工过程中，各种营养成分和抗营养因子含量的变化也基本相似。经烘烤加工后，两种大豆油中的水苏糖、棉籽糖、抗胰蛋白酶的含量基本一致，植物凝血素的含量均下降到检测不出来的水平。

②转基因大豆油相对安全

全世界至今没有出现由于食用转基因食物而导致病变的事例，而市场上销售的转基因大豆油也符合国家食用油质量标准和卫生标准。所以，从目前来看，转基因大豆油是相对安全的。但是也没有任何一个科学家敢断定转基因食品绝对安全。转基因食品的安全性需要更长的时间和更科学的检测手段来验证。

8. 如何选购菜籽油

菜籽油一般呈深黄色或棕色。从营养价值来看，人体对菜籽油消化吸收率可高达99%，并且有利于胆功能。在肝脏处于病理状态下，菜籽油也能被人体正常代谢。不过菜籽油中缺少亚油酸等人体必需脂肪酸，且其中脂肪酸构成不平衡，所以营养价值比一般植物油低。另外，菜籽油中含有大量芥酸和芥子甙等物质，一般认为这些物质会对人体的生长发育不利。若能在食用时与富含有亚油酸的优良食用油配合食用，其营养价值将会得到进一步提高。

（1）菜籽油的质量好坏鉴别方法。

①色泽：优质菜籽油呈黄色至棕色。次质菜籽油呈棕红色至棕褐色。劣质菜籽油呈褐色。

②气味：用手指沾一点油，抹在手掌心，搓后闻其气味。品质好的油，应具有菜籽油固有的气味。次质菜籽油，其固有的气味平淡或稍有异味。劣质菜籽油有霉味、焦味、干草味或哈喇味等不良气味。

③透明度：优质菜籽油清澈透明。次质菜籽油微浑浊，有微量悬浮物。劣质菜籽油液体极浑浊。

④滋味：用筷子沾一点油放入嘴里，不应有苦涩、焦臭、酸败等异味。

（2）菜籽油掺假的鉴别方法。

在菜籽油中掺入的主要是棕榈油。从外观上看，两者的清亮度、颜色很难分辨。那么我们有什么办法可以把这两种油分辨出来呢？非常简便的方法就是把油放到冰箱的冷藏室里冻4个小时以后再拿出来看。没掺假的油还是清亮透明，掺了假的油就会变成了糊状，如果时间再长则完全凝固。

9. 如何选购棉籽油

棉籽油是用棉花子榨取的油脂。因提炼程度不同又有毛棉油、卫生油、棉清油3个品种。

毛棉油未经精炼，颜色为黑褐色或褐红色，有棉籽腥味。由于毛棉油中含有游离的棉酚，长期食用会导致慢性中毒，影响人体生长发育。卫生油虽经碱的提炼，但未经水洗，颜色浅黄至深黄，常有碱味。新油的碱味更为显著，而且不如陈油清亮透明。

棉清油是精炼后的棉籽油。此油亚油酸的含量居其他油之上。除棉清油外，其他棉籽油的稳定性和营养性均较差。精炼后的棉清油去除了棉酚等有毒物质，可供人食用。棉清油中含有大量人体必需的脂肪酸，最宜与动物脂肪混合食用。因为棉清油中亚油酸的含量特别多，能有效抑制血液中胆固醇升高，保护人体的健康。人体对棉清油的消化吸收率为98%。

精炼棉清油的鉴别方法：

（1）色泽。一般呈橙黄或棕色的棉籽油，符合国家标准。如果棉酚和其他杂质混在油中，则油质乌黑浑浊。这种油有毒，不得选购食用。

（2）水分。水分不超过0.2%，油色透明，不浑浊的为好油。

（3）杂质。油色澄清，悬浮物少，含杂质在0.1%以下，是质量好的精炼棉清油。反之，质量差。

（4）气味。取少量油样放入烧杯中，加热至50℃，搅拌后嗅其气味。具有棉籽香气味，无异味的质量为好。

10. 如何选购葵花籽油

用向日葵籽榨取的油脂，又称向日葵油。颜色为浅黄色和青黄色，清亮透明，气味芬芳，滋味纯正。由于葵花籽油的熔点低于任何其他油脂，即 -18.5℃~16.5℃。所以，即使在零下十几度的寒冬，仍然是澄清透明的液体。

葵花籽油中脂肪酸的构成受气候条件的影响。寒冷地区生产的葵花籽油含油酸15%左右，亚油酸70%左右；温暖地区生产的葵花籽油含油酸65%左右，亚油酸20%左右。葵花籽油的人体消化吸收率为96.5%。葵花籽油含有丰富的亚油酸，有显著降低胆固醇，防止血管硬化和预防冠心病的作用。另外，葵花籽油中还含有大量的维生素E和抗氧化的绿原酸等成分，所以具有很强的抗氧化功能，长期食用可以延缓衰老，使肌肤润泽有弹性。而且亚油酸含量与维生素E含量的比例比较均衡，便于人体吸收利用。所以，葵花籽油是营养价值很高并有益于人体健康的优良食用油。

葵花籽油有一种葵花籽独特的香气。它的脂肪酸组成与玉米油类似，不饱和脂肪酸的含量更高，达到85%，其中单不饱和脂肪酸和多不饱和脂肪酸的比例约为1∶3，这一点逊色于橄榄油。葵花籽油的烟点（加热直到冒烟时的温度）比其他植物油都高，仍然不适合煎炸食品。

葵花籽油质量好坏的鉴别方法：

（1）色泽。优质葵花籽油，透明度好，无浑浊。

（2）沉淀物。优质的葵花籽油，无沉淀和悬浮物，黏度好。

（3）分层现象。优质的葵花籽油无分层，若有分层则很可能有掺假。

（4）气味。优质的葵花籽油，有正常的独特气味，无酸臭异味。

11. 如何选购芝麻油

芝麻油又称香油，是用芝麻榨取的油脂。因加工方法不同，又可分为机榨芝麻油和小磨香油两个品种。

芝麻油是用压榨法制油，又称为大槽油或麻油。因芝麻油在压榨过程中破坏了芝麻酚等呈香物质，故不具有小磨香油的特殊香味。但新榨出的油带有芝麻香味，加热后香味更浓。新油口感滑利，而陈油发黏。

小磨香油是用炒熟的芝麻，经研磨加开水搅拌、振荡而制成的油。小磨香油呈深红色，因油中保留了芝麻酚等呈香物质，故具有特殊的香气。新油比陈油香味大，闻之扑鼻。香油中亚油酸和油酸的比例为1：0.92，接近1：1的理想比值，易被人体吸收利用，同时对人体有降低胆固醇的作用。

芝麻油质量好坏的鉴别方法：

（1）辨色法。纯香油呈红色或橙红色，机榨香油比小磨香油颜色淡。

香油中掺杂了菜籽油则颜色深黄，掺入棉籽油则颜色深红。纯正的小磨香油呈红铜色，清澈，香味扑鼻。若小磨香油掺猪油，加热就会发白；掺棉籽油，加热就会溢锅；掺菜籽油，颜色发青；掺冬瓜汤、米汤等，颜色发浑，有沉淀。

（2）水试法。用筷子蘸一滴香油滴到平静的凉水面上，纯香油会呈现无色透明的薄薄的大油花，而后凝成若干个细小的油珠。掺假香油的油花小而厚，且不易扩散。

（3）摇荡法。取一瓶芝麻油用力摇动1分钟左右，然后将瓶放正，纯正芝麻油的表面会有一层泡沫状气泡，但很快就会消失；掺假芝麻油的表面会有黄色泡沫，久久不能消失。

（4）嗅闻法。小磨香油香味醇厚、浓郁、独特，如掺进了花生油、豆油、菜籽油等，不但香味差，而且还会含有花生、豆腥等其他气味。

（5）观察法。采用现代小磨工艺制取的纯正芝麻油，色泽透明鲜亮，而普通芝麻油颜色发暗、发浑。

此外，还可将香油放在-10℃冰箱里冷冻观察。纯香油在此温度下仍为液体，掺假的香油在此温度下则开始凝固。

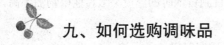

九、如何选购调味品

食物的色、香、味、形往往会影响人的胃口和进食情绪。其中，味则与调味品息息相关，了解一些食用调味品的相关知识还是很有必要的。

调味品是指能调节食品色、香、味等感官性状的食品，包括咸味剂、酸味剂、甜味剂、鲜味剂和辛香剂等，如食盐、酱油、醋、味精、糖，以及八角、茴香、花椒、芥末等香料。调味品在膳食中的用量一般都很少，它们所含的任何营养素对膳食的影响都是微不足道的。但是由于能够改善食物风味，增加食欲，因此受到人们的喜爱。

调味品质量好坏鉴别的原则是：鉴别指标主要观察色泽、气味、滋味和外观形态等。 对于酱、酱油、食醋，还可观察其表面是否有白醭或是否生蛆；对于固态调味品，还应目测其外形或晶粒是否完整；所有调味品均应不霉、不臭、不酸败、不板结、无异物、无杂质、无寄生虫等。

1. 如何选购酱油

酱油是我国传统调味品，按生产工艺的不同可分为酿造酱油和配制酱油，按颜色的浓淡又可分为生抽和老抽。

酿造与配制酱油。酿造酱油是以大豆或脱脂大豆、小麦或麸皮为原料，经微生物发酵制成的，具有色、香、味的液体调味品。酿造酱油不含有其他添加成分，而配制酱油则是以酿造酱油为主体，添加了酸水解植物蛋白调味液、食品添加剂等配制而成的。相比较来看，酿造酱油的粮食成分更纯正些。

生抽与老抽的区别。

许多消费者不清楚生抽和老抽酱油的区别，宴会酱油是不是最好的酱油。生抽和老抽是沿用广东地区的习惯性称呼。抽就是提取的意思，生抽和老抽都是酿造酱油。它们的差别在于生抽是以优质的黄豆和面粉为原料，经发酵成熟后提取而成；而老抽则是在生抽中加入焦糖色，经特别工艺制成的浓色酱油，适合肉类增色之用。宴会酱油并不表明它的等级，而是指在酱油中加入了多种鲜味剂，鲜度非常高，适合宴会场合烹饪使用。

识别酱油的质量：一看二摇三尝四闻。

看色：好酱油色泽鲜艳，在白瓷碗边一刷，碗边会挂很厚的一层，且有光泽。劣质酱油颜色发乌、浑浊、淡薄，即使色深，也是加了糖色或加热过度。

摇：好酱油摇起来会起很多的泡沫，不易散去。而劣质酱油摇动只有少量泡沫，并且容易散去。

品味：好酱油味道鲜美，醇厚柔和，咸甜适口，余味长。劣质酱油味淡，只有咸味没有鲜味，甚至还会有一种焦糊味或异臭味。真酱油有酱香，假酱油或苦涩或有异味。

闻气：好酱油一打开瓶子，有一股酱油香气。劣质酱油没有香气，却有种刺鼻的怪味。

2. 如何选购酱类调味品

酱类调味品是指以黄豆和面粉为原料，经发酵酿造而成的红褐色稠状含盐调味品。常见的有豆瓣酱、干黄酱、稀黄酱、甜面酱和豆瓣辣酱等。各种酱类的主要区别在于：用黄豆为主要原料发酵酿造而成的叫豆瓣酱；黄豆磨碎的叫干黄酱；黄豆加水磨碎的叫稀黄酱；豆瓣酱加入辣椒水的叫豆瓣辣酱；以面粉为主要原料发酵酿造而成的叫甜面酱。

酱类调味品质量好坏的鉴别方法：

购买酱类调味品主要根据感官品评、标签和净含量等进行综合鉴别。

优质酱：应呈红褐色、棕红色或黄色，油润发亮，鲜艳而有光泽；黏稠适度，不干不涩，无霉花，无杂质；滋味鲜美，入口酥软，咸淡适口，有豆酱或面酱独特的滋味；无不良气味，不得有酸、苦、焦糊及其他异味，无其他不良滋味。

劣质酱：使用变质大豆和霉变酱油泡制而成。其色泽暗黑或过浅，无光泽；过干或过稀；酱的固有香气不浓，平淡。有苦味、涩味、焦糊味；有酸败味或霉味等不良气味。有霉花、杂质和蛆虫等。

3. 如何选购食醋

食醋和酱油一样，也是我国自古就有的调味品，是以糖食、糖类或酒糟等为原料，经醋酸酵母菌发酵而成。按其原料不同而有米醋、糖醋、酒醋之分。此外，还有用纯醋酸稀释配制而成的醋，即人工醋。食醋应含醋酸 3% ～ 5%，不应含有任何游离矿酸。

食醋质量好坏的鉴别方法：

一般来说，包装完整，有 QS 标志、ISO9000 质量认证和 HACCP 食品安全体系认证的为大厂生产。此外，还要注意醋的色泽。很多人认为，好醋的颜色应该是比较深，这是一个误区。其实，醋的优劣并不是由它本身的颜色深浅来决定的，而是看它颜色是否清亮、有没有微沉淀物。由冰醋酸勾兑的醋，虽然颜色清亮，但没有微沉淀物。而由淀粉、糖类发酵的醋，因含有丰富的营养物质，所以瓶底会有薄薄一层沉淀物，这样的醋可以放心食用。

摇一摇是最简单有效的鉴别方法，与检验啤酒好坏的方法相似。品质好的醋会有一层细小的泡沫浮在上面，能持续较长时间。而劣质的醋则会有大泡沫出现，而且很快消失。不仅如此，优质醋闻起来会有酸香味，而劣质醋的味道却很刺鼻。吃到嘴里后，由淀粉和糖类发酵的醋酸，不涩、香而微甜。而由冰醋酸勾兑的醋，味道则比较涩。

4. 如何选购食盐

盐是厨房中最常见的调味品。随着人们对营养的重视，最普通的盐也出现了各种不同的营养强化盐。

（1）如何选择营养盐。营养盐其实全名叫营养强化盐，是添加一种或者几种营养强化剂的食盐。缺啥补啥最好的方法是选择营养盐。

①血压高选低钠盐。低钠盐以碘盐为原料，添加了一定量的氯化钾和硫酸镁，含有的钠离子较少，因此适合高血压、肾病、心脏病的人食用。健康的人也可以选择低钠盐，可预防高血压。不过，低钠盐最好控制在每天 6 克以内。

②贫血吃点铁强化营养盐。患缺铁性贫血的女性、儿童可以选择这类盐，调味的同时也可以补铁。

③孩子、孕妇应吃锌强化营养盐。锌对人体的生长发育及维持正常的味觉和食欲有重要的作用，一般靠均衡饮食就可以满足身体需要。但是身体迅速生长的儿童、妊娠期的女性、素

食者可能会缺锌。

④硒强化营养盐保护心血管。硒具有抗氧化、延缓细胞老化、保护心血管健康等作用。中老年人、心血管疾病患者、饭量小的人，可以选择加硒的盐。

（2）亚硝酸盐与食盐的鉴别方法。有一种常用的化学原料亚硝酸盐与食盐很类似，误食后会引起中毒。两者的区别是，亚硝酸盐的颗粒形状不是正方体，色偏黄，透明感更强，品尝有明显苦涩感。

（3）食盐质量好坏的鉴别方法。选择食盐时，应注意食盐外包装上的标识以及封口是否严密；不要购买封口开裂且捏起来有硬块的食盐。最好在大型超市或商场购买食盐，不要在农贸市场购买小商贩出售的食盐。

5. 如何选购蜂蜜

蜂蜜是一种成分特别复杂的天然保健品。蜂蜜中的含有许多成分，如蛋白质、氨基酸、矿物质、酶类等，总共有180多种物质，它是一种营养价值特别高的滋补品，而且还是天然的药品。每次服用量最好在25～50克，一般不要超过100克，否则人体将无法吸收过多的营养，还有可能会引起轻微腹泻。食用时切忌高温，以不超过60℃为宜。否则，蜂蜜中的维生素和酶将被破坏。

（1）蜂蜜质量可以从色、香、味、浓4点来辨别。色：真蜂蜜透光性强，颜色均匀一致；劣质蜂蜜浑浊而有杂质。新蜂蜜以浅琥珀色而透明为正品。香：真蜂蜜在采收后数月还能散发出特有的蜜香，香浓而持久，开瓶便能嗅到；或把少量蜂蜜置于手掌，搓揉嗅之，有引人入胜的蜜香。味：真蜂蜜清爽甘甜，绝不刺喉。蜂蜜加开水略加搅拌即溶化，而无沉淀者为好蜜；劣质蜂蜜不易溶化，且有沉淀。浓：真蜂蜜浓度高，流动慢。取一滴蜂蜜放于纸上，优质蜂蜜成珠形，不易散开；劣质蜂蜜不成珠形，容易散开。

（2）如何鉴别蜂蜜是否掺水。取蜂蜜数滴，滴在不光滑的白纸上。优质的蜂蜜含水量低，滴落后成珠状，不会散开，也不会很快渗入白纸中；而掺水蜂蜜滴落后很快浸透白纸，并渐渐散开；散开速度越快，掺的水分就越多。

（3）蜂蜜结晶未必是假蜂蜜。很多消费者看到蜂蜜中有白色的结晶体，就误认为是掺假的蜂蜜。实际上，结晶的蜂蜜未必是假蜂蜜。专家介绍，结晶也是某些蜂蜜产品的特性，这是蜂蜜中所含葡萄糖在一定温度下结成的晶体，属正常物理现象，蜂蜜本身并没有变质，不影响食用。同时，由于蜂蜜的品种不同，结晶的多少和快慢程度也不同。假蜂蜜是不结晶的，但有的加入白糖的假蜂蜜在一定条件下也会析出晶体，在瓶底形成沉淀。其实，真蜂蜜的结晶与假蜂蜜的沉淀很容易区分。真蜂蜜结晶较为松软，放在手指上能很容易捻化。而假蜂蜜析出的白糖沉淀较为致密，放在手指上捻时有沙砾感。

6. 如何选购白糖

白糖有粗制糖和精制糖之分。前者为红糖，又称赤砂糖，后者为白糖。好的白砂糖，干燥松散、洁白、有光泽，颗粒均匀，轮廓分明；绵白糖晶粒细小、均匀，颜色洁白，比白砂糖易溶于水；赤砂糖呈晶粒状或粉末状，干燥而松散，不结块、不成团，无杂质，其水溶液清晰，无沉淀，无悬浮物；冰糖呈均匀的清白色或黄色，半透明，有结晶体光泽，无明显杂质。

白砂糖、绵白糖用鼻闻有一种清甜之香，没有怪异气味。赤砂糖、冰糖则保留了甘蔗糖汁的原汁原味，特别是甘蔗的特殊清香味。白砂糖溶液味清甜；绵白糖在舌部的味蕾上糖分浓度高，味觉感到的甜度比白砂糖大；赤砂糖、冰糖则口味浓甜带鲜，微有糖蜜味；冰糖、方糖则质地纯甜，无异味。白砂糖、绵白糖、赤砂糖，用手摸时如果没有糖粒沾在手上，松散，说明含水分低，不易变质。

7. 如何选购味精

味精，又叫味素，其学名叫谷氨酸钠，全称为L-谷氨酸单钠。味精能增加菜肴的鲜味，从而增进食欲，刺激消化液的分泌。

味精品质好坏的鉴别方法：

优质味精：味道冰凉鲜美，有鱼鲜味；从外观上看，颗粒形状一致，色泽洁白光亮，颗粒松散无杂质及霉迹，无任何气味和异味。触摸之手感柔软、无粒状物。

劣质味精：色泽灰暗或呈黄铁锈色，无光泽；颗粒大小不一，粉末状较多，甚至颗粒成团；有肉眼可见的杂质与霉迹；有异臭味、化学药品味及其他不良气味；有明显的咸味、苦味、涩味、霉味及其他不良滋味。

8. 如何选购鸡精

鸡精是以鸡肉、鸡蛋、鸡骨头和味精为主要原料，再加以增味剂、香料、色素等，经特殊工艺配制而成，味道鲜美独特。正常鸡精是呈淡黄色的均匀细颗粒，少有粉末，其鲜味比味精更浓，口感更和顺，香味纯正。假冒的鸡精粉末较多，颜色深浅不匀，鲜味不浓，咸味重或有其他异味。

9. 如何选购淀粉

淀粉的主要来源是绿豆、马铃薯、玉米、红薯和蚕豆等。在烹饪中可保持菜肴内的水分、嫩度和上味。

淀粉品质好坏的鉴别方法：

优质淀粉：粉色白净，有光泽。用冷水充分搅拌静置后，水面上无浮皮，底部无泥沙，粉质纯净细腻。隔袋捏搓有"咔咔"摩擦声响，直接触摸淀粉，手感滑润。成把紧捏时，粉尘会从指缝外喷，松手则全部散开。沸水冲调后，粉浆稠厚，呈浅褐色，微透明。

劣质淀粉：粉色灰白，粉粒不匀，沸水冲调后，浆色深灰偏暗。冷水调拌匀，可见浮皮，底部有泥沙。成把紧捏不外喷，放手后不易散开。淀粉常见的质量问题有用面粉、荞麦面粉、玉米面等物质掺假。隔袋捏搓没有"咔咔"声响或声响不大。手感粗糙，咀嚼牙碜。用手紧握成团，冷水滴在上面，水渗缓慢，形成的湿粉块松软，有黏手感。如果品尝时有面粉和其他异常味道，这样的淀粉不能购买。

10. 如何选购胡椒粉

成品胡椒因加工方法的不同，可分为白胡椒和黑胡椒。黑胡椒气味较淡，白胡椒气味芳烈，但质量一般比黑胡椒好。黑胡椒粉是经堆积发酵或经发酵脱粒后，再蒸、晒、烘干而成。制成的黑胡椒以粒大饱满、色黑皮皱、气味强烈者为佳。而白胡椒的加工是直接经烘、晒干而成。制成的白胡椒以个大、粒圆、坚实、色白和气味强烈者为佳。

胡椒粉的鉴别方法：

优质胡椒粉是灰褐色粉末，具有纯正浓厚的粉香辣味，刺激味强。味道辛辣，粉末均匀，用手指头摸不染颜色。若放入水中浸泡，其液上面为褐色，底下沉有棕褐色颗粒。胡椒粉感官质量鉴别的方法比较简单，只要把瓶装胡椒粉用力摇几下，即可进行鉴别。优质胡椒粉振摇后，其粉末松软如尘土。次质胡椒粉振摇后，粉末变成小块状。造成这种情况的原因可能是干燥不足，也可能是掺入了较多的淀粉或辣椒粉。

假胡椒粉粉末不均匀，味道异常，用手指头沾上粉末摩擦，指头马上染黑。若用水浸泡，上面呈淡黄或黄白色糊状，底下沉有橙黄、黑褐色等杂质颗粒。

11. 如何选购花椒粉（面）

花椒以色鲜红，内黄白，裂口，麻味足，香味大，无柄者为优。花椒粉真假的识别：优质花椒粉，外观呈棕褐色，粉末状，具有花椒粉固有的刺激性特异香味，闻之刺鼻打喷嚏；品尝有花椒味并舌尖很快就会有麻感。假花椒粉外观呈土黄色，粉末状，或有霉变、结块，花椒香味很淡，口尝舌尖微麻或不麻，并有苦味。花椒粉常见的质量问题主要是掺入含淀粉的稻糠、麸皮、玉米粉等。

12. 如何选购八角

八角又名大料。八角的同科同属不同种植物的果实统称为假八角。八角是一般家庭常用的调味品，然而八角也有假。目前假冒八角多为红茴香、莽草、野八角、短柱八角等。这些假八角外形跟真八角很像，但仔细看却长了不止8个角。因为假八角含有毒素，长期食用对身体有害，误服后可致恶心、腹痛、腹泻、头晕，甚至肢体抽搐、口吐白沫，呈癫痫状发作，危及生命。

鉴别真假八角的方法除了数角外，尝味道也是一个简单的识别方法。正宗的八角，味道辛辣，香味足，但不会麻嘴；假八角滋味淡，有一股类似柚叶、樟脑、松针的气味，有麻舌感。选购的时候，放一点在舌尖上尝一下就知道了。在购买时一定要识别真假八角，以免上当受骗。

13. 如何选购茴香

市场上有许多假茴香，那么如何识别呢？

正品：双悬果呈圆柱形，两端略尖、微弯曲，长 0.4～0.7 厘米，宽 0.2～0.3 厘米。表面呈黄绿色。分果呈长椭圆形，背面有 5 条隆起的纵肋，腹面稍平坦。气芳香，味甜、辛。

假品：分果呈扁平椭圆形，长 0.3～0.5 厘米，宽 0.2～0.3 厘米。表面呈棕色或深棕色，背面有 3 条微隆起的肋线，边缘肋线呈浅棕色延展或翅状，气芳香，味辛。

14. 如何选购干辣椒及辣椒粉（面）

（1）干辣椒的鉴别方法

①观色泽。质好的干辣椒，皮色红艳带紫，果面鲜艳，油光晶亮；皮呈红褐色的较差，淡红带黄或青灰色是未成熟的；果皮呈黄白色的是潮发过热而褪色造成，属次品。烘干的色泽带紫黑。干辣椒要警惕被硫磺熏过。被硫磺熏过的干辣椒，亮丽好看，没有斑点。正常的干辣椒，颜色有点暗。用手摸，如果手变黄，则是被硫磺熏过的。仔细闻，被硫磺熏过的多有硫磺气味。

②闻气味。以干燥、有刺鼻气味，辣味强烈的为上品。

③看外形：外形有霉变、虫蛀、梗叶和杂质的为次品。

（2）掺假辣椒粉的鉴别方法。辣椒粉是由红辣椒、黄辣椒、辣椒籽及部分辣椒杆，经碾细而成的混合物。辣椒粉中常见的掺假物为麸皮、黄色谷面、干菜叶粉、红砖灰等。为了掩盖掺假后色泽的差异，往往还会加入一些人工合成色素，以假乱真。但是掺假的辣椒粉还是很容易被检验出来的。

正品辣椒粉油润细腻，有辣椒素的纯正芳香气味；伪品质地粗细不均，没有辣椒固有的芳香辣味。

①感官检验。正常辣椒粉呈深红色或红黄色、粉末均匀，具有辣椒固有的辣椒香味，闻之刺鼻。

②掺入碎渣。掺假辣椒粉呈砖红色，肉眼可见大量木屑样物或绿色的叶子碎渣；把质量差的大辣椒研成粉充当优质辣椒面出售，这种次品可见片薄色杂；掺假品略能闻到一点或根本闻不到辣气。

③掺入红砖粉。如果辣椒粉比正常辣椒粉重且碎片不均匀，用舌头舔感到牙碜，则是掺入了红砖粉。

④掺入玉米等谷粉。如果辣椒粉色泽浅，发黄，放入口中感觉黏度大，放入清水中能起糊，则是掺入了玉米粉或其他黄色谷粉。

⑤掺入豆粉。通过仔细观察，可发现辣椒粉中黄粉过多，鼻嗅有豆香味，品尝略有甜味，则是掺入了豆粉。

⑥掺入颜料。可用手指用力捻磨，或用清水浸泡，手指有染色或在水中脱色的肯定是加入了颜料。

15.如何选购芥末面

市场上销售的正品芥末面，多是用一种学名为"黄芥"或与它很接近的植物干种子，经磨碎后而成的黄色颗粒粉状物，可驱腥除膻。

正常的芥末面应具有刺激的辛辣味，用水搅拌后过 15 分钟，刺激味更加强烈。这样的芥末面可购买。芥末面常见的质量问题主要是用粮食掺假。鉴别掺假芥末面有以下几种方法：

（1）色、香、味鉴别。掺假芥末面的颜色、颗粒大小、气味，与掺入物质和掺入量的不同而有所区别。现在最常见的是掺入黄色谷物（如玉米面等），呈淡黄色或金黄色，刺激性与辛辣味也明显减弱。

（2）淘洗鉴别。像淘米滤沙子一样反复淘洗芥末面，因粮食粉末的比重较大，所以就会剩在容器中。

（3）品尝鉴别。用嘴尝一下，如无明显芥末味，则是掺入了粮食。

16.如何选购桂皮和肉桂

（1）桂皮

优质桂皮：皮细肉厚，外皮呈灰褐色，没有虫霉，无白色斑点。断面平整，紫红色。油性大，香味浓。味甜微辛，嚼之少渣，凉味重。

劣质桂皮：呈黑褐色，质地松酥，折断无响声，香气淡，凉味薄。若断面呈锯齿状，可能是树皮冒充。这也是桂皮常见的质量问题，应根据感官性状鉴别出品质后再购买。

（2）肉桂

由于肉桂气香浓烈，成为烹饪中常用的调味料之一。肉桂质量的优劣主要从以下几个方面来识别。

①形态。肉桂呈浅槽状或卷筒状。

②外表面。灰棕色，稍粗糙，可见灰白色斑纹。

③内表面。红棕色，略平坦，有细纵纹，划之显油痕。

④质地。质地坚硬而脆，易折断。

⑤断面。颗粒性，外层呈棕色而粗糙，内层呈红棕色而油润，两层间有一条黄棕色的线纹（石细胞带）。

⑥气味。气香浓烈,味甜、辣,口尝无渣或少渣。假肉桂为樟科植物天竺桂的树皮。主要以气味和断面区别。假肉桂断面无线纹,气清香而凉,似樟脑,无甜味,口尝多渣。

17. 如何选购火锅底料

由于火锅底料是食用复合型调料,而且产品地域性很强,目前尚无统一的国家标准或行业标准。各火锅底料生产企业产品质量标准不一致,卫生要求也不一样。所以专业鉴别主要依据各企业产品标准进行。有的地方建立了火锅底料地方标准。选购火锅底料时,要看包装上是否有生产厂家的厂址、厂名、生产日期、保质期和联系方式等。

优质:牛油是火锅底料的主要原料之一。用正宗牛油制作的底料一般呈长方形,有一定的硬度,表面有一层明显的油脂。直观为天然辣椒油色,尝之口感舒适、鲜味浓郁、咸度适中。闻之有纯正的麻辣香味,不含任何色素和食品添加剂。

劣质:火锅底料往往掺入一些食品加工助剂,甚至使用地沟油。这种火锅底料闻之牛油气味不正、有异味。底料表面油脂无光泽,酱色霉黑,甚至有酸败味。

如何鉴别火锅底料是否含有石蜡?

合格的火锅底料的硬度会随气温的变化而发生变化,一般是冬天硬、夏天软;而含石蜡的底料则没有这样的特征,不管什么季节都如石头般坚硬。含牛油等的底料有滑腻的感觉,而含石蜡的则非常干涩;牛油底料在20℃～30℃就完全融化了。而含石蜡的底料融化就较慢,一般在50℃～70℃才能融化。

18. 如何选购芝麻酱

芝麻酱是芝麻经烘烤、磨制,再加入香油调制而成。是凉菜、涮羊肉、面食等食物的常用调料,赋予食品以特有风味。

(1)应避免挑选瓶内有太多浮油的芝麻酱,因为浮油越少表示越新鲜。生产时间不长的纯芝麻酱,一般无香油析出,外观呈棕黄色或棕褐色,用筷子蘸取时黏性很大。从瓶中向外倒时,酱体不易断,垂直流淌长度能达到20厘米左右。生产时间较长的纯芝麻酱,外观呈棕黄色或棕褐色,此时一般上层有香油析出。但在搅匀后,流淌特性不会有太多改变。

(2)购买芝麻酱时,除注意口味、价格因素外,还可从感官上进行粗略判断。优质芝麻酱的包装应结实,整齐美观,包装上应标明厂名、厂址、产品名称、生产日期、保质期、配料等。

(3)芝麻酱一般有浓郁的芝麻酱香气,无其他异味。掺入花生酱的芝麻酱,有一股明显的花生油味,甜味比较明显。掺入葵花籽油的芝麻酱,除有明显的葵花籽油味外,气味淡了许多。

(4)取少量芝麻酱放入碗中,加少量水,用筷子搅拌,如果越搅拌越干,则为纯芝麻酱。其主要原因是由于芝麻酱中含有丰富的芝麻蛋白质和油脂等成分,这些成分对水具有较强的亲和力。此外，在食用芝麻酱时应该注意：芝麻酱开封后尽量在 3 个月内食用完，因为此时口感好，营养不易流失。开封后放置过久，容易氧化变硬。芝麻酱调制时，先用小勺在瓶子里面搅几下，然后盛出芝麻酱，加入冷水调制，不要用温水。

19. 如何选购生姜和生姜粉

生姜分两类：嫩姜和老姜。嫩姜一般是指新鲜带有嫩芽的姜。姜块柔嫩，水分多，纤维少，颜色白，表皮光滑，辛辣味淡。一般可用来炒菜、腌制成糖姜等。老姜外皮呈土黄色，表皮比嫩姜粗糙，且有纹路，味道辛辣。一般用作调味品，熬汤、炖肉最好用老姜。老姜药用价值高，若预防感冒，一定要用老姜。

购买生姜的时候，一定要看清是否被硫磺"美容"过。生姜一旦被硫磺熏过，其外表微黄，显得非常白嫩，很好看，而且皮已经脱落。应选择姜身肥大硬实、表面平滑无口且较重者。冻的姜可以吃，但味道没有鲜姜好。冻姜化了以后很容易发霉，发霉的姜是绝对不能吃的，因为有毒，吃了有致癌的危险。老姜本身已纤维化，不适合冷藏保存，否则容易使水分流失，可放在潮而不湿的细沙里保存。嫩姜要装入保鲜袋内，置于冰箱保存。姜只要切过，切口就必须用保鲜膜或保鲜袋包好，放入冰箱冷藏。

选购姜粉的窍门：

正品姜粉用姜片打制而成，不加任何辅料；伪劣品是用姜片下脚料及坏姜片研磨而成。正品姜粉姜味浓郁，可用于烹饪菜肴，亦可当姜茶沏饮，与鲜姜功效差不多；伪品姜粉味道淡薄，姜的香味不正。

纯的姜粉，外观淡黄色，颗粒大，纤维较多，嗅味芳香而有辛辣味，品尝舌尖有麻辣感。掺假姜粉多呈黄褐色，颗粒较小，纤维少，用手指捻磨有硬粮食颗粒，嗅味微有辣味，品尝舌尖微有麻辣感。存放时间较长的掺假姜粉会发霉结块，有霉变气味。

20. 如何选购五香粉

（1）正品五香粉是用桂皮、八角、小茴香、干姜、花椒等 5 种原料配制而成的，不掺其他辅料；伪劣五香粉则常掺杂发霉八角、野花椒、桂皮下脚料等，质量低劣。

（2）正品五香粉呈淡淡的可可色，伪劣品色泽较暗。

（3）正品五香粉味道麻辣微甜，香气浓郁持久；伪品没有五香粉固有的香味，味道稍辣而不正，而且极不干净。

21. 如何选购蒜头

优质蒜头：蒜头大小均匀，蒜皮完整而不开裂，蒜瓣饱满。无干枯与腐烂，蒜身干爽无泥，不带须根。无病虫害，不出芽。

次质蒜头：蒜头大小不均匀，蒜瓣小，蒜皮破裂，不完整。

劣质蒜头：蒜皮破裂，蒜瓣不完整，有虫蛀，蒜瓣干枯失水或发芽，变软、发黄、有异味。

22. 如何选购料酒

料酒是用黄酒作为酒基，再加入花椒、大料、桂皮、丁香、砂仁、姜等多种香料酿制而成。

料酒含有黄酒必备的 8 种氨基酸，而且这 8 种必需的氨基酸都是人体不能自己合成的，需要从食物里摄取。它们在被加热时，可以产生多种果香、花香和烤面包的味道。还可以产生大脑神经传递物质，改善睡眠，有助于人体脂肪酸的合成，对儿童的身体发育很有好处。料酒可以增加食物的香味，去腥解腻。同时，它还富含多种人体必需的营养成分，甚至还可以保持叶绿素。

好料酒是用陈年原酿的黄酒制成，酒性醇厚，酒精度在 10 度以上。好料酒因为是原酿的，所以成本比较高。有的厂家为了降低成本，会添加一部分食用酒精，或者干脆用酒精、水和焦糖色勾兑。水加得越多，成本当然就越低。这样的料酒酒精度数低，一般在 3～5 度之间，达不到规定的标准，香味淡，用起来就跟水一样。由于酒精度数低，料酒容易变质，所以需要加入较多的添加剂。这种料酒做菜不好吃，而且吃多了还会对身体有害。烹饪菜肴时，料酒不要放得过多，否则料酒味太重会影响菜肴本身的滋味。选料酒可根据以下方法：

一选品牌。专家指出，一般市场上价格过于低廉的料酒，很多都存在质量问题。购买时一定要认准大企业、大品牌，这样才能有质量保证。

二看颜色。品质优良的料酒，颜色为浅黄色或紫红色，酒液清澈透明，无沉淀浑浊现象，无悬浮物。劣质料酒，酒液浑浊，颜色不正。

三闻。品质优良的料酒，开瓶有浓郁的香味。劣质料酒，没有特有的酒香。

四品尝。品质优良的料酒。入口无辛辣、苦涩等异味。而劣质料酒，入口苦涩、辛辣。

23. 如何选购辣椒油

（1）辣椒油的质量好坏的鉴别方法

①色要正。辣椒油要红而透亮，否则说明炸的辣椒有问题。

②味要纯。辣椒油要香且无异味。有油哈喇味，说明炸的辣椒不好，且有糊味。

③买品牌。因为质量有保证。

（2）如何辨别辣椒油是新鲜的还是回收的

①回收的辣椒油，颜色看起来比较浅，而新鲜的辣椒油则呈枣红色，颜色较重。

②回收的辣椒油，由于辣椒没有真正炸过，所以锅面上不会漂有辣椒籽，也没有辣椒香味。

③可以在食用前用筷子搅动火锅，新炸的辣椒油，其油汤比较均匀，而回收使用的辣椒油，汤内会有沉淀物。

④在食用过程中，回收的辣椒油味道越煮越淡，而新鲜的辣椒油味道则越煮越浓。

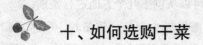

十、如何选购干菜

干菜与普通食品最大的区别就是需要用水发过之后才能食用。因此，专家指出，干菜买的是不是货真价实，不能仅以干菜的形态来识别，还要通过"出菜率"来判断。一般情况下，看似相同的干菜放在水里后，复原快、体积大、"扔头"小的"出菜率"高，这才是上品。事实上，干菜市场上经常会出现"贵中贱"的情形，如看上去体积相同、价差在30%左右的黑木耳干品，用水发过之后，价高的可能比价低的出菜率高一倍。从这一点来说，价高的反而比价低的便宜。因此，消费者在选购干菜时，最好先少量多样，回家经过水发后，再根据比较的结果综合考虑购买的品种。如果一味追求干品的低价格，很有可能会得不偿失。

鉴别干菜质量好坏的方法是，检查原料的含水量，是否有霉烂现象，是否整齐，均匀，是否有虫蛀和杂质，是否具有干菜所特有的色泽。

1. 如何选购干香菇

香菇营养丰富，味道鲜美。但如何才能买到优质的干香菇呢？

优质：黄褐色或黑褐色，伞面有微霜，朵大均匀，菇身圆整，菇柄短粗，菇褶紧密细白，肉厚，干燥，香味浓郁，无焦味，少碎屑。

劣质：呈黑色或火黄色，菇身薄，发潮，松软，有白色霉花，香味差。

2. 如何选购干黄花菜

黄花菜又名金针菜。黄花菜品质好坏的鉴别主要有以下 3 种方法：

一用眼看：正常的黄花菜颜色是金黄色或棕黄色，而经过硫磺熏制后的黄花菜是嫩黄色，比正常的黄花菜颜色淡；正常的黄花菜颜色是均匀的，而被硫磺熏制过的黄花菜的颜色是不均匀的。

二用鼻闻：正常的黄花菜应该具有黄花菜自身的香味，而被硫磺熏制过的黄花菜有刺激性的气味。

三用手抓：用手成把握紧黄花菜，松手后，能自动散开恢复原形的说明质量好；如果手捏成把，松手后仍成团，不能恢复原状的说明含水分高，容易长霉。

优质的黄花菜菜色黄亮，身长粗壮，紧握手感柔软有弹性。有清香味，无花蒂和未开花。

劣质的黄花菜呈黄褐色且无光泽，短瘦弯曲，长短不匀，紧握质地坚硬易折断。若有粘手感表明已霉烂，有霉味或烟味。不要购买发黏、有酒味、发霉的黄花菜。

3. 如何选购干黑木耳

消费者在选购干黑木耳时，可以从以下几个方面进行鉴别：

一观朵形：以朵大均匀、耳瓣舒展少卷曲、重量轻、吸水后膨胀性好的为上品；朵形中等，耳瓣略有卷曲，重量稍重，吸水后膨胀性一般的属于中等品；如果朵形小而碎，耳瓣卷曲，肉质厚或有僵块，重量较重的属于下等品。

二看色泽：每个朵以乌黑有光泽、朵背略呈灰白色的为上等品；朵面萎黑、无光泽者为中等品；朵面灰色或褐色的为下等品。

三试干度：质量好的干黑木耳干而脆，次的干黑木耳发涩扎手。通常要求干黑木耳含水量在 11% 以下为合格品。试验木耳水分多少的方法是，双手捧一把木耳，上下抖翻，若有干脆的响声，说明是干货，质量优；反之，说明质次。也可用手捏，若易捏碎，或手指放开后，朵片能很快恢复原状的说明水分少；如果手指放开后，朵片恢复原状缓慢的说明水分较多。

四品滋味：取木耳一片，含在嘴里，若清淡无味，则说明品质优良；如果有咸、甜等味，或有细沙出现，则为次品或劣品，不能购买。

（1）如何识别黑木耳是否掺假？

黑木耳中掺假的物质有糖、盐、面粉、淀粉、石碱、明矾、硫酸镁和泥沙等。掺假的方法是，将以上某物质用水化成糊状溶液，再将已发开的木耳放入浸泡，晒干，使以上这些物质黏附在木耳上，使木耳的重量大大增加。选购时一定要慎重。掺假木耳为棕色，并有白色附着物质，发酥，潮湿，有黏性，组织纹理不清，品尝时有甜或苦、咸、涩味，且吸水量小。

（2）如何识别地木耳、烂木耳及染色木耳？

①闻。地木耳有一种天然干菜的味道，无杂味、异味；烂木耳有一种发酸、发涩的味道；染色木耳有一种刺鼻的酸臭气味。

②形状。地木耳是种植在地上铺着的木粉上，故称地木耳。它的叶片比较大，看起来比较厚，造型比较呆板，像晒干的柿子皮，有的根部带有木粉渣；烂木耳的造型不规则，边角比较圆滑，有的像晒干后的红薯皮；染色木耳造型与一般木耳没多大区别，只是看上去比一般木耳松散些。

③颜色。地木耳颜色呈黑褐色，叶片内外的颜色不明显，叶面较厚略带光泽；同一朵烂木耳的颜色也不一样，有的部分呈黑色，有的部分呈黄色、褐色等，这与木耳干燥前烂的面积和程度有关，颜色浅的为烂的部分；染色木耳叶片内外的颜色基本一致，无光泽。

④水泡：地木耳膨胀率比好木耳小，叶片增大、增厚程度较小；浸泡木耳水的颜色略带黄红色；烂木耳浸泡后用手指一掐就碎，并有发黏的感觉，浸泡木耳的水发浑并有许多碎木耳颗粒悬浮物；染色木耳泡的水有明显的黑蓝颜色。

4. 如何选购笋干

笋干是新鲜的毛笋经煮熟、晾干、压扁，浸以石灰水后制成的产品。

（1）色泽。笋干色淡黄或褐黄，有光泽，肉厚而嫩，笋花明显，有清新的竹香味。根薄、节密、纹细、片阔，折之即断，无虫蛀和霉烂味者属于优品。色泽暗黄的为中品，色泽酱褐的为下品。

（2）笋体。笋体短粗、肥厚，笋节紧密，纹路浅细，质地脆嫩，长度在 30 厘米以下的为上品；长度超过 30 厘米，根部就显得大而老，纤维多而粗，笋节亦长，质地老为下品。

（3）湿度。当笋干含水量在 14% 以下，手握笋干折之即断，并有响声，说明湿度适中；如果折而不断或折断无脆声的，说明笋干水分大。

（4）霉变。有些笋干由于水分较大，在存放期间，容易长出大片白霉，有虫蛀洞眼品质差。

5. 如何选购干银耳

银耳俗称白木耳，属真菌类食品，具有生津、止咳、降火等功效，是一种深受人们喜爱的滋补食品。在购买银耳时，注意从朵形、色泽、气味和滋味上来判断。

（1）朵形。好的银耳，朵形完整，泡过以后不蔫不软。

（2）色泽。没有经过二氧化硫熏制的银耳，颜色是很自然的淡黄色。如果颜色很白，就有可能被二氧化硫熏制过。

（3）气味。好的银耳气味自然芳香。如果闻到刺激的气味，最好不要购买。

（4）滋味。银耳本身无味道，选购时可取少许品尝，如舌尖有刺激或辣的感觉，可能是用二氧化硫熏制的银耳。经硫磺熏制的银耳，色泽洁白，但无光泽，回泡率低，糯性差，好看不好吃。

6. 如何选购干花菇

菇伞面有似菊花一样的白色裂纹，其色泽黄褐而光润，菌伞厚实，边缘下卷，香气浓郁的干花菇质优。

7. 如何选购干草菇

好的草菇应该是是菇身粗壮均匀、质嫩、菇伞未开或展开小的。菇身干燥，色泽淡黄，无霉变和杂质。

8. 如何选购梅干菜

梅干菜是鲜雪菜经过酵化后腌晒而成的干菜。

（1）优质梅干菜。色泽黄亮，菜条肥壮柔软，长短均匀，少菜根，无硬梗与碎屑及泥沙杂质；用手成把紧捏，手感干爽，放手后菜条立即松散，咸淡适度；嗅之有梅菜本身的香气。

（2）劣质梅干菜。色泽萎黄带黑，菜条粗糙，菜根、硬梗较多，用手成把紧握，手感潮软，放手后菜条不能立即松散，甚至成团；食之鲜味差或带酸味、苦味；嗅之香气不足或有霉味。

9. 如何选购榨菜

榨菜是用芥菜的瘤状茎（菜头）加工成的半干腌制品。其优质品与次质品的特征比较如下：

（1）优质榨菜。菜块呈青翠色而带淡褐色，辣椒呈鲜红色，均匀分布在菜块表面和裂缝；菜块大而均匀，菜皮和老筋修整干净，菜块光滑圆整，无黑斑，无泥沙杂质，菜块内干湿适度，无卤水；手捏菜块感觉紧实且柔软，搓之无发酥发滑的感觉；嗅之有浓郁咸辣香气；尝之咸淡适口且鲜，辣味正常，肉质脆嫩，无老筋。

（2）次质榨菜。辣椒粉色泽暗淡，菜块呈黄色，大小不一，表面不光洁，有斑点，块内有卤湿，有白心或空心，手捏菜块感觉过度硬实或过度松软，搓之即脱皮，或有发酥发滑的感觉；嗅之有酸辣气味；尝之感觉过淡或过咸，辣与鲜味不足；有老筋，口感僵硬或酥绵。若辣椒粉呈姜黄色，菜块酥腐，气味发臭，表明榨菜已变质。

10. 如何选购豆制品

（1）干豆腐，亦称豆皮。正常干豆腐呈片壮，表面细腻，薄厚均匀，有弹性，不发黏，无杂质，色泽均匀一致。要辨认掺假干豆腐，可以把潮湿的干豆腐摊开，上面若有颜色较深的小黄点，说明涂有黄色颜料；把干豆腐折叠，用手指微加压挤，若有明显的压痕和断裂的，也可能是搀假的。

（2）油豆腐。油豆腐为金黄或棕黄色，皮脆，内部不黏不散，酥松可口，色泽暗黄。另外，掰开油豆腐，见内囊多结团，用手捏无弹力，则为掺假。

（3）腐乳。可分为红腐乳、青腐乳和白腐乳。红腐乳表面为红色或枣红色，内部呈枣黄色，有发酵食品本身特有的香气，滋味鲜美，咸淡适口，无酸味、涩味、腥味、腐臭味和发霉味，块形均匀，质地细腻，无杂质；白腐乳表面呈乳黄色。即使加了辣椒酱，仍依稀可见乳白色。白腐乳具有浓厚的酒香味；青腐乳色泽清白，具有青腐乳本身的气味，即"香中带臭，臭中带香"，块形整齐，质地细腻，无发酸、发苦、恶臭、发霉的气味和滋味。

（4）腐竹。优质腐竹为淡黄色，能看到瘦肉状的纤维组织。假腐竹没有这种纤维，而且白、黄色泽不均匀。

鉴别真假腐竹的方法如下：

①将少量腐竹放在温水中泡软，泡过的水黄而不浑是真货；否则，即是假货。温水泡过的腐竹细嚼有柔韧感，假货则没有这种感觉，反而有一种沙土的感觉。

②轻拉泡过的腐竹，如有一定弹性，并能撕成一丝一丝的是真货；否则就是假货。

③真腐竹可承受110℃高温蒸煮而不烂，假货则容易糊烂。

11. 如何选购泡菜

首先，在买泡菜的时候，要先看这个泡菜的包装，及包装里面的水和酸菜。如酸菜，如果泡酸菜的水和酸菜的颜色是相近的，就是好的酸菜。如果是质量不好的酸菜，汤是黄色的，而且里面还有杂物，这有可能是添加了色素的。

其次，可以通过煮的办法来鉴别。好的泡菜煮粉丝，煮后汤比较白，粉丝也是白的，泡菜的杆是脆的；不好的泡菜汤是黄的，粉丝也被染成黄色。这种泡菜质量有问题，最好不要食用。

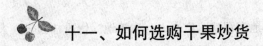

十一、如何选购干果炒货

购买干果炒货食品时尽可能不要购买散装的，应尽量选购定型包装产品。购买时注意包装上是否按规定标出了产品名称、产地、厂名、生产日期、批号或代号、规格、保质期、食用方法等。尽量选择规模较大、产品质量和服务质量较好的知名企业的产品。此外，定型包装产品在打开包装后，闻一下是否有刺鼻的异味，如有则可能为二氧化硫残留量较高的产品。可将产品放在清水中充分浸泡，以减少食用时对人体的伤害。

干果、果脯、坚果有什么区别？

干果就是不经过任何食品深加工的果品，是将水果直接晾干的，如葡萄干、无花果干等。果脯就是需要经过食品加工的果品，都是需要添加食用添加剂，如乌梅、圣女果、杏脯等果脯。

坚果就是带壳的果品，通常都是水果的核或仁。干果类食品水分较高，产品保存不当，很容易霉变。消费者在购买时，应看清产品是否已发生霉变，霉变的产品已变质，是无食用价值的。同时要观察外壳是否有破损现象，如外壳破损，就会对里面的果肉造成污染，不能食用。

1. 如何选购核桃

挑选核桃首先要看颜色，色黑的好，因为太白的可能是漂白过的；黑色核桃中颜色发白的一般是不饱满的，是未自然成熟的果实。其次要选重的，把核桃丢到地上能弹起的是空的，至少不饱满。也可以用手摇核桃，有响声说明果仁干瘪，质量不好。无响声则说明果仁饱满，质量较好。另外，买的时候也可以先捏捏看，要选购比较容易捏碎的，因为那种核桃皮薄，比较好。

识别山核桃是新货还是陈货的主要鉴别方法如下：

闻：闻起来有股炒货本身所固有的清香味的是新货，如果闻起来有股油耗味的，很可能是陈货。一些不法经营者为了掩盖陈货的油耗味，会重新炒制，并添加很多的香料。这样炒出来的核桃，很浓的香精味往往会把核桃本身的自然清香味给破坏了。虽然外表看起来不像陈货，但实际上已经变质了。

看：一般加工好的新货，外表有比较均匀的自然色泽。如果是陈货，颜色一般都比较暗淡，给人很不舒服的色感。通常新鲜的核桃肉颜色呈淡黄色或浅琥珀色，颜色越深，说明桃核越陈。

所有的炒货同样都有一个弱点，就是时间不能放太长，就像花生一样，时间放长了，它就不香了，核桃同样也如此。如果闻起来没有香味或咬开吃没有香味，而肉的颜色又是金黄的，说明核桃是在冷库里存放了一年的。

2. 如何选购桂圆干

桂圆又称龙眼，主要产地在福建、广东、台湾等地。优质桂圆干，大而均匀，壳干硬洁净，肉质厚软，味道甜，煮后汤液清口不黏。不要购买颜色呈金黄色的桂圆干，偏黑色的反而更安全。另外，不要买太湿的桂圆干。因为干果产品营养成分丰富，当水分含量过高时，如果存储不当就会造成产品变质。

如何辨别被硫磺熏过的桂圆干？

用硫磺熏过的桂圆干，颜色发白，显得"白乎乎"的，样子显得透亮，颜色很整齐，味道也很容易被"嗅"出来。这种桂圆干会有一股硫磺味，味酸，不好吃，因为硫磺破坏了桂圆特有的清香味。如果用手搓一搓，就会在手上留下一股淡淡的硫磺味道。而好桂圆干则没有这个味道。

在市场上，一些不法分子在桂圆肉中掺进大量形状及色泽相似的红糖、果酱、水果干等，经加工后以假乱真，增加重量。掺假物外观与真品极为相似。桂圆肉及其掺假品的鉴别方法如下：

掺红糖：用浓度高的红糖水浸泡后加工而成，形状、大小类似桂圆肉，呈黄色至棕褐色。常数片黏结一起，大小不一。仔细掰开黏结在一起的桂圆肉，就会发现包裹有糖质，而且糖味重，气微香，黏手，易吸潮。其分量较重，水浸后呈黄棕色，有沉淀，味甜。

掺果酱：掺入果酱加工后的形状，大小类似桂圆肉，呈黄色或棕褐色，有粒状物混杂其间，肉皮吸附有杂物，光泽度差，看不到细密的纵皱纹，常数片黏结一起，大小不一。仔细掰开黏结一起的桂圆肉，就会发现有果酱在肉心中。味甜，气味香，黏手，有湿润感，易吸潮。其分量较重，水浸后呈黄棕色，沉淀物较多，味甜。

掺果干：掺入经染色的葡萄干、樱桃干等加工后的形状、大小不太像桂圆肉，呈黄色或棕褐色。常数片黏结成块，有人为加工的痕迹，呈不规则薄片，表面高低不平。糖味重，气微香。其分量较重，水浸后脱色，味微甜。

加色素：桂圆肉是用新鲜桂圆去核烘制而成的，本来是黑色的。但现在很多商家都将桂圆干染成黄色，使之看起来更美观。

3. 如何选购葡萄干

（1）看色泽。红、白葡萄干外表都应带有糖霜及光泽，并呈透明和半透明状。红葡萄干为红紫色，白葡萄干为微绿色。如果颜色为暗黄或黄褐色及黑褐色，可判定这样的葡萄干质量较差。

（2）看外形。葡萄干颗粒应均匀饱满，干瘪的果粒极少，并且无果梗、叶片和杂质。颗粒之间有一定空隙，不应有黏团现象。手摸有干燥感，用手攥一下再放开，颗粒能迅速散开的葡萄干品质较佳。如果颗粒表面有糖油或手捏颗粒易破裂的葡萄干，质量较次。

（3）尝口味。品尝一粒或几粒葡萄干，味甜且鲜醇、不酸涩、无异味的为正品。如果出现酸味、霉味或口感牙碜，则可判定葡萄干质量较次。

4. 如何选购瓜子

瓜子是西瓜子、南瓜子、葵花籽等的总称。以不同地区的口味特点加工而成的瓜子品种极多。南方的瓜子以辅料多、用量大、口味甜咸香为特点。北方的瓜子以辅料少、口味咸香为特点。瓜子的质量，以粒老仁足，板正平直，片粒均匀，口味香而鲜美，具有本品种的水分、色泽者为上品。反之，则为劣品。

壳面鼓起的仁足，凹瘪的仁薄，皮壳发黄破裂者为次品。用齿咬，壳易分裂，声音实而响的为干，反之为潮。子仁肥厚，用手掰仁松脆，色泽白者为佳。多味瓜子则使用了人工合成香料和糖精，而人工合成香料是从石油或煤焦油中提炼而成的，对人体有害。目前市场上的炒货大多为个体户炒制，其配方及工艺根本无从监管。有关专家提醒消费者，最好选择包装好的并有质量保证的品牌瓜子；或者尽量选择原味瓜子，少吃多味瓜子。买散装瓜子时要注意，表面太亮的瓜子不要买。

5. 如何选购干红枣

干枣是由鲜枣经晾晒加工而成的。干枣比鲜枣的挑选要稍细一些，干枣挑选方法如下：

（1）看色泽。干枣应为紫红色，有光泽，皮上皱纹少而浅，不掉皮屑。如果皮色不鲜亮，无光泽或呈暗红色，表面有微霜，有软、烂、硬、斑现象的红枣皆为次品。

（2）观果形。干枣的果形完整，颗粒均匀，无损伤和霉烂的为优品。观果形应注意枣蒂，如果红枣的蒂端有穿孔或黏有咖啡色或深褐色的粉末，说明红枣已被虫蛀，为次品。如果皱纹多，痕迹深，果形凹瘪，则肉质差，是未成熟的鲜枣制成的干品。

（3）检验干湿度。枣的干湿度与质量密切相关，检验方法是手捏红枣，松开时枣能复原，手感坚实的为质量佳。如果红枣外表湿软皮黏，表面返潮，极易变形的为次品。

6. 如何选购干黑枣

好的黑枣，皮色应乌亮有光，黑里泛出红色；皮色乌黑者为次；色黑带萎者更次；如果整颗枣皮表呈褐红色是次品。好的黑枣，颗粒大而均匀，短壮圆整，顶圆蒂方，皮面皱纹细浅。在挑选黑枣时，也应注意虫蛀、破头、烂枣等。

7. 如何选购开心果

未漂白的开心果，颜色呈乳白色，而漂白过的开心果，一般都明显惨白；自然成熟的开心果，成熟时果壳自动裂开，果仁和外边的壳在底部是相连的；而被机器压开的开心果，果仁基本都已经脱离了外壳，晃动的时候有响声。

8. 如何选购花生米

好的花生米是颗粒饱满，红衣皮光亮，吃在嘴里是甜香的。含有黄曲霉素的花生米，颜色是黄色的，吃到嘴里会有异味。不过，花生米发芽以后，它本身就有黄曲霉素，这样的花生米是绝对不可以食用的。

9. 如何选购杏仁

应选择形状规整、色泽均匀的杏仁。形状短而胖，表面呈浅黄色，核壳相对较硬，开缝率低，核仁小而鼓，口感香脆。桃仁形状长而瘦，表面呈深黄色，核壳相对较薄，开缝率高，口感甜而脆。用指甲按压杏仁，坚硬者为佳。若指甲能轻易按入杏仁里，说明已受潮，不新鲜。

10. 如何选购腰果

腰果是名贵的干果和高级菜肴，蛋白质及各种维生素含量都很高。挑选外观呈完整月牙形，色泽白，饱满，气味香，油脂丰富，无虫蛀、斑点者为佳；而有黏手或受潮现象的，表示鲜度不够。

11. 如何选购果脯

果脯是指以干鲜果品、瓜蔬等为主要原料，经糖渍蜜制或腌渍加工而成，包括蜜饯类、果脯类、凉果类、果丹（饼类）和果糕类。专家建议，消费者在选购果脯时，应该注意以下几点：

（1）包装。首先看产品外包装是否符合标准规定要求：包装上必须标明食品名称、配料表、净含量、制造者或经营者的名称和地址、生产日期、保质期或保存期、产品标准号等，如果没有上述内容或内容不全，最好不要购买。

（2）果肉。打开包装观察，注意产品是否有异味，不允许有外来杂质，如沙粒、头发丝等。观察其组织形态，包括肉质细腻程度、糖分分布渗透均匀程度、颗粒饱满程度。同时也要看产品的形状、大小、长短、厚薄是否基本一致。产品表面附着的糖霜是否均匀、有无皱缩残损、破裂和其他表面缺陷。颗粒表面干湿程度是否基本一致。

（3）味道。滋味与气味表示产品的风味质量（包括味道与香气），各类产品应有其独特的香味。

（4）选品牌。在购买时应首选正规销售渠道销售的知名企业生产的产品，且优先选购带有QS标志的产品。

12. 如何选购杏干

在挑选杏干时，要尽量挑那种看起来果肉多，而且捏在手上感觉有些硬实的杏干。太软的会有一些水分，不宜长途携带。太硬的吃起来很困难，且还不一定是新鲜的。此外，杏干还有黑白之分。除了品种、产地不同之外，黑杏干外表虽然难看，但果肉厚实，口味较纯正，价位相对较高；白杏干看起来卖相很好，口味也不错，是馈赠亲友的最佳选择。

13. 如何选购无花果干

无花果呈扁圆状，皮非常薄，果肉呈米黄色，吃起来很细软，味道甘甜，营养非常丰富，具有食用和药用的双重价值。虽然新鲜的无花果美味爽口，但是它不能保存，所以就制成无花果干。好的无花果干，呈淡黄色至棕褐色。组织形态：整个无花果或切开的无花果，无霉变、无虫蛀，滋味与气味甜，具有无花果特有的风味，无异味、杂质。

14. 如何选购荔枝干

（1）看。看壳色。有深红、紫红、棕红、玫瑰红、褐红等颜色，以色泽清新醒目为好。色泽红中带黑的质量差；有水痕的已糖化或泛潮；果柄处有白斑点的则为霉变；颜色灰暗是复焙货。果肉上有蛀屑，已虫蛀。看肉色。肉质黄亮带红，有皱纹的质量好，萎黄带黑的质量差。肉质光滑滋润，不黏手的表明干燥，黏手则表明潮湿。

（2）闻。优质新鲜的荔枝干，有清香气味，若无清香气味则为陈货或受潮。

（3）尝。肉质嫩糯，入口甜而清香的质量好。入口带苦味，为烘焙过干或复焙的；肉质无酸味的质量好，微酸质量次之，酸味重者质量最次。此外，果粒大而均匀，果身干爽，果壳完整、破壳率不超过5%，无烟火味、肉厚核小的为好。

荔枝干存在的主要质量问题如下：

一是加硫磺熏干，致使产品中二氧化硫残留量超标。硫磺熏干的目的是为了不发霉。

二是加水浸泡，水分超标。水分超标的干果产品贮存期会缩短，而且容易发生霉变。加水浸泡的目的是让荔枝增重和果肉鲜亮。

15. 如何选购柿饼

柿饼的挑选，以个大、圆整，柿霜厚而洁白，手感软糯，肉质深橘红，皮薄，"屁股"部分没有呈现黑色，味甜不涩的为佳。柿饼买回家后最好放在冰箱冷冻室保存，期限约为一年，要吃时直接拿出食用即可。由于柿饼水分含量少，如果从冷冻室拿出直接食用，吃起来也不会觉得很硬。如放置室温下，大约可保存 3 ~ 5 天。

16. 如何选购白果

挑选白果，以粒大光亮、壳色白净为鲜品。用手摇之，无声音的果仁饱满。如果壳色泛糙米色，往往是陈货。如果用手摇之有声音的，则是陈货。

17. 如何选购山楂干

山楂制品如山楂糕、山楂片等，其主要掺假物质是淀粉，并掺入人工合成色素、胭脂红等进行染色。掺假的山楂糕外观质地粗糙，用手擦拭可发现染料；入口品尝，山楂的香味和酸甜味不浓，却有"面糊糊"之感，不爽口。

掺假的山楂片呈鲜红色、桃红色或暗红色，口尝无山楂味，酸味较大。加水溶解后呈鲜红色或桃红色，均匀浑浊，无絮状物，且刺激味较大；而真品山楂片呈暗茶色或浅茶色，有山楂滋味，口尝微酸，加水溶解后呈红茶色，有絮状浑浊，其溶液无刺激味。

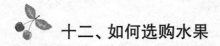

十二、如何选购水果

水果营养丰富，味道鲜美，是人们生活中离不开的食物。面对市场上出现的形形色色的食品安全问题，怎样才能安全、营养地吃水果，是很多消费者都关心的问题。不同的水果有不同的挑选原则，不过还是有几个共同的原则可供参考。

同样大小的水果，相对重量较重的水果，组织较细密，水分也较多，所以通常也比较好吃。果型饱满的较好，如芒果饱满则肉多核小；椰子饱满则汁多。蒂头及脐的部分较展开，是水果成熟的标志。拍水果的声音也很重要。如拍西瓜声音要沉稳（如手拍胸脯的声音）；拍苹果声音要清脆；拍凤梨要选肉声（如手弹肉之声）；轻摇哈密瓜及香瓜有声音时，品质不够佳；轻摇榴连有声音时，说明已经可以吃了。

水果外观的纹路明显展开，且分布均匀的较好，如哈密瓜等。选择硬度高的水果品质较好，如樱桃、葡萄等。色泽要鲜艳自然，不要死色。如柑橘类及木瓜要选橘红色，偏黄色的较差。有绒毛的水果，要看绒毛长短。绒毛长的比短的好，如水蜜桃、奇异果、枇杷等。外皮细致光滑的水果比粗糙的好，如柑橘类等。体积比较小的水果，实际上营养价值更高。只有草莓、樱桃和桑椹等，从里到外的养分含量都差不多。但是，它们本身就属于那种体形很小的水果。明白了这个道理，我们就不必去追求个头更大的水果。只需要在正常成熟的前提下，选择体积正常或偏小的水果品种，就可以获得更多的营养。

如何鉴别造假水果呢？专家介绍：首先要从水果的外观来进行鉴别。好的水果外形饱满，呈现出自然的光泽，握在手里有坚实的质感。造假水果在手感上比较虚空，外表的光泽显得特别的光亮，没有自然感。其次，可以从水果的气味上进行鉴别。好的水果会有一种自然的水果香气。造假水果往往没有这种味道或者香味较淡。第三是从水果的重量进行鉴别。造假水果，特别是"催熟"或注水水果都比一般同类水果要重一些。此外，还可以从水果的味道上进行鉴别。如果外表看起来十分成熟，但是吃起来却有些生涩的水果基本上都是造假水果。

1. 如何选购苹果

苹果的质量主要根据形态、色泽、成熟度、糖酸度、风味及有无损伤、病虫害等方面来确定。

同一品种的苹果，以果皮光洁、无伤、无虫害、色泽鲜艳、成熟度适中、肉质致密、芳香者为佳。其成熟度可通过手捏来判断。太硬则不熟，太软则过熟，以软硬适中为好。

选购苹果时，应挑选大小适中的。苹果不是越大越好，要选择老的才甜。主要看底部，老的苹果底部饱满、有纹理。苹果表皮上如果条纹是竖条的，就表明这是好苹果，而且很脆。顶部的梗保存完好而未脱落者较新鲜。顶部带梗的小圆口，其凹陷处的果皮完整而无黑点，表示刚采收不久，鲜度较佳。若苹果底部泛出青色，表示尚未成熟。用手指敲打，如声音不脆，表示不新鲜。苹果要挑屁股窝深的，有竖纹的好吃且甜。用手指轻弹，有清脆响声的，是又甜又脆的。要选黄色和红色的，不选特别红的。

2. 如何选购梨

梨的种类很多，市场上出售的梨有：雪花梨、鸭梨、京白梨、砀山梨等。好梨和坏梨怎么辨别呢？

不同品种的梨，以果皮薄、细、有光泽，果肉脆嫩，汁多味甜，果心小，香味浓者为佳。同品种的梨，以果大小适中，果形完整，无病虫害，果皮光滑，无疤斑及无外伤者为好。

梨也分"雌雄"。"雄梨"肉质粗硬，水分较少，甜性也较差；"雌梨"肉嫩、甜脆、水多。购买梨时，可从外形上来区别"雌雄"。"雄梨"外形上小下大，像个高脚馒头，花脐处有两个凸凹形，外表没有锈斑。"雌梨"的外形近似等腰三角形，上小下大，花脐处只有一个很深且带有锈斑的凹形坑。

3. 如何选购杨桃

杨桃分为甜、酸两种。甜的清甜爽脆，适宜鲜吃或加工成杨桃汁、罐头。无论鲜吃或加工，这种杨桃的品质、风味都是相当好的。酸的俗称"三稔"，果实大而味酸，且带有涩味，不适合鲜吃，多用做烹饪配料或蜜饯原料。所以，挑选杨桃，以果皮光亮，皮色黄中带绿，棱边青绿为佳。如棱边变黑，皮色接近橙黄，表示已成熟；反之，皮色太青则过酸。

4. 如何选购菠萝

（1）看果实外形。优质菠萝，呈圆柱形或两头稍尖的卵圆形，大小均匀适中，果形端正，芽眼数量少。成熟度好的菠萝，表皮呈淡黄色或亮黄色，两端略带青绿色，上顶的冠芽呈青褐色；生菠萝的外皮色泽铁青或略带褐色。如果菠萝的突顶部充实，果皮变黄，果肉变软，呈橙黄色，说明已达到九成熟。这样的菠萝果汁多，糖分高，香味浓，风味好。如果不是立即食用，最好选果身尚硬，色泽为浅黄带有绿色，约七八成熟的为佳。外皮的颜色偏黄色，肉质较细且甜度较高。

（2）看果肉组织。切开后，果目浅而小，内部呈淡黄色，果肉厚而果芯细小的菠萝为优质品；劣质菠萝果目深而多，内部组织空隙较大，果肉薄而果芯粗大；未成熟菠萝的果肉脆硬且呈白色。

（3）看果实的硬度。用手轻轻按压菠萝，坚硬而无弹性的是生菠萝；挺实而微软的是成熟度好的；过陷甚至凹陷者为成熟过度的菠萝；如果有汁液溢出，则说明果实已经变质，不可以再食用。

（4）用鼻嗅。通过香气的浓与淡也能判断出菠萝是否成熟。成熟度好的菠萝，从外皮上就能闻到香味，果肉香气馥郁；浓香扑鼻的为过熟果，保存时间不能过长，且易腐烂；无香气的则多半是生采摘果，所含糖分明显不足，吃起来没味道。

吃菠萝时加盐为什么会甜。

食盐能抑制菠萝酶的活力。因此，当吃鲜菠萝时，最好先用盐水泡上一会儿，可以抑制菠萝酶对我们口腔黏膜和嘴唇的刺激，同时也会感到菠萝更加香甜了。菠萝酶是一种蛋白酶，有分解蛋白质的作用。因此，少量吃有促进食欲的作用。但是吃过量会对人体有害，会引起胃肠病。因此，吃菠萝要适量。

5. 如何选购草莓

新鲜的草莓，果蒂鲜嫩呈深绿色，果蒂四周均应呈鲜红色。若果实还残留白色部分，表示尚未成熟。一些草莓中间有空心，形状不规则又硕大，一般是使用激素过量所致。草莓用了催熟剂或其他激素类药后，生长期变短，颜色也新鲜了，但果味却变淡了。选购草莓时，要仔细分辨，慎买特大、破裂、畸形的草莓。在购买时，首先要看草莓是否新鲜。新鲜的草莓，表面有丰富的光泽、不破裂、不流汁。其次，要选全果鲜红均匀，不宜选购未全红的果实或半红半青的果实。此外，如果发现果实有虫害食用的虫孔，或表面有灰色或白色的霉病病斑的，这样的病果不要食用。

6. 如何选购香蕉

（1）观色。皮色鲜黄光亮，两端带青的为成熟适度的；果皮全青的为过生的；果皮变黑的为过熟的。

（2）手捏。用两指轻轻捏果身，富有弹性的为成熟适度的；果肉硬结的为过生的；难剥皮的为过生的；剥皮黏带果肉的为过熟的。

（3）口尝：入口柔软糯滑，甜香俱全的为成熟适度的；肉质硬实，缺少甜香的为过生的；涩味未脱的为夹生的；肉质软烂的为过熟的。

怎样区分芭蕉和香蕉？

香蕉和芭蕉同属于芭蕉科芭蕉属，其色、香、味、形均很相近。要区别它们，主要根据形状，颜色和味道。

外形：香蕉弯曲呈月牙状，果柄短，果皮上有 5 ～ 6 个棱。芭蕉的两端较细，中间较粗，一面略平，另一面略弯，呈圆缺状。其果柄较长，果皮上有 3 个棱。

颜色：香蕉未成熟时为青绿色，成熟后变为黄色，并带有褐色斑点，果肉呈黄白色，横断面近圆形。芭蕉果皮呈灰黄色，成熟后无斑点，果肉呈乳白色，横断面为扁圆形。

味道：香蕉香味浓郁，味道甜美。芭蕉的味道虽甜，但回味带酸。

7. 如何选购荔枝

荔枝以色泽鲜艳，果大均匀，皮薄肉厚，质嫩多汁，味甜，富有香气，核小为上品。果皮变色、变干，说明贮藏时间已久，品质下降。若荔枝果实有些发黑的颜色，有酒味或果肉变色。这样的荔枝已经有些变质，不能食用。所以，挑选荔枝用看、触、闻、感来鉴别要买的是不是新鲜的荔枝。看外观：好的荔枝，果皮新鲜、颜色呈暗红色，果柄鲜活不萎，果肉发白。坏的荔枝果皮为黑褐或黑色，汁液外渗，果肉发红。

用手触摸：握在手里的荔枝，好的应该是硬实而富有弹性。坏的荔枝，微按果实感觉松软。剥开果皮，好的荔枝里面的膜应该是白色。如果出现黑斑，说明时间已经长了。

用鼻子闻：新鲜的荔枝都有一种清香的味道。如果有酸味或是别的味道，说明已经不是新鲜的荔枝了。

用舌头品尝：新鲜的荔枝吃到嘴里，果肉富有弹性，果汁清香诱人，酸甜可口。

（1）如何辨别荔枝是否用福尔马林泡过？

被福尔马林浸泡过的荔枝都会呈现出褐色或棕色，看荔枝肉是不是有这种颜色就可以分辨出来。被福尔马林浸泡过的荔枝，还会散发出强烈的刺鼻味道。用硫酸溶液浸泡或用乙烯利水剂喷洒，使变色的荔枝变得鲜红诱人，但很容易腐坏。这类溶液酸性较强，如果食用这种荔枝会使手脱皮、嘴起泡，烧伤胃肠。

（2）正确食用荔枝的方法

①充分浸泡和清洗荔枝壳表面的保鲜剂及农药。

②每日进食荔枝一般不要超过 300 克。

③不要空腹吃荔枝，最好是在饭后半小时再食用。

④对荔枝过敏、糖尿病患者及阴虚火旺者要禁食或慎食。

⑤适量服用绿豆汤或绿茶水以减少荔枝的上火症状。

⑥因进食荔枝而引起低血糖者，要适量补充糖水，症状严重者应及时送医院进行治疗。

8. 如何选购桂圆

一般人认为，桂圆的补养效果比荔枝好，因荔枝性热，而桂圆则性平。但虚火偏旺、风寒感冒、消化不良者及孕期女性不宜食用。鲜桂圆要求新鲜，成熟适度，果大肉厚，皮薄核小，味香多汁，果壳完整，色泽不减。

（1）鉴别桂圆成熟度的方法

观色。果壳黄褐，略带青色，为成熟适度；若果壳大部分呈青色，则成熟度不够。

手捏。以 3 个手指捏果，若果壳坚硬，则为生果；如柔软而有弹性，是成熟的特征；软而无弹性，则成熟过度，并即将变质。

看核。剥去果壳，若肉质莹白，容易离核，果核乌黑，说明成熟适度；果肉不易剥离，果核带红色，说明果实偏生，风味较淡。

（2）鉴别桂圆新鲜度的方法

一看。外壳粗糙、颜色黯淡为新鲜，外壳发亮、发黄的为不新鲜；剥开外壳看壳内的颜色，颜色洁白光亮的为新鲜果实，壳内出现红褐色血丝纹的为不新鲜果实。

二闻。味道清新的为新鲜，有臭鸡蛋味道的为不新鲜。

三刮。用指甲轻刮开果壳或枝干外皮，露出淡绿色内皮的为新鲜果实。

四捏。用手指轻捏果壳，新鲜果实的果壳较硬，外壳绵软如纸的为不新鲜。

（3）鉴别用硫酸浸泡的桂圆的方法。喷洒硫酸或酸性溶液浸泡的桂圆，颜色尤为鲜艳。这种桂圆会灼伤人的消化道，还容易引发感冒、腹泻及强烈咳嗽。

（4）食用桂圆时必须清洗。很多人买回桂圆后，往往直接剥了皮就吃，认为只吃其果肉，无需清洗。其实，桂圆多成串采摘，果皮上会沾有许多灰尘、细菌。此外，为了延长其保质期，可能会用一些化学药品来处理。因而桂圆表皮也可能会带有硫化物。尤其是未经清洗，就直接用嘴去啃咬桂圆皮。进食桂圆前需在流动水下彻底清洗。可以整串冲洗，或用剪刀连果蒂一并剪下再洗。

9. 如何选购柚子

柚子以橙红色皮为佳，果身有光泽、皮薄及柔软的为好，皮粗硬则水分和味道不足。

（1）要掌握"不倒翁"的原则，上尖下宽是柚子的标准型，其中选扁圆形、颈短的柚子为好（底部是平面更佳）。这是因为颈长的柚子，囊肉少，显得皮厚。

（2）好柚子表面细洁，表面油细胞呈半透明状，淡黄或橙黄色的说明柚子的成熟度好，汁多味甜。

（3）同样大小的柚子，分量重的好。用力按压时，不易按下的，说明囊内紧实，质量好。如果个体大而分量轻的，则皮厚肉少，味道不好。

需要注意的是，柚子虽然营养很丰富，但是，它不能同抗过敏的药物一起吃，否则易引起心律失常。

10. 如何选购毛桃

毛桃的质量主要取决于品种和成熟度。早熟的品种，肉嫩，味酸，不能剥皮；中熟品种有硬肉桃，也有水蜜桃，有甜有酸，但糖分和汁液往往不及晚熟桃。晚熟桃大多为名种，味甜汁多，富有香气，皮易剥离，品质最好。鉴定桃子的质量，首先要根据品种、产地、上市时间，然后再依据下列具体方法判别：

（1）观察。以果个大，形状端正，色泽新鲜漂亮的为好。有硬斑、破皮、虫蛀者较次。

（2）剥皮。以皮薄易剥，肉色白净，粗纤维少，肉质柔软为佳。

（3）尝味。以汁多、味甜、酸少、香浓为上等。

（4）手摸。手感过硬的一般是尚未成熟的，过软的为过熟，肉质极易下陷的已腐烂变质。

此外，看起来尖上红红的桃，其实还没有成熟。成熟好的毛桃，全身泛出白色，而不是绿色。挑选的时候可以看尾部，颜色发白，带有彩色艳丽的，成熟度较好，味道合适。果内易有虫，特别要留意果蒂部的凹处。还有在购买的时候要挑重的，感觉越重的水分越多。如果水分不多，吃起来口感就大打折扣。

11. 如何选购油桃

油桃的表皮无毛光滑且发亮，颜色比较鲜艳，好像涂了一层油。油桃的整个果面都是鲜红色的，所以在挑选的时候，尽量挑鲜红色的油桃。比较结实的油桃，成熟度还不够，所以要挑软一点的。

12. 如何选购芒果

芒果熟透了最好吃。以皮色黄橙而均匀，表皮光滑无黑点，触摸时坚实而有肉质感，香味浓郁，果蒂周围无黑点的为佳。

（1）买芒果首先要选品种，品种好的香味比较浓郁。形状较椭圆，果肉是橙色的。一定要选比较饱满的、圆润的。或者应该是肥肥的肾状，但不要太瘦。如果明显很瘦，而且很黄，那种是最便宜的香蕉芒。另外，不要买形状奇异的芒果。

（2）要买土黄色的芒果，千万不要买黄得不正常的，那种多半很难吃。最好是黄里透红，而且不能是红色太艳的那种芒果，否则香味不正。

（3）如果要买熟透即吃的芒果，可以看一下芒果的根部，应选购很清爽的，没有出水的。同时皮也不能皱起，否则水分已经没有了。

（4）芒果上的斑点，多数是因为果柄断后，果胶滴到果皮上，破坏了果皮自身的防护功能，引起真菌侵害的结果。如果斑点细小，就不会影响果肉的味道。如果斑点大，就不能吃了。如果有因存放时间过久而产生的黑斑，这样的芒果也不能吃。现在市场上所售的芒果中，有些是被水果商贩用石灰催熟的。食用这种芒果不仅刺激口腔和消化道黏膜，还容易引起过敏等不良反应。那么，如何鉴别用石灰催熟的芒果？

看：自然成熟的芒果，颜色不十分均匀。而催熟的芒果，则只有小头顶尖处果皮翠绿，其他部位的果皮则发黄。

闻：催熟的芒果，味淡或有异味，没有芒果特有的香味。

摸：自然成熟的芒果有适中的硬度和弹性，而催熟的芒果则整体扁软。

尝：催熟的芒果，肉质味淡，有种说不出的怪味，很难下咽。

13. 如何选购哈密瓜

好的哈密瓜非常甜，不好的哈密瓜却很难吃。那么，如何挑选好的哈密瓜？

（1）用鼻子闻。一般有香味的，成熟度适中。没有香味或香味淡的，成熟度较差，可以放些时候再吃。

（2）用手摸。如果瓜身坚实微软，成熟度就比较适中。如果太硬则不太熟，太软就是成熟过度。

（3）看疤痕。疤痕越老的越甜，最好是疤痕已经裂开的。虽然很难看，但是这种哈密瓜的甜度高，口感好。其实，漂亮的没有疤痕的哈密瓜往往是生的。而瓜的纹路越多、越丑，就越好吃。

（4）瓜瓤为浅绿色的，吃时发脆。如果是金黄色的，吃上去发黏，白色的柔软多汁。

14. 如何选购枇杷

（1）果实外形要匀称。一些畸形的枇杷可能是发育不良，口感不太好。

（2）表皮茸毛完整。表皮茸毛是鉴别枇杷是否新鲜的重要方法。如果茸毛脱落，则说明枇杷不够新鲜。另外，如果表面颜色深浅不一，则说明枇杷很有可能已变质。

（3）慎选过大或过小的果。过大的枇杷往往糖分不够，而过小的则比较酸。

（4）尽量购买散装产品。散装枇杷的质量好坏看得见，而整箱装的不能保证质量。如果要买整箱的，尽量买知名品牌。

此外，枇杷不易存放，购买后应尽快食用。如果一次吃不完，应放进冰箱，或者做成糖水冰镇枇杷。

15. 如何选购香瓜

香瓜有很多品种，白色的要挑皮毛好的，果皮光滑的，色泽越白越好。黄皮香瓜要挑果皮色泽鲜艳，黄的发红、发紫的最好。自然从瓜秧上脱落的香瓜是十分成熟的。

（1）看小头。香瓜有两头，一头是大圆头，一头是小头，即蔓这端。看小头的蔓和瓜的连接处是否有自然断掉的痕迹。如果是熟瓜，小头会有瓜自然脱落形成的坑。否则，不熟的瓜摘下来会带有蔓。

（2）按大头。手指略用力压一下大头，如果感觉有些软，就是熟的瓜。个别品种大头很小且硬，可能不适合用这种方法挑选。

（3）闻大头。一般熟瓜在大头可以闻到比较浓郁的自然香气。很淡或没味的可能是水瓜。

16. 如何选购冬枣

中秋前后是冬枣上市的季节。那么，如何选购冬枣呢？

真正熟透的冬枣，红斑不均匀，而且红点会呈斑点状散开。不成熟的冬枣，红斑均匀。另外，冬枣未红的部分，颜色发黄，说明成熟度高，颜色发青，说明成熟度低。市场上有一种冬枣颗粒较大，是普通冬枣的2～3倍。它与普通冬枣相比，肉多、核小、水分少。小冬枣水分多，吃起来更脆甜。

17. 如何选购葡萄

葡萄的品质与成熟度有关。一串葡萄中最下面的一颗，往往由于光照程度最差，所以成熟度不佳。在一般情况下，最下面那颗是最不甜的。如果该颗葡萄很甜，就表示整串葡萄都很甜。最好尝两颗以上，有些味道苦涩的葡萄要吃两颗以上才能感觉出来。

（1）要挑选颜色浓、果粒丰润、紧连着梗的。不要选购凋萎、软塌、梗子变褐或容易掉粒的。

（2）红葡萄品种应挑选皮色呈深紫色的，绿葡萄品种则应挑选黄绿色带有透明感的。

（3）如果是冬天买葡萄，不要看果粒，要看梗。新鲜的葡萄，梗硬挺，呈鲜艳的绿色。当梗的颜色变深褐色，软软的，就是摘下来的时间比较久的。这样的葡萄虽然可能果粒看上去比较坚实，但是都是低温保存过的，并不是真的新鲜。买"玫瑰香"葡萄尤其要注意，这种小粒的果实不容易保存。

（4）看时间。一般葡萄都是在初秋 8～9 月才成熟，如"玫瑰香"葡萄在 8 月下旬至 9 月上旬才进入成熟期，吃起来味道口感才会好。"巨峰"葡萄在 9 月上中旬才能上市。未到葡萄上市旺季，市场上卖的中熟葡萄，口感都比不上 8 月下旬上市的晚熟葡萄。

（5）肉质。一般挑选葡萄时，大小、颜色都不会太影响口感，关键还是看葡萄的肉质。太硬的葡萄往往味淡、苦涩。太软的葡萄很可能很酸或者变质。买时要挑肉韧、汁多的葡萄。

18. 如何选购脐橙

岁末年初正是脐橙成熟、大量上市的时候。不少消费者在购买脐橙时，只喜欢挑选果大的。但是，专家指出，脐橙并非越大越好吃。

市场上出售的脐橙，大都是果越大，价格越高，这对消费者形成了一种误导。实际上，选购酸甜可口的脐橙是有技巧的。

（1）要观察脐橙的果形。要选择果形整齐、端正的脐橙，以纵径略大、接近圆形的果形最佳，但不宜过大。果实越大，靠近果梗处越容易失去水分，破坏脐橙的口感。

（2）要触摸果皮。要选择果皮薄、果面光滑、色泽好的脐橙。果皮的密集度高、均匀且有硬度的脐橙，所含水分也较高，最为可口。

（3）选果脐小的。要选择果脐小，且不凸起的脐橙，果脐越小，口感越好。真正优质的脐橙，果脐只有 1 毫米左右。

19. 如何选购橙子

橙子分公母。公的不甜，口感不好。母的甜，口感好。

（1）皮上有厚厚一层东西，闪闪发光、摸起来黏手的橙子不要买。

（2）好橙子表皮孔较多，摸起来比较粗糙。而质量不好的脐橙，表皮的孔较少，摸起来较光滑。

（3）好橙子用白纸擦一擦，白纸的颜色不会有什么变化。如果是"美容"过的橙子，一擦就会褪色。

（4）屁股越大、表皮越粗糙的橙子越好吃。

20. 如何选购猕猴桃

（1）要看果皮上的毛。如果毛多，就说明是比较新鲜的。

（2）要注意果实是否有机械损伤。凡是有小块碰伤、有软点、有破损的，都不能买。因为只要有一点损伤，伤处就会迅速变软，然后变酸，甚至溃烂，使整个果实在正常成熟之前就会变软变味，严重影响猕猴桃的食用品质。此外，猕猴桃接蒂处是嫩绿色的比较新鲜。

（3）一定要选头尖尖的，像小鸡嘴巴，这样的果实是没有使用过激素或少用激素的。不要选头扁扁的，像鸭子嘴，这样的果实是使用过激素的。

（4）猕猴桃大的没有小的好。优质标准的猕猴桃，一般单果重量只有 80 ～ 120 克。而使用"膨大剂"的猕猴桃，个儿特大，单果重量可达到 150 克以上，有的甚至可以达到 250 克。未使用"膨大剂"的优质猕猴桃，果型规则，多为长椭圆形，呈上大下小状。果脐小而圆，向内收缩。果皮呈黄褐色，且着色均匀，果毛细而不易脱落；而使用了"膨大剂"的猕猴桃，果实不甚规则，果脐长而肥厚，向外突出，果皮发绿，有"阴阳脸"的现象，果毛粗硬且易脱落。另外，未使用"膨大剂"的果实，切开后果芯翠绿，酸甜可口；而使用了"膨大剂"的果实，切开后果芯粗，果肉熟后发黄，味变淡。

（5）真正熟的弥猴桃，整个果实都是软的，要购买颜色略深的，即皮接近土黄色的，这说明日照充足，很甜。

（6）如果想买回去就吃，就要挑选稍微软一点的；如果不马上吃，可以挑几个生一点的，这样隔几天吃也不会坏掉。如果要猕猴桃快些成熟，可以把猕猴桃和已经成熟的其他水果如苹果、香蕉等放在一起。这样，其他水果散发出的天然催熟气体"乙烯"，就会促进猕猴桃变软变甜。

21. 如何选购木瓜

木瓜分公母。公的肉多、籽少，形状偏长。母的较圆，籽较多。
（1）要选瓜肚大的，瓜肚大说明木瓜肉厚，因为木瓜最好吃的就是瓜肚的那一块。
（2）如果是摘下来的新鲜木瓜，瓜蒂还会流出像牛奶一样的汁液。如果不新鲜的瓜就会发苦。
（3）瓜身要光滑，没有摔、碰的痕迹。
（4）要挑手感轻的，这样的木瓜果肉较甘甜。手感沉的木瓜，一般还未完全成熟，口感有些苦。
（5）木瓜的果皮一定要亮，橙色要均匀，不能有色斑。此外，挑木瓜的时候也要轻按其表皮，千万不可买表皮很松的，木瓜果肉一定要结实。

22. 如何选购西瓜

如果购买已切开的西瓜，就要选购果肉多汁、颜色艳红的。不要选购在浅色果肉上还出现白色条痕的西瓜。
（1）看形状。凡瓜形端正，瓜皮坚硬饱满，花纹清晰，表皮稍有凹凸不平的波浪纹，瓜蒂、瓜脐收得紧密，略为缩入，靠地面的瓜皮颜色变黄，就是成熟的标志。
（2）听声音。可以一手捧瓜，一手以指轻弹。凡声音刚而脆，如击木板的"咚咚"或"嗒嗒"声，是未熟的；声音疲而浊，近似打鼓的"卟卟"声，且有震动的传音，才是成熟的标志；听到"噗噗"声的，是过熟的瓜。
（3）掂重量。用手掂有空飘感的，是熟瓜；有下沉感的，是生瓜。生瓜含水分多，瓜身较重；成熟的瓜，因瓜肉细脆，组织松弛，重量比生瓜轻些。除此之外，还要注意，如果瓜皮柔软、瘀黑，敲声太沉，瓜身太轻，甚至摇瓜能听到响声，就是倒瓤烂瓜，不能食用。

23. 如何选购樱桃

樱桃分为甜樱桃和酸樱桃两种。甜樱桃适合于鲜吃，而酸樱桃多用来做烘培的派、罐头食品、果酱、果汁等。买樱桃时，主要挑选果实新鲜、色泽鲜艳、粒大且均匀、樱桃梗保持青绿色的。而且还要没有烂果、裂果，颜色最好较为一致。一般加州樱桃品种颜色较鲜红，吃起来的口感比较酸，暗枣红色的樱桃则比较好吃。挑选时千万不要用力捏，因为樱桃很容易受伤。

24. 如何选购火龙果

火龙果分为 3 种：白火龙果，紫红皮白肉，有细小黑色种子分布其中，鲜食品质一般；红火龙果，红皮红肉，鲜食品质较好；黄火龙果，黄皮白肉，鲜食品质最佳。

火龙果越重，说明汁越多、果肉越丰满。所以购买火龙果时应用手掂一掂每个火龙果的重量，选择重的较好。而表面红色的部分越红越好，绿色的部分也要越绿的越新鲜。若是绿色部分变得枯黄，就表示已经不新鲜了。此外，还要挑胖胖的，不要挑瘦长形的。越胖说明越成熟，这样的会比较甜，不会有生味。个大，饱满，中间浑圆并凸起，果皮外像鳞一样的片片外翻为上品，而且要挑捏起来有一点点软的（不要太软，否则切开会暴汁）。这样的火龙果好吃，比较甜。

25. 如何选购石榴

（1）看品种。市场上最常见石榴分 3 种颜色：红色、黄色和绿色。有人认为，石榴越红越甜。其实石榴不像苹果及其他一些水果一样，越红越甜。石榴因为品种的关系，一般是黄色的最甜。

（2）看光泽。如果光滑到发亮，说明石榴是新鲜的。表面如果有黑斑，则说明已经不新鲜了。如果石榴上出现一点点的小黑点，不会影响石榴的质量，只有大范围的黑斑才表明石榴不新鲜。

（3）掂重量。同样大小的石榴，如果感觉重一点的，就是熟透了的，水分会比较多。

（4）饱满度。新鲜的石榴，皮和肉是很紧绷的。如果是松弛的，就表明石榴不新鲜了。

26. 如何选购山竹

购买山竹要挑壳能够按动的，叶片呈绿色的为新鲜；壳按不动的就是老了，里面果肉都干了。此外，还要看山竹屁股上的瓣。屁股上有几瓣，果肉就有几瓣，而且瓣越多越甜。

吃山竹时，只要用手轻轻捏住果皮，果皮就会从果蒂的裂口处裂开，就可以吃了。小心不要吃到红色的皮，否则会发涩。如果果皮上的紫色汁沾上果肉，也会影响到果肉的口感。

27. 如何选购李子

李子的品质好坏，与成熟度和贮存时间的长短有关。手捏果子，感觉很硬，尝之带有涩味者则太生；感觉略有弹性，尝之脆甜适度者，则成熟度适中；感觉柔软，尝之甜蜜者，则太熟，不利于贮存。李子的灰色光泽是完全自然的，并不会影响质量。果大、肉厚，颜色黑红的甜。小而圆、表面光滑的汁液饱满。冷藏在塑料袋的成熟李子，要在 4 天之内食用完。

28. 如何选购红毛丹

红毛丹，又称毛荔枝。红毛丹变种多，以果皮的色泽分为红果、黄果和粉红果 3 个类型；以果肉与核是否分离，又可分为离核和不离核两个类型。

红毛丹味甜，含有丰富的维生素 C、钙和磷，每年 5 ~ 9 月上市。以红壳绿毛的为好。毛刺柔软，果皮颜色为桃红色或者金黄色的就是熟的。毛须并不是越红越好，毛须粉红中带绿的果味最正。红毛丹要看颜色，红的就是新鲜的，发黑就是陈的。果体圆硕，味道鲜美，肉厚香甜。有的红毛丹的核细似芝麻。成熟的毛丹果并非都是红色的，也有黄色的，但红毛的居多。

如何鉴别染色的红毛丹。

没有染色的红毛丹在存储中很容易变黑、变质，但是经过染色处理的红毛丹可保持长时间鲜艳，甚至内部腐烂，外表都不会发生变化。

（1）看：天然的红毛丹透出淡青色，色泽不会完全一致。过于鲜红或色泽十分一致的，就有可能是经过人为染色。

（2）闻：闻上去有刺激性气味的，可能经过化学药剂浸泡。

（3）擦：擦拭红毛丹表皮，天然红毛丹不会掉色，染过色的红毛丹一擦就会留下颜色。

29. 如何选购榴莲

挑外表像狼牙棒的，凸起的包越多，包裹的果肉就越多。果形较丰满的外壳比较薄些，果肉的瓣也会多些。那种长圆形的，一般外壳较厚，果肉较薄。轻摇榴莲有响声的，表示可以吃了。壳有点开的是熟的，能看见里面的果肉。如果是软软糯糯的，但又不是湿漉漉的为好，干的不好吃。果肉相对细长、金黄色的，比较甜和好吃。但壳开的时间不能太长，熟过头了就是腐烂了。颜色越深就越熟。嗅根茎的香味，越浓郁越甜。选颜色偏黄的，以黄中带绿为好，黄色的通常比较熟，不要挑绿色的。如果有酒精味，就说明放久了，不要买。而且超市里面卖的，很多还没有完全成熟。可以闻一下根茎的位置，如果能闻到香味，就说明当天或第二天就可以食用了。

30. 如何选购杏

挑杏的时候，首先要看杏的品种，小黄杏吃起来会发苦发涩，甜的有金太阳和胭脂红两种。胭脂红脆而香，一面白一面红，颜色越白越红的越好吃。而金太阳面而甜，一边黄色一边红色，最黄最红就最甜。其次，不要买特别光滑的，那是经过处理的。闻一闻杏的根部，根部越香说明越甜越好吃。

31. 如何选购板栗

专家指出，栗子颗粒并非越大越好。我国的栗子有南栗和北栗之分。北栗一般颗粒较小，扁圆形，果皮薄，炒后容易剥壳，颗粒也较均匀，质量较好。可通过以下方法选栗子。

（1）看绒毛。新鲜板栗，表皮附有一层薄薄的绒毛，陈板栗则表皮光滑。挑选板栗时，最好要仔细检查一下是否有虫眼。因为板栗最易生虫。

（2）看颜色。外壳鲜红且带褐、紫、赭等色，颗粒有光泽的，品质一般较好。若外壳变色、无光泽带黑影的，则表明果实已被虫蛀或受热变质。

（3）用手捏。如果颗粒坚实，一般果肉饱满；如果颗粒空壳，则表明果肉已干瘪或闷熟后肉已酥软。用手捏时有坚实感，掂量时有分量的，一般为果实较饱满的。

（4）听声音。将一把栗子抖在台上或放在手里摇，有响声，说明果肉已干硬，可能是隔年栗子或用陈栗子冒充新鲜栗子。

（5）品尝。好的栗子，果仁淡黄、结实、肉质细、水分少，甜度高、糯性足、香味浓、口感好；反之，硬而无味，口感差的为次品。

糖炒栗子一定不要吃开口的。

首先，炒栗子时，锅里的黑砂和糖在高温下会发生反应，形成焦糖，时间长了会变成黑色。这种焦糖里含有一定的有害成分，是不宜食用的。锅里的黑砂一般都会使用很长时间，开口栗子容易沾到这些黑焦糖。

其次，有些摊贩违反国家规定，用糖精钠和劣质的泔脚油炒栗子，开口的栗子很容易受到污染。糖精钠是国家明令限制使用的食品添加剂，食用多了，对肝脏和神经系统都有一定的危害。栗子是温补食物，上火发烧者最好少吃。

32. 如何选购杨梅

杨梅不像有外皮的水果，只要从外表看就可以识别好坏了。

选购杨梅主要看外表、闻气味。买杨梅要选颗粒大，颜色呈深红色，手感干爽的。这是又熟又好的杨梅，很甜。鲜红色的杨梅其实并没有熟透，味道还是酸的。而颜色太深的杨梅是过熟了，湿湿的，像泡过水一样，不好吃。另外，有些由于挤压、存放时间过长等原因造成的坏杨梅，表面也会有明显被压的痕迹，出水，有缺陷。

挑选杨梅还要注意闻味道。新鲜的杨梅闻起来有股香味。如果长期存放或存放不当，则可能有一股淡淡的酒味，这说明杨梅已发酵，不能购买。没有出水的杨梅最新鲜。大部分杨梅均有白色小虫钻出。而钻出的小虫长约两三毫米，且钻出时仍是活的。专家指出，这种虫对人体影响不大。

购买新鲜杨梅回家后，应及时将杨梅放到较高浓度的盐水中浸泡 5 ～ 10 分钟，而不应先放置冰箱内。因为低温会导致虫子死亡，而死了的虫子就是放到盐水里也泡不出来了。

33. 如何选购山楂

山楂含有丰富的维生素和矿物质。那么，怎样选购酸甜可口的山楂呢？

（1）果形。扁圆的偏酸，近似正圆形的偏甜。

（2）果点。山楂表皮有许多小点。果点密而粗糙的酸，果点小而光滑的甜。

（3）果肉颜色。果肉呈白色、黄色或红色的甜，绿色的酸。

34. 如何选购柿子

柿子有软柿和硬柿两种。软柿即烘柿，硬柿即镟柿。二者不仅软硬不同，而且外观与口味也不同。一般而言，软柿表皮橙红色，软而甜；硬柿表皮青，偏硬而不脆，甜度稍差一些。选购时，以果大，颜色鲜艳，无斑点、无伤烂、无裂痕者为佳。如是硬柿，用手摸试，手感硬实者为佳；如是软柿，应整体同等柔软，有硬有软者则不佳。如果想买回家放一段时间再吃，可选购生柿，放通风阴凉处可存放较长时间；如果想买了就吃，可买烘柿。这种柿子在树上自然脱涩、皮薄、汁多、味甜。如果想买了柿子吃上一段时间，可购买漤柿，它是生柿子采摘后用温水、酒精、二氧化磷等方法脱涩的，果肉脆，味甘甜，可放一个月左右。

柿子甘甜可口，但要注意，不要在空腹或吃红薯后吃柿子。空腹或吃红薯后胃酸增多，和柿子接触容易结成硬块，形成胃柿结石症。轻者恶心、呕吐，重者引起胃出血，甚至导致胃穿孔。

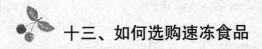

十三、如何选购速冻食品

速冻食品是指在 20 ～ 60 分钟内将食品的中心温度降到 -18℃以下的冷冻食品。它强调的是在短时间内，否则就不是速冻食品。

速冻食品的质量与冻结质量有很大关系。质量低劣的产品不但会影响其营养价值，有的还存在着一定的卫生问题。冷冻速度太慢、冻结温度不够低等均会造成食品细胞不同程度被破坏，从而造成营养成分的损失。在生产和运输过程中，如果温度不能达到要求，还会使食品滋生各种微生物，使保存期限缩短。另外，冷冻用水的卫生、食品的外包装等对食品的质量也有较大影响。

速冻食品都有一定的保存期限，并不是放在冰箱里就可以高枕无忧。消费者应谨慎选购散装速冻食品，最好选择有独立包装的。另外，在购买速冻食品时，还要注意几点：到有低温冷柜的大中型超市购买。购买时尽量选择冰柜底部的产品，这样温度更有保证。包装袋不破损，袋子表面、内部无霜或少霜，产品个体间无黏连。如果袋内有很多冰屑，说明产品很有可能是解冻后再次冻结所致。挑选速冻食品时别买已破损"露馅"的。挑选颜色洁白、无斑点的速冻食品。如果颜色发暗、表皮有冰碴，很可能是缓冻或者慢冻的产品。此外购买后要及时食用，不要放在冰箱的冷藏室里储存。而冷冻室存放最好也不要超过一周。

1. 如何选购速冻饺子

只能看外观，因为速冻饺子不能拆封来看。新鲜的速冻饺子，质地是均匀的，每个饺子之间应该是松散的，包装里没有冰块和冰晶。如果速冻饺子在温度忽高忽低的状态下储存过一段时间后，包装里就会有水分的转移和大冰晶的形成，里面的饺子可能会发生黏连，出现越来越多的冰晶和冰块。这种饺子的品质已经明显降低，口感和风味都会大打折扣。此外，包装袋里的饺子表面不能有开裂的现象。如果有的饺子开裂，那么饺子馅所含的脂肪就会接触氧气，可能会发生明显的氧化变味，不好吃。

2. 如何选购元宵

元宵又称汤圆，选购时应注意以下5个方面：

（1）在信誉度较好的大型商场、大超市购买，同时要注意超市是否具备对速冻食品的冷藏条件。

（2）选购市场占有率较高的大型企业生产的知名品牌。品牌知名度较高的产品，大多为具有实力的大型企业所生产，其产品质量有保障。

（3）选购有独立包装的产品。一般来讲，有独立包装的产品比散装产品较卫生、安全。

（4）要注意食品标签是否规范。速冻汤圆标签上不仅应标注食品名称、QS标志、食品生产许可证号、配料清单、净含量、制造者、经销者的名称和地址、日期标示和储藏说明，还必须标注速冻、生制或熟制、馅含量和食用方法等内容。

（5）挑选元宵时，从外观上看，好元宵应大小均匀，颜色应该是糯米粉的自然纯白色，无杂色。购买后应该马上食用。如果不能马上食用，应尽快冷冻。

3. 如何选购肉丸

新鲜的肉丸色泽金红，若呈深褐色或黑色，说明不新鲜。肉多的肉丸，按上去富有弹性，回家一炸就泡起来。掺多了生粉的肉丸看上去很结实，没弹性，用手掂量感觉很重。

4. 如何选购鱼丸

购买成品鱼丸时，要注意是否有弹性，弹性好说明鱼肉多。优质鱼丸口感嫩滑，如感觉涩口，说明掺有淀粉等。

为什么从市场买来的鲜鱼丸速冻后会变成像冻豆腐一样的蜂窝状？而超市里的速冻丸类却没有蜂窝现象？正常的鲜鱼丸含有水和空气，水被冻成冰后，空气从缝隙跑出来，就形成很多的空洞。而超市的鱼丸，一是淀粉加得多，二是速冻速度非常快，来不及形成蜂窝。

5. 如何选购贡丸

在选购时，要挑选密封包装并要冷藏保存的贡丸，这些贡丸添加硼砂的可能性比较小。若是未加包装，又不需冷藏保存的，添加硼砂的可能性就较大。在食品的制作过程中，硼砂会被用作防腐和增加口感。但是如果人体摄取过量硼砂会出现食欲减退、腹泻和呕吐等情况，而且在动物实验中显示其具有致癌性。

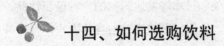

十四、如何选购饮料

现在市场上销售的饮料品种很多。有不少消费者在选购饮料时带有一定的随意性，要么跟着广告走，要么根据自己的口感随机购买，要么就是图个新鲜尝尝新品种。按照国家有关标准，饮料根据其原料和产品形态的不同可以分为 8 大类：碳酸饮料、果汁饮料、蔬菜汁饮料、乳饮料、植物蛋白饮料、天然矿泉水饮料、保健饮料和其他饮料等。

那么，我们该如何选购饮料呢？首先是检查定型包装饮料的外观，包括包装标签和封口情况。饮料包装标识应完整清晰，容易辨认。必须标有品名、厂名、厂址、生产日期、保质期、配方、规格等基本内容。无厂名、厂址或厂址不详、无日期、日期涂改或不清等都不符合卫生要求。过期饮料表示产品可能发生变化。由于卫生质量得不到保障，因此过期饮料不能销售，消费者也不要购买饮用。其次是包装饮料应封口严密，玻璃瓶装饮料的金属盖及瓶口处不应生锈。封口不严可造成细菌污染，检查时可将瓶罐倒置，观察有无漏水现象。

生活离不开水，而饮料作为水的一种，其品种的丰富为我们的饮食生活增加了很多乐趣。但是，饮料又因为品种的繁多让人眼花缭乱。那么，我们如何选择合格的产品及如何选择适合自己的饮料呢？

1. 如何选购植物蛋白饮料

植物蛋白饮料的原料不同，营养和保健功能也有差别，可根据需要选择适合自己的饮料。豆乳饮料的营养价值最高，杏仁饮料具有润肺作用，核桃饮料因含有磷脂具有健脑作用，特别适合老年人食用。

消费者在饮用植物蛋白饮料时先观察，产品应无胖听或胀包，应有正常的色泽，具有与其品种相一致的风味，不得有异味、异臭及肉眼可见杂质，可允许有少量脂肪上浮及蛋白质沉淀。

2. 如何选购功能性饮料

功能性饮料是通过调整饮料中天然营养素的成分和含量比例，以适应某些特殊人群营养需要的饮品，包括营养素饮料、运动饮料和其他特殊用途的饮料。营养素饮料是指人体日常活动所需的营养成分。运动饮料含有的电解质能很好地平衡人体的体液。特殊用途饮料主要作用为抗疲劳和补充能量。目前，市场上销售的功能性饮料主要为两大类：补充型和功能型。

（1）补充型。如在市场上颇受欢迎的维生素水饮料，如脉动、宝矿力水特、维体等饮料，其作用是有针对性地补充人体运动时丢失的营养。一种名为"体饮"的饮料被厂家称为平衡饮料。平衡饮料是近年来风靡于欧美和日本等发达国家的一种健康饮品。它含有钾、钠、钙、镁等电解质，成分与人体体液相似，饮用后更能迅速被身体吸收，及时补充人体因大量运动出汗所损失的水分和电解质（盐分），使体液达到平衡状态。因此，也算在补充型的功能性饮料范畴之内。

（2）功能型。是通过在饮料中添加维生素、矿物质等各种功能因子，使之具有某种功能，以满足特定人群的保健需要。如红牛、怡冠、力保健、力丽等。

功能性饮料不是谁都能喝的。

由于区别于普通饮品，功能性饮料适宜特定人群和特定条件。由于一些功能性饮料中含有咖啡因等刺激中枢神经的成分，所以少年儿童应该慎喝。而普通成年人对功能性饮料虽然可以不受限制地饮用，但也要注意一些特殊情况。如运动饮料适合在强烈运动、人体大量流汗后饮用，其中的电解质和维生素可以迅速补充人体机能。至于身体健康、正常，或没有体力消耗、不需要补充能量的人，喝这些功能性饮料并没有太多的实际意义。

3. 如何选购碳酸饮料

碳酸饮料俗称汽水，是指在一定条件下充入二氧化碳气体的软饮料。碳酸饮料作为一种传统软饮料，具有清凉解暑、补充水分的功能。碳酸饮料主要分为果汁型碳酸饮料、果味型碳酸饮料、可乐型碳酸饮料、低热量型的碳酸饮料和其他类型的碳酸饮料5类。

碳酸饮料主要成分是碳酸、水、糖及香料，添加不同的香料，可调制出各种不同的口味。

需要注意的是，可乐等饮料中含有咖啡因，小孩不宜饮用。汽水不含维生素，几乎不含矿物质，除含高热量外，基本没有什么营养成分。

消费者在选购碳酸饮料时应注意以下几点：

（1）尽量选大型商场、超市销售的知名企业生产的名牌产品。

（2）注意产品标签上的生产日期、保质期、厂名、厂址等是否齐全，配料表中的配料成分是否符合标准要求。

（3）应选择近期生产的产品。尤其是在夏秋季节，购买时尽量选择罐体坚硬不易变形的产品。消费者可依据需要选择不同规格包装的产品。饮用不完的饮料，二氧化碳在存放过程中会逸出，再次饮用时会影响口感。

（4）选购时可以对光观察。先倒过来看瓶底，看有无沉淀、悬浮物，是否有渗漏，并注意看瓶盖封口是否密闭；再摇几下看有无杂质，是否浑浊。

（5）选择自己喜爱的口味、喜欢的品牌。果汁型饮料有一定的营养，果味的或奇特口味的产品有新鲜感。

4. 如何选购果汁（浆）及果汁饮料

果汁饮料按纯度高低可分为纯果汁、浓缩果汁、稀释果汁和清淡果汁共 4 种。其中纯果汁和浓缩果汁除了直接由水果榨出原汁外，未加入任何添加物。而稀释果汁中，水果原汁含量为30%，清淡果汁中只含 10% ～ 30%，而其他的则加入一些调味料、香料、天然色素等。市场上许多标明果汁饮料的产品，并未具体标明其果汁纯度及成分，要谨慎选择。

（1）如何选择优质果汁饮料

浓度：目前市面上大致有 4 种浓度的果汁饮料：10%、30%、50% 和 100%，其中大部分为10%。我国规定，果汁饮料的果汁（浆）含量必须大于或等于 10%。

沉淀：果汁有沉淀，说明生产厂家在生产过程中保留了水果中的纤维素。有沉淀的果汁一般比无沉淀的果汁对人体更有益。

颜色：那些放置很久也不会改变颜色的果汁，有可能是添加了护色剂和防腐剂。

配料：配料中有防腐剂、护色剂的果汁饮料，应谨慎购买和饮用。

（2）如何识别 100% 纯果汁

标签。合格的产品，包装上都印有成分说明。100% 纯果汁的说明中一般注明为 100% 果汁（如为浓缩还原果汁，则标明水、水果浓缩汁），并清楚写明"绝不含任何防腐剂、糖及人造色素"。

颜色。100% 纯果汁应具有近似新鲜水果的色泽。选购时可以将瓶子倒过来，对着阳光或灯光看，如果饮料的颜色特别深，说明其中的色素过多，是加入了人工添加剂的劣质产品。若瓶底有杂质，则说明该饮料已经变质，不能再饮用。

气味。100% 纯果汁具有水果的清香；劣质的果汁产品闻起来有酸味和涩味。

口感。100% 纯果汁尝起来是新鲜水果的原味，入口酸甜适宜（橙汁入口偏酸）；劣质产品往往过甜，入口后回味不自然。

（3）怎样鉴别假果汁饮料

市场上有许多个体户，甚至有的厂家以糖精和色素为原料配制成"颜色水"冒充果汁出售，有的也加入少量蔗糖。这虽然对人体无危害，但也是一种以次充好的违法行为。配制的假果汁又称为"颜色水"或"三精水"，口感较差、无果糖清甜爽口的感觉，有糖精的苦味或有较浓的蔗糖味。"颜色水"一般是小贩自制的，为增加二氧化碳的含量常加入小苏打，所以喝时有苏打味。

5. 如何选购蔬菜汁及蔬菜汁饮料

蔬菜汁是以新鲜或冷藏蔬菜等为原料，经加工制成的饮品。蔬菜汁饮料是在蔬菜汁中加入水、糖液、酸味剂等调制而成的可直接饮用的饮品。蔬菜汁与蔬菜汁饮料的选购与果汁和果汁饮料的选购基本相同。

如何饮用蔬菜汁与蔬菜汁饮料？

蔬菜汁与蔬菜汁饮料的饮用时间有一定的讲究，在每天早晨喝一杯蔬菜汁或蔬菜汁饮料有助精神舒畅，能增加活力及稳定血压，并帮助排便。两餐之间或饭前半小时饮用，有增加食欲的作用。运动后喝蔬菜汁与蔬菜汁饮料，其饮料中的丰富的果糖能迅速补充体力，而高达85% 的水分更能解渴提神。虽然饮用蔬菜汁与蔬菜汁饮料有这么多的好处，但是在饮用时还有一些需要注意的问题：

（1）不应加糖，否则会增加热量的摄入。

（2）不要加热。因为加热后不仅会使蔬菜的香气跑掉，还会使各类维生素受到破坏。

（3）饮用蔬菜汁与蔬菜汁饮料时不能和牛奶同饮。牛奶含有丰富的蛋白质，而蔬菜汁与蔬菜汁饮料多为酸性，如果同饮会使蛋白质在胃中凝结成块而不利吸收，从而降低了蔬菜汁与蔬菜汁饮料的营养价值。

（4）由于蔬菜汁饮料呈酸性，因此消化道溃疡、急慢性胃肠炎患者及肾功能欠佳的人不能饮用。

6. 如何选购瓶装饮用水

瓶装饮用水是指密封于塑料瓶、玻璃瓶或其他容器中，不含任何添加剂并可直接饮用的水。主要包括以下几种：

饮用天然矿泉水：从地下深处自然涌出的或经人工开采的未受污染的地下矿泉水，含有一定量的矿物盐、微量元素或二氧化碳。在通常情况下，其化学成分、流量、水温等动态在天然波动范围内相对稳定，允许添加二氧化碳气体。

饮用纯净水：以符合生活饮用水卫生标准的水为水源，采用蒸馏法、电渗析法、离子交换法、反渗透法及其他适当的加工方法等，去除水中的矿物质、有机成分、有害物质及微生物等加工制成的水。

其他饮用水：由符合生活饮用水卫生标准的、采用地下形成流至地表的泉水、或高于自然水位的天然蓄水层喷出的泉水、或深井水等水源加工的水。

（1）饮用水并非越"纯"越好。

随着生活水平的提高，纯净水成了很多人的饮水首选。但有关专家表示，水并非越"纯"越好，纯净水不应长期饮用。因为纯净水在去除水中有害物质的同时，也去除或大大降低了水中其他矿物质的含量。

（2）如何选择合格的饮用水？

针对目前饮用水市场鱼龙混杂的现状，普通消费者如何才能购买到质量合格的饮用水呢？

①看标签、选品牌。购买饮用水时，消费者最直接的参考就是产品标签。按照国家有关标准规定，标签必须标注产品名、厂名、厂址、生产日期、保质期、执行标准等，矿泉水还要标明主要成分指标、水源地、国家或省级的鉴定。

②看包装。小瓶装的和正品水，一般瓶壁厚薄适中，有弹性，透明度好且有光泽，瓶盖上生产日期清晰完整；劣质品瓶壁薄、脆且弹性差，色泽深，手感粗糙，瓶盖不易一次性开启，严重时有漏气、漏水现象。

（3）不要选瓶子太透明的瓶装饮用水。

瓶子的透明度最好自然。有些太过透明的塑料瓶，可能是加入了含双酚A的透明剂。这种物质对孕妇、儿童都会造成不良的影响。此外，有颜色的瓶子可能含有某些重金属原料。这些物质溶解于水中后也会影响身体健康。合格的瓶子，不会带有杂质和黑点。所有合格的饮用水包装上都会有一个QS的标志以及合格产品编号，消费者在购买时应注意。而且，合格的饮用水一般无色、透明、清澈、无异臭、异味，无肉眼可见物。饮用天然矿泉水允许有极少量的天然矿物盐沉淀，但不得有其他异物。对于有异色、异味、浑浊、有絮状物或杂质的产品不要饮用。瓶装饮用水打开后，应在短期内尽快饮用。

7. 如何选购果醋饮料

由于目前国家尚未出台相关的标准，一些果醋饮料的质量良莠不齐，其标识也是五花八门。真正的果醋饮料，应该是以水果为原料，榨汁后进行一定的调配，再经过两次发酵（酒精发酵、醋酸发酵）后，添加甜味剂、柠檬酸、乳酸钙等辅料调配而成。但是，市场上销售的并不都是发酵型的果醋饮料，有一部分是勾兑的。

发酵型的果醋饮料是最好的，但是生产时间比较长，一般需要3～6个月的发酵时间。而勾兑型的果醋饮料，生产工序简单，因此大大缩短了生产时间，且至少可以降低一半以上的生产成本。目前，勾兑的方法有两种，一种是果汁加米醋，另一种是果汁加冰醋酸。

专家介绍，发酵型的果醋饮料和勾兑型的果醋饮料，一般可以通过产品的配料表来区分：如果配料表上写有"果汁、醋酸或米醋"，就是勾兑的；如果配料表上写有"果醋、发酵"，就是发酵的。但事实上，现在有的厂家会将配料表写得含糊其词。因此，仅仅依靠这个方法，无法正确辨别。所以，还要注意看生产厂家及有无 QS 标志，尽量挑选正规厂家生产的产品。最后再看一看、摇一摇。因为假果醋的液体颜色很浅，甚至无色，摇动后泡沫会瞬间消失。而真正果醋的液体是天然琥珀色，摇动后出现的泡沫不易消失，具有一定的黏稠性，品尝起来口感厚重醇香。

8. 如何选购苏打水饮料

苏打水是碳酸氢钠的水溶液，含有弱碱性，饮用可平衡人体内的酸碱度，改变酸性体质。专家介绍，苏打水有天然的和加工制造的两种。而市场上出售的苏打水，大部分都是在经过纯化的饮用水中压入二氧化碳，并添加甜味剂和香料的人工合成碳酸饮料。即便是天然苏打水，它的保健功能也是有限的，不能夸大。

苏打水因被冠以"健康、时尚"的美名，逐渐成流行饮品。虽然与普通汽水没有多大差别的苏打水，售价却是普通纯净水的数倍，而且喝的人还是很多。有的消费者认为，苏打水是碱性水，能够有效清除酸毒，改善酸性体质；苏打水有抗氧化作用，可以美容，还能中和胃酸、解酒，且口感比较好。还有的消费者认为，喝矿泉水就是解渴，喝苏打水就是为了健康时尚。

世界上很多国家的人都有在运动后饮用苏打水的习惯，这有助于消除疲劳。其原理是人活动多了，肌肉内会产生大量乳酸，使肌肉酸痛。因此饮用碱性苏打水，可促使乳酸在碱性水中合成无机盐，随汗液、尿液排出体外。但普通人饮用苏打水并没有什么作用。专家说，人们应理性看待苏打水的保健功能。没有必要把苏打水当做日常饮用水。如果长期喝，因人工甜味剂和香料的摄入过多会影响健康。如果长期过量饮用苏打水，还有可能会引起碱中毒，引发厌食、恶心、头痛等症状。尤其是老年人及肾脏病患者，如果长期饮用，更易发生碱中毒。此外，还有可能会影响铁的吸收，引起缺铁性贫血。

9. 如何选购固体饮料

固体饮料是以糖、食品添加剂、果汁或植物提取物等为原料，经加工制成粉末状、颗粒状或板块状的饮品，成品水分不高于 5%。固体饮料属于软饮料的一类，主要分为蛋白型固体饮料和普通型固体饮料。

蛋白型固体饮料是指以乳及乳制品、蛋及蛋制品等其他动植物蛋白等为主要原料，添加或不添加辅料制成的且蛋白质含量大于或等于 4% 的饮品。

普通型固体饮料是指以果粉或经烘烤的咖啡、茶叶、菊花、茅根等植物提取物为主要原料，添加或不添加其他辅料制成的且蛋白质含量低于 4% 的饮品。常见的产品有酸梅粉、橘子粉、菊花精、速溶咖啡、速溶茶粉、茅根精等。选购固体饮料时应注意以下几点：

（1）尽量到大商场或超市选购知名企业生产的产品。

（2）挑选松散呈粉状、颗粒大小均匀、无潮解结块且遇水溶化快、容器底部无杂质的产品。

（3）挑选食品标签标注齐全及近期生产的产品。

（4）蛋白型固体饮料要注意标签上配料表中主要营养成分的含量及蛋白质含量。

（5）固体饮料所含营养成分在高温下容易分解变质，饮用固体饮料时最好用50℃～60℃左右的温开水冲调。

10. 如何选购凉茶

凉茶除了有清热泻火凉茶之外，还有清热祛湿、清热解毒、清热解暑、解表清里以及专攻某个部位有火的凉茶。不同凉茶的配方也有所不同。

（1）清热泻火凉茶。这类凉茶适用于外感风热与里热证，如高热、目赤肿痛、咽痛、牙痛等。主要配方为金银花、野菊花、蒲公英、桑叶、白茅根、甘草，其药性平和，清热生津。

（2）清热祛湿凉茶。这类凉茶适用于湿热证，如困重、纳差、口黏、苔腻。主要配方是五花茶，即金银花、菊花、槐花、葛花、木棉花，有时也配加芦根、甘草。这种凉茶能解酒祛湿、健胃消滞。

（3）清热解暑凉茶。这类凉茶适用于暑热证，如在三伏天，汗多、口渴。这类凉茶主要配方有滑石、甘草，即6份滑石加一份甘草煮水，消暑有奇效，非常适合建筑工地、炼铁厂的工人饮用。

（4）清热解毒凉茶。这类凉茶对风热感冒、热血毒痢、痛肿疔疮效果好。这类凉茶主要配方有金银花、山芝麻、菊花，如金银花茶。

（5）解表清里凉茶。这类凉茶适用于寒包火，症见恶寒无汗、鼻塞清涕。主要配方有豆豉、葱，如用豆豉和葱煮水。因为草药有寒凉，对于体弱的人，凉茶太凉，不利于身体健康；对于有实火的人，凉茶不够凉，喝了也没用。

11. 如何选购冷饮

冷饮不但能消暑降温，还含有乳、蛋、糖及淀粉等营养物质，在制作、运输、销售的过程中容易被细菌污染。因此，选择冷饮需要具备一定的常识，以保证买到卫生、质量好的产品。

（1）要到正规商店购买，农贸市场里出售的冷饮，虽然价格便宜，但很可能会存在质量隐患。有些临时摊点为了逃避有关部门监管，既无证又无照，沿街兜售自制的饮品，其卫生和质量根本无法保证。

（2）看是否标有 QS 标志。我国已经对冷冻饮品、纯净水、矿泉水等冷饮类产品执行了QS 认证。没有通过 QS 认证的产品无法通过正规渠道销售，而具有 QS 标志的冷饮类产品，其产品质量较好，卫生安全也有保障。

（3）看包装。在购买冷饮时，一定要看其包装是否完好无损。如果包装粗糙、开裂、变形的冷饮最好不要购买。此外，还应仔细察看外包装上是否清楚标有商品名称、厂名、厂址、主要成分、净重、卫生许可证号、生产日期、保质期等内容。

（4）看色泽。产品色泽应与品名相符，不过分追求产品外观鲜艳。若其颜色过于鲜艳且不自然，就有可能是添加了过量色素。

（5）选购知名品牌产品。知名品牌产品的生产企业大都具备先进的生产设备，拥有良好的卫生环境和严格的操作程序，能够保证冷饮产品安全可靠。

（6）闻香味。产品香味应与品名相符，应香气柔和，无刺鼻味。若有异味，则表明已变质。

（7）品滋味。产品滋味应酸甜适宜，不得有苦味、涩味、酒味（酒精饮料除外）。

此外，冷饮中虽含有牛奶等营养成分，但含量远远比不上正常饮食。饭前吃冷饮会影食欲，导致营养缺乏。若饭后立即吃冷饮，可使胃酸分泌减少，消化系统免疫功能下降，导致细菌繁殖，易引起肠炎等肠道疾病。

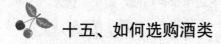

十五、如何选购酒类

市场上酒类的品种琳琅满目，但其中伪劣酒品也不少，所以识别酒品真假显得尤为重要。现向大家介绍一些辨别真假酒的基本常识。

1. 如何选购葡萄酒

由于葡萄酒的特殊性，所以购买葡萄酒并非像其他商品一样要购买大厂的产品，而是要选择具有自己的葡萄种植基地，并且仅使用自产的葡萄及旧式的酒窖、木桶等器具进行生产、贮存的厂家的产品。世界上真正的好葡萄酒产量都不是很高。

（1）外观判断。购买葡萄酒时，可以通过酒瓶的外观信息判断葡萄酒的质量，包括以下几个方面：

①观察瓶内物。对着光源，倒立酒瓶，观察是否有沉淀物。如果有丝状、絮状沉淀物，就表明酒的质量存在问题。但是，经过一年以上存储的红葡萄酒，出现少量的黑色粉末状沉淀，属于正常现象。这是葡萄酒中天然的色素、单宁沉淀，并不影响饮用。

②观察瓶外物。酒标是否有污损：通常保存良好的葡萄酒，其酒标整洁，无污渍、破损（对于稀世或者陈年老酒则另当别论）。酒标信息是否完全：葡萄酒酒标应当标明以下信息：原

料、含量、执行标准、GB15037、产品类型、厂名、地址。胶帽（葡萄酒瓶封口的材料）是否整齐、牢固。有胀塞（软木塞已经超出瓶口位置）、漏酒现象的不要购买。瓶内酒液面高度与胶帽下缘的距离通常不会超过 1 厘米。

（2）开瓶鉴别。开瓶后，可以进行感官品评鉴定葡萄酒的质量。

①看酒的颜色。将葡萄酒倒入无色透明的玻璃杯中，对着光源，观察其是否清澈、透亮。以白色为背景，观察杯内葡萄酒的色泽：年份少的红葡萄酒，通常具有紫红、石榴红、宝石红等鲜亮的红色调。而经过多年储存的红葡萄酒，紫色调减少，显现黄色调，通常呈现砖红、瓦红等棕色色调。而完全呈现棕色、无明显红色调的葡萄酒，通常是存放过久或者存放不当所致。年份少的白葡萄酒，通常具有浅黄、微微泛绿的色调。随着年龄的增加，绿色逐渐消失，出现更多的黄色调，甚至于呈现金黄色。而呈现铅色或栗色的白葡萄酒，通常是存放过久或者存放不当所致。

②看酒的挂杯度。把葡萄酒倒在杯子里，摇一摇，如果有颗粒状的东西挂在杯子上，说明是假酒或劣质酒。好的葡萄酒不会挂杯，而且色泽都偏深，呈深红或深褐红色，流动感光滑圆润。

③闻酒的香味。质量好的葡萄酒，通常具有浓郁清新的果香、花香、酒香味。而当葡萄酒出现霉味、硫味、臭鸡蛋味、汗味、醋味时，表明已经变质。有时为了更好地识别葡萄酒的香气，需要摇动酒杯，使得葡萄酒的香气充分释放，便于闻香。

④品酒的味道。葡萄酒的基本味道主要包括：酸、甜、涩。好的葡萄酒，酸、甜、涩的感觉是平衡的、愉悦的，咽下之后回味干净、悠长；而质量低劣的葡萄酒，往往口感不平衡，过酸、过涩或者过甜，几乎没有回味。

⑤用碱鉴别。优质的葡萄酒加入碱后，颜色会发生变化，变成深蓝色，而劣质的葡萄酒则对碱不会发生反应。因此，平常喝红葡萄酒时，不妨用氢氧化钠或家用的白醋、食用碱来鉴别葡萄酒的好坏。

（3）日常生活中如何饮用、挑选葡萄酒。

在我们的日常生活中究竟如何挑选及饮用葡萄酒呢？

①按照自己的喜好来选择葡萄酒的酒型。葡萄酒按其含糖量可分为甜型、半甜型、干型、半干型。按其色泽可分为红、白、桃红葡萄酒。高档红葡萄酒，酒体澄清透明，有光泽，酒香浓郁悦人，滋味柔和、回味绵长。一般干红葡萄酒酒精度在 11 ～ 12 度之间。高档白葡萄酒，一般为微黄带绿、澄清透明、有光泽，果香、酒香浓郁悦人，酒精度一般在 12 度左右。一般老年人适合饮干红葡萄酒，利于血液流畅，防止动脉硬化及心脏病等。女性适合饮甜红葡萄酒，既可美容又能提神。

②依照食物选择葡萄酒。专家指出，与香槟和起泡酒通常用来餐前开胃不同，葡萄酒是在进餐时饮用，所以又被称为"餐桌酒"。而选择葡萄酒没有一定的规则，总体上是依照所搭配的食物挑选适合自己的口味。红葡萄酒适合搭配红肉、酱汁、奶酪和熏肉制品，而白葡萄酒则适

合搭配白肉，如鱼类、海鲜以及蔬菜类等。饮葡萄酒时，先以干白开胃，然后进入干红主题；先尝年份少的酒，再品年份老的酒。只有这样，才能充分发挥出酒和菜肴的口味。

③不用过分在意保质期。很多进口葡萄酒及其他一些洋酒的瓶子上都没有标明保质期。专家指出，对于葡萄酒，不用特别在意保质期。进口的葡萄酒一般都没有保质期，而我国的葡萄酒为了照顾中国人的饮食习惯，会标上 8～10 年的保质期。其实，每一瓶葡萄酒保质期的长短是因酒而异的，与瓶子、成熟过程、工艺都有关系，没有严格保质期的说法。

葡萄酒有新鲜型和陈酿型之分，新鲜型一般果香浓郁，陈酿型一般酒香浓郁、醇厚。最佳饮用期，不同的酒而有所不同，一般在 2～10 年之间，生命周期是浅龄期、发展期、成熟期、高峰期、退化期、垂老期，最好在高峰期内饮用。

专家建议，葡萄酒通常会在胶帽上打上装瓶时间，消费者可以依据这个时间来判断自己什么时候饮用。有的人喜欢喝新一点、颜色鲜艳、果味浓一点的新鲜型，有的人喜欢喝放久一点的陈酿型葡萄酒。一般来说，日常家庭饮用的普通价位葡萄酒，最好在开瓶后短时间内喝掉，存放不宜超过两三年。特别优质的陈酿型高价位葡萄酒，因其制作复杂、加工精良，可以适当存放久一些，能使其呈现更加奇妙的风味。

（4）如何挑选陈年葡萄酒。越好的葡萄酒就越经得起陈年。市场上 90% 以上的葡萄酒都是不能陈年的，最好在两年内喝完。而有陈年价值的葡萄酒，一般价格会比较昂贵。越昂贵的葡萄酒，在酿造的时候也更加倾向于使它具有更强的陈年能力。但国内炒作出来的高价葡萄酒不在此列。

葡萄酒年份的好坏决定了酒的好坏，同时也决定了葡萄酒的陈年能力。如果这个年份多雨潮湿，葡萄皮薄和水多，这样的年份的酒一般会快熟而不能陈年。炎热干旱的年份，葡萄皮厚，酿成的酒单宁较强，陈年能力就比较好。葡萄酒的陈年能力主要看葡萄酒的"潜质"，它来自葡萄酒的单宁、酸度、香气物质等。越是好酒，这些成分就越多，也就相应可以通过陈年来获得更多的复杂成分。

（5）杯底有结晶物的葡萄酒没有变质。有时在葡萄酒倒入杯中后，会发现杯底有透明状的结晶体，这并不是杂质，而是葡萄酒结晶体。这种结晶来自葡萄酒中的酒石酸，尤其是白葡萄酒经常会出现酒石酸，而红葡萄酒则不常见。葡萄酒结晶体并不破坏酒质，可放心饮用。

（6）色素葡萄酒的鉴别方法。市场上有一些假的干红葡萄酒，实际上是用色素加酒精勾兑而成的。那么，如何辨别"色素葡萄酒"呢？取一张干净的白色餐巾纸铺在桌面上，把干红葡萄酒的酒瓶晃动几下，然后将酒倒少许在纸面上。如果纸上的酒的红颜色不能均匀地分布在纸面上，或者纸面上出现了沉淀物，这样的葡萄酒就是色素葡萄酒。

（7）如何选购山葡萄酒

①消费者购买山葡萄酒时，要注意查看是否执行了 QB/T1982—1994《山葡萄酒》标准。

②山葡萄酒的保质期通常在 12 个月内，不要购买过期的山葡萄酒。所谓越陈越好不适用于山葡萄酒。

③查看食品标签。正规企业生产的产品，在食品标签上标注了产品名称、企业名称、地址、生产许可证编号、生产日期、执行标准、产品的酒精度、糖含量、质量等级等相关产品信息。

④产品质量较好的山葡萄酒，外观应清亮透明（深色酒可以不透明），无杂质、酒体有光泽，色泽自然、悦目。

⑤到正规的商场，选购信誉度好的企业的产品。

⑥按山葡萄酒标准要求，酒精度必须大于等于7度。在购买时认清产品标签上标注的酒精度含量。低于7度的，不能称做山葡萄酒。

（8）如何品尝葡萄酒。葡萄酒是一种特殊的商品，它是有生命的。因此对葡萄酒的好坏评价，有许多是结合了个人的爱好及产品的特点。而这一般从外观难以辨别，需要细细地品尝。品酒时，首先将酒注入郁金香形的透明高脚玻璃杯中，约1/3或1/4杯，对着光线看，酒色澄清透明。干红葡萄酒因不同品种，会呈现紫红、深红、宝石红等绚丽色彩，而变质酒则是黯然无色的。再闻香味。酒的香气能使行家分辨出种类及质量。第三，轻轻晃动酒杯后，仔细观察，如果发现酒液如油脂一样有沿杯壁下滑的痕迹，则说明这种干红葡萄酒很醇厚。这种痕迹被评酒家称为"葡萄酒的腿"。最后，就是品尝。尝，当然不是一口吞下，而是要在口中含一含，靠舌尖、舌两侧与舌根去体会。这样才能尝到葡萄酒的真正滋味。但是，在做这些步骤之前，应先将干红葡萄酒开瓶后放置半个小时或1个小时，使酒与空气接触，以挥发掉其中的一些具有不愉快味道的气体，这称为"干红葡萄酒的呼吸"。

2. 如何选购进口酒

从国外进口到我国的酒，又称洋酒。

（1）真假进口酒的鉴别方法

①看外包装。正宗进口酒，不仅商标整齐、清晰，而且凹凸感强，印刷水平高。商标上的字迹与图案不会出现模糊、陈旧、凌乱现象。按有关规定要求，进口酒标签上要有中文标识及卫生检验检疫章。因此，没有中文标识及卫生检验检疫章的进口酒可能是假酒。

②看封口。进口酒有铝封、铅封。名贵进口酒集装箱外还有银封。一旦银封打开，或者没铅封，这一集装箱进口酒就等于报废。

③看防伪标志。一般进口酒的瓶颈上都有商标，刮开商标，就有各式各样的防伪标志。正宗进口酒瓶盖上的金属防伪盖与瓶盖是连为一体的，而假进口酒的防伪盖是粘上去的。真品防伪标志在不同的角度可出现不同的图案，防伪线可撕下来；假进口酒的防伪标志无光泽，图案变换不明显，防伪线有时是印上去的。真品金属防伪盖做工严密，塑封整洁、光泽好；而假进口酒瓶盖做工粗糙，塑封材质不好，偏厚，光泽差，商标模糊，立体感差。

④看数字。进口酒代理商都有各自的密码数字，表示酒的生产日期及何时进口的。如果进口酒的编号不符合进口酒代理商编号程序，则是假酒。

⑤看颜色。真酒颜色透明、发亮；假酒颜色暗淡。

⑥品尝。进口酒也有它特有的色、香、味。但是，要想通过品尝来识别真假，需有一定的专业水平。

（2）原装进口葡萄酒与国内灌装葡萄酒的鉴别方法

一些不法制造商、经销商通过不法渠道购进价格十分低廉、品质非常低劣的葡萄汁，灌装在伪造名牌葡萄酒的酒瓶里，或者是回收名牌葡萄酒的酒瓶里，再贴上标签，冒充国外名牌葡萄酒出售。其鉴别方法如下：

①看酒瓶背面标签上的条形码是否以 6 字打头。如果是以 6 字打头的，则是国内灌装的。

②看酒瓶背面标签上是否有中文标识。根据中国法律，所有进口食品都要加中文背标。如果没有中文背标，则有可能是走私进口的，其质量不能保证。

③看酒瓶。国内的灌装葡萄酒的酒瓶，一般都做得比较粗糙，整个瓶子看起来没有光泽，很暗淡，而且都是统一规格的酒瓶子。而国外不同产区葡萄酒的酒瓶都会有自己的特点。

④看瓶塞标识。打开酒瓶，看软木塞上的文字是否与酒瓶标签上的文字一样。在法国，酒瓶与瓶塞都是专用的。

3. 如何选购啤酒

啤酒并非越贵越好。消费者在购买啤酒时，不要盲目追求价格。因为在啤酒的质量和卫生指标都符合要求的情况下，国产啤酒与进口啤酒在品质方面不会有太大的差别。但进口啤酒和一些合资企业生产的啤酒，价格普遍比国产啤酒高出几倍，甚至十几倍。消费者在选购啤酒时，可采用"四看一闻"的方法来判断啤酒的质量。

（1）看包装。劣质啤酒外包装材料质地粗糙，印刷质量差。

（2）看标识。按照相关规定，啤酒必须具有中文标识，并符合国家强制性标签要求。标签应标明：产品名称、原料、酒精度、原麦汁浓度、净含量、制造者名称和地址、灌装（生产）日期、保质期、采用标准号及质量等级，还应在标签、附标或外包装上印有警示"切勿撞击，防止爆瓶"的字样。

（3）看证书。进口啤酒要有检验检疫部门出具的进出口食品标签审核证书和进口卫生证书。

（4）看外观。不能有异物。

（5）闻。优质啤酒应具有明显的麦子清香和酒花特有的香气。而质量差的啤酒则没有这种味道。

4. 如何选购白酒

白酒按香型可分为浓香型、清香型、米香型、酱香型、兼香型，此外还有凤香型、特香型、芝麻香型和豉香型等。按生产工艺则可分为固态法白酒和液态法白酒。液态法白酒一般没有固态法白酒那么好的香气和口感。

（1）购买白酒不要被"年份"迷惑。近年来，标榜不同年份的"陈酿白酒"很热销。但专家介绍，用判断黄酒品质的"陈酿"概念来判断白酒酒质优劣并不科学。"年份酒"竞相成为白酒生产厂家炒作的焦点，在厂家、商家的宣传攻势下，"酒是陈的香"已经被越来越多的消费者所接受。在一些大型超市的白酒销售区，不少品牌的白酒都标称 5 年、10 年、15 年陈酿，有的年份甚至标注得更久。许多消费者都喜欢年份较长的白酒，认为这样的白酒的酒香才会更浓郁，口感才会更好。但是，对于普通消费者来说，很难判断白酒的年份长短，只能依靠厂家、商家的宣传。

专家介绍，从生产工艺来说，白酒需用基酒勾调而成，不同的酒每一瓶含有多少陈酿"老酒"比例都不一样，即便是检测也很难判断白酒的储存时间。其实，"酒是陈的香"的说法是一种长期存在的误解，酒并非越陈越香。有的酒如果存放时间过长，那么就有可能会发生水解反应，反而会影响酒的口感和品质。年份酒（陈酿）应该是黄酒的概念，陈酿黄酒应是黄酒中的上品。而其他酒业推出的"陈酿"概念，确实有炒作之嫌。专家说，实际上一些"陈酿酒"都是厂家自封的，是厂家为了迎合消费者"口味"而推出的一种营销策略。所以，消费者在购买白酒时一定要擦亮眼睛，更新观念，不要被"陈酿酒"迷惑。

（2）低度白酒绝非越陈越香。酒精度在 40 度以下的低度白酒，是目前我国白酒产品中的主流。消费者在选购时应注意：由于我国对白酒产品从未规定过保质期限，因此市场上销售的白酒生产日期为两三年前的屡见不鲜。但实际上低度白酒在存放一年或更久的时间后，就会出现酯类物质水解，表现为口味寡淡的现象。所以消费者在购买白酒时，最好选择两年以内生产的低度白酒。

（3）大中型企业的产品质量比较有保证，而小酒厂的产品质量问题较多。面对激烈的市场竞争，一些企业用精美的包装和有吸引力的厂名装饰低质量、低价位的产品，甚至用酒精加香精，再加入少量固态法白酒或酒尾简单兑制成白酒。这种酒香味单一，口感粗糙，质量低劣。

（4）不要购买无厂名、厂址、生产日期的白酒。因为这些产品在原料采购、生产加工过程中一般都不符合卫生要求，甲醇、杂醇油等有害物质会超标。

（5）如何识别酒类随附单。酒类随附单是国家为了打击假冒酒的销售而采取的一项严格措施。那么，消费者如何识别呢？

专家介绍，酒类随附单是由国家商务部提供的电子模板，全国统一样式，采取与增值发票一样的印制工艺，纸张好，字迹清晰，左上方还有"MOFCOM"字样的潜影。假冒随附单为小作坊印制，纸张差。字迹模糊，没有潜影或图像模糊。真随附单一式四联，第三联随货同行，由批发商提供给下面零售商，如果批发商提供其他联就有可能为套开。真随附单采用自带复写油墨防伪技术，第三联正反无复印痕迹的可能为假随附单或套开。消费者在购买酒类产品时，一定要仔细核对随附单记载的信息是否和供货商提供的酒品信息相符，尤其是售货单位是否盖有供货商的公章，备案登记号是否填写完整。

（6）从色泽、透明度鉴别白酒的质量。可用高脚酒杯盛满酒后，举杯对光观察酒液，质量好的酒应纯洁、无色、透明，无浮悬物和沉淀物。有的白酒因发酵期或贮存期较长，可带有极浅的淡黄色，如茅台酒等，这是允许的。

（7）如何鉴别名优白酒的真伪。消费者在购买时，可以从酒的外观包装上鉴别。真品包装纸盒材质良好，印刷规范工整。假品包装纸盒材料粗糙，表面不光滑，有的分层或起皱。真品标签纸质好，印刷质量高，色彩均匀饱满，字体清晰。假品标签印刷质量低劣，色泽不匀，字体边缘模糊，油墨无光彩，套色不齐。真品瓶盖光洁度好，瓶盖与瓶口咬合紧密。假品瓶盖粗糙，瓶盖与瓶口咬合不紧，有的可以随意旋转，倒置后会漏酒。有的名优白酒贴有全息激光防伪标。将防伪标表层拨开，可见一串数码，消费者可通过当地防伪查询电话，查询所购产品的真伪。

（8）普通瓶装白酒优劣的识别方法。购买瓶装白酒，由于不能打开盖品尝，所以在挑选时要认真观察识别。具体方法如下：

①看酒色是否清澈透亮。尤其是白酒装在瓶内，必须是无色透明的。鉴别时，可将同一牌子的两瓶酒猛地同时倒置，气泡消失得慢的质量好。气泡消失得慢，说明酒浓度高，存放时间长，喝时味道醇香。这是因为酒中乙醇与水发生反应生成酯。所以酒存放时间越长，酒也就越香。

②看是否有悬浮物或沉淀。把酒瓶倒置过来，朝着光亮处观察，可以清楚地看出，如果瓶内有杂物、沉淀物，酒的质量就有问题。

③看包装封口是否整洁完好。现在，不少酒厂都用铝皮螺旋形"防盗盖"封口。

④查看酒瓶上的商标标识。一般真酒的商标标识，印制比较精美，颜色也十分鲜明，并有一定的光泽，而假冒的酒瓶上的标识却非常粗糙。

（9）打开瓶饮用前的鉴别方法。取一滴酒置于手心中，然后两手心摩擦一会儿，酒发热后的气味若清香，则为上等酒；若气味发甜，则为中等酒；若气味臭苦，必为劣质酒。

将酒瓶倒置，查看瓶中酒花的变化。若酒花密集上翻且立即消失，并不明显的不均匀分布，酒液浑浊，即为劣质酒；若酒花分布均匀，上翻密度间隙明显，且缓慢消失，酒液精澈，则为优质酒。

取食用油一滴，置于酒中，若油在酒中不规则扩散，下沉速度变化明显，则为劣质酒；若油在酒中较规则扩散和均匀下沉，则为优质酒。

5. 如何选购黄酒

市场上有料酒，也有黄酒。有的人把黄酒叫料酒，也把黄酒当料酒用。那么，黄酒和料酒如何区别呢？

料酒不同于黄酒，黄酒是以糯米、籼米、粳米为原料，经过发酵压制而成。黄酒含有各种氨基酸近20种，其中人体必需氨基酸为8种。

黄酒分为干酒、半干酒、半甜酒、甜酒4个类型，与葡萄酒有些相似。而料酒一般以黄酒为酒基，经过调制加工而成，是黄酒中派生出来的一种调味品。

料酒和黄酒的最大区别就是，黄酒可以作为料酒用；但料酒却不能当黄酒喝。

选购黄酒时，应注意观察酒液的颜色，好的黄酒呈黄褐色或红褐色，清亮透明，允许有少量沉淀。如果酒液已浑浊，色泽变得很深，可能是存放的时间过长、氧化所致，也可能是污染了细菌已变质。此外，还应注意标签上标明的产品名称、原料、酒精度、净含量、生产者的名称和地址、生产日期、保质期、执行产品标准号、质量等级、产品类型（或糖度）。

6. 如何选购香槟酒

香槟来自法文的音译，意为香槟省。香槟省位于法国北部，气候寒冷，且土壤干硬，阳光充足，其种植的葡萄适于酿造香槟酒。香槟酒是一种采用二次发酵酿造的气泡葡萄酒。由于原产地命名的原因，只有在香槟产区生产的气泡葡萄酒才能称作香槟酒，其他地区生产的此类葡萄酒只能叫气泡葡萄酒。根据欧盟的规定，欧洲其他国家生产的同类气泡葡萄酒也不能叫香槟酒。

（1）香槟酒的年份

①不记年份。香槟酒如果不标明年份，说明它是装瓶12个月后出售的。

②记年份。香槟酒如果标明年份，说明它是装瓶3年后出售的。

（2）香槟酒的5级甜度。

①天然 BRUT。含糖最少，较酸。

②特干 EXTRA-SEC。含糖较少，偏酸。

③干 SEC。含糖少，有点酸。

④半干 DEMI-SEC。半糖半酸。

⑤甜 DOUX。甜。

销量最好的香槟有3种：BRUT、EXTRA、SEC。第一种最适用，纯饮或调酒皆可。一般情况，甜香槟或半干香槟比较适合中国人的口味。

（3）香槟酒的分类。根据葡萄品种的不同，香槟酒可分为：

①用白葡萄酿造的香槟酒称"白白香槟"。

②用红葡萄酿造的香槟酒称"红白香槟"。

（4）香槟酒的品质鉴别

如果气泡多且细，气泡持续时间长，则说明香槟酒品质好。

[第三章]
如何烹饪食物

食物真正的营养价值，既取决于食物原料的营养成分，又取决于食物加工过程中营养成分的保存率。因此，烹饪加工的方法是否科学、合理，将直接影响食物的质量。

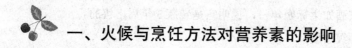

一、火候与烹饪方法对营养素的影响

火候是指烹饪过程中所用的火力大小和时间的长短。烹饪时，一方面要从燃烧烈度鉴别火力的大小，另一方面要根据原料性质掌握成熟时间的长短，两者统一才能使食物烹饪达到标准。一般来说，火力运用大小要根据原料性质来确定，但也不是绝对的。有些菜根据烹饪要求应使用两种或两种以上的火力，如清炖牛肉就是先大火，后小火；而余鱼肉则是先小火，后中火；干烧鱼则是先旺火，再中火，后小火。烹饪中运用并掌握好火候，要注意以下几点：

1. 火候的区别

在烹饪过程中，火候可分为旺火、中火、小火、文火 4 种。火力的大小，是以火焰的高低、火的颜色程度以及辐射热的强弱来区别的。

（1）旺火。是一种最强的火力。它的特点是，火焰高而稳定，蹿出炉口，散发出灼热逼人的热气；火光明亮，耀眼夺目；火色黄白。旺火用于"抢火候"的快速烹制，它可以缩短菜肴的烹饪时间，减少营养成分的损失，并保持原料的鲜美、脆嫩。适用于熘、炒、烹、炸、爆、蒸等烹饪方法。

（2）中火。火焰低而稳定，热度较高，火色红亮夺目，适用于蒸、煮、烩等烹饪方法。

（3）小火。火焰低而摇晃，呈红色，光度较暗，热气较大，一般用于煎、贴、摊等烹饪方法。

（4）文火。火焰细小而时有起落，呈青绿色，光度发暗，热气不大，一般适用于炖、焖、煨、焐等烹饪方法。

2. 火候与原料的关系

菜肴原料多种多样，有老、嫩、硬、软等，烹饪中的火候运用要根据原料质地来确定。软、嫩、脆的原料多用旺火速成，老、硬、韧的原料多用小火、长时间烹饪。但如果在烹饪前通过初步加工，改变了原料的质地和特点，那么火候运用也要改变。如原料切细、走油、焯水等都能缩短烹饪时间。原料数量的多少，也和火候大小有关。数量越少，火力相对就要减弱，时间也要缩短。原料形状与火候运用也有直接关系。一般来说，整形大块的原料在烹饪时，由于受热面积小，需长时间才能成熟，所以火力不宜过旺。而碎小形状的原料，因其受热面积大，急火速成即可成熟。

3. 火候与烹饪技法的关系

烹饪技法与火候运用密切相关。炒、爆、烹、炸等技法多用于旺火速成。烧、炖、煮、焖等技法多用于小火长时间烹饪。但根据菜肴的要求，每种烹饪技法在运用火候上也不是一成不变的。只有在烹饪中综合各种因素，才能正确地运用好火候。

4. 烹饪方法对营养素的影响

（1）生食。大部分的叶菜生食都能够减少在烹饪过程中营养成分的损失，因为蔬菜含有的维生素 C 能够得到最大限度的保留。但是一些含有脂溶性维生素的蔬菜，如胡萝卜中含有胡萝卜素，只有与含脂肪的食物烧熟后一同食用才能发挥其功效；西红柿中含有西红柿红素，只有加热分解后才能得到最好的吸收等。对于动物性食物来说，也只有在充分加热后，动物的蛋白质才能得到更好的分解和吸收，同时也是为了预防细菌和寄生虫对人体的侵害。

（2）煮。煮会对糖类及蛋白质起水解作用，对脂肪影响不大，但会使水溶性维生素（如维生素 B、C）及矿物质钙、磷等溶于水中。对消化吸收有帮助。

（3）蒸。蒸对营养素的影响与煮相似，但矿物质不会因蒸而受到损失。

（4）炖。炖可使水溶性维生素和矿物质溶于汤内，只有部分维生素会受到破坏。

（5）焖。焖的时间长短与营养损失大小成正比。时间越长，维生素 B、C 的损失就越大，但焖熟的菜肴容易消化。

（6）炸。由于温度高，对一切营养素都有不同程度的破坏。蛋白质因高温而变性，脂肪也因炸而受到破坏。若在原料外面裹层糊予以保护，可防止蛋白质炸焦。

（7）熘。因食品原料外面裹了一层淀粉糊，所以减少了营养素的损失。

（8）爆。因食物外表裹有蛋清或湿淀粉形成保护膜，故营养素损失不大。

（9）烤。烤不但使维生素A、B、C受到相当大的破坏，也损失了部分脂肪。若用明火直接烘烤，还会使食物含致癌物质。

（10）熏。熏会使维生素（特别是维生素C）受到破坏，同时也存在与烤相同的问题。

（11）卤。卤可使维生素和矿物质一部分溶于卤汁中，另一部分受损失，脂肪可减少一部分。

（12）炒。干炒对营养成分损失较大，经蛋清和湿淀粉浆拌的原料，营养成分没什么损失。

（13）煎。煎的温度较高，可使维生素受到一定损失，其他营养素无严重损失。

（14）微波炉加热。很难把握时间，容易熟过头或者不熟。重新加热时应当经常翻动，以便均衡熟透。如果少放点水，则能够保留大部分水溶性营养成分。使用这种烹饪方法的好处，就是能使食物不能充分接触到氧气而被氧化，使营养素能得到最大程度的保留。

（15）旺火快炒。这是目前最好的保留营养素的一种烹饪方法。应尽量减少食物在锅中停留的时间，使用较少量的油，能相对较少损失水溶性维生素。

实验证明，食物的烹饪温度越高，产生的致癌物质就越多，越难被人体消化吸收。而低温烹饪方法，如蒸、煮、炖等最有益于人体健康。因为其烹饪温度均在100℃左右，不会产生有害物质。

5. 烹饪方法不当会损失哪些营养

食物在烹饪时所发生的变化是一种复杂的综合理化过程，有些营养会跑掉了，而有些营养却变得更易被人体吸收。

维生素最容易损失：在烹饪时，食物原料由于切割、受热、氧化等作用，可造成维生素的大量损失。其中损失最大的就是维生素C，B族维生素少量损失，而脂溶性维生素损失最小。损失大小的顺序是：维生素C、维生素B_1、维生素B_2，其他为维生素B族、维生素A族、维生素D、维生素E。其中，维生素C加热温度越高，烹饪时间越长，损失就越大；维生素B_1、B易溶于水，在酸性溶液中稳定，在一般的烹饪温度中损失不大。但在高热或遇碱后则损失较大，所以煮粥要少放碱；维生素A一般烹饪损失较小，但遇到空气则易氧化，所以做完的菜要尽快吃；维生素D耐热、耐酸碱，烹饪中损失微乎其微；维生素E耐热性高，对碱也稳定。由此可见，并非所有的维生素都怕热。易损失的维生素C，最好通过多生吃蔬菜来获取。

矿物质都溶在汤里：矿物质包括钙、镁、磷、铁、碘等。在烹饪过程中基本上不会损失，只发生流动。这是因为食物在受热时发生收缩以及调料等因素造成的高渗透压环境，使得这些矿物质随着水分一起流失到汁液中了。如煮骨头汤，骨头中的可溶性物质钙及磷脂都溶解到汤里去了，所以喝骨头汤可以获得更多的钙；又如蔬菜中的矿物质，在盐和酱油等高渗环境的作用下，大部分都流失到菜汤中了，而几乎没有人会去喝菜汤。

蛋白质、脂肪别加热太久：食物中的蛋白质受热以后即会凝固。如鸡蛋中的蛋白质，在刚凝固时口感和吸收率都最好，若加热时间太久即变成硬块。蛋白质在遇到盐时，容易促进其凝固作用。煮豆子、炖肉如果加盐过早，就会使表面的蛋白质凝固，影响向原料内部传热而延长烹饪时间。

肉类、鱼类中的脂肪组织，在一般烹饪加工中不会发生质的变化。但过度加热则会导致氧化分解，脂肪中所含的维生素A、D，则因脂肪氧化而失去营养作用。

总之，没有十全十美的食物。这是因为，每一种营养素的性质都不同，消化吸收中的影响因素也不同。无论如何烹饪，营养素的损失都永远存在，只要尽力减少即可。

6. 改善烹饪方式，"锁"住更多营养

为减少营养素的损失，我们可以在烹饪中采用各种防护措施。如对过油的原料尽可能上浆或挂糊，避免原料直接与高温油接触；在炒制含水分较高的蔬菜时，通过勾芡的方法把汤汁变浓，使流入菜汤中的水溶性维生素等营养物质，依靠浓汤汁的吸附作用黏在菜肴上，以尽量减少营养素的损失。

我们还可以通过改善烹饪方法来保留更多食物中的营养素。如水、高温都是营养素的"杀手"，如果采用"低温免水煮食法"，就能减少营养素的流失。所谓"低温免水煮食法"，就是通过锅具良好的闭合性，将水蒸气和热量"锁"在锅内，以蒸汽热力的均匀循环来烹饪食物。由于"低温免水煮食法"不需要大火，只需要加少量的水或不加水。所以煮出的食物可保留更多的维生素及矿物质，口感也更佳。

7. 炒菜时油忌烧得过热

炒菜前放入炒锅的食用油并不是越热越好，在烧至六七成热时下菜翻炒最好。但有人却认为炒菜油越热越好，甚至烧至冒烟，认为这样烧出的菜既好吃又营养。其实刚好相反，炒菜油过热既破坏营养成分，又对人体有害。这是因为，油烧得过热，甚至冒烟，不仅植物油中对人体有益的不饱和脂肪酸被氧化，而且还会产生一种丙烯醛的气体，它是油烟的主要成分，对人体的呼吸系统极为有害。而且油过热，菜下锅后易烧焦，会降低其营养价值。此外，油过热，还会出现一种硬脂化合物，人体摄入后会使胃黏膜坏死，引起低酸性胃溃疡。久而久之，甚至可能发生胃癌。因此，炒菜时不要使油的温度过高。

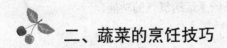

二、蔬菜的烹饪技巧

蔬菜是膳食中维生素C、胡萝卜素和矿物质的主要来源。新鲜蔬菜含水多，质地嫩，组

织细胞仍具旺盛生命代谢。在烹饪过程中，一旦经刀工切割或加热，其组织容易被破坏，导致汁液流失，使许多影响营养素变化的酶发生化学反应。如果科学合理地加以处理，则可以将食物中的营养损失降到最低。清洗各类原料，均应用冷水，洗涤时间要短，不能浸泡或长时间搓洗。要遵守先洗后切的原则。先切后洗会使水溶性维生素和矿物质损失。

在菜品质量要求允许的情况下，原料尽量切得细小一些，以缩短加热时间，有利于营养素的保存。原料尽量做到现切现炒，现做现吃，避免较长时间的保温或多次加热，以减少维生素的氧化损失。在焯菜、做面食时，尽量不加碱或碱性食料。这样可避免维生素、蛋白质及矿物质的大量损失。在口味允许的前提下可多加醋，这样便于保护维生素，促进钙质吸收。鲜嫩原料提倡旺火快速烹饪，缩短原料在锅中停留的时间，这样就能有效地减少营养素受热而被破坏。

1. 各种蔬菜混着炒，营养会更好

在炒菜前将各种蔬菜按养分、颜色、味道等合理搭配，同炒一锅，不仅色香味俱全，而且还可使炒的蔬菜含有更多营养。如将蔬菜与荤菜同烹，或将几种蔬菜合在一起炒，营养价值会更高。如维生素 C 在深绿色蔬菜中最为丰富，而豆芽富含维生素 B_2。若将豆芽和韭菜混炒，则两种维生素均可获得。

2. 急火快炒，营养跑不了

蔬菜要尽量用急火快炒。蔬菜中所含的营养成分大都不能耐高温，尤其是芦笋、卷心菜、芹菜、甜菜和大白菜等有叶蔬菜，如果久炒久熬，损失的营养就会较多。

为使菜梗易熟，可先炒菜梗，再放菜叶一同炒。如需要整片长叶下锅炒，可在根部划上几刀，这样会熟得较快。熬菜或煮菜时，应等水煮沸后再将菜放入，可以减少维生素的损失。每一种蔬菜在锅里炒的时间都是不同的。如黄瓜下锅翻炒几下即可。我们在具体的实践中可以细细体验，积累经验。

绿叶蔬菜不要长时间焖煮。为防止加热对维生素的破坏，烹调蔬菜的时间不要太长。不要熬菜、炖菜。因为蔬菜长时间放在火上加热，会损失大量维生素 C。用急火快炒法，则损失维生素 C 最少。炒菜时，火力要大，待油温升高后再放入蔬菜，迅速成菜。

当蔬菜焖煮时间太长，蔬菜中的硝酸盐会还原成亚硝酸盐，容易引起中毒。这是因为，亚硝酸盐进入血液后，发生氧化还原，使血液中原来能供应各组织氧气的低铁血红蛋白被氧化成高铁（铁食品）血红蛋白，降低了运送氧气的功能。

3. 切好的蔬菜要及时下锅

切好的蔬菜应及时下锅。因为蔬菜里含有多种维生素且多半不大稳定，如果切碎的菜不及时下锅，蔬菜中的维生素就会被空气氧化，造成营养的损失。

4. 烹饪蔬菜早放盐，营养不见了

烹饪蔬菜不要过早放盐。因为盐放得过早，蔬菜里的水就会跑出来，蔬菜就熟得慢，这样烹饪的时间就需延长，维生素被破坏得就多些。所以，烹饪蔬菜时最好在蔬菜快熟时，再放入适量的盐，搅炒均匀，再稍微烹饪一会儿就可以了。

5. 绿色蔬菜应颠锅爆炒

绿色蔬菜含有叶绿素，当遇到酸时，即发生化学变化，形成黄褐色的脱镁叶绿素，这种反应被称之为脱镁反应。脱镁反应在室温下比较慢，但在加热中，由于蛋白质变性，使叶绿素游离出来。同时在热力的作用下，植物细胞膜破裂，析出植物体中存在的酸，因而加速了游离的叶绿素与酸接触发生脱镁反应，生成黄褐色脱镁叶绿素。但叶绿素与酸作用全部转变成黄褐色脱镁叶绿素，需要一定的时间。通常脱镁反应发生的程度是随着烹饪时间的延长而增加。实验证明，烹饪 10 分钟，就有 37.5% 的脱镁叶绿素生成；若烹饪 20 分钟，就有 72.5% 的脱镁叶绿素生成，蔬菜颜色很明显地出现黄褐色。因此，采用爆炒，减少烹饪时间，可较好地保存蔬菜中的绿色。另外，蔬菜组织中存在着的酸，多是易挥发的有机酸，如草酸。烹饪时应适当颠锅，这样容易使有机酸挥发，以减少叶绿素与酸接触的机会。

6. 蔬菜炒前要沥干水分

如果蔬菜表面有太多的水分，不仅会炸锅溅油，而且还会越炒水越多，影响成菜的口感和风味。所以炒菜前一定要沥干水分。

7. 热水煮菜营养好

煮菜时应热水下锅，不应冷水下锅。如土豆热水下锅，维生素 C 损失约 10%，而冷水下锅则损失 40%。如果用蔬菜做汤，等水开后，先放盐后放菜，然后用文火烧。这样可保留菜里的维生素 C。蔬菜汤要随吃随做，不要剩，否则维生素 C 就减少了。蔬菜不要在汤中煮的时间过长，且不要加盖，一两分钟煮熟即可。

8. 焯水挤菜汁，营养悄悄溜掉

有的人在炒菜时，为了去掉涩味，就把蔬菜放在热水中焯一下，再捞出来挤去菜汁，然后再炒。这样会使蔬菜中大部分无机盐和维生素损失掉。如果必须要挤，挤出的水最好要尽量利用。如做水饺、馄饨馅，挤出的菜汁可以放在面粉里。这样就可以保存营养。

9. 不良的加工习惯可影响蔬菜的营养

人们的一些习惯性蔬菜加工方法会影响蔬菜中营养素的含量。

（1）扔掉菜叶

①切掉莴笋和芹菜的鲜嫩绿叶。

②扔掉圆白菜外层的叶子。

③扔掉白菜的老叶。

蔬菜的几乎每一个部分都有营养价值，而其绿叶是植物合成营养成分的工厂，也是营养之精华所在，扔掉就会极大地降低蔬菜的营养价值。莴笋叶中的胡萝卜素及钙含量都比茎部高5.4倍。芹菜叶中的维生素 C 含量比茎部高出 7 ～ 15 倍。圆白菜和大白菜外层绿叶中的胡萝卜素浓度要比中心白色叶子高十几倍，而维生素 C 也要高好几倍。如果觉得混起来炒口感不爽，也不要把叶子扔掉，而是掰下来另做一盘青菜。

（2）削皮

①削掉茄子的皮。

②厚削萝卜、甘薯等的皮。

③剥掉西红柿的皮。

这些做法，也都是去掉了蔬菜的营养精华。茄子皮有强健血管的功能，它集中了茄子中的绝大部分花青素抗氧化成分，也含有很高浓度的果胶和类黄酮，丢掉实在可惜。辛辣的萝卜皮中含有相当多的异硫氰酸酯类物质，它是萝卜防癌作用中的关键成分。甘薯和西红柿的皮富含抗氧化成分和膳食纤维，也有一定的防癌功效。若能多保留一些皮，把皮吃掉，更有利于健康。

如果觉得蔬菜的皮在色彩上或口感上不好，可以在烹饪方法上进行调整，或单独制成另一道菜。如老北京风味的"炒茄子皮"和"拌萝卜皮"就别具特色，集健康和美食于一体。

（3）掐头去尾

①掐掉豆芽的两头。

②扔掉青椒生子的白色海绵部分。

③扔掉冬瓜的白色芯部。

豆芽中营养最丰富的部分并不是白嫩的芽柄，而是淡黄色的芽尖，而根则是纤维素含量最高的部位。如果掐头去尾，就会损失大量营养素。青椒和冬瓜白色的芯都是维生素 C 含量特别多的部位，丢掉也很可惜。

（4）洗菜、切菜

①先切后洗。

②用水浸泡。

③揉搓蔬菜。

④用热水或开水浸泡或清洗蔬菜。

⑤切得过碎。

有人洗菜时，喜欢先切成块再洗，认为这样会洗得更干净，但这是不科学的。蔬菜切碎后与水的接触面积增大，会使蔬菜中的水溶性维生素，如维生素 B 族、维生素 C 和部分矿物质以及一些能溶于水的糖类会溶解在水里而流失。同时，蔬菜切碎后，还会增大蔬菜表面被细菌污染的机会。因此，蔬菜不要先切后洗，而应先洗后切。清洗蔬菜时，应力度适中，不宜过度揉搓，以免将其中营养素过多挤出，导致流失。

很多人买回蔬菜之后，因为担心蔬菜有农药，所以将其放在水中或盐水中浸泡半个小时左右。这个方法并不利于食品安全。研究证明，用洗洁精洗过，然后再漂洗干净，蔬菜中的亚硝酸盐含量低于用清水浸泡 20 分钟。这可能是因为浸泡是一种无氧状态，有利于提高硝酸还原酶的活性，降低亚硝酸盐还原酶的活性，从而提高亚硝酸盐在蔬菜中的含量。长时间的浸泡还可能让叶片破损，使营养成分损失。但也不能用热水或开水浸泡蔬菜。蔬菜不宜切得过碎，应在烹饪允许范围内尽量使其形状大些，以减少易氧化的维生素与空气的接触而受到破坏。

10. 扁豆要炒熟炒透，放蒜可防中毒

扁豆的吃法很多，无论采用哪种吃法都一定要煮熟，只有这样才能使对人体有毒的凝集素和溶血素失性。引起中毒的扁豆都有共同的特点，就是扁豆颜色尚未全变，嚼起来生硬、豆腥味浓。所以，烹饪时一定要比其他蔬菜火大些，时间长些。

（1）开水烫扁豆，要炒熟炒透。扁豆、豆角中含有的植物血球凝集素易溶于水，怕高温。所以炒扁豆、豆角时要先用冷水泡一会儿，或先用开水烫一下再炒，炒的时间要长一些，要炒熟炒透，炒到其本来颜色消失，吃时没有硬感，这样才可以使毒素被彻底破坏。

被霜打后的秋扁豆含有较高的豆素，在体内不易消化，并能抑制凝血酶而延长凝血时间，可引发食物中毒，所以一定要煮熟再吃。

（2）炒扁豆放蒜防中毒。在扁豆、豆角临出锅前加入适量的蒜蓉，不但能改变口味，而且还可杀菌解毒。大蒜中的硫化合物不仅具有很强的抗菌作用，而且可以清除胃肠中的有毒物质；大蒜中的微量元素硒，能够减轻肝脏的解毒负担，达到保护肝脏的目的。凉拌、清炒或者炖菜时，都可放入蒜蓉来杀菌解毒。总之，豆类蔬菜含丰富的维生素和矿物质，只要采用正确的烹饪方法，就不会对人体有害。

11. 要想炒菜绿，盖锅要适时

需要烹饪时间较长的蔬菜，怎样让它保持鲜绿色呢？

（1）盖锅要适时。如果一开始就把锅盖得严严的，蔬菜就会褪色发黄。这是因为蔬菜的叶绿素中含有镁，这种物质在做菜时会被蔬菜的另一种物质——有机酸（内含氢离子）替代出来，生成一种黄绿色的物质。如果先炒或煮一下，使这种有机酸受热先发挥出来，再盖好锅盖，就不会使叶绿素受酸的作用而变黄了。因为溶解在水里的维生素易随着水气跑掉。所以蔬菜炒的时间长，需盖上锅盖，且盖得越严越好，既防止维生素流失，又能使菜保持新鲜。

（2）若为了美观，可在烹饪时稍加些小苏打或碱面，这样能使蔬菜的颜色更加鲜艳透明。

12. 烹饪蔬菜不一定要盖锅盖

有的人不管烹饪什么蔬菜，都盖上盖焖着，认为这样不但菜熟得快，而且省时又省火。

其实，这种做法是不科学的。如果炒比较容易熟的绿叶蔬菜时盖上锅盖，火候就不容易掌握。加热时间短则炒不熟，时间过长菜又太软烂，很难把握其脆嫩又断生的要求。另外，蔬菜中大多含有称为有机酸的物质。蔬菜的品种不同，含有机酸的种类也不一样。常见的有机酸种类有草酸、乙酸、氨基酸等。这些酸有的对人体有益，有的则对人体有害，烹饪时必须将有害的有机酸去除。最好的方法就是在烹饪容易熟的蔬菜时敞开锅盖，并适当进行翻炒，这样有机酸便会很容易挥发出去。

13. 炒非绿色蔬菜加点醋可保护维生素

烹饪非绿色蔬菜时适当加点醋，可以减少维生素 C 的损失。而且加醋后，菜的味道鲜美可口。如醋熘白菜、糖醋藕片、醋熘豆芽等。这是因为，维生素 C 在碱性环境中容易被破坏，而在酸性环境中则比较稳定。此外，勾芡也是保护维生素 C 的好办法。淀粉含谷胱甘肽，可减少维生素流失。但加醋忌碱。下面是需要加醋的非绿色蔬菜。

（1）炒豆芽。豆芽中除含有丰富的维生素 C 之外，还含有维生素 B_1、B_2 及其他营养成分，烹饪时易被氧化。加醋可以起到保护这些营养素的作用。另外，醋对豆芽中的蛋白质有明显的凝固作用，能使豆芽增加脆度。因此，炒豆芽宜放些醋。

（2）凉拌心里美。萝卜汁液含有一种花青素，是一种水溶性色素。在酸性环境中颜色偏红，而在碱性环境中则呈紫蓝色。在凉拌萝卜时，添加适量食醋，不仅可起到消毒作用，还可使心里美的色泽更鲜艳，提高菜肴感官质量。

（3）烹饪新鲜辣椒。新鲜辣椒含有丰富的维生素 A、C 等成分，且可开胃，增进食欲。但不是所有的人都能忍受其极强的辣味。因此，可在烹饪新鲜辣椒时放点醋，辣味就不会那么重了。这是因为放醋可中和辣椒中的部分辣椒碱，除去大部分辣味。

14. 蔬菜凉拌好，营养跑不了

新鲜蔬菜能生吃尽量生吃，不能生吃的最好凉拌。凉拌是菜肴制作中能较好保存营养素的方法之一，并能调制出多种口味。此外，凉拌时放食醋，有利于维生素 C 的保存，放植物油有利于胡萝卜素的吸收，放葱、姜、蒜能提高维生素 B_1、B_2 的利用率，并有杀菌作用。如西红柿、黄瓜等生吃可以得到全部营养素。但生吃蔬菜要注意洗净、消毒。

蔬菜中所含营养素，如维生素 C 及维生素 B 族等易被烹饪时的温度破坏，生吃有利于这些营养成分的保存。但由于蔬菜品种的关系，有些蔬菜适宜生吃，有些蔬菜最好放在开水里焯一下再吃，但有些蔬菜则必须煮熟透后才能吃。

（1）适宜生吃的蔬菜。要想生吃蔬菜，最好选择那些无公害的绿色蔬菜或有机蔬菜，在无土栽培条件下生产的蔬菜，也可以放心生吃。洗一洗就可生吃的蔬菜，包括胡萝卜、白萝卜、西红柿、黄瓜、柿子椒、大白菜心、紫包菜等。这些蔬菜中所含的营养素，如维生素 C 及 B 族，很容易受到加工及烹饪的破坏，生吃有利于营养成分的保存。生吃的方法包括饮用自制的新鲜蔬菜汁，或将新鲜蔬菜凉拌，可适当加点醋，少放点盐。

（2）煮熟才能吃的蔬菜。含淀粉的蔬菜，如土豆、芋头、山药等必须熟吃，否则其中的淀粉粒不破裂，人体就无法消化。含有大量的皂甙和血球凝集素的扁豆和四季豆，食用时一定要熟透变色。豆芽一定要煮熟吃，无论是凉拌还是烹炒。

（3）凉拌菜的方法

①生拌。生拌主要应用在制作生鲜蔬菜或鱼类、肉类，由于菜比较生，所以调味料可选择葱、姜、大蒜、红辣椒、辣油、麻酱、芥末酱等，味道放得比较重，以便去除食材本身可能带有的苦味或生腥味，吃起来感觉爽口。

②熟拌。熟拌的菜主要特色在菜细肉薄。每种材料均切细丝或薄片，入锅烫熟后盛在盘中，加盐或辣椒油等调味料搅拌均匀即可。也有部分菜肴采取生熟拌的作法。将生的菜和熟的肉一起搭配调拌，口感多半是咸、酸、辣，吃起来别有一番风味。但要确定肉类食物已熟透，以免造成食材之间的污染。

③灼拌。灼拌是由生熟拌演变而来的作法。特色是油水较多，将氽烫好的菜再放入油锅中翻炒一下，并加入重口味的调味料，使菜味更加香辣，适合天凉时节的秋冬食用。

④温拌。温拌也是属于生熟拌作法的演变。菜色及口感融合了灼拌和熟拌的特色，需下锅热炒一下，又不会太过油腻。食物的温度比熟拌的菜热些，但又比灼拌的菜凉，温温的很爽口，使人百吃不厌。

（4）凉拌菜料理的要点

①生菜凉拌前，宜用流动的自来水彻底冲洗干净，然后放入热开水中稍烫一下，这样比较卫生。

②调味前应将所有调味品装在碗中调拌均匀，再全部加入菜肴中，完成调味。

③凉拌的菜最好是现做现吃，不宜放太久。尽可能不要剩菜，以免食物放久容易变酸及走味，影响健康。

④菜中加点醋和大蒜，不但可以刺激食欲，而且可以杀菌。醋可溶解菜的纤维素，并可保存蔬菜中的维生素 C，有利于消化和吸收。

15. 炒蔬菜勾芡可使蔬菜鲜嫩有营养

勾芡收汁可使汤汁浓稠，与蔬菜充分配合，既可以避免营养素如水溶性维生素的流失，又可使菜肴味道可口。特别是淀粉中谷胱甘肽所含的硫氢基，具有保护维生素 C 的作用。有些动物性原料如肉类等也含有谷胱甘肽，若与蔬菜一起烹饪也有同样的作用。

炒蔬菜时勾芡可保护胃肠。

很多人在炒蔬菜时喜欢勾芡，勾过芡的蔬菜不仅营养物质得到了很好的保存，而且芡汁还能起到保护胃黏膜的作用。因为勾芡所用的芡汁大部分是用淀粉和水搅拌而成，而淀粉在高温下糊化，具有一定的黏性，有很强的吸水和吸收异味的能力。勾过芡的蔬菜适合有胃病的人吃。因为淀粉是由多个葡萄糖分子缩合而成的多糖聚合物，它可与胃酸作用，形成胶状液，附在胃壁上，形成一层保护膜，防止或减少胃酸对胃壁的直接刺激，保护胃黏膜。另外，有些蔬菜是不需勾芡的，如口味清爽的炒豆芽等，含淀粉较多的炒土豆丝等。

如果在炒西红柿、小白菜等比较容易出汤的蔬菜时，可在出锅前勾点芡，让淀粉把菜汁浓缩起来，尽可能多地保留蔬菜中的维生素 C。有些蔬菜需要烹饪的时间较长，随着加热和调味，蔬菜中必有水分及溶于水的营养物质析出。在菜肴接近成熟时，淋少量芡汁。随着淀粉的糊化作用，将会使析出的水和营养素黏附于蔬菜的表面，从而降低了营养素的损失量，并可解决菜肴的流汤现象。

16. 开水焯蔬菜，利于吸收钙

焯水，又称出水、飞水。东北地区称为"紧"，河南一带称为"掸"，四川则称为"汈"。对于一些含草酸较多的蔬菜，如苋菜、菠菜、苦瓜等，焯水是必须的。因为通过焯水可以除去较多的草酸，这样就不会形成不溶性的草酸钙了，降低形成结石的几率，有利于钙、铁在体内的吸收。

（1）需要焯水的蔬菜

①十字花科蔬菜。十字花科蔬菜，如西兰花、菜花等，这些富含营养的蔬菜焯过水后口感更好，其中丰富的纤维素也更容易消化。

②含草酸较多的蔬菜。含草酸较多的蔬菜，如菠菜、竹笋、茭白、苦瓜等。如果食用这种没有焯过水的含草酸的蔬菜，草酸会在肠道内与钙结合成难吸收的草酸钙，干扰人体对钙的吸收。因此，烹饪前一定要用开水焯一下，除去其中大部分草酸。

③芥菜类蔬菜。芥菜类蔬菜如大头菜等，都含一种叫硫代葡萄糖苷的物质，经水解后能产生挥发性芥子油，具有促进消化吸收的作用。

④马齿苋等野菜。马齿苋等野菜也需要焯水，以彻底去除尘土和小虫，防止过敏。此外，莴苣、荸荠等生吃之前也最好先削皮、洗净，用开水焯一下再吃。这样更卫生，也不会影响口感和营养价值。

（3）焯水的作用。焯水，就是将初步加工的原料放在开水锅中加热至半熟或全熟，取出以备进一步烹饪或调味。它是烹饪中，特别是冷拌菜不可缺少的一道工序，对菜肴的色、香、味，特别是色起着关键作用

①可以使蔬菜颜色更鲜艳，质地更脆嫩，减轻涩、苦、辣味，还可以杀菌消毒。如菠菜、芹菜、油菜，通过焯水会变得更加艳绿。苦瓜、萝卜等焯水后可减轻苦味。扁豆中含有的血球凝集素，通过焯水可以去除。

②可以调整几种不同原料的成熟时间，缩短正式烹饪的时间。由于原料性质不同，成熟的时间也不同，可以通过焯水使几种不同的原料成熟一致。如肉片和蔬菜同炒，蔬菜经焯水后达到半熟。那么，炒熟肉片后，加入焯水的蔬菜，很快就可以出锅。如果不经过焯水就放在一起烹饪，就会造成原料生熟不一，软硬不一。

③便于原料进一步加工操作。有些原料焯水后容易去皮，有些原料焯水后便于进一步加工切制等。

（2）焯水的方法。焯水的应用范围较广，大部分蔬菜和还有腥膻气味的肉类原料都需要焯水。

①焯菜用的沸水要多、时间要短，可减少营养素的损失。因为蔬菜细胞组织中含有氧化酶，它能加速维生素 C 的氧化作用，尤其是在 60℃～ 80℃的水温中，活性最高。由于氧化酶对热不稳定，所以在沸水中很快就会失去活性。而沸水中几乎不含氧，因而减少了维生素 C 因热氧化而造成的损失。

②在水中加入 1% 的食盐，使蔬菜处在生理食盐水溶液中，可使蔬菜内可溶性营养成分扩散到水中的速度减慢。

③在用开水焯菜时，如果在水中加少许油或极少量的食用碱，能使焯过水的蔬菜颜色更加滋润碧绿。

④焯水前尽可能保持蔬菜的完整形态，使受热和接触水的面积减少。在原料较多的情况下，应分多次焯水，以保证原料处于较高的水温中。

⑤焯水后的蔬菜温度比较高，它在离水后与空气中的氧气接触而产生热氧作用，这是营养素流失的继续。所以，焯水后的蔬菜应及时冷却降温。常用的方法是用多量冷水或冷风进行降温散热。前者因为蔬菜置于水中，使可溶性营养成分损失；后者营养素的损失少，效果会更好。

17. 花生烹饪方法多，水煮营养最高

为了最大限度地保留花生的营养成分，在多种多样的烹饪方法中，水煮是最好的。花生营养丰富，含有多种维生素、卵磷脂、蛋白质、棕榈酸等。用油煎、炸或爆炒花生，对花生中富含的维生素 E 及其他营养成分都会有所破坏，而水煮花生可保留较多的营养成分。此外，从口感上，油炸花生米较为油腻，而水煮花生则很清爽。如果从中医角度来讲，花生本身含大量植物油，遇高热烹饪，还会使花生甘平之性变为燥热之性，多食、久食易上火。而水煮花生则保留了花生中原有的植物活性化合物，如植物固醇、皂角甙、白藜芦醇、抗氧化剂等，对防止营养不良，预防糖尿病、心血管病、肥胖等具有显著作用。

在煮花生时，先将各种香料放在锅的最下面，然后再放洗好的花生，最后加入没过花生一手背深的水。用大火急煮，开锅 5 分钟后关火，关火后再焖一个小时就行了。这样不仅省水省火，还能使花生更好地入味。

18. 蔬菜随切随炒，营养跑不了

蔬菜要随切随炒，忌切好后久置。空气中含氧量高，蔬菜久置其中，特别是在高温、阳光直射状态下，维生素 A、C 会很快降解。因此，蔬菜要尽量做到现切现烹，现烹现吃。切油菜最好用不锈钢刀，因为维生素 C 最忌接触铁器。油菜下锅之前，用开水焯一下，可除去苦味。

19. 大白菜开水焯，维生素 C 跑不了

炒白菜时可以先用开水焯一下。因为，大白菜通过加热，可产生一种氧化酶，它对维生素 C 有很强的破坏作用。这种氧化酶在温度 65℃时活动力最强，而在 85℃时就被破坏了。所以，烫大白菜，一定要用沸水，而不能用温水，只有这样才能保护大白菜中的维生素 C 不被破坏。大白菜中的维生素 C 是相对稳定的。但是，熬白菜也不要时间过长。另外，大白菜出水后，也不要挤去汁水，否则会使水溶性维生素大量流失。如白菜焯水后挤去汁水，水溶性维生素就可损失 77%。

在烹饪大白菜时，适当放点醋，无论从味道，还是从保护营养成分来讲，都是必要的。醋可以使大白菜中的钙、磷、铁元素分解出来，从而有利于人体吸收。醋还可使大白菜中的蛋白质凝固，不会导致外溢而损失。

20. 冷水洗酸菜，营养物质在

如果酸菜太酸，可用冷水洗一遍。不要用热水洗，因为热水可洗去酸菜里大量的营养物质。

21. 胡萝卜营养多，烹饪方法要合理

吃胡萝卜要充分吸收其中的胡萝卜素，科学合理的食用方法是胡萝卜烹煮后再食用。

（1）胡萝卜块越大，胡萝卜素保存越多。胡萝卜整根烹饪比切过后再烹饪更有助于防癌。科学家研究发现，整根烹饪比切开后烹饪的胡萝卜，多含 25% 的镰叶芹醇，此种成分有防癌功效。当胡萝卜被切碎后，由于表面积增加，烹饪时与水的接触面增加，营养成分镰叶芹醇等就会穿过细胞壁逃出来，所以流失得就更多。

（2）用油烹饪胡萝卜容易吸收胡萝卜素。胡萝卜是含胡萝卜素最多的蔬菜，它所含的胡萝卜素以 β—胡萝卜素为主，在人体内转换成维生素 A 的效率最高。所以说胡萝卜所含胡萝卜素不仅量多，而且质优。胡萝卜既可做菜配餐，又可当水果生吃。为了避免因烹饪造成营养素的损失，有人便生吃胡萝卜。生吃确实可以减少某些营养素的损失，特别是维生素 C。尽管生吃蔬菜可以获得更多营养，但胡萝卜是例外。胡萝卜素是脂溶性维生素，要与脂肪在一起吃才容易被吸收。生吃胡萝卜固然可以保全维生素 C，但对胡萝卜素来说却不易被吸收。如果用油

烹饪，胡萝卜中的胡萝卜素就可溶于油中，进食后则易于被吸收。所以，要获取胡萝卜中的维生素 C 时，可以生吃；若要获取胡萝卜素，则最好加油烹饪或与含油脂多的食物一起烹饪，这样对胡萝卜素的吸收才更有利。

（3）高压锅炖胡萝卜，胡萝卜素保存率最高；将胡萝卜切成片，用油炒 6～12 分钟，胡萝卜素保存率为 79%；将胡萝卜切成块，加调味品炖 20～30 分钟，胡萝卜素的保存率为93%；将胡萝卜切成块加调味品和肉，用压力锅炖 15～20 分钟，胡萝卜素的保存率高于97%。而在众多食物中，胡萝卜是补充维生素 A 最好的食物之一。

22. 黄豆不煮透，难以消化和吸收

黄豆中含有一种妨碍人体胰蛋白酶活动的物质。吃了未煮透的黄豆，对黄豆蛋白质难以消化和吸收，甚至会发生腹泻。而食用煮透的黄豆，则不会发生此问题。黄豆中植酸含量很高，可采用发芽的办法，去掉黄豆中的植酸。同时，黄豆中本不含有的还原性维生素 C 则大大增加，可促进钙的吸收和利用。黄豆在食用前最好先浸泡，这样能够促进钙质更好地被人体吸收。

23. 茄子营养多，烹饪方法很重要

茄子富含蛋白质、铁、钙，以及维生素 A、B 族维生素、维生素 C 等。紫茄子中还含有较丰富的维生素 P，具有保护血管的良好功效。茄子纤维素中所含的皂甙，还具有降低血液胆固醇的作用，它与维生素 P 协同，成为心血管病患者的最佳食用蔬菜。

（1）烧茄子温油高，营养损失多。茄子，最常见也是最受欢迎的烹饪方法是烧着吃。但烧茄子因加热温度较高，时间又比较长，不仅油腻难吃，而且营养损失也很大。茄子用油炒5～10 分钟，维生素 C 的损失率为 36%；煎炸茄子维生素损失可达 50% 以上。如果温度达到250℃，就会产生大量的热氧化分解物，其中一部分会形成大量油烟气，其成分包括苯并芘、挥发性亚硝胺、杂环胺类化合物等致癌物质，有害人体健康。为了保持茄子的丰富营养，同时又避免上述伤害，应采用低温、少油等健康烹饪方法。

（2）不用大火油炸的茄子营养多。烹饪茄子时，只要不用大火油炸，降低烹饪温度，减少吸油量，就可以有效地保存茄子的营养，如土豆炖茄子等。另外，加入醋和西红柿有利于保持其中的维生素 C 和多酚类。

（3）怎样烹饪茄子颜色才不会变黑。茄子切开后是白色或淡黄色的，靠近皮的部分还有一点绿。如果暴露在空气中一会儿就会变黑，烹饪以后也难保原来清爽的颜色。许多人认为，茄子炒后必然会变黑。其实不然，只要烹饪的方法正确，茄子烹饪之后仍然可以保持淡黄或淡绿的颜色，口感也格外柔嫩滋润。

茄子变黑的原因是，茄子中含有一种酚氧化酶的物质，遇到氧气之后就会发生化学反应，产生一些有色的物质。反应时间越长，颜色越深，由红变褐，由褐变黑。这种酚氧化酶的特点

是：一怕高温，二怕酸，三怕维生素 C，四是没有氧气就无法发生化学反应。掌握这个规律，就可以在烹饪茄子时避免变黑。炒茄子时，最好适当多放油，加些花椒或蒜片炸香，然后放入茄子不断翻动，在快熟时再放盐和蒜调味，最后加入少量白醋或西红柿丁。这样炒出的茄子就不会变黑，而且味道浓香可口。但是，颜色好看的茄子难免油脂过多。如果要吃热量很低的茄子，最好采用蒸的方式，蒸茄子拌茄泥，用醋、蒜泥和香油调味，这样做出的茄子既美味又健康。

（4）吃茄子不去皮，保留维生素 P。维生素 P 是对人体很有用的一种维生素，在我国所有的蔬菜中，茄子中所含有的维生素 P 最高。而茄子中维生素 P 最集中的部位就是在其紫色表皮与肉质连结处。因此，食用茄子应连皮一起吃，不宜去皮。而其中的花青素和黄酮类都是重要的抗氧化、抗衰老物质。

24. 烹饪蔬菜用冷水，变硬不好吃

炒、煮蔬菜时应加开水，若加冷水就会使蔬菜变老变硬不好吃。炒青菜时，应用开水点菜，这样炒出的菜，质嫩色佳。若用冷水点菜，就会影响脆口。炒藕丝时，边炒边加些开水，可防止藕丝变黑。

25. 烹饪土豆有讲究

土豆是家常菜，用它能做出许多种菜肴，但在烹饪土豆时应注意以下几点。

（1）土豆削皮可去毒。土豆含有一种生物碱的有毒物质，如果人体摄入大量的生物碱，就会引起中毒、恶心、腹泻等症。这种有毒的化合物，通常多集中在土豆皮里。因此食用时一定要去皮。土豆削皮时，应该削掉薄薄的一层，因为土豆皮下的汁液含有丰富的蛋白质。

（2）炒土豆加醋，可分解毒素。炒土豆时放点醋能解毒。土豆中含有一种弱碱性的生物学碱——龙葵素，它有麻醉中枢神经和溶解红细胞的作用。在烹饪土豆时加入适量米醋，利用醋的酸性作用来分解龙葵素，能起到解毒的作用。如酸辣土豆丝、醋熘土豆丝等，不仅味道美，而且也很安全。但需要注意的是，如果吃土豆时口中有发麻、发涩的感觉，就表明该土豆中还含有较多的龙葵素，应立即停止食用，以防中毒。

（3）煮土豆要用文火。土豆要用文火烧煮，才能均匀地烂熟。如果用急火烧煮，就会使外层烂熟，甚至开裂，里面却是生的。

（4）蒸土豆可减少维生素损失。要想使土豆中的维生素的损失减少到最低限度，最好别用水煮，而是采用蒸法。

（5）去了皮的土豆不马上烧煮，应浸在凉水里，以免发黑。但不能浸泡太久，以免使其中的营养成分流失。如果往水中加少许醋，可使土豆不变色。不要将洗净切好的土豆放在冷水里浸泡，否则将损失大量的维生素 C 和维生素 B。

（6）存放时间久的土豆，表面往往会有蓝青色的斑点，配菜时不美观。若在煮土豆的水里

放些醋（每千克土豆放一汤匙），斑点就会消失。

（7）粉质土豆一煮就烂，即使带皮煮也难以保持完整。如果用作冷拌或做土豆丁，可以在煮土豆的水里加些腌菜的盐水或醋，土豆煮后就能保持完整。

（8）把新土豆放入热水中浸泡一下，再入冷水中，则很容易削去外皮。

（9）为了使带皮的土豆煮熟后不开裂和不发黑，可往水里点些醋。

（10）为了使炖煮的土豆味道更鲜，可往汤里加少许茴香。

（11）为使土豆熟得更快些，可往煮土豆的水里加一汤匙人造黄油。

26. 西红柿营养多，烹饪方法要正确

（1）火烤西红柿，保护心脏。加热富含西红柿红素的西红柿可引发一种化学反应，从而产生有利于心脏健康的营养素。将西红柿纵向切半，放在烘烤铁板上，淋上橄榄油，用盐和胡椒粉调味。烘烤 15 ～ 20 分钟，直到西红柿变皱为止。

（2）西红柿炒熟营养更高。西红柿内含有大量的西红柿红素，能够大幅减少患癌症的几率。西红柿还是最佳的维生素 C 的来源。研究发现，西红柿红素还能预防心血管疾病，如心脏病、心肌梗塞、动脉硬化等。此外，西红柿红素还可以抑制细胞合成胆固醇、降低血液中胆固醇及甘油三酯的浓度的作用，从而防止各种心血管疾病的发生。加工过的西红柿制品，如西红柿汁、西红柿酱、西红柿糊、西红柿沙拉酱和西红柿汤等，都是西红柿红素的最好来源。不过，由于西红柿红素是脂溶性的，必须经过油脂烹饪才能自然释放出来，才能更有利于人体吸收。因此，加工过的西红柿制品比生西红柿更有利于人体吸收。

（3）炒西红柿加点醋，去掉毒物更健康。西红柿富含维生素、胡萝卜素及钙、磷、钾、镁等多种元素。此外，还含有蛋白质。能健胃消食，生津止渴，清热解毒。研究发现，炒西红柿时加点醋更健康。西红柿在烹饪时不要久煮，烧煮时稍加些醋，则能破坏其中的有害物质西红柿碱。而有急性肠炎、菌痢及溃疡活动期病人不宜食用。

（4）西红柿一定要带皮吃。西红柿已被公认为是一种具有抗病、防癌、防衰老作用很强的蔬菜。但很多人因为害怕农药而喜欢去皮后再食用。西红柿属于茄科果实，其农药残留量在各种蔬菜中为最少。因此，完全不必过于担心农药残留问题。相反，在人为的去皮过程中，会使西红柿红素容易随汁液流失。而且，西红柿皮以膳食纤维为主，食用后还有助于维护肠道健康。

27. 菌类食物开水烫，清炒清炖最健康

菌类食物口感好、健康，大多数人都喜欢用菌类食物炒菜或做汤。一些常见的菌类食物，烹饪简便，随意与肉类搭配，炖鸡、炒鱿鱼、炒肉丝等均可。但是，菌类食物最好还是以清炒或清炖方法为主，这样才不失菌类食物的原汁原味。因菌类在生长过程中可能带有部分有害物质，故食用前最好先用开水烫，将有害物质去除，然后再烹饪。不同的菌类使用不

同的烹饪方法，这样才最有营养。

（1）香菇味道重，比较适合烧、油焖。如在热油里放入葱姜，翻炒3分钟左右，即可下香菇，或者在清蒸鱼里配香菇。

（2）草菇主要是爆炒。在爆炒过程中，维生素C等不容易被破坏，而且草菇口感很好，适用于做汤或素炒。

（3）金针菇味道鲜美，是拌凉菜和火锅配料的首选，但最好煮6分钟以上，否则容易中毒。脾胃虚寒者也不宜吃太多。

（4）口蘑味道较清淡，煲汤最好。

（5）味道甜的茶树菇、杏鲍菇、袖珍菇等最适合炒制。

（6）猴头菇宜用高温、旺火烧煮。烹饪时，尽可能把菌类切得小一点。因为它的纤维素不仅不好消化，而且还影响消化液进入其他食物。但是菌类浸出物、游离氨基酸和芳香物质却能增进食欲，促使胃液分泌，从而有利于更好地吸收其他食物。

28. 西兰花防癌很有效，过度烹饪会无效

西兰花这种十字花科蔬菜，含有一种硫代葡萄糖苷的特殊物质，能够降低患癌症的风险。但不能过度烹饪，如把西兰花炒得泛黄，就会使西兰花带有强烈的硫磺味且损失营养，最好的方法是通过蒸或用微波炉来烹饪。

29. 腌酸菜放维生素，可减少有害物质

专家指出，要降低酸菜中的亚硝酸盐含量，一是腌酸菜时，每公斤白菜放4粒维生素C，可以阻断亚硝酸盐的生成。加入维生素C400毫克或防腐剂苯甲酸50毫克，分别可阻断75%和98%的亚硝酸盐产生，还能防止酸菜发霉。二是盐要放够量，否则细菌就不能被完全抑制，会使硝酸盐还原成有害的亚硝酸盐。三是保证腌制时间。一般情况下，腌制品在被腌制的4～8天内亚硝酸盐含量最高，第9天后开始下降，20天后开始消失，这个时候就可以食用了。另外，腌制蔬菜时，食盐浓度必须在15％以上，腌制15天后方可食用。否则，易引起亚硝酸盐中毒。

30. 盐水煮春笋，美味防过敏

春笋中含有难溶性草酸，可诱发哮喘、过敏性鼻炎、皮炎、荨麻疹等。若用笋片、笋丁炒菜，要先用淡盐水将春笋煮开5～10分钟，然后再配其他食物炒食。高温不仅可分解大部分草酸，防止吃春笋过敏。而且还能使春笋无涩感，味道更鲜美。同时，春笋尽量不要和海鱼同吃，避免引发皮肤病。

31. 鲜金针菇煮熟吃，美味又安全

味道好，又有营养的金针菇最适合于涮火锅，但是如果食用了不煮熟的金针菇就会发生中毒。因为新鲜的金针菇含有秋水仙碱，人食用后，容易因氧化而产生有毒的秋水仙碱，它对胃肠黏膜和呼吸道黏膜都有强烈的刺激作用，大量食用会出现中毒症状。专家指出，秋水仙碱很怕热，大火煮 10 分钟左右就能被破坏。在食用前如果在冷水中泡 1～2 个小时，也能使一部分秋水仙碱溶解在水里。此外，专家提醒，涮过金针菇的火锅汤不要喝，因为汤里不但高油、高脂，而且有很多残留的有害物质。如果是从超市买回来的干金针菇或金针菇罐头，其中的秋水仙碱已被破坏，可以放心食用，凉拌或涮锅都非常好。

金针菇很适合气血不足、营养不良的老人、儿童、癌症患者、肝脏病及胃、肠道溃疡、心脑血管疾病患者食用。但它性寒，脾胃虚寒、慢性腹泻的人应少吃。

32. 炒胡萝卜、芹菜放醋，破坏营养素

醋中所含的醋酸呈弱酸性，且浓度很低，用来凉拌时不会破坏胡萝卜和芹菜的营养成分，所以可以放心食用。胡萝卜、芹菜营养丰富，胡萝卜中含有大量的胡萝卜素，人体摄入后可以变成维生素 A。而维生素 A 是维持眼睛和皮肤健康的关键，并可促进钙的吸收，防止缺钙。芹菜中含有丰富的维生素及植物纤维素，夏季天气炎热，体力消耗大，人容易食欲不振，凉拌时加点醋，既清脆爽口，增进食欲，又能补充消耗的维生素和膳食纤维。除了胡萝卜、芹菜外，任何可以凉拌的蔬菜也都可以用醋来调味。但是，炒胡萝卜或芹菜时放醋，情况就不一样了。胡萝卜或芹菜加热后会加速醋酸与其的化学反应，醋酸会大大破坏胡萝卜素含量。而芹菜属于绿色蔬菜，在烹制过程中，营养物质和叶绿素在醋酸的作用下会被破坏，使绿色蔬菜迅速变成黄褐色，既破坏了菜肴的美感，又使菜肴中的营养价值降低。因此，炒胡萝卜、芹菜等蔬菜时最好不要加醋。

33. 炒绿叶蔬菜放醋，破坏营养素

绿色蔬菜因其营养丰富而深受人们的喜爱。绿色蔬菜之所以营养价值高，颜色之所以碧绿，是因为其中含有大量的叶绿素。如果在炒绿叶蔬菜时放醋，就会将大部分叶绿素破坏，使绿叶蔬菜的外观和营养价值都大大降低。

叶绿素在蔬菜中一般与蛋白质结合在一起，在加热烹制过程中，会大量地释放出来。这种情况下的叶绿素非常不稳定，如果加醋，就会很容易受到破坏。研究证明，醋中含有的乙酸是破坏叶绿素的"罪魁祸首"，它会使叶绿素变成"脱镁叶绿素"，失去其原有的绿色，蔬菜也会因此迅速变成黄褐色。同时，叶绿素本身特有的营养价值也被破坏了。要想保留更多的叶绿素，除了烹饪绿色蔬菜时尽量不放醋外，炒菜前将蔬菜用热水焯一下，再迅速用凉水降温也是个好办法。这是因为，蔬菜中有一种叶绿素酶，具有破坏叶绿素的能力，将其加热到 90℃以

上，它就会失去活力。如果加热时间过长，蔬菜内的植酸和草酸也会使叶绿素脱镁而变色。所以，必须马上用凉水降温。

34. 小葱拌豆腐，钙质被破坏

小葱拌豆腐这一家常菜已被许多人所接受。然而，这种吃法既不科学，对人体又十分有害。这是因为豆腐中含有丰富的蛋白质、钙等营养成分，葱中含有大量草酸。当豆腐与葱相拌时，豆腐中的钙与葱中的草酸相结合，形成白色的沉淀物草酸钙，使豆腐中的钙质遭到破坏。而草酸钙是人体难以吸收的，若长期食用，就会造成人体钙的缺乏。

35. 生吃卷心菜，营养最丰富

日本人很了解卷心菜的药效，知道它具有一定的健胃功能，因此常被作为胃肠药的成分。研究证明，卷心菜含有维生素U。这种维生素能促进胃黏膜分泌出胃液，保护胃壁免受刺激。生吃卷心菜可以最大程度地保全营养。但对那些胃不好的人，可以试着用卷心菜做汤。卷心菜煮过后，80%的有效成分会溶解到汤汁中，连同汤汁一起吃下，能摄取大量维生素U。而煮卷心菜的汤直接饮用并不好喝，用它做酱汤或炖菜口感会好一些。

36. 蔬菜不要烤着吃

烧烤是年轻人喜爱的烹饪方式。营养学家发现，烧烤的蔬菜如洋葱、青椒、黄瓜等，与传统的水煮及焖煮烹饪法相比，更容易释放腐蚀性的酸性物质，不利于牙齿健康。

37. 蔬菜买回家，不要马上整理

人们往往习惯于把蔬菜买回来后就进行整理。然而，买回家的卷心菜的外叶、莴笋的嫩叶、毛豆的荚还都是活的，仍然向食用部分如叶球、笋、豆粒运输营养物质，所以保留它们有利于保存蔬菜的营养物质。如果买回家后马上整理，不仅营养物质容易丢失，而且菜的品质也会下降。因此，不是马上烹饪的蔬菜不要立即整理。

38. 水煮花椰菜，营养失一半

如果用水煮10分钟，花椰菜中所含的对抗疾病的化合物就减少了40%或更多。因此，要改变花椰菜的烹饪方法，可用蒸、微波炉加热或旺火炒的方法。研究证明，多吃花椰菜可以降低癌症、心脏病和中风的风险。专家指出，煮花椰菜还会导致其他营养成分的流失，如维生素C等。

39. 切菜少用刀，尽量用手撕

切菜一般不宜太碎，能用手撕的就用手撕，尽量少用刀，因为铁会加速维生素C的氧化。

40. 腐竹炒着吃，美味又营养

腐竹又称腐筋，是以优质黄豆为原料，经加工制作而成。腐竹中含有丰富的大豆异黄酮物质，可以保护心脑血管，对于老年痴呆症具有一定的预防作用。为了更好地保存腐竹中的大豆异黄酮物质，腐竹最好是炒着吃。

腐竹浓缩了豆制品的所有精华，与豆腐相比，营养素含量多了4～6倍。腐竹还含有丰富的植物固醇，对于有高胆固醇血症的患者来说，具有降低血中胆固醇的食疗作用。所以，腐竹被称为"素食之最"。

41. 生吃白萝卜，营养保存最全面

如果想要从白萝卜中获得更多的营养，最好的方法是削皮后生吃，这样营养保存最全面，切丝凉拌也可较多地保存营养。其他的烹饪方法，如炖、炒、泡、腌等加工方法都会对白萝卜的营养破坏很大。

把颜色不同的萝卜分着吃。

（1）"象牙白"萝卜，通身洁白，口味微甜。把萝卜切成条块配上火腿做沙拉，和羊肉焖煨，切成细丝焯一下配上香菜、木耳拌着吃等，营养均衡且不油腻。

（2）心里美萝卜洗净去皮，可切成小条当水果吃。萝卜皮用盐杀去萝卜味，上午腌下午吃，是去油腻的好菜。

（3）卞萝卜最好焯水后，用凉水拔去萝卜味，然后配羊肉、大葱做馅，可蒸菜团子、包薄皮大馅的饺子。

42. 忌用热水发木耳

许多人都习惯用热水发木耳，以为这样既发得快，又发得好。其实，这是得不偿失的。木耳是菌类植物，生长时含有大量水分，干燥后变成革质物。用热水发木耳时间短，由于革质物的阻碍作用，使水不能充分地浸透到木耳中去。所以，每0.5千克干木耳只能发出3千克木耳。而用冷水发木耳，时间较长，水渐渐地浸透到木耳中去，不仅可以使木耳恢复到生长期的半透明状，而且每0.5千克干木耳可发出4千克左右的木耳。更重要的是，用冷水发的木耳，吃起来鲜脆嫩美。而热水发的木耳，吃起来却绵软发黏。

43. 深色蔬菜最好熟吃

研究发现，颜色深的蔬菜最好熟吃。因为经过烹饪可以提高深色蔬菜和橙黄色蔬菜中维生素K和类胡萝卜素的利用率。这两类物质易溶于油脂，用热油烹饪使细胞壁软化，促进胡萝卜素、西红柿红素的溶出，提高吸收率。

深色蔬菜烹饪后可以提高蔬菜中钙、镁元素的利用率。很多人只知道钙来自牛奶，镁来

自香蕉，却不知道深色蔬菜也是这些营养素的好来源。这是因为，大部分深色蔬菜中存在着草酸，它不利于钙和镁的吸收。但是，深色蔬菜只要经过焯水后，再进行炒制或凉拌，就可以除去绝大部分草酸。烹饪还可以软化蔬菜纤维，对于胃肠虚弱、消化不良、胃肠胀气、慢性腹泻等类型的病人有益。

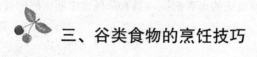

三、谷类食物的烹饪技巧

谷类原料主要用于制作主食、小吃、点心等。常用的烹饪方法有：蒸、煮、烤、煎、炸、烙、烩等。这些方法中对营养成分的保存以蒸、烤最好，其次是水煮，最后是油炸。

专家认为，大米、面粉、玉米面用蒸的方法，其营养成分可保存 95% 以上。如用油炸的方法，维生素 B_2 和尼克酸损失约 50%，维生素 B_1 则几乎损失殆尽。原锅原汤焖饭或用碗蒸米饭，维生素和矿物质损失最少。而捞饭因维生素流失到米汤中，弃去米汤则损失很大，维生素的保存率比其他方法低 30% 以上。煮粥时加碱，虽然可使煮粥的时间缩短，但会使维生素损失较多。

做面食以蒸、烙为最佳，炸油条由于加入碱和矾，又经高温油炸，维生素损失严重。水煮的面食，部分营养素因流入汤中而损失。用小苏打做面制品的疏松剂，对面制品中的维生素有破坏作用。因此用泡打粉代替较好。酵母发酵的面团，不仅 B 族维生素含量增加，而且还可破坏面粉所含的植酸盐，有利于钙和铁的吸收。因此，应以酵母来代替面肥进行发酵。

熟食米面反复加热对维生素的影响也很大，所以不应吃剩饭。烹饪米面时加入其他原辅料，不仅能够保存维生素和矿物质，减少营养损失，还能利用蛋白质互补，提高蛋白质的利用率。玉米中加入部分黄豆，不仅其中的蛋白质可起到互补作用，而且蒸出的食品维生素极少损失。

1. 大米淘洗次数不要太多

做米饭，先要淘米，把夹杂在米粒中间的泥沙杂屑淘洗干净。在这过程中会造成部分营养素的流失，特别是水溶性维生素。因为维生素和矿物质大部分含于米粒外层的糊粉层和胚芽中。但是很多人在淘米时，喜欢用大量热水或温水淘米，而且使劲揉搓大米，以及淘米次数过多，这样会使米粒表层的许多营养素在淘洗时随水流失。

实验证明，米粒在水中经过一次搓揉淘洗，所含蛋白质会损失 4%，脂肪会损失 10%，无机盐会损失 5%。米被淘洗 2 次，维生素会损失 40%，矿物质会损失 15%，蛋白质会损失 10%。由此可见，米粒淘洗次数越多，营养素损失就越大。所以要尽量减少淘米次数，一般不应超过 3 次。淘米时不要用流动水冲洗或开水烫洗，更不可用力搓洗。但如果米很陈，就要反复搓洗，以减少黄曲霉素的含量。但是，如果发现有霉变的米，则应多搓洗或放少量小苏打清洗。需要注意的是，淘米前不要把米浸泡在水中，以防止米粒表层可溶性营养物质大量随水流失。

2. 免淘米也要淘一淘

目前，国际上规定免淘米的洁净度应小于百万分之一，数值越小，洁净度就越高。但是，我国目前的生产工艺还远远达不到国际通行的免洗标准，因此，我国其实并没有真正的免淘米。所以，食用时还需要冲洗。但是，如果对标明免淘的米清洗过度，就会造成营养物质的大量流失。淘洗的次数越多，流失的营养成分也就越多。所以，在做饭前对大米淘洗一两次就可以了。

3. 捞米饭营养少，蒸煮米饭营养多

在我国南方地区，一些人喜欢吃捞米饭。捞米饭的做法是将大米煮至半熟时将米捞出蒸熟，米汤弃之不食。这是一种很不科学的烹饪方法。在制作捞米饭的过程中，大量存在于米汤中的维生素 B、C 都被丢弃了。所以，尽量不要吃捞米饭，或是饭后喝米汤。米类烹饪加工方法以煮、蒸为主，这样对营养素的影响较小。

4. 煮粥放碱口感好

生活中常有些人在煮白米粥或小米粥时放一些碱，大食堂的厨师尤其喜欢这样做。一方面是为了熟得快，另一方面是加碱后煮出来的粥更加黏稠好吃。但是，这样就破坏了大米、小米中最为宝贵的营养素，如维生素 B_1 和 B_2。维生素 B_1、B_2 是人体极易缺乏的维生素，它们在中性和酸性环境中对热较稳定，而在碱性环境中对热极不稳定，大部分或全部维生素都会受到破坏，失去活性。同时碱性环境也会影响人体对无机盐的吸收和利用，不但会患脚气病和便秘，而且因为维生素 B_1 被称为精神营养素，对神经组织及精神状态都有十分重要的影响。不足时还会产生疲倦、健忘、焦虑不安等症状。所以，煮白米粥或小米粥时一定不要加碱。煮粥下米最佳水温为 50℃～60℃，这样煮出来的粥，黏而不腻，口感最好。

5. 开水煮饭好，营养损失少

淘完米后放在冷水中煮饭，这种方法并不科学。正确的做法是，先将水烧开，再放入米煮饭。那么，这样做的好处是什么呢？

（1）开水煮饭可以缩短蒸煮时间，保护米中的维生素。由于淀粉颗粒不溶于冷水，只有水温在 60℃以上时，淀粉才会吸收水分膨胀、破裂，变成糊状。大米含有大量淀粉，用开水煮饭时，温度约为 100℃，这样的温度能使米饭快速熟透，缩短煮饭时间，防止米中的维生素因

长时间高温加热而受到破坏。

（2）将水烧开可使其中的氯气挥发，避免破坏米中的维生素 B_1。而维生素 B_1 是大米中最重要的营养成分之一。我们平时所用的自来水都是经过加氯消毒的，若直接用这种水来煮饭，水中的氯就会大量破坏米中的维生素 B_1。而用烧开的水煮饭，大量氯已随水蒸气挥发了，这样就大大减少了维生素 B_1 及其他 B 族维生素的损失。

6. 煮饭先浸米，香软可口又节能

如何使普通的米饭既有营养又美味，营养专家指出，煮饭前先用温水将大米泡 20～30 分钟，就能起到提高营养和口味的作用。因为专家指出，糙米经过浸泡后，可以促进营养吸收。对普通的大米来说，蒸或煮前浸泡一会儿，也可以起到同样的作用。 首先，经过浸泡，可以使米粒充分吸收水分。这样蒸出来的米饭会粒粒饱满，吃起来也更加蓬松、香甜，有助于消化；其次，大米中含有一种叫植酸的物质，会影响人体对蛋白质和矿物质，尤其是钙、镁等重要元素的吸收。大米中虽然含植酸多，但同时也含有一种可以分解植酸的植酸酶。用温水浸泡大米，可以促进植酸酶的产生，能将米中的大部分植酸分解，就会减少植酸影响人体对蛋白质和钙、镁等矿物质的吸收了。此外，大米经过浸泡后，还可以节省蒸、煮米饭的时间，做饭又快又好吃。但是，浸泡时间要掌握好，太长或太短都不好。最好用 30℃～60℃的温水，浸泡时间在半个小时以内。而且，最好用浸泡大米的水来蒸煮米饭，这样可以保持更多营养，米饭的香味也更浓。

7. 煮饭的技巧

（1）如果饭烧糊了，取一根长 4 厘米～6 厘米的葱插入饭里，盖好锅盖焖一会儿，就可以去除糊味了。

（2）如果饭全都夹生了，可用筷子在饭里扎一些直通锅底的孔，然后加温水重新再焖。如果是局部夹生，就在夹生部分扎孔后加水再焖。如果是表面夹生，可将表层下翻至中间再焖。

（3）蒸米饭时，每 1500 克米加 2～3 毫升醋。这样蒸出来的米饭无酸味，饭香更浓，且易于存放和防馊。

（4）用籼米煮饭，可在水中加一撮盐和几滴花生油，然后搅拌均匀，煮出的饭同粳米一样好吃。

（5）剩饭重蒸时，加入少量食盐，能去除异味。

（6）把剩饭煮成稀饭，常会煮得黏黏糊糊，若在煮前先用水冲一下就可避免这种现象。

（7）炒饭时，在锅中洒少许酒，炒出来的饭粒粒散，既松软又好吃。

（8）让米在锅内成斜坡状，高处与水面相平，这样锅内可煮出软硬不同的米饭。

（9）猪油或植物油烧饭。将米淘洗干净，在清水中浸泡 20 分钟，捞出沥干，再放入锅中加热水，加一汤匙猪油或植物油，用旺火煮开转为文火焖半小时即可。若用高压锅，焖 8 分钟

即熟。这样煮的米饭不粘锅，且香甜可口。

（10）啤酒烧饭。煮陈米饭时，放 3 杯米、两杯水、半杯啤酒，煮出来的米饭同新米一样爽口。

（11）盐和猪油煮饭。煮饭时，加少量食盐、少许猪油，煮出来的饭会又软又松。

8. 糙米营养价值高，浸泡蒸煮时间要短

原来是生活条件比较差的才吃糙米。现在，随着人们健康意识的提高，越来越多的人认识到糙米的营养价值远比精米要高，成为许多家庭每餐必选的主食。然而，要想充分吸收糙米中所富含的营养物质，还是有很多讲究的。

许多家庭为了使蒸煮出来的糙米饭松软，往往都需要先将糙米浸泡 8 个小时左右，有的家庭甚至会将糙米浸泡 12 个小时。在这样长时间的浸泡过程中，糙米本身所富含的维生素及矿物质就会有一大部分溶解在浸泡的米水之中。加上有的家庭由于了解糙米的制作工艺，知道糙米没有经过深度加工，因此在淘洗时非常细致、用力，这样也会导致营养成分大部分流失。专家指出，糙米中所含有的维生素 B_1 在淘洗和浸泡过程中会流失 30%～60%，维生素 B_2 会流失 20%～25%，矿物质会流失 75% 左右。因此，在烹饪糙米饭时，要注意在糙米入水前先精心挑选，将未除净的稻壳等杂质先挑选干净，经过简单的冲洗后再进行蒸煮，最好不要浸泡。这样才可以保证营养成分尽可能少流失。

糙米中所含的营养成分，尤其对肥胖人群、便秘人群及糖尿病人群的健康有帮助。因此，适当食用一些糙米，不但营养丰富，而且对健康也有好处。但须在蒸煮的过程中要注意保存营养。

9. 米饭蒸比煮好

人们通常做米饭都采用煮或蒸的方法，而蒸饭又分为碗蒸饭和捞蒸饭。那么，哪种方法能更好地保存维生素呢？

煮饭是将米放入清水中，先用旺火煮开，再用温火煮烂。此时水有溶解作用，所以米汤中存有相当多的水溶性物质，如维生素 B_1、维生素 C 及矿物质钙、磷等。但由于煮饭时间较长，随着水温升高和水分的蒸发，溶于水中的维生素 B_1 会部分逸出，这样就导致了米饭中营养成分的流失。而蒸饭却可以更好地保存营养素。用带盖的碗，加水上锅蒸，可以保证碗内的水蒸气只在碗周围盘旋，却无法带走碗内米的营养。

10. 面食要发酵，钙的吸收很有效

白面中含有很多植酸，可以与钙形成不溶性的植酸钙，影响钙的吸收。为此，可将面粉发酵，去除部分植酸。制作发面面食时，要尽量使用鲜酵母或干酵母。这样不仅保护了面食中的维生素，还会因酵母菌的大量繁殖，增加面粉中 B 族维生素的含量。同时还能破坏面粉中

的植酸盐，使面粉中的部分营养成分降解，释放出游离的钙和磷、氨基酸、维生素等营养物质。特别是酵母菌能分泌出一种活性元素，将面粉中的植酸水解，避免它影响其他营养成分的消化吸收。

11. 面食油炸加碱营养少

面食的烹饪方法有蒸、煮、炸、烙、烤等，不同的烹饪方法，受热时间及温度的差异，造成营养素的损失也不同。一般蒸馒头、蒸包子、烙饼等，对面粉中的维生素影响较小；而炸油条、油饼等，因油温高又加碱，可破坏绝大部分维生素。煮面条、饺子等，大量的营养素可随面汤丢弃，如维生素 B_1 可损失 49%，维生素 B_2 可损失 57%，尼克酸可损失 22%。所以煮面条、饺子的汤要尽量喝。

12. 黑芝麻营养好，破壳吃才有效

黑芝麻含有丰富的维生素 E，对维持血管壁的弹性作用巨大。另外，黑芝麻中含有丰富的 α—亚麻酸，能起到降低血压、防止血栓形成的作用。由于黑芝麻的营养成分都藏在种子里，因此必须破壳吃才有效。其方法是要先炒一下，使其爆开，或是将黑芝麻打磨成粉状食用。

13. 玉米粥加点小苏打可增加营养

玉米营养丰富，含有大量蛋白质、膳食纤维、维生素、矿物质、不饱和脂肪酸、卵磷脂等。其中有一种尼克酸对健康非常有利，但这种尼克酸不是单独存在的，而是和其他物质结合在一起，很难被人体吸收利用。如果在煮玉米粥的时候，加点小苏打就能使尼克酸释放出来，被人体充分利用。

玉米中所含有的结合型烟酸不易被人体吸收利用。如果在做玉米粥、蒸窝头、贴玉米饼时，在玉米面中加点小苏打，制作出的食品，则不但色、香、味俱佳，而且结合型烟酸也易被人体吸收利用。

14. 面包、馒头烤着吃能养胃

很多白领都有泛酸、打嗝、腹胀等毛病。由于不善调理，胃病往往越来越重。专家指出，胃病主要靠养，其中食疗最重要。

很多上班族早上为了赶时间，面包从冰箱里拿出来就吃。专家指出，面包片、馒头片等主食都是碳水化合物，这样吃下去，往往会刺激胃酸分泌，加重泛酸；但是如果把面包片、馒头片烤一烤再吃，就能起到养胃的作用。这是因为，烤焦的面包片和馒头片上会形成一层糊化层，这层物质可以中和胃酸、抑制胃酸分泌，起到保护胃黏膜的作用。这是一种古老的食疗方法，主要适合慢性浅表性胃炎患者，对大部分胃肠不好的人也都适用。

需要注意的是，首先要注意烤的火候，烤至橘红或金黄色即可，不要烤糊了，否则吃下

去会弊大于利；其次，胃肠不好的人，烤面包片、烤馒头片都不宜吃得过多，每次 1～2 片即可；最后，烤面包片、馒头片不一定要趁热吃，稍晾一下也可以。这种食疗方法仅适用于较轻的胃病，如果慢性浅表性胃炎发展到了萎缩性胃炎，就要上医院看医生，而不能依靠这种办法来食疗了。

15. 绿豆营养好，烹饪方法有讲究

（1）不同煮法，煮出绿豆不同功效。绿豆汤有消暑益气、清热解毒等功效，但怎样吃才能起到不同的功效呢？绿豆的消暑之功在皮，解毒之功在内，要对症来吃，而且加料的绿豆汤有更好的食疗作用。

以消暑为目的喝绿豆汤时，不要把豆子一起吃进去，只需喝清汤即可。绿豆煮的时间不要太长，生绿豆加凉水煮开，旺火再煮五六分钟即可。需要注意的是，绿豆属于凉性的食物，身体虚寒或脾胃虚寒者过量饮用，会出现腹痛、腹泻。阴虚者也不宜大量饮用，否则会致虚火旺盛而出现口角糜烂、牙龈肿痛等症状。

煮得酥烂的绿豆汤具有良好的清热解毒功效。由于其具有利尿下气的功效，因此食物或药物中毒后喝，还能起到排除体内毒素的作用。对热肿、热渴、痘毒等也有一定的疗效。

（2）熬绿豆汤放碱，营养破坏了。有人煮绿豆汤时喜欢放碱，一是为了烂得快，二是为了好吃。事实上，煮绿豆汤时加碱，不仅会使绿豆中的水溶性维生素，如维生素 B_1、B_2 等受到破坏，而且对绿豆汤的清热解毒功效也有一定的不良影响。因此，无论是从营养或食疗角度来说，煮绿豆汤加碱是很不科学的。

（3）绿豆皮营养好，食用不要扔掉。在煮绿豆的时候，很多人把绿豆皮扔掉。其实，绿豆的真正好处在于皮。绿豆皮里含有大量的抗氧化成分，如类黄酮、单宁、皂甙等，另外还含有生物碱、豆固醇、香豆素、强心甙，以及大量的膳食纤维等。正是豆皮中的活性物质起到清热解毒、防暑降压的功效。同时，还能抑制多种癌细胞的生长。

16. 忌用旺火煮挂面

挂面本身很干，用旺火煮，水太热，面条表面容易形成黏膜，水分不容易向里渗透，热量也无法向里传导。同时，由于旺火使水沸开，面条上下翻滚，互相摩擦，糊化在汤里，更降低了水的渗透性。这样煮出的面条发黏，同时也会出现硬心。相反，如用慢火煮，就有了使水和热量向面条内部传导渗透的时间。这样反而能将面条煮透、煮好，并且汤清、不黏。

17. 煮饺子的禁忌

（1）忌冷水下锅。饺子如果冷水下锅，会很快沉底、巴锅、烂掉，使饺子变成一锅糊状物。所以，煮饺子时应先用旺火把水烧开，趁沸水把饺子下锅，然后用铲勺轻轻向一个方向推动几下，以防饺子互相黏连或巴锅底，但切忌乱搅拌。

（2）忌盖锅煮皮。如果饺子刚下锅就盖上锅盖煮，锅里的水蒸气排不出去，水蒸气的高温就很容易把露出水面的那一部分饺子皮煮破。而这时由于饺子馅还是生的，一旦皮破了，饺子馅就会跑出来。所以，饺子刚下锅后，应先敞开锅煮，这样锅内的水蒸气很快就会散发，不易把饺子煮破。在水温达到100℃后，保持几分钟，通过沸水的作用，不断向饺子传热，饺子随着沸水的翻滚也不停地翻动，饺子皮就会很快被煮熟，而饺子汤仍能保持清而不黏。

（3）忌开锅煮馅。饺子皮煮熟后，应及时盖上锅盖，以便更好地煮馅。由于盖上锅盖后，能促使锅里的气压增高，使蒸气和开水很快地将热量传导给饺子馅心，能较快地将饺子馅煮熟。此时由于饺子皮已经是熟的了，所以即使锅内的温度高一些，饺子也不会再破。

（4）忌中间不点水。有的人煮饺子一煮开锅到底，这是不当的方法，这样会把饺子皮煮破。俗话说："三滚饺子两滚面"，这是有一定道理的。为了既能把饺子较快煮熟，又不会把饺子煮破，在煮饺子过程中，要在开锅后适量添加冷水，以防沸水翻滚溢锅或者开锅过急造成饺子破裂。一般煮饺子，中间添两三次冷水就可以了。

18. 忌用"面肥"发面

有些家庭为了快捷省事，常用"面肥"发面，这种做法是不对的，其弊端颇多。这是因为：

（1）夏秋季节，气温较高，加了"面肥"发的面，常常发酵过度、酸味过大，蒸出的面食有浓浓的"面肥"味，不好吃。

（2）"面肥"在贮存和发酵过程中，很容易被细菌污染。把被污染的"面肥"加在新面团中，在酵母菌繁殖的同时，各种有害细菌也会大量繁殖起来，甚至会使面团变味，有害人体健康。因此，发面最好使用鲜酵母、干酵母或发酵粉，忌使用"面肥"。

19. 馒头忌用开水蒸

不宜用开水蒸馒头，这是因为生馒头突然放入开水的蒸锅里急剧受热，馒头里外受热不匀，容易夹生，蒸的时间也较长。如果用凉水蒸馒头，温度上升缓慢，馒头受热均匀，即使馒头发酵差点，也能在温度缓慢上升中弥补不足，蒸出的馒头又大又甜，还省火。

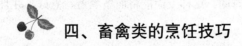

四、畜禽类的烹饪技巧

畜禽肉的烹饪方法很多。炸肉损失的营养最多，如维生素 B_1 损失45%，煮肉损失42%，焖肉损失30%；同样，维生素 B_2 的损失分别为43%、18%、10%。许多维生素都是溶于水的，如牛肉炖后营养保存率为 56%，其中 44% 在汤里。猪肉中的维生素以炒的烹饪方法保存最多，清炖及蒸则保存较少；炒猪肝中维生素的保存率高于卤肝；肉类腌制时所造成的维生素 B_1、B_2 和烟酸的损失很少，只有 1% ～ 5% 左右。

动物性食物经过烧烤后，从营养角度来看，维生素会大量被破坏。从卫生角度来看，烧烤过程中会产生一些致癌物质及其他一些有害物质，所以不宜多食烧烤食物。红烧或清炖肉类维生素损失最多，但可使水溶性维生素和矿物质溶于汤里；蒸或煮对糖类和蛋白质起部分水解作用，也可使水溶性维生素及矿物质溶于水中。因此，在食用用以上方法烹饪的肉类或鱼类食物时，要连汤汁一起喝掉。

因"材"而异，味道好。

不同部位的肉，不仅营养价值差异很大，而且烹饪的效果也有很大不同。对猪肉来说，一般里脊适合炒肉丝，后臀尖适合制作肉片和肉丝，前臀肉适合炖，五花肉适合用来制作回锅肉和农家小炒，排骨适合用来煲汤；对牛肉来说，牛腩适合用来炖汤，牛里脊适合用来制作牛肉咖喱或者炒肉丝、肉片，牛腱子适合用来制作酱牛肉或炖牛肉。需要注意的是，五花肉的脂肪含量最高，排骨次之，最后是臀部。里脊肉含脂肪最少。

1. 旺火急炒，营养保存好

动物性食品的烹饪宜用炒、蒸、煮的方法。加热时间过长是破坏食物中营养素的重要原因。因此，在烹饪方法上应尽量采用旺火急炒。大家常吃的肉类食品，烹饪方法一般有红烧、清炖和快炒 3 种。但从保存食物中维生素的角度来看，清炖瘦猪肉时，维生素 B_1 损失为 60% ～ 65%；急火蒸时，维生素 B_1 损失约 45%；而炒肉时损失的维生素 B_1 仅有 13%。因此，荤菜应尽量采用急火快炒的方法。通过旺火急炒的方法，可缩短菜肴的加热时间，降低原料中营养素的损失率。

2. 炒蒸煮最佳

不管哪种动物性食物，最适合的烹饪方法都是炒、蒸、煮这 3 种最简单的方法。蒸很简单，而炒与煮则有特殊要求。

在熬、煮、炖、烧时，如果以食肉为主，可先将水烧开后再放肉，这样肉表面的蛋白质就会迅速凝固，其内部大部分油脂和蛋白质则留在肉里，肉味就比较鲜美。如果以食肉汤为主，将肉下冷水锅，用文火慢煮，这样脂肪、蛋白质就会从肉里渗出，肉汤香味扑鼻，营养更佳。

3. 科学烹饪，降低肉食中的胆固醇

既能增加肉食的美味，又能降低肉食中胆固醇的烹饪方法有以下 4 种。

（1）炖煮。采用文火炖煮肉类较长时间的方法，可使肉食中饱和脂肪酸减少 30% ～ 50%，

胆固醇含量明显下降。

（2）荤素搭配。蔬菜与肉类搭配可以降低肉中的胆固醇。如海带煮肉、黄豆扒肘子、辣椒炒肉等，黄豆中的植物固醇及磷脂可降低肉中的胆固醇，辣椒中的辣椒素和海带中的多种成分都可以减肥。这种科学搭配的方法，不仅味道鲜美，而且能使肥肉或五花肉肥而不腻。

（3）加大蒜。不仅可使肉食肥而不腻，还可使肉中胆固醇降低 10% ～ 15%。

（4）加生姜。炒或炖肉食时加生姜，不仅美味，而且可大大降低血液中的胆固醇。研究发现，生姜中的类水杨酸成分有预防血液凝固的作用，从而预防心脑血管疾病。同时，新鲜姜汁还可抑制癌细胞生长，是一很种强的抗癌食品。

4. 飞火烹饪害处多

厨师在烹饪时，锅沿冒出火苗，这种现象称为"飞火"。从营养学的角度来讲，这种"飞火"烹饪对人体健康是有害的。因为由"飞火"烹饪的菜肴常常有一些油脂燃烧后产生的焦味。这种燃烧后的残留物进入人体后，会对健康产生不利影响，还可能会引起癌变等。"飞火"越严重，产生的残留物就越多，对人体健康的影响就愈大。因此，我们在日常烹饪中正确的做法是，勿将油脂过度加热，一旦在烹饪中出现"飞火"现象，应立即将锅迅速撤离火源，并盖上锅盖，使之与空气隔绝，熄灭"飞火"后再进行操作。

很多人在烹饪时，不大注重烹饪温度与营养的关系。营养专家指出，不正确的烹饪方法，可能会使有很高营养价值的食物变成营养价值很低的垃圾食物。如很多人喜欢吃炸鸡，虽然鸡肉中含有丰富的蛋白质，但高温煎炸的方法却严重损害营养成分，使鸡肉丰富的营养成分发生变异。

肉类食物因其富含蛋白质等营养，同时也含有很多细菌，要加热到100℃左右、10多分钟细菌才能被杀灭。但煮的太久或温度超过 240℃，又会使食物中的营养成分发生质变，从而对身体产生危害。所以，烹饪食物既要讲究方法，又要控制温度。

5. 油炸食物挂糊，保护营养素

挂糊是烹饪中常用的一种技法，就是在经过刀工处理的原料表面挂上一层粉糊。由于原料在油炸时温度比较高，粉糊受热后会立即凝成一层保护层，使原料不直接和高温的油接触。这样就可以保持原料内的水分和鲜味，营养成分也会因受保护而不致流失，制作的菜肴就能达到松、嫩、香、脆的效果，提高菜肴形与色的美观，增加营养价值。

挂糊虽然是个简单的过程，但实际操作时并不简单，稍有差错，往往会造成"飞浆"，影响菜肴的美观和口味。挂糊时应注意以下问题：

首先，把要挂糊的原料上的水分挤干，特别是经过冰冻的原料，挂糊时很容易渗出一部分水而导致脱浆，而且还要注意液体的调料也要尽量少放，否则会使浆料挂不牢。

其次，要注意调味品加入的次序。一般来说，要先放盐、味精和料酒，再将调料和原料一同使劲搅拌，直至原料表面发黏，才可再放入其他调料。先放盐可以使咸味渗透到原料内部，同时使盐和原料中的蛋白质形成"水化层"，可以最大限度地保持原料中的水分少受或几乎不受损失。

另外，煎炸食物时油温最好控制在150℃以下（即中火），不要连续高温烹炸，这是减少致癌物的最有效方法。如果油温过高，煎炸时间最好不要超过两分钟。

6. 肉类加点醋，更易吸收营养素

醋是餐桌上常用的调味品，具有开胃消食等功效。烹饪肉类食物时加点醋，不仅能保护原料中的营养不流失，而且可以促进营养被人体充分吸收。

糖醋鱼、糖醋排骨等是最利于钙吸收的菜肴。醋是酸味食品，不仅可以去除异味，而且还能使鱼骨、排骨中的钙溶出。鱼、排骨中的蛋白质和钙的含量较高，在酸性环境中，钙与蛋白质结合在一起，最容易被吸收。烹饪时，可用小火长时间焐焖，使鱼、排骨中钙的溶出较完全。

在炖煮肉、骨、皮类的食物时，最好多加一点醋。这是因为，醋不仅能使这些食物快速熟透，而且还能促进大量蛋白质充分分解，使炖煮熟后的猪蹄、肘子、五花肉等优质蛋白质被人体吸收得更充分。而且，加醋还有助于骨细胞中的胶质分解出磷和钙，增加营养价值。如炖大棒骨的时候可以加些醋。但是要注意，最好在锅里的水还没煮开时放醋，用小火煮沸，这样就可以把肉中蛋白质和骨中的胶原蛋白分解得更充分。

7. 打包肉类加点醋，利于吸收营养素

肉类食品打包回家后再次加热时，最好加一些醋。因为这类食品都含有比较丰富的矿物质，这些矿物质加热后，都会随着水分一同溢出。如果在加热的时候加上一些醋，这些物质遇上了醋酸就会合成为醋酸钙，不仅提高了营养，同时还有利于人体的吸收和利用。

8. 大火烧开，小火慢煮

肉类原料经不同的传热方式受热以后，由表面向内部传递，称为原料自身传热。一般肉类原料的传热能力都很差，但由于原料性能不一样，其传热情况也不同。实验证明，一条大黄鱼放入油锅炸，当油的温度达到180℃时，鱼的表面才达到100℃左右，鱼的内部也只有60℃～70℃。因此，在烧煮大块鱼、肉时，要用大火烧开，小火慢煮，原料才能熟透入味，并达到杀菌消毒的目的。

此外，肉类还含有多种酶，酶的催化能力很强，它的最佳活动温度为30℃～65℃，若温度过高或过低，其催化作用就会变得非常缓慢或完全丧失。因此，要用小火慢煮，以利于酶在其中分化活动，使原料变得软烂。

利用小火慢煮肉类时，肉里的可溶于水的肌溶蛋白、肌肽肌酸等也会被溶解出来。这些

含氮物浸出得越多，肉的味道就越浓，菜肴也就越鲜美。另外，小火慢煮还能保持肉类的纤维组织不受破坏，菜肴形状完整。同时，还能使汤色澄清，醇正鲜美。如果采取大火猛煮的方法，肉类表面蛋白便会急剧凝固、变性，且不溶于水，含氮物质就溶解过少，鲜香味降低，肉中脂肪也会溶化成油，使皮、肉散开，挥发性香味物质及养分也会随着高温而蒸发掉，同时还会造成汤水干得快，原料外烂内生。而中间补水，会延长烹饪时间，降低菜肴的质量。

9. 烹饪肉先勾芡，保护维生素

烹饪肉类之前，最好先勾芡。因为淀粉中的谷胱甘肽对维生素 C 具有保护作用。

10. 炖肉用热水，味美又营养

炖肉是我国北方居民喜欢食用的传统佳肴。虽然做起来比较容易，但是要做得有滋有味，香醇鲜美，却是需要一些讲究的。其中，最重要的就是炖肉时忌用冷水。这是因为，用冷水炖肉，由于水中含有漂白粉，会使肉中的维生素 B_1 受到破坏而使其营养价值大为降低。同时，用冷水炖肉，会因肉中的谷氨酸、肌苷等鲜味物质溶解于汤中，从而使肉味下降。若用热水炖肉，肉块表面的蛋白质会迅速凝固，其中的鲜味物质就不会溶解于汤中，使炖好的肉特别鲜美。

要炖出香醇味美的肉块来，不但开始时忌用冷水，而且在炖肉过程中，也不要加入冷水。这是因为，若在炖肉过程中加入冷水，会使肉块因水温骤降而表面急剧收缩，致使蛋白质和脂肪迅速凝固，即使肉块再加温，也不容易煮得软烂。

11. 沸水煮肉片，营养又好吃

肉片汤或肉丝汤是家常汤类，要想把肉片汤煮的既营养又美味，也是有诀窍的。如果将肉片投入冷水中煮，肉片会很老，嚼起来似乎有肉渣，而肉中维生素 B_1、B_2 及其他水溶性营养素就会随着煮肉时间的延长而有一些损失。如果改变一下烹饪方法，则可收到更好的效果。即先将水煮沸，然后将肉片投入正在沸腾的水中，等到水再沸时，肉汤就煮好了，肉片也熟透了，此时应将汤锅离开火源。这种烹饪方法比用冷水煮的肉片汤有以下优点：

肉片投入沸腾的水中时，由于肉片薄，所以肉片的肌纤维与沸水的接触面大且迅速，仅有部分含氮物与很少量的氨基酸溶于肉汤中。肉片中的蛋白质很快凝固与熟透；烹饪时间短，营养损失得也少；熟肉片细嫩可口，汤也十分美味。若能在生肉片外沾一点淀粉，煮熟的肉片更加鲜嫩，肉汤也显得稠糊。

12. 煲汤时间越长越没营养

很多人喜欢把汤煲的时间很长，认为这样的汤才有营养。其实，这种做法并不科学。
营养专家对 3 种比较有代表性的煲汤，即蹄膀煲汤、草鸡煲汤、老鸭煲汤通过检测发现：

蹄膀的蛋白质和脂肪含量在加热 1 小时后明显升高，之后逐渐降低；草鸡肉的蛋白质和脂肪含量在加热半个小时后逐渐升高，蛋白质加热 1 个半小时、脂肪加热 45 分钟可达到最大值；鸭肉的蛋白质含量在加热 1 小时后基本不变，脂肪含量在加热 45 分钟时升至最高值。这 3 种煲汤中的营养并没有随着煲的时间越长而有所升高。尤其是草鸡煲汤和老鸭煲汤，煲汤时间越长，蛋白质含量反而越低，所以无需长时间煲汤。而且，长时间加热会破坏煲类菜肴中的维生素。加热 1 ～ 1.5 小时，即可获得比较理想的营养价值，此时，能耗和营养价值的比例较佳。

13. 炖骨头汤的禁忌

（1）忌用热水。熬骨头汤宜用冷水，并用小火慢熬。这样可以延长蛋白质的凝固时间，使骨肉中的鲜味物质充分渗到汤中，这样的汤才能好喝。

（2）忌中间加冷水。在烧煮时，骨头中的蛋白质和脂肪逐渐溶出，骨头汤也越烧越浓，油脂如膏，骨酥可嚼。如果在烧煮中间加冷水，会使蛋白质、脂肪迅速凝固变性，不再溶出；同时骨头也不易烧酥，骨髓内的蛋白质、脂肪也无法大量溶出，从而影响了汤味的鲜美。

（3）忌煮的时间太长。骨头中的钙质不易分解，如果长时间烧煮，不但不会将骨头内的钙质溶化，反而会破坏骨头中的蛋白质，使熬出的汤脂肪含量增加，反而对人体不利。

（4）忌早放盐和酱油。做汤不宜早放盐和酱油。因为盐水有渗透作用，最容易渗入原料，使其内部水分渗出，从而加剧蛋白质凝固，影响汤味鲜美。酱油也不宜早加或多加。其他作料如姜、葱、料酒等，以适量为宜。

（5）忌加醋。过去人们一直认为，炖骨头时加点醋，有利于骨头中的无机元素逸出，使人体吸收更多的营养。但是，最新的研究表明，这种观点是错误的。这是因为，炖骨头时不加醋，逸出的矿物质和微量元素都是以有机结合物的形态存在的。加入食醋后，虽可使无机元素的浸出略有增加，但会使逸出的大部分无机元素在酸性环境中转变为无机离子，而无机离子是不易被人体所吸收的。因此，炖骨头汤时不能加醋。

14. 猪肝炒前须浸泡，彻底炒熟才能吃

猪的肝脏不仅是重要的代谢器官，也是解毒和排泄某些物质的主要器官。某些有毒物质，随着血液进入猪的肝脏后，生成比原来毒性低的物质，然后经由胆汁或尿排出体外。因此，猪肝中会积累代谢产生的毒素，如果食用时不彻底清洗，可能会对人体健康造成危害。所以，刚买回的鲜猪肝不要急于烹饪，应将其放在自来水龙头下冲洗 10 分钟，然后切成片放在水中浸泡 30 分钟，反复换水至水清为止，以彻底清除滞留的血和胆汁中的毒物。浸泡猪肝的水以淡盐水为佳。烹饪时，一定要加热至全熟变成褐色为止，不能贪图口感脆嫩而缩短加热时间。否则，猪肝内的病原菌和寄生虫卵会危害身体健康。

烹饪猪肝的正确方法是，在下锅之前，用蛋清或淀粉上浆，使其表面形成一层糊。这样

肝片的水分就不会大量流出，与空气中的氧接触的机会就减少，维生素损失也少，蛋白质因糊浆的保护，也不会变性太大。这样，猪肝吃起来感到柔嫩可口，营养素也保存较好。

15. 羊肉的烹饪方法

羊肉的常用做法不外乎爆炒、烤、涮、炖等，每种做法都各有其风味和特点，蕴含的营养成分也不尽相同。

（1）炖羊肉营养损失最小。炖羊肉由于在煮的过程中保持了原汤原汁，能最大限度地保证营养不流失。

（2）涮羊肉搭配好，营养好。涮羊肉是最常用的一种吃法了。涮肉选料十分讲究，一般来说，只有上脑、大三叉、小三叉、磨档、黄瓜条等 5 个部位较适合涮。专家指出，很多人喜欢用四川火锅的麻辣汤底料涮羊肉，这样容易导致上火。如果搭配得当，涮羊肉的营养价值也很高。

涮肉调料有妙用：白胡椒补肺、黑胡椒暖肠，在清汤里加一点，对体虚泄泻的人很有帮助。涮肉时，搭配一些海产品，如海带、海参等也有温补脾肾的功效。加入豆腐，能增加更多的蛋白质。加入少刺或去刺的新鲜鱼片，营养价值会更高，也适合脾胃稍为虚弱的老人、儿童食用。在涮肉的同时涮一些蔬菜，则可以起到清火降热的功效。

（3）爆炒羊肉营养次之。爆是指将羊肉放入锅中旺火急炒的一种烹饪方法。应选用鲜嫩的羊后腿肉，切成薄片，配上新鲜葱白，旺火急炒。爆炒羊肉益气补虚、温中暖下，而且还有发汗解毒之功效。

（4）烤炸羊肉油大，营养损失最多。烤炸羊肉由于油分太大，温度过高，所以会损失不少营养。

16. 排骨汤少放盐，补钙效果最佳

排骨汤香醇浓厚、温暖滋补。专家指出，若想通过排骨汤达到补钙的目的，就要少放或者不放盐。在补钙时一定要注意低盐饮食，少吃或不吃在加工过程中加入太多盐的食物，如腌制肉或烟熏食品、酱菜、咸味零食等。喝牛奶、吃钙片最好能距离吃饭时间 2 个小时左右，减少钠和钙的直接正面冲突。

17. 瘦肉爆炒好，营养又健康

即便是瘦肉，肉眼看不见的隐性脂肪也占28%。而且肉的脂肪酸多为饱和脂肪酸，更容易导致胆固醇的沉积。因此心血管、高血脂病患者，千万不要以为吃瘦肉就是安全的。专家指出，将瘦肉爆炒着吃更健康。

爆炒既可以保存营养成分，又能消耗掉多余脂肪，比煮、炖等方法更易消化和吸收。爆炒时，最好搭配一定比例的香菇、平菇和黑木耳等菌菇类食物。这样炒出来的瘦肉不仅味道鲜

美，而且营养也较高。

18. 红烧肉美味又好吃，营养损失知多少

猪肉红烧、清炖时维生素 B_1 损失最多，为 60% ～ 65%；蒸次之，炒损失最少，仅为 3%，维生素 B_2 几乎全部保留。因此，红烧肉虽然可口，但营养却少了。

专家指出，瘦肉富含 B 族维生素，但都是水溶性的，红烧肉需要长时间炖制，因此维生素 B_1 就会从肉里溶出，留在汤里。但是，专家指出，只要炖两个小时以上，肥肉中的营养构成就会发生改变，对人体有害的脂肪含量下降，胆固醇减少。当然，对于患有高血脂、高血压的人来说，还是少吃为宜。

吃红烧肉等于"吸二手烟"。红烧肉在高温烹饪过程中会产生致癌物异胺环，如果经常吃长时间煮的红烧肉、煎炸肉，也会增加患肺癌的危险。

19. 动物内脏忌炒着吃，煮熟煮透防致病

很多人食用动物内脏喜欢爆炒着吃，实际上这很不卫生。因为动物内脏如肝、肾、肺、肚、肠等常被多种病原微生物污染，也是各种寄生虫的寄生部位。内脏不易炒熟炒透，难以杀死病菌和寄生虫。如果吃了未炒熟的动物内脏，感染疾病的机会就会大大增加。

猪、牛、鸡、鸭等牲畜常常是乙肝病毒的感染者、携带者和传播者。乙肝病毒一般在煮沸 10 分钟后才能被杀灭。因此，动物内脏不宜炒着吃。

动物内脏的烹饪方法最好是把整个内脏用水长时间高温高压焖煮，使其彻底煮烂煮透，将寄生虫、病菌和虫卵杀死，避免食后致病。

20. 吃火锅生熟要有序

在涮火锅的过程中，有些食物吸油，有些则是放油的。肥牛、羊肉、午餐肉、带皮的鸡肉等都会释放油脂，使汤的脂肪含量增加。

很多人在涮火锅时，一开始就是大鱼大肉，先吃放油的食物，等到差不多饱了，才吃蔬菜等吸油的食物，结果把大量油脂都吃进了肚子里。

专家指出，要想涮火锅时吃的健康，除了选对汤底外，先涮蔬菜及含淀粉食物，把放油的肉类留到最后吃，就能大大减低脂肪的摄取量。

21. 馅料做法有讲究，科学搭配才健康

含馅的食品有饺子、包子、馅饼、菜团、春卷等，如何配制馅料才能既营养又美味，需要遵循以下几个原则：

（1）少放肥肉多放蔬菜。按照膳食酸碱平衡的原则，"酸性"的肉蛋类和精白面粉，应当与"碱性"的蔬菜原料相搭配，最好一份肉类搭配 3 份未挤汁的蔬菜原料，而且馅料所用肉类

为九分瘦肉，不要再添加动物油和植物油。这样才能降低饱和脂肪和热量的摄入，达到真正的营养平衡。

（2）菌类、藻类做馅好。肉类馅料尽量多搭配富含膳食纤维和矿物质的蔬菜，同时再增加一些富含可溶性纤维的食物，如香菇、木耳、银耳以及各种蘑菇、海带、裙带菜等藻类，可以改善口感，减少胆固醇和脂肪的摄入量，控制血脂升高。竹笋、干菜等也有吸附脂肪的作用。各种豆制品和鱼类也可以入馅，代替一部分肉类，有利于降低脂肪含量。吃饺子时还可搭配各种清爽的凉拌蔬菜。

（3）素馅饺子健康营养。相比之下，以蛋类和蔬菜为主要原料的素馅较为健康，其中油脂来自于植物油，蔬菜的比例也较大。由于蛋类含磷较多，这类馅料应当配富含钙、钾和镁的绿叶蔬菜，以及虾皮、海藻等原料，以促进酸碱平衡。而粉丝之类纯淀粉原料的营养价值低，不应作为馅料的主要原料。

一般蔬菜较多、肉类很少的饺子水分含量高，容易"散"。如果用水煮，则营养素损失大，口感也差，可以考虑油煎、水蒸等方法，而肉类较多的带馅食品适合用水来煮。尽量少用油煎、炸等烹饪方法，避免额外增加脂肪的摄入。

22. 刀剁肉馅鲜味好，机绞肉馅鲜味差

一般家庭包饺子、包子、馅饼等，为了节省时间，常常从外面购买绞肉机绞好的肉馅，或者自己用家庭小型绞馅机绞肉馅。这样虽然节省了时间，但是从营养学的角度来看，却是不科学的。

肉的鲜味主要存在于肌肉的细胞内，即存在于肉汁中。由于肉在绞肉机中是被用强力撕拉、挤压碎的，很多肌肉细胞被破坏碎裂，这就使得含在细胞内的蛋白质和氨基酸大量流失。因此，这种肉馅的鲜味就大大降低。比较起来，用刀剁肉馅，由于肌肉纤维是被刀刃反复切割剁碎的，肌肉细胞受到破坏较少，其肉汁流失也较少。因此，这样制作的肉馅，鲜味就要比机器绞的肉馅香。

23. 咸肉、香肠、火腿忌煎炸

有些人喜欢用煎炸的方法来烹饪咸肉、香肠和火腿。其实这是一种不科学的食用方法。因为，用盐腌过的食物都含有不同程度的亚硝酸盐，这种食物再经油炸、煎等，往往会产生致癌物质，危害人体健康。因此，食用腌肉、熏肉、香肠、火腿肉等忌用煎炸的烹饪方法，而应用煮、蒸的方法较好。因为经过煮、蒸以后，肉中的亚硝酸盐可以随着水蒸气挥发掉，从而减轻对人体的危害程度。另外，食醋可以分解亚硝酸盐，并具有杀灭细菌的作用。因此烹饪咸肉时，如果加点食醋更为有益。

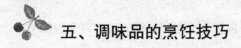

五、调味品的烹饪技巧

烹饪时使用的调味品五花八门，葱、姜、蒜、花椒等4种调味品很多时候都少不了，有些人不管做什么菜，都要放上一点。殊不知，针对不同的食物，它们的调味作用也是不同的，烹饪时应有所侧重。

油盐酱醋，添加得当才健康。食品添加剂中以调味剂使用最多、最广泛，如味精、糖精、酱油、食盐、醋等。这些调料性味各异，有的能抗癌，有的吃多了或用得不当却可能增加患癌的几率。因此，调味时不但要满足味觉的需要，更要考虑到对身体健康的影响。

葱、姜、蒜、花椒，称为调味"四君子"，不仅能调味，而且还能杀菌去霉，对人体健康大有裨益。但在烹饪中如何投放才能更提味、更有效，却是很有讲究的。

1. 食用味精与鸡精方法不当有害健康

鸡精与味精是烹饪中必不可少的调味品。但是这两种调味品如何使用要根据其特性，要遵守一定的使用原则，否则就达不到理想的调味效果，甚至还会产生一定的副作用。

（1）味精的科学用法。味精的主要成分为谷氨酸钠，还含少量食盐、水分、脂肪、糖、铁、磷等物质。味精易溶于水，味道极为鲜美，溶于3000倍的水中仍具有鲜味，其最佳溶解温度是70℃～90℃。味精若使用不当，也会产生不良后果，使味精失去调味意义，或对人体健康产生副作用。因此味精使用时应注意以下几点：

① 不宜过早或在温度很高时放味精。在一般烹饪条件下，味精都较为稳定。如果长时间处于高温中，味精中的谷氨酸钠就容易变为焦谷氨酸钠，不仅没有鲜味，还有轻微毒性，危害人体健康。长期积聚体内可造成心跳加速、手颤抖、失眠等不良反应，所以最好在菜肴出锅前放味精。若菜肴需勾芡，则在勾芡之前放。

②味精在碱性环境中会发生化学变化，产生一种具有不良气味的谷氨酸二钠，失去调味作用。所以，在烹饪碱性原料如碱发鱿鱼、碱发海参等时不宜放味精。在含碱性原料的食物中不宜使用味精，如包子、馒头等。

③酸碱食物不宜放味精。酸碱食物放味精同时高温加热，味精会因失去水分而变成焦谷氨酸二钠，虽然无毒，却没有一点鲜味。

④对酸性强的菜肴，如糖醋、醋熘等类菜肴，不宜使用味精。因为味精在酸性环境中不易溶解，酸性越大溶解度越低，鲜味的效果就越差。

⑤对用高汤烹饪的菜肴，不必使用味精。因为高汤本身已具有鲜、香、清的特点。如果

使用味精，会将本味掩盖，菜肴口味不伦不类。

⑥味精使用时应掌握好用量，如果投放量过多，就会使菜肴产生苦涩的怪味，造成相反的效果，每道菜不应超过 0.5 毫克。

⑦做凉拌菜时宜先溶解后再加入。因为味精的溶解温度为 70℃～ 90℃，低于此温度时难以分解。

⑧注意菜肴的咸淡程度。如果菜肴太咸，就可能吃不出味精的鲜味；如果太淡则味精的鲜味 "吊" 不出来。食盐与味精的比例应在 3∶1 ～ 4∶1 的范围内，即可达到菜肴的圆润柔和口味。

⑨味精摄入过多会使人体的各种神经功能处于抑制状态，从而出现眩晕、头痛、肌肉痉挛等不良反应。此外，老年人、婴幼儿、哺乳期妇女、高血压、肾病患者更要禁吃或少吃味精。

（2）鸡精的科学用法。鸡精的主要成分是味精，味精只是单一的谷氨酸钠。而鸡精则是一种复合调味料，其中的谷氨酸含量在 40% 左右。

现在市场上出售的鸡精并不是用鸡肉为原料制成的，它是在味精基础上加入助鲜的核苷酸制成的。由于核苷酸带有鸡肉的鲜味，故称鸡精。鸡精对人体也是无毒无害的。

① 并非所有的菜肴都适合加鸡精。炖煮牛肉、排骨等本身具有鲜味的食物时，加入鸡精会使食物走味，影响菜肴的味道。

②鸡精含核苷酸，它的代谢产物就是尿酸。所以痛风患者最好少吃鸡精。

③鸡精本身含有一定比例的盐，在使用时加盐要适量。如果在炒菜和做汤时用了鸡精，用盐量一定要相应减少。可以先放一半盐，然后再放鸡精，尝一尝是否咸味合适。如果咸味不够，再加一点盐。如果已经加到合适的咸味，再放一勺鸡精，对于需要控制盐摄入的人来说，可能会不利于健康。

④鸡精溶解性较味精差，如在汤水中使用时，应先溶解再使用。

⑤由于鸡精中含有一定量的味精，因此它与味精的安全性差不多，同样应注意不要长时间高温加热。鸡精中的核苷酸成分也容易受到核苷酸酶的降解。因此，最好在菜肴煮好准备起锅时再放。

⑥在烹饪过程中，鸡精对使用的条件比味精相对要宽松许多。鸡精可以用于任何使用味精的条件，适量加入到菜肴、汤、面食中均可起到较好的调鲜作用。尤其是在汤和火锅中加入鸡精，其香气、滋味相互适应，相得益彰，令人食欲大增。

2. 烹饪食物正确放盐才健康

盐质量的优劣，主要取决于氯化钠的含量和纯净度。细盐又称精盐，其氯化钠的含量和纯净度均比粗盐高，且受到污染的环节少，产品洁白、干燥，久放不易溶化，符合卫生要求。因此，要忌食粗盐。

吃盐过量会损害身体健康。每人每天从食物中摄入的钠总量，折合成食盐不应超过 5 克。

（1）掌握放盐时机，营养不会流失。很多人都习惯边炒菜边放盐，这种方法并不科学。放盐的时间是需要根据所制作的菜式来决定的。

①烹饪前加盐。即在原料加热前加盐，目的是使原料有一个基本咸味，并有所收缩。在使用炸、爆、滑熘、滑炒等烹饪方法时，都可结合上浆、挂糊加入一些盐。因为这类烹饪方法的主料被包裹在一层浆糊中，不易入味，所以必须在烹饪前加盐。另外，有些菜在烹饪过程中无法加盐，如荷叶粉蒸肉等也必须在蒸前加盐。烧鱼时为使鱼肉不碎，也要先用盐或酱油擦一下。但这种加盐法用盐要少，距离烹饪时间要短。

在蒸肉块时，因肉块厚大，且蒸的过程中不能再放调味品，故蒸前要将盐一次放足。

烧整条鱼、炸鱼块时，在烹饪前要先用适量的盐稍微腌渍再烹饪，这样有助于咸味渗入鱼肉。

制作鱼丸、肉丸等，要先在肉茸中放入适量的盐和淀粉，搅拌均匀后再放水，使其能吃足水分，这样的鱼丸、肉丸等烹饪后，既鲜又嫩。

②烹饪中加盐。这是最主要的加盐方法。在炒、烧、煮、焖、煨、滑等时，都要在烹饪中加盐。即在菜肴快要成熟时加盐，减少盐对菜肴的渗透压，保持菜肴嫩松，养分不流失。放盐的最佳时机是起锅前5秒钟。

在烹饪质地紧密并含纤维素多的根茎类原料时，要早放盐，以使之入味。

瓜类蔬菜则要晚放盐。因为此类原料含大量水分，盐放早了，水分和水溶性营养素会大量流失，增大氧化和流失的损失量，形状、口感也会下降。

在烹饪肉类时，为了使肉类炒得嫩，在炒至八成熟时放盐最好。因为盐放早了，蛋白质遇盐凝固，肉类就会变得硬、老，口感粗糙。

在爆肉片、回锅肉、炒白菜、炒蒜薹、炒芹菜时，在旺火、油温高时将菜下锅，全部煸炒透时适量放盐，炒出来的菜肴嫩而不老，养分损失较少。

用豆油、菜籽油烹饪时，为减少蔬菜中维生素的损失，一般应炒过蔬菜后再放盐。

用花生油烹饪时，由于花生油极易被黄曲霉菌污染，故应先放盐炸锅，这样可以大大减少黄曲霉菌毒素。

用猪油烹饪蔬菜时，可先放一半盐，以去除猪油中有机氯农药的残留量，而后再加入另一半盐。

③烹调后加盐。即烹饪完成后加盐。以炸为主的菜肴，炸好后再撒上花椒盐等调料。盐可使蛋白质凝固。因此，烧煮含蛋白质丰富的原料（如鱼汤）不可以先放盐。最好等汤煮好快起锅时再放盐。

肉汤、骨头汤、腿爪汤、鸡汤、鸭汤等荤汤，在烂熟后再放盐调味，可使肉中蛋白质、脂肪较充分地溶在汤中，使汤更鲜美。炖豆腐时也是熟后再放盐。

（2）烹饪少放盐，健康自然来。有的人喜欢吃较咸的食物，俗称"口重"。然而，长期摄入大量的盐对健康的影响和危害非常大，不仅会诱发高血压，而且还可能会引发胃炎、消化性溃疡、上呼吸道感染等疾病。另外，食盐过量还是导致骨质疏松的罪魁祸首。因为肾脏每天都会将过多的钠随尿液排到体外，每排泄 1000 毫克的钠，同时损耗大约 26 毫克的钙。所以人体需要排掉的钠越多，钙的消耗也就越多，最终会影响骨骼的正常生长。

研究发现，盐的摄入量越多，尿中排出钙的量就越多，钙的吸收也就越差。这就是说，少吃盐就等于补钙。专家指出，少吃盐是补钙最经济实惠的方法，也是对健康最有益的方法。要想控制盐的摄入量，应注意以下几点：

①做菜时，用酱油、豆酱、芝麻酱调味，5 克酱油、20 克豆酱所含的盐分才相当于 1 克盐，而且做出的菜肴比直接用盐味道更好。

②北方人日常饮食多为咸香味，可适当改善口味，用甜、酸、辣味代替咸味。如用糖烹制糖醋风味菜，或用醋拌凉菜，既能弥补咸味的不足，又可增进食欲。专家指出，具有天然酸味的柠檬、橘子、西红柿等都可以使用。

③可以利用蔬菜本身的强烈味道，如西红柿、洋葱、香菇等，和味道清淡的食物一起烹饪提味，如西红柿炒鸡蛋等。

④青菜少放盐，否则容易出汤，可导致水溶性维生素的丢失。此外，尽量改变青菜的烹饪方法，能生吃则生吃，不能生吃的就凉拌，实在不行再炒，既省油、控烟，又能调节用盐量。

⑤炒菜出锅时再放盐，这样盐分就不会渗入菜中，而是均匀散在表面，能减少摄盐量。或把盐直接撒在菜上，舌部味蕾受到强烈刺激，能唤起食欲。

⑥鲜鱼类可采用蒸、炖等少油、少盐的保持原味的烹饪方法。肉类也可以做成蒜泥白肉、麻辣白肉等菜肴，既可改善风味，又能减少盐的摄入量。

⑦用蘑菇、木耳、海带等炖汤，可以提色提鲜，完全不用放盐。

⑧利用油香味。葱、姜、蒜等经食用油爆香后所产生的油香味，可增加食物的可口性。

⑨可用中药材与香辛料调味。使用当归、枸杞、川芎、红枣、黑枣、肉桂、五香粉、八角、花椒等香辛料，可增加风味。

⑩多吃水果沙拉、蔬菜沙拉等，不仅可以不用盐，还可补钾，对身体大有好处。

（3）怎样烹饪才有利于碘的吸收。人体中碘的含量虽然很少，但它是人体所必需的微量元素，是合成甲状腺素的重要原料。成年人每日需碘量为 100 微克～ 150 微克，其中 80% ～ 90% 是从食物中获得。如果体内缺碘，就会引起各种疾病。

为了弥补一些地区的水、粮食和蔬菜中含碘量的不足，我国部分地区的食盐中强化了碘。为了提高这些碘的吸收，科学烹饪是十分重要的。同炒一种蔬菜，出锅前放盐，碘的食用率是 63.2%，炝锅时放盐则仅为 18.7%。食用不同的油，碘的食用率也不同。如用动物油炖土豆，炝锅时放盐，碘的食用率为 2%，而用豆油可增加到 25%。添加某些调味品也可增加碘的食用率。如炒土豆，炝锅时放盐，碘的食用率为 24%。而加了陈醋后，碘的食用率增加到 47.8%。此外，蔬菜的不同配炒，碘的食用率也不同。如在出锅前放盐，碘的食用率：西红柿炒土豆为

53%，西红柿炒鸡蛋为 62%，西红柿炒黄瓜为 61%，西红柿炒柿子椒为 77%。

（4）食盐可调百味。盐在烹饪过程中常与其他调料一同使用。在使用过程中几种调料之间必然会发生作用，形成一种复合味。

①咸味中加入微量醋，可使咸味增强，加入醋较多，可使咸味减弱。反之，醋中加入少量食盐，会使酸味增强，加入大量盐，会使酸味减弱。

②咸味中加入食糖，可使咸味减弱。甜味中加入微量咸味，可在一定程度上增加甜味。煲好糖水，加几粒盐，口味更香甜。

③咸味中加入味精，可使咸味缓和，味精中加入少量食盐，可以提升味精的鲜度。

④做甜食时，加入占糖量为 1% 的食盐，食品的味道会更加甘美。

⑤削好的鲜菠萝放入盐水中浸一下比较好吃。吃酸柑橙加点盐，就不那么难吃了。

（5）食盐的妙用

①热剩饭时加少量食盐，可除去饭中的异味。

②发好的海蜇皮，如果吃不完，可浸在盐水里防止风干。否则，风干后无论怎样泡也嚼不动。

③将冰冻的鸡、鱼、肉等放进淡盐水里解冻，不但解冻快，而且成菜后鲜嫩味美。

煮豆腐时，如果煮的时间太久，豆腐就会变硬，失去原有的风味。如果事先加点盐，豆腐就不会变硬，而且口感滑嫩好吃。

④煮面条时，在汤里先放盐，面条就不会煮成烂糊，而且味道更佳。

⑤蒸剩饭时要想去除剩饭"蒸"的气味，可在蒸水里加一小汤匙盐。这样蒸出来的剩饭和刚煮出来的饭一样好吃。

⑥豆腐干、豆腐皮等豆制品都含有豆腥味，若用盐开水浸漂，既可去除豆腥味，又可使豆制品色白质韧。

⑦用食盐涂抹鱼身，再用水冲洗，可去掉鱼身上的黏液。

⑧牛奶中少放些盐，不易变坏。

⑨盐炒后放入食醋内，醋不发霉。

⑩切鱼时，蘸一点细盐在手指上，可减少黏滑。

⑪把收拾干净的鱼放入盐水中浸泡 10 ～ 15 分钟，然后再用油炸，鱼块儿不易碎。

⑫有些菜叶上带有许多小虫，用清水不易洗净，如放在 2% 的食盐溶液里浸洗，菜上的小虫就会浮在水面，易于清除。

⑬煮蛋时在热水中加些盐，煮熟后在冷水中略浸，可很快剥去蛋壳。

⑭有苦味或涩味的蔬菜切好后，加少量盐腌渍一下，滤去汁水再炒，可减少苦涩味。

⑮在煮菠菜等绿叶菜时，如果菜叶变黄，可加少许食盐，菜叶即可由黄变绿。

⑯制作肉丸、鱼丸时，加盐搅拌，可以提高原料的吃水量，使制成的鱼丸等柔嫩多汁。

⑰在和面团时加点盐，可在一定程度上增加面的弹性和韧性。发酵面团中加点盐，还可起

到加快面团发酵速度的作用，使蒸出的馒头更松软可口。

3. 炒肉加醋好，营养又可口

食醋不仅是调味品，而且能增加食物的美味，使食物更易消化吸收。

（1）食醋中含有醋酸，可软化肌肉纤维。所以，在烹饪肉食时加一些食醋，不仅能使肉变得软嫩，容易炖烂，还有利于人体消化吸收。

（2）食醋为酸性物质，可中和鱼虾中三甲胺等胺类的腥膻味。所以，在烹饪鱼虾时，可适当加一些醋。

（3）食醋具有一定的杀菌能力，可以杀死肠道中的一些肠道致病菌。制作肉类凉拌菜时加一些醋，不仅能增加风味，还能增进食欲。

4. 勾芡作用大，营养少氧化

勾芡就是在起锅前加水淀粉，使菜肴的汤变稠。淀粉所含的谷胱甘肽，具有保护维生素C，使其少受氧化损失的作用，可减少水溶性营养素的流失。烹饪时水溶性营养素可溶于汤中，勾芡后，汤汁包裹在菜肴的表面，食用时随食物一起吃入口中，从而大大减少了遗弃汤汁而损失营养素的可能。那么，什么样的菜肴用什么样的芡汁呢？

如果是爆、炒、熘的菜肴，芡汁一定要够浓，这样才能裹住原料，不会使汤汁四溢；如果是扒、烩、烧的菜肴，浓度要略稀，但仍要浓芡。这样汤汁既能呈流动感，又能与原料合为一体；如果是含汤汁的菜肴，可勾薄芡，只要汤的浓度达到需要的程度就可以了，太浓会糊，太稀又会显得寡淡。勾芡要掌握好时间，应在菜肴九成熟时进行。过早使芡汁发焦；过迟则易使菜受热时间长，失去脆嫩的口感。勾芡的菜肴用油不能太多，否则芡汁不易黏在原料上。菜肴汤汁要适当，汤汁过多或过少，都会造成芡汁过稀或过稠，影响菜的质量。勾芡用的淀粉，主要有绿豆淀粉、马铃薯淀粉、麦类淀粉等，这些淀粉对人体健康是绝对安全的，可以放心食用。由于淀粉吸湿性较强，容易发生霉变，霉变后的淀粉千万不要食用，容易产生一种可导致肝癌的黄曲霉素。

5. 肉中加糖可调味增色

糖除了能调和口味、增加菜肴色泽的美观外，还可以供给人体丰富的热量。肉类中加糖，能增加菜肴的风味。

在制作糖醋鱼等菜肴时，应先放糖后加盐，否则食盐的脱水作用会促进蛋白质凝固而难于将糖味渗入，从而造成外甜里淡，影响口味。

夏季天热肉类很难保存，如果在烹饪肉类时放点糖，不仅能起到调节色、香、味的作用，还能延长菜肴的保存时间。

6. 温度最高时放料酒，去腥又调味

放料酒的最佳时间是锅内温度最高时。烧制鱼肉、羊肉等荤菜时，放一些料酒，可以借料酒的蒸发去除腥气。要想使料酒起到解腥提香的作用，关键是要使酒得以挥发。因此，要注意以下几点。

（1）急火快炒的菜肴。烹饪中最合理使用料酒的时间是，在整个烧菜过程中锅内温度最高的时候。因料酒的乙醇在高温环境中存留的时间短，腥味物质能被乙醇溶解并一起挥发掉。同时脂肪酸又易与乙醇结合，生成具有芳香的酯类化合物。如煸炒肉丝，料酒应当在煸炒刚完毕的时候放；油爆大虾，必须在油热后立即放入大虾，然后马上放料酒。料酒一放入，立即会爆出响声，并随之冒出一股香气。红烧鱼，必须在鱼煎制完成后立即放料酒；炒虾仁，待虾仁滑熟后，料酒要先于其他作料入锅。

绝大部分的炒菜、爆菜、烧菜，料酒一放入，立即会爆出响声，并随之冒出一股水汽，这种用法是正确的。

（2）清蒸鱼等菜肴。由于加热的温度开始较低，加热时间较长，一般是先加料酒。随着温度的升高。料酒中的乙醇开始发挥作用，既能使腥味随乙醇挥发掉，又能使乙醇与鱼肉中的脂肪酸、氨基酸等缓慢而又充分地发生化学反应，从而增加菜肴的醇香，提高鲜味。

（3）新鲜度较差的鱼、肉类。烹饪不太新鲜的鱼、肉时，由于此类菜肴中三多胺等腥味物质较多，一般应在烹饪前先用料酒浸拌一下，使酒中的乙醇充分浸透入鱼肉的纤维组织内，促使胺类物质全部溶解，在煸炒时可随乙醇一起全部挥发，达到去腥的目的。

（4）上浆挂糊时，也要用料酒。但料酒不能多用，否则就挥发不尽。

（5）用料酒要忌溢和多。有的人在烹饪时，凡是菜肴中有荤料都一定要放料酒。于是，榨菜肉丝汤之类的菜也放了酒，结果清淡的口味反而被料酒味所破坏。这是因为放在汤里的料酒根本来不及挥发的缘故。所以烹饪时用料酒，一般要做到"一要忌溢，二要忌多"。

（6）先酒后醋。烹饪动物内脏、海味类食物时，一般来说应放一些料酒和醋，但必须注意料酒和醋的投放顺序。料酒有很高的渗透性和挥发性，先放料酒可以渗透到菜肴原料的内部，受热挥发后就能除去原料中的腥臊气味，增加食物的美味。食醋含有大量的醋酸等有机物，但遇热或与料酒中的醇类相结合时，会产生挥发性的酯类物质。如果放醋过早，香味就会挥发掉，菜肴就会呈酸涩味，鲜味就会降低。一般来说，料酒可先同原料浸渍片刻后再烹饪，或待食物快熟时再放入。醋则应在食物烹熟起锅前放入，拌炒数下即可。

（7）忌用白酒代替料酒。在日常生活中，有一些人在烹饪菜肴时常用白酒代替料酒，这种做法是不正确的。

这是因为，料酒中含有一定量的乙醇，在烹饪中可以起到以下的作用：一是可使菜肴滋味融合，起到去腥臭、除异味的作用。二是能在炖肉或炖鱼时与溶解的脂肪产生酯化作用，生成酯类等香味物质，使菜肴溢出香气，增鲜提味。三是在烹饪绿色蔬菜时，使菜翠绿悦目、鲜艳

美观。而白酒却不能起到这样的作用，因为白酒不但乙醇含量大大高于料酒，而且其糖分、氨基酸的含量又大大低于料酒。如果在烹饪时使用白酒，绝对达不到料酒所能达到的效果。不但菜的滋味欠佳，而且还使菜的原味受到破坏。所以，在烹饪菜肴时忌用白酒代替料酒。

7. 食用酱油有讲究，烹饪佐餐各不同

酱油不仅能提香上色，而且能补充营养。但有的人经常是一瓶酱油既炒菜又凉拌，既做汤又蘸食。其实，这种做法并不科学。

生抽炒菜，老抽上色。专家指出，生抽颜色比较淡，呈红褐色，味道较咸，炒菜、做汤均可。老抽酱油的颜色比生抽酱油更加浓郁，适合给食物上色，如红烧菜系等。

烹饪酱油别生吃。炒菜、凉拌不能都选用一种酱油。专家指出，在我国，酱油要求标明是佐餐酱油，还是烹饪酱油，两者的卫生指标是不同的，所含菌落指数也不同。烹饪酱油既有生抽也有老抽，一般不能用来生吃。因为合格的烹饪酱油，仍然带有少量细菌，需要加热才能食用。而佐餐酱油一般是生抽，菌落总数小于或等于30000个/毫升，蘸食、凉拌都不会危害健康。专家指出，家里最好要备烹饪生抽、烹饪老抽、佐餐酱油3种。

酱油在锅里高温久煮会破坏其营养成分，并失去鲜味。因此，最佳使用方法是应在烧菜即将出锅之前放酱油。

8. 调料投放要有序

调味品的种类琳琅满目，调味方法千变万化。但是要想烹饪出健康美味的菜肴，一定要了解和掌握调味料的选用及调味作用、投放时机和顺序，否则烹饪出的菜肴将是不成功的。

菜肴的质量好坏与调味品的投放顺序正确与否有密切的关系。如果调味品投放顺序颠倒，不仅会影响其作用的发挥，还会影响菜的质量与味道。

盐对食物有强力渗透的作用，如果盐比糖先加入，糖的味道就不易进入食物。而且盐还具有凝固蛋白质的作用，所以，烹饪时应先加入糖较好。食物中加盐，会使其脱水，组织凝固，所以如果先加盐后加糖，就不易溶解。如果先加醋，糖就不易溶解。如果先加酱油或味精，其香味和风味会尽失。另外，有些菜需要加料酒，最好在放糖之后加入，能去除腥味及软化食物。酱油和味精留到最后，可以保存它们特有的风味。所以，加调味料的先后顺序是：糖、酒、盐、醋、酱油、味精。

9. 调味出错的补救办法

在日常的烹饪中，由于各种原因，难免会偶尔出现调味出错的时候。

太咸：煮汤时，不慎多放了盐，但又不能加水时，可将一个洗净的生土豆或一块豆腐放入汤内，可使汤变淡；或将一把大米、面粉用布包起来放入汤内，也可使汤变淡。

太酸：醋放多了，可将一只松花蛋捣烂加入汤内，能有效地减少酸味。

太辣：炒菜时加辣椒太多了，可放入一个鸡蛋同炒，辣味可以减少。

太苦：菜肴太苦时，滴入少许白醋，可将苦味除去或减轻。

太腻：汤过于油腻，将少量紫菜在火上烤一下，撒入汤中，可除去油腻。

酱油太多：若酱油放多了，在菜肴中加入少许牛奶，可使味道变美。

10. 烹饪用葱有学问，主次分明味道美

葱是烹饪时最常用的一种调味作料，用得恰到好处，还是有些不容易的。如清炒鸡蛋，将少量葱放入油锅内煸炒之后，倒入调好味的蛋液翻炒几下出锅，即可达到鲜香滑嫩的效果。

如果把许多葱直接放入蛋液，再入油锅内翻炒，其结果不是蛋熟葱不熟，就是葱熟蛋已过火变老，颜色不好看，味道也欠佳。因此，以葱调味，要根据菜肴的具体情况、葱的品种来合理使用。

菜肴用葱很有学问，但使用葱时一定要注意用量适当，主次分明，不要"喧宾夺主"而影响本味。

煲汤一般都不放葱，只放姜，主要是怕浓重的葱味夺了汤的鲜美味道。

（1）根据葱的特点使用葱。一般常用的葱有大葱、香葱，大葱辛辣香味较重，在菜肴中应用较广。既可作辅料又可当做调味品。加工成丝、末，可做凉菜的调料，既可增鲜，又可起到杀菌、消毒的作用；加工成段或其他形状，经油炸后与主料同烹，葱香味与主料鲜味溶为一体，十分馋人，如"大葱扒鸡"、"葱扒海参"等都是用大葱调味。

香葱经油煸炒之后，能够更加突出葱的香味，是烹制水产、动物内脏不可缺少的调味品。加工成丁、段、片、丝与主料同烹制，或拧成结与主料同炖，出锅时，弃葱取其葱香味。香葱经沸油氽炸，香味扑鼻，色泽青翠，多用于凉拌菜，加工成末撒拌在成菜上。如葱拌豆腐、葱油仔鸡等。

（2）根据主料的形状使用葱。葱加工的形状应与主料保持一致，一般要稍小于主料，但也要根据原料的烹饪方法而灵活运用。如红烧鱼、干烧鱼、清蒸鱼、氽鱼丸、烧鱼汤等。同样是鱼肴，由于烹饪方法不一样，对葱加工形状的要求也不同。如红烧鱼要求将葱切段与鱼同烧；干烧鱼要求将葱切末和配料保持一致；清蒸鱼只需把整葱摆在鱼上，待鱼熟拣去葱，只取葱香味；氽鱼丸要求把葱浸泡在水里，只取葱汁使用，这样就不会影响鱼丸色泽；烧鱼汤时一般是把葱切段，油炸后与鱼同炖。经油炸过的葱，香味甚浓，可去除鱼腥味。汤烧好去葱段，其汤清亮不浑浊。

（3）根据原料的需要使用葱。葱适合烹饪贝类。葱不仅能缓解贝类的寒性，还能避免出现吃了贝类后咳嗽、腹痛等过敏症状。小葱更适合烹制水产品、蛋类和动物内脏等，可以很好地去除其中的腥膻味。

豆类制品和根茎类原料，以葱调味能去除豆腥味、土气味。单一绿色蔬菜本身含有自然芳香味，就不一定非要用葱调味了。

11. 生姜用途广，巧妙用姜增鲜添色

食用的生姜一般可分为嫩姜和老姜。嫩姜也叫子姜，脆而少辣性，偏鲜香，适合小炒，一般不喜欢吃辣的人也可以接受。老姜皮厚肉坚，辛辣味浓。从食疗价值来讲，老姜比嫩姜好。

姜适合烹饪鱼类。鱼类不仅腥味重，而且性寒。而生姜则性温，既可缓解鱼的寒性，又可解腥，增加鱼的鲜味。一般来说，老姜适宜切片，适用于炖、焖、烧、煮、扒等；嫩姜辣味淡，适宜切丝，可做凉菜的配料。中医认为，姜属于温性食物，烹饪带鱼、鳝鱼等温性鱼类时要少放。

生姜虽在烹饪中用途很大，但很有讲究，不一定任何菜都要用姜来调味。如单一的蔬菜本身就含有自然芳香味，如果再用姜来调味，势必会"喧宾夺主"，影响本味。虽然姜是许多菜肴中不可缺少的香辛调味品，但是怎样使用，却不是人人都会的。用得恰到好处就可以使菜肴增鲜添色，反之则会弄巧成拙。因此，在烹饪中要根据菜肴的具体情况，合理、巧妙地用姜。

（1）姜丝入菜多作配料。作为配料入菜的姜，一般要切成丝。如姜丝肉是取新姜与青红辣椒切丝，与瘦猪肉丝同炒，其味香辣可口。此外，还可做凉菜的配料，既增鲜又杀菌、消毒。

（2）姜块（片）入菜去腥解膻。生姜切成块儿或片儿，多数是用在火工菜中，如炖、焖、煨、烧、煮、扒等烹饪方法，具有去除水产品、禽畜类的腥膻气味的作用。在火工菜中用老姜，主要是取其味，而成熟后要弃姜。此外，还要用刀面将姜拍松，使其裂开，便于姜味外溢，浸入菜中。

姜除了在烹饪加热中调味外，还用于菜肴加热前，起到浸渍调味的作用，如"油淋鸡"、"叉烧鱼"、"炸猪排"等。烹饪时，由于姜与原料不便同时加热，原料的异味无法去除，所以必须在加热前用姜片浸渍相当的时间，以去除其异味。但在浸渍时，若加入适量的料酒、葱，效果会更好。

（3）姜米入菜提香增鲜。姜切成米粒状即姜米，姜米多用于炸、溜、爆、炒、烹、煎等烹饪方法，用以提香增鲜。

姜性温散寒邪，利用姜的这种特性，在食用凉性菜肴时，往往佐以姜米醋同食。醋有去腥暖胃的功效，再配以姜米，互补互存，既可以防腹泻、杀菌消毒，又能促进消化。如清蒸白鱼、芙蓉鲫鱼、清蒸蟹、醉虾、烩笋等，都需浇上醋，加姜米。有些还需撒上胡椒粉，摆上香菜叶。

姜米在菜肴中也可与原料同煮同食，如清炖狮子头等。猪肉切细，再用刀背砸后，需加入姜米和其他调料，制成狮子头，然后再清炖。生姜加工成米粒，更多的是经油煸炒后与主料同烹，姜的辣香味与主料鲜味溶于一体，十分诱人。有些菜肴，姜米需先经油煸炒之后，待香味四溢，然后再加入主配料同烹，如炒蟹粉、咕喀肉等。

（4）姜汁入菜色味俱佳。水产、家禽的内脏和蛋类，腥膻异味较浓，烹饪时生姜是不可缺少的调料。有些菜肴可用姜丝作配料同烹，而火工菜肴（行话称大菜）要用姜块（片）去腥解膻，一般的炒菜、小菜用姜米提鲜。但还有一部分菜肴不便与姜同烹，但又要去腥提香，如果用姜汁则比较适宜。如制作鱼丸、虾丸、肉丸及将各种动物性原料用刀背砸成茸后制成的菜肴，就要用姜汁去腥膻味。

制作姜汁是将姜块拍松，用清水泡一定的时间，一般还需要加入葱和适量的料酒同泡，这就成所需的姜汁了。

12. 大蒜生吃好，切开压碎要放一刻钟

蒜适合烹饪鸡、鸭等禽肉，因为蒜能提味，可使禽肉的香味发挥得更充分。此外，由于大蒜具有杀菌、解毒作用，对于禽肉中的细菌或病毒能起到一定的抑制作用。但是，生蒜杀菌作用更大，可在食物做熟后将蒜切碎放进去。

（1）蒜切后放一刻钟，抗癌效果更佳。大蒜之所以有很强的抗癌作用，是因为其中的酶在起作用。但是，高温烹饪会破坏酶，使大蒜失去其抗癌作用。蒜切好后最好放一刻钟，抗癌效果会更好。

如何正确烹饪才最科学呢？最佳方法是把大蒜切开压碎后，保证其与空气接触至少10～15分钟，然后再放入热锅烹饪。这样可使大蒜中呛辣的物质与氧气结合形成化合物，这种化合物在高温下不会被破坏。这样食用大蒜才能有效发挥其抗癌作用。当然，如果生吃会更好。

（2）吃蒜应捣碎。

大蒜中含有蒜氨酸和蒜酸，这两种成分各自存在，互不相干。只有把大蒜捣碎，使两者接触，蒜氨酸才能在蒜酸的作用下分解，生成有挥发性的大蒜辣素。大蒜辣素是一种无色油状液体，具有较强的杀菌作用。大蒜辣素进入人体能与细菌体内的半胱氨酸发生化学反应，生成结晶性沉淀，破坏细菌的生长和代谢。因此，大蒜应捣碎后再食用。

13. 花椒烹饪方法多，用量多少有讲究

花椒适合烹饪肉类。中医认为，花椒有健胃、除湿、解腥的功效，可除去各种肉类的腥臊臭气，并且能促进唾液分泌，增进食欲。烹饪中花椒的使用方法很多，可以在腌制肉类时加入，也可以在炒菜时煸炸，使其散发出特有的麻香味，还可以使用花椒粉、花椒盐、花椒油等。但是，花椒属于温性食物，烹饪羊肉、狗肉时应少放一些。

14. 大料味浓郁，投放择时机

大料具有微甜和刺激性的甘草味，烹饪后有浓郁的香味。因此，大料多用在卤、酱、烧、炖等烹饪方法中。大料具有去腥添香的功能，特别是在炖烧牛羊肉时，加入大料不仅可以去除

腥膻味，还能使菜肴味道更香醇。

（1）适用大料的4个方法。

①炒白菜。除了清蒸、清炖等需要突出食材本身香味的菜肴外，炒菜时加点大料能增加肉香味。如炒白菜时加入大料，会使炒好的白菜带有浓郁的荤菜味，是"素菜荤烧"的经典。用大料炒青菜，和用花椒炒青菜的方法一样：先热锅，倒入油，放入大料加热到香味四溢时，放入蔬菜翻炒，最后放入适量的盐就可以了。用大料代替花椒炝锅，不但更香，还能省去把细小的花椒挑出来的麻烦。炖白菜时，也可加入大料同煮，煮出来的白菜也有浓郁的荤菜味。

②腌菜。在腌鸡蛋、鸭蛋、香棒、雪里红等菜时，放入大料别具风味。

③直接用作香料油。将油烧热，放入大料炸出香味，适合搭配葱、姜拌菜用。

④拌馅。和五香粉配合使用。

（2）烹饪方法不同，大料投放的时机也不同

①炖肉时，与肉同时下锅。

②腌菜时要提前放。

③炒菜时要先用大料炝锅。

④拌菜时则应出锅后放。

需要注意的是，每次放大料不能过多。一般情况下，炒一份菜放1瓣为宜，炖菜最好不要超过3瓣。

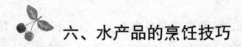

六、水产品的烹饪技巧

许多人都爱吃水产品，这是因为水产品不仅营养丰富，而且还具有鲜美的味道、滑嫩的口感。市场上的水产品的品种繁多，而烹饪方法又各不相同，其中不乏一些错误的烹饪方法。那么，购买水产品之后，如何烹饪才是正确的呢？

1. 水产品不煮熟，中毒危险大

水产品要尽量烹饪至全熟才能吃。肉要煮到颜色转为灰或棕色，肉汁透明澄清，没有血水渗出。不要为了享受口感而忽视中毒危险。

水产品中的病菌主要是副溶血性弧菌等，耐热性比较强，在80℃以上才能被杀灭。除了水中带来的细菌之外，水产品中还可能存在寄生虫卵以及加工带来的病菌和病毒污染。一般来说，在沸水中煮4～5分钟才能彻底杀灭细菌。因此，在吃"醉蟹"、"生海胆"、"酱油腌海鲜"之类不加热烹饪的水产品时一定要慎重，吃生鱼片时也要保证鱼的新鲜和卫生。

如果要享受生食的美味，最好把生海鲜、生鱼片在醋里浸泡3分钟以上再食用，这样可杀死肠炎弧菌。生食时，搭配芥末、葱、蒜等一起吃，也有助于杀菌。

2. 煎炸海鲜要适温，美味又营养

炸海鲜的出锅温度应在90℃左右，食用温度应为70℃左右。这样既不太烫，味道又最鲜美。煎炸海鲜的油温过低时，未熟的海鲜不卫生，易引起腹泻。但温度过高时，会凝固海鲜的蛋白质，使其变得既难消化，又会破坏海鲜的美味。

3. 蒸鱼用开水，鲜汁不外流

蒸鱼时用开水，这样鱼的外部突然遇到高温蒸气会立即收缩，使内部鲜汁不外流。而且鱼熟后味道鲜美，有光泽。

4. 煎鱼用慢火　色黄形美营养全

煎是一种常用的烹饪方法。要做好煎鱼的关键是掌握好火候。煎鱼时要使用慢火，这是因为，原料表面水分较多或是黏稠，如果用旺火热锅，菜肴就会黏锅糊底，不利于煎翻，破坏菜肴的形状，色泽也不美观。而且还会产生焦糊味，质地也会失去软嫩，严重的还会造成外糊里生。慢火煎，锅内温度较低，能使菜肴外香内嫩，清淡不腻，原味不变，色泽金黄，形状美观；同时还能保持菜肴中的营养素少受损失或不被破坏。

为了防止煎鱼时粘锅，可在烧热的锅里放油时再撒把盐，也可净锅后用生姜把锅擦一遍。但在煎鱼时不要经常翻动，直到鱼在锅里煎透一面后再翻动煎另一面。

5. 清蒸清炖海鱼好，营养不会跑

海鱼含大量蛋白质、维生素、微量元素及矿物质等，尤其含有卵磷脂和多种不饱和脂肪酸。海鱼的烹饪方法很多，从营养角度来讲，海鱼最适宜清蒸和清炖。因为这样可保证海鱼中所有的营养不易流失，而且味道鲜美。此外，尽量不要吃油炸海鱼。因为食用油在高温时，会将油中的不饱和脂肪酸转化为饱和脂肪酸。饱和脂肪酸是形成心脑血管血栓和血管壁斑块的主要原因。

海鱼所含的脂肪与饱和脂肪酸都较低，而欧米伽-3脂肪酸含量较高，能增加血液中好的胆固醇，协助清除血液中坏的胆固醇。研究表明，这种脂肪酸还能减少中风的危险。所以，经常食用海鱼可降低中风的发病几率。

6. 活鱼活吃难消化，食用时间有讲究

在日常生活中，很多人都认为活鱼的营养价值高，于是把"活鱼活吃"奉为上等菜肴。其实，这种吃法并不科学。无论是营养价值，还是食用味道，活鱼或刚死的鱼，都不是食用的最

佳时间。

鱼死后经过一段时间，肌肉逐渐僵硬。处于僵硬状态的鱼，其肌肉组织中的蛋白质还没有分解产生氨基酸，而氨基酸是鲜味的主要成分，吃起来不仅感到肉质发硬，同时也不利于人体消化吸收。当鱼体进入高度僵硬后，即开始向自溶阶段转化。这时鱼中丰富的蛋白质在蛋白酶的作用下，逐渐分解为人体容易吸收的各种氨基酸。处于这个阶段的鱼，不管用什么方法烹饪，味道都是非常鲜美的。

有两种方法可以使蛋白质进行初步的分解：一种方法是增加烹饪的时间，因此民间有"千煮豆腐，万煮鱼"的说法。另一种方法就是利用鱼死后细胞自溶时释放出的水解酶对自身蛋白质的水解，从而产生多肽和氨基酸。这一过程开始于鱼死后，鱼体进入高度僵硬状态时。所以，活鱼现烹现吃只能靠烹饪时产生的有限的氨基酸来增加鲜味，而且需要经胃肠道消化的蛋白质较多，容易产生饱腹感。

那么，是不是鱼杀后，放置时间越长味道就越鲜呢？其实不然。因为，一方面，鱼自身的水解酶的数量有限，过了一段时间后就会耗尽。另一方面，鱼肉放置时间过长，其中的蛋白质就会被环境中的腐败菌分解成有害、有毒物质，此时就不能再食用了。

7. 鱼头好吃要煮熟，贪生会有寄生虫

鱼体含有两种不饱和脂肪酸，即 DHA 和 EPA。这两种不饱和脂肪酸对清理和软化血管、降低血脂以及健脑、延缓衰老等都非常有好处。DHA 和 EPA 在鱼油中的含量要高于鱼肉，而鱼油又相对集中在鱼头内。因此，多吃鱼头对人的健康有益处。

鳃不仅是鱼的呼吸器官，而且也是一个相当重要的排毒器官，这就是吃鱼都要摘除鱼鳃的重要原因。正常情况下，鱼头内不会有毒素存在，吃鱼头是安全的。但由于环境恶化导致水域和生态植物链被污染，加之有的养殖者在饲料里添加化学物质，在一定程度上会使鱼体内的有害物质增加且难以排出，会蓄积到鱼头内。此外，鱼头内还存在着大量的寄生虫。所以吃鱼头一定要煮熟，千万不要贪生，尤其是在吃火锅的时候更要注意。

8. 炖鱼加啤酒和醋，增加营养素

炖鱼时适量加点醋，可以使其酸度增加，促使蛋白质凝固，使鱼肉易烂味香，易被人体吸收。另外，醋还能使骨组织软化，使鱼骨细胞中的胶质分解出钙和磷被人体吸收，增加了营养价值。

啤酒中含有少量酒精，又含有多种氨基酸和维生素，具有极好的口感。故除了供饮用外，还可用做烹饪配料。炖鱼时，加入一些啤酒，有助于鱼的脂肪分解，还能产生脂化反应，使鱼味更加鲜美。因此，炖鱼加些啤酒好。

9. 烹调海鱼加点醋，减少毒素

食用青皮红肉鱼类时，烹饪前应去内脏且洗干净，切段后用水浸泡几个小时，然后红烧或清蒸、酥焖，但不宜油煎或油炸。如果在烹饪时放醋，就可以使带毒的组胺含量下降。

10. 海带浸泡时间长，营养流失多

海带含砷主要是海水污染所致。因此，在食用海带时，一定要用水浸泡海带，砷和砷化物就会溶解在水中，含砷量就会大大减少。

海带浸泡时水要多些，或者换一两次水。至于浸泡时间，要根据海带质地和含砷量来决定。海带比较嫩，含砷量少的，浸泡时间不能太长；如果质地硬，含砷多的，浸泡时间可相对较长。但由于含砷量的多少难以用肉眼鉴别，因此，一般来说浸泡 6 个小时左右就可以了。如果浸泡时间过长，海带中的营养物质，如水溶性维生素、无机盐等也会溶解于水，营养价值就会降低。

11. 煮鱼用沸水，美味又营养

煮鱼时要沸水下锅。这是因为，鲜鱼质地细嫩，沸水下锅能使鱼体表面骤然受到高温，蛋白质变性收缩凝固，从而保持鱼体形态完整。同时，鱼表面的蛋白质凝固后，孔隙闭合，鱼内所含可溶性营养成分和呈味物质不易大量外溢，可最大限度地保持鱼的营养价值和鲜美滋味。

如果煮鱼时冷水下锅，随着水温的逐步升高，鱼肉起糊，表面不光滑，甚至会破碎，其可溶性营养成分和呈味物质就会大量溶于汤内，影响菜肴的质量和风味。

12. 烧鱼有讲究，营养味道好

要把鱼烧好，需注意以下几点：

（1）鱼要煎透。做红烧鱼时，要先把鱼在锅里煎透。

（2）烧鱼防肉碎。烧鱼时水不宜过多，一般以水没过鱼为宜。翻动鱼的铲子不要过于锋利，以防弄碎鱼肉。

（3）去鱼腥妙计。有人喜欢烧鱼时把姜与鱼一起下锅，认为这样可去除鱼腥。其实不然，过早放姜不能起到去除鱼腥味的作用。这是因为，早放姜会使鱼体浸出液中的蛋白质阻碍生姜的去腥效果。可以先把鱼在锅里煮一会儿，待蛋白质凝固后再放姜，也可在烧鱼的时候加入适量的牛奶、米醋或料酒，同样也能达到去腥的效果。

13. 海参加点醋，减少营养素

海参可以补肾、养血，其营养和食疗价值都非常高。但是，做海参时放醋，营养价值就

会大打折扣。

　　海参的吃法有很多种，最常见的就是凉拌，还可与糯米或大米一起煮粥，或与其他食物、药物一起煲汤。未经彻底加工清洗的海参，吃起来常有涩口的感觉。为了去除海参涩味，许多人喜欢在烹饪时加点醋。但是，酸性环境会使海参胶原蛋白的空间结构发生变化，蛋白质分子出现不同程度的凝集和紧缩。因此，加了醋的海参不但吃起来口感、味道均有所下降，而且胶原蛋白受到了破坏，营养价值也降低许多。

14. 蒸煮螃蟹凉水下锅，蒸熟煮透才能吃

　　在烹饪螃蟹之前 2 ～ 3 个小时，要解开捆绑的草绳，将螃蟹放入自来水中，让它在游动中排出体内积聚的氨氮，这样可以去除腥味。但浸过淡水的螃蟹不能再储养。

　　蒸煮螃蟹时，一定要凉水下锅，这样蟹腿才不易脱落。由于螃蟹是在淤泥中生长的，螃蟹体表、鳃部和胃肠道都沾满了细菌、病毒等致病微生物。如果生吃、腌吃或醉吃螃蟹，可能会感染肺吸虫病等慢性寄生虫病。因此，在食用螃蟹时，一定要蒸熟煮透，并且在水开后至少还要再煮 20 分钟。吃螃蟹时，必须除尽鳃、心、胃、肠，因为这些部位含的细菌、病毒、污泥特别多。脾胃虚寒者要少吃，以免发生腹痛腹泻。一般吃一到两个即可，吃完螃蟹后最好喝上一杯姜茶祛寒。

15. 冰鲜虾不能清蒸、白灼

　　任何海鲜都只有在高度新鲜的状态下才能清蒸、白灼。水产品与肉类不同，体内带有很多耐低温的细菌，而且蛋白质分解特别快。如果放在冰箱里时间较长，虾体的含菌量就会增多，蛋白质也会部分变性，而且还会产生胺类物质，达不到活虾的口感、风味和安全性，当然也就不适合白灼了。但是，冰的鲜虾可以高温烹炒或煎炸。

16. 贝类要吃活，死贝类病菌毒素多

　　贝类本身带菌量比较多，而且蛋白质分解又很快，一旦死去便大量繁殖病菌、产生毒素。同时，其所含的不饱和脂肪酸也容易氧化酸败。不新鲜的贝类还会产生较多的胺类和自由基，对人体健康造成威胁。选购活贝之后也不能在家存放太久，要尽快烹饪。过敏体质的人尤其应当注意，因为有时候过敏反应不是因为海鲜本身，而是海鲜里蛋白质分解过程中产生的物质导致的。

17. 海米虾皮做菜做汤要过水

　　海米或虾皮在加工过程中容易染上一些致癌物。因此，用海米、虾皮做菜做汤前，最好用水煮 15 ～ 20 分钟，捞出再烹饪食用，并且要将煮水倒掉。

18. 鳝鱼烹饪方法正确，味道美

（1）忌用温油。如果用温油滑，因鳝鱼的胺性大，难以去除异味。相反，用热油滑后，可使鳝鱼脆嫩、味浓。

（2）忌不加香菜。炒鳝鱼配香菜，可以起到调味、提香、解腻的作用。

（3）上浆不宜加调味品。鳝鱼含有大量的蛋白质、核黄素等，如果在上浆时加入盐等调味品，会使鳝鱼中的蛋白质封闭，肉质收缩，水分外溢。如果用淀粉上浆，油滑后浆会脱落。因此鳝鱼在上浆时不加调味品。

19. 蒸鱼用大火，中途不能停

凡是用于蒸制的鱼一定要鲜活，经冰冻、久放的鱼都不宜蒸食，这样可以保持鱼本身鲜嫩清淡的味道。蒸鱼一定要用大火，在短时间内快速蒸熟，忌用小火慢慢蒸。因为如果用小火，鱼中丰富的蛋白质就会逐渐凝固，失水退嫩，鲜味受损，肉质会发柴。蒸鱼时中途停火或凉后再蒸，其质量也不如一次蒸熟的。蒸鱼时间以 8～10 分钟为宜，若见鱼眼发白，鱼嘴张大，骨肉轻轻一动就可分离，则说明鱼蒸透了。

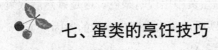

七、蛋类的烹饪技巧

鸡蛋的吃法多种多样，就营养的吸收和消化率来讲，煮蛋为 100%，炒蛋为 97%，嫩炸为 98%，老炸为 81.1%，开水、牛奶冲蛋为 92.5%，生吃为 30%～50%。由此可见，煮鸡蛋是最佳的吃法，但要注意细嚼慢咽，否则会影响吸收和消化。而蒸蛋羹、蛋花汤最适合儿童，因为这两种做法能使蛋白质松解，极易被儿童消化吸收。

1. 煮熟鸡蛋有技巧，掌握时间是关键

煮鸡蛋看似简单，如果把握不好火候，时间过短会使蛋黄不熟，时间过长则会使鸡蛋变老不好吃。

如果鸡蛋在沸水中煮超过 10 分钟，内部就会发生一系列的化学变化。蛋白质结构变得更紧密，不容易与胃液中蛋白质消化酶接触，所以较难消化。鸡蛋中蛋白质含有较多的蛋氨酸，经过长时间加热后，会分解出硫化物，与蛋黄中的铁发生反应，形成人体不易吸收的硫化铁，营养损失较多。

（1）煮鸡蛋的小诀窍

①泡水。在煮鸡蛋之前，最好先把鸡蛋放入冷水中浸泡一会儿。

②凉水下锅。鸡蛋要放入凉水锅中煮沸，这样蛋壳就不易破裂了。当然，这只是保持鸡蛋外形完整的方法之一。

③水要没过鸡蛋。煮鸡蛋时，水必须没过蛋，否则浸不到水的地方，蛋白质不易凝固，会影响消化吸收。

④火候。煮鸡蛋时若用大火，容易引起蛋壳内空气急剧膨胀而导致蛋壳爆裂；若使用小火，又延长了煮鸡蛋的时间，而且不容易掌握好蛋的老嫩程度。实践证明，煮鸡蛋以中火最为适宜。

⑤时间。在确定了火候大小之后，只要准确地掌握好煮鸡蛋的时间，就能够很好地控制鸡蛋的老嫩程度。如煮软蛋，水开后煮 3 分钟即可。此时蛋清凝固，蛋黄尚呈流体状；煮溏心蛋，水开后煮 5 分钟即可。此时蛋清凝固，蛋黄呈稠液状，软嫩滑润；煮硬蛋，水开后煮 7 分钟即可。此时蛋清凝固，蛋黄干爽。

（2）煮鸡蛋的注意事项

①鸡蛋从冰箱取出后，直接放进热水煮，由于鸡蛋内气体骤然升温膨胀，蛋壳往往受不住内压就会破裂，使蛋白外溢。最好的方法是，宜用冷水慢火煮。

② 鸡蛋里的蛋白质成分中，88% 是水，10% 左右是纯蛋白，若放入盐水中用文火煮，则蛋白凝固较快，可减少裂壳。

③"满月红"鸡蛋大多数可见蛋黄中出现暗绿色。这是煮熟后放置了较长时间，或大批煮，部分蛋白氨基酸分解渗入蛋黄与铁质反应生成硫化亚铁的原因。

2. 炒鸡蛋放味精，鲜味会破坏

炒鸡蛋不宜放味精，因为鸡蛋本身含有与味精相同的谷氨酸成分。如果炒鸡蛋放味精，就会破坏鸡蛋的天然鲜味。

3. 摊鸡蛋用大火，营养损失大

摊鸡蛋忌用大火，否则会损失大量营养。因为温度过高时，鸡蛋中的蛋白质会被破坏分解，尤其是炸得焦脆的鸡蛋，营养损失就更大。但是如果火太小了，时间会相对延长，水分丢失就较多，摊出的鸡蛋发干，影响口感。因此，摊鸡蛋最好用中火。而且，摊鸡蛋时，最好是加点白醋及细盐，以筷子打至起泡，下锅猛火快炒，再加上葱花，会更显香浓嫩滑。

4. 鸡蛋羹想蒸得好，搅拌是关键

鸡蛋羹能否蒸得好，除放适量的水外，主要取决于蛋液是否搅拌得好。搅拌时，应使空气均匀混入，且时间不能过长。气温对于搅好蛋液也有直接关系，如气温在 20℃ 以下时，搅蛋的时间应长一些，约 5 分钟，这样蒸出来的鸡蛋羹有肉眼看不见的大小不等的孔眼；气温在

20℃以上时，搅拌时间要适当短一些。

不要在搅蛋的最初放入油盐，否则易使蛋胶质受到破坏，蒸出来的鸡蛋羹粗硬；若搅匀蛋液后再加入油盐，略搅几下就入蒸锅，这样的鸡蛋羹就会很松软。

此外，还要注意加入的水量。一只打好的蛋浆汁，至少要加入凉开水半杯，与蛋浆搅匀。待锅中水沸腾时，才可放入。约 6 分钟后关火，稍候片刻取出，即成上佳的鸡蛋羹。

5. 蛋花汤加点醋，漂亮又可口

打蛋花汤时，在水开后加入几滴醋，然后将蛋液倒入水中，即呈现漂亮的蛋花汤了。

6. 鸡蛋营养多，烹饪方法是关键

鸡蛋是一种高蛋白、高脂肪的食物，营养价值极高。如果烹饪方法得当，其蛋白质被人体的利用率可以达到 94% 以上。

人们常吃的油炸鸡蛋（煎荷包蛋），烹饪简便，色、香、味俱全。但由于温度过高，鸡蛋中的部分蛋白质焦糊，影响消化吸收。另外，水溶性维生素，如硫胺素、核黄素、尼克酸等部分被破坏。从营养角度来看，炸鸡蛋不如煮、蒸、炒等。因为煮、蒸、炒等做出的鸡蛋，不但各具特色，而且其蛋白质、脂肪、矿物质没有损失，维生素的损失也很少。如炒鸡蛋或煮鸡蛋，其中硫胺素、核黄素、尼克酸的损失仅在 5% 左右。

7. 茶叶煮鸡蛋，营养吸收少

茶叶蛋是我国的传统食物之一。但是，这种烹饪方法是不正确的，既不利于人体健康，又会损失营养。

专家指出，茶叶中含有生物酸碱成分，在烧煮时会渗透到鸡蛋里，与鸡蛋中的铁元素结合。这种结合体对胃有很强的刺激性，久而久之，就会影响营养物质的消化吸收，不利于人体健康。

8. 鸡蛋忌在铝制容器中搅拌

蛋清遇到铝会变成灰白色，蛋黄遇到铝会变成绿色。故搅拌鸡蛋用瓷器容器较为合适。

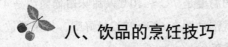

八、饮品的烹饪技巧

冲调饮品的温度，不仅与安全有关，还与其口感、营养等有关。

1. 泡茶温度要适宜，沸水泡茶不是最好

很多人都认为用沸水泡茶效果最好。实际上，泡茶的最佳水温是 70℃～80℃，这样泡出来的茶水才色香味俱佳，且茶叶中所含的维生素 C、咖啡碱、鞣酸等不会被破坏。但泡出来的茶最好等到 65℃时再喝，这样的茶既好喝又解渴。

2. 牛奶高温煮沸，营养会变差

牛奶不宜高温久煮，一般在 60℃～70℃时，即可达到杀菌消毒的目的，且味道鲜美。这是因为牛奶中富含的蛋白质，在加热的情况下会发生较大的变化：在 60℃～62℃时，呈胶体状态的蛋白质微粒出现脱水，由溶液变为凝胶状，随之会出现沉淀；当温度升高到 100℃时，牛奶中的乳糖开始焦化，使牛奶呈现褐色，并逐渐分解形成乳酸，产生少量中酸，使其带有酸味，营养价值下降，还不易消化吸收。

选择用奶锅来煮奶，最好不要煮沸。先等奶液面上布满小气泡，大约是 70℃～80℃时，再稍煮几十秒钟就可以了。另外，最好不要离开人，因为牛奶一般加热到一定温度后，非常容易溢出。另外，给宝宝冲奶粉时，因奶粉的营养成分与鲜奶相似，所以也应注意水的温度别超过 60℃。

3. 沸水冲蜂蜜，破坏营养味道差

冲蜂蜜的水，最佳温度为 50℃～60℃。如果用沸水冲蜂蜜，不仅改变了蜂蜜的甜美味道，使之变酸，还会使蜂蜜中的酶类物质变性，产生过量羟基甲糖醛，使营养成分被破坏。

4. 饮水温度要适宜，刺激最小又爽口

平时饮水时，最佳温度是 35℃～38℃。这种温度的水对口腔、牙齿刺激最小，喝起来最爽口。而且适合胃肠道的生理机能，不会过度刺激胃肠道，造成血管收缩，引发有关疾病。

5. 酒的温度要适宜，爽口又美味

红葡萄酒最适合的饮用温度是 18℃左右。当然依季节的变换，适合饮用的温度也要改变，但是差别应在 2℃左右。一般情况下，红葡萄酒的温度与室温相近为最佳，即含在口中不会感觉到葡萄酒和口腔有温差。

不甜的白葡萄酒适合饮用的温度是 7℃～10℃，甜味白葡萄酒是 4℃左右，玫瑰红葡萄酒的适饮温度和白葡萄酒一样，气泡酒则在 6℃～7℃最好喝。如果要放入冰箱冷却，不甜的白葡萄酒约 1 个小时，气泡酒约需两个小时为宜。

啤酒在夏天饮用，6℃～8℃时最为爽口宜人，冬天则在 10℃～12℃时最醇美。

6. 喝汤温度适宜，味美口感好

汤类在 60℃～65℃时味道最好。这时汤内的原料和水分才能交融，调料也能充分发挥出味道，口感比较好。

7. 先煮牛奶后放糖，营养又健康

由于牛奶中含有能促进儿童生长发育的赖氨酸，当糖加入牛奶煮沸后，赖氨酸与糖就会产生某种反应，影响人体健康。因此，煮牛奶时不能先放糖。

正确的加糖方法应该是，牛奶煮好后，倒入碗中或杯中，当不烫时再加入糖，使之溶解。糖加入的量过多时，对牙齿不利，所以牛奶中加白糖应掌握好量。

8. 水快开时打开盖，煮沸时间不宜长

水快开时把盖子打开，等水开后再煮 2～3 分钟，然后熄火。或者在水沸腾时马上把盖子打开，然后再煮 2～3 分钟即可。

这是因为，自来水中含有许多有机污染物，有些是挥发性的，加热时会随着水蒸气挥发出去。因此，在水快要烧开时把壶盖打开，并在水开后再煮两三分钟，就可以使这些可挥发的有机污染物质最大限度地挥发出去。但是，如果水烧开的时间过长，也会造成水的老化及生成有害物质。要想使自来水转化为干净、健康的饮用水，正确的烧水方法极为重要。

下面是错误的烧开水方法：

（1）水刚烧开就马上关火。

（2）水烧开后仍沸腾很久。

（3）水烧开后再盖着壶盖沸腾几分钟。

（4）水烧开后放置的时间过长，也会变成老化水，而且老化水中的有毒物质会随着水贮存时间的延长而增加。因此，最好当天烧的水当天喝完。专家指出，喝自然冷却、搁置时间不超过 6 小时的白开水，对人体健康最有利。

9. 豆浆敞开盖煮开，喝了没有害

豆浆不但必须要煮开，而且在煮豆浆时还必须敞开锅盖。这是因为，只有敞开锅盖才可以使豆浆里的有害物质随着水蒸气挥发掉。

豆浆加热至 80℃左右时，皂素受热膨胀，泡沫上浮，形成"假沸"现象。此时存在于豆浆中的皂素等有毒害成分并没有完全被破坏，如果饮用这种豆浆即会引起中毒，通常在饮用 0.5～1 小时后即可发病，主要出现胃肠炎等症状。

为了防止饮用生豆浆中毒，在煮豆浆时，出现"假沸"后还应继续加热至 100℃。煮熟的豆浆没有泡沫，而且消失的泡沫也表明皂素等有毒成分已被破坏。然后再用小火煮 10 分钟左

右，这样即可达到安全食用的目的。

需要注意的是，在煮豆浆的过程中加糖会出现沉淀物，所以应该离火后再加糖。但豆浆绝对不能加红糖，因为红糖里的有机酸和蛋白质结合后，会产生沉淀物，不仅使豆浆失去营养价值，而且会对身体有害。

10. 袋装牛奶直接喝，加热不当有害健康

袋装牛奶经过了高温杀菌，再加上选用厚质不透明的塑料袋来包装，所以牛奶打开塑料包装袋后可直接饮用。但是许多人习惯把塑料袋装的牛奶连同包装一同泡入水中加热后再饮用。专家指出，这种做法是不科学的。因为包装袋大都是由聚乙烯原料制成的，它本是无毒的，但其耐热性差，只能在一定温度范围内使用。

一般聚乙烯的耐热温度在 100 ℃以下，如果在沸水中煮沸几分钟，就会使聚乙烯产生有害物质，而且温度越高，煮的时间越长，有害物质就会越多。有害物质溶于奶中，会对人体的健康不利。所以煮袋装牛奶时，最好把袋剪开，将牛奶倒入杯中后再加热，或直接饮用，不要连袋同煮。

将牛奶连袋放入微波炉加热也是不正确的，因为微波对加热食品的包装材料或容器有特殊要求。袋装牛奶在微波加热时，包装袋容易膨胀甚至破裂，尤其是有金属复合膜包装的袋装牛奶更是不能用微波炉来加热。

其实，袋装牛奶最好不要加热饮用。专家指出，袋装牛奶经过了高温灭菌，如果在保质期内，牛奶不会产生细菌。如果高温加热，反而会破坏牛奶中的营养成分，牛奶中添加的维生素也会受到破坏。

如果确实需要喝热牛奶，可以用 100℃以下的开水烫温奶袋，使牛奶温热。因为在 100℃以下，一般的塑料都不会产生有毒物质。如果需要用微波炉热奶，必须倒入微波炉专用容器。

11. 微波炉热牛奶，时间长短是关键

现代生活的快节奏越来越离不开微波炉，尤其是早餐的时候，更追求速度和便捷，而用微波炉加热牛奶就成为最好的选择。

用微波炉热牛奶是否会破坏牛奶的营养成分，关键在于加热时间的长短。因为微波炉的加热速度极快且温度高，而温度太高又会破坏牛奶中的营养成分。

微波炉的杀菌功能主要来自于热力效应和生物效应。热力效应能使细菌的细胞蛋白质受热变性凝固，导致细菌死亡。如果用微波炉加热牛奶时间过长，牛奶中的蛋白质受高温作用，由溶胶状态变成凝胶状态，导致沉积物出现，影响乳品质量。牛奶加热的时间越长、温度越高，其营养的流失就越严重，主要是维生素。其中维生素 C 流失得最厉害，其次是乳糖。

一杯约 250 毫升的牛奶，如果用煤气灶加热，在 70℃的温度煮 3 分钟即可。如果用微波炉，1 分钟左右就可以了。需要注意的是，使用微波炉加热会有温度不平均的现象，所以喝之

前搅拌一下才不会被烫着。

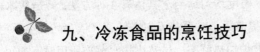

九、冷冻食品的烹饪技巧

很多人在烹饪速冻食品时，都会遇到这样或那样的问题：春卷的表皮炸熟了，可内馅却是冰凉的；烤好的比萨饼一面熟了，还是有一股酵母味；煎冷冻牛排时总是出水等，究竟该怎样烹饪速冻食品呢？

只要掌握好合理解冻和烹饪的方法，速冻食品仍然可以保持食品原来的色、香、味、形等，营养成分也不会受损失。

速冻食品在烹饪时的温度、时间等都要根据食品的种类、鲜嫩程度、份量等情况来决定。

1. 解冻鱼加点盐，烹饪冻鱼加点奶

鱼从冰箱里取出后，先放在有少许盐的容器中解冻。这样冻鱼肉中的蛋白质遇盐就会慢慢凝固，从而阻止其从细胞中进一步流出，保存更多的营养。另外，烹饪时，可适当在汤中放些鲜奶，可增加鱼的鲜味。

2. 烹饪冷冻食品，水宜少不宜多

烹饪冷冻食品时，宜用少量水。因为用水越多，水溶性维生素溶解就越多，营养损失也就越多。大多数食品中的营养素都会溶于水中，为了减少营养损失，可按需要在某些食品中加入适量的淀粉勾芡，使汤汁包裹在食物中，多余的汤汁最好也能充分利用。

烹饪冷冻食品，开始时用大火，烧至沸腾后改用小火。

3. 速冻肉制品，烤比炸好

速冻肉制半成品油炸之后，其中的脂肪含量会从 7% 上升到 22% 以上，而油脂长时间加热也会产生有害物质。所以，速冻肉制品烤比炸好。

4. 热水解冻肉，肉质变老且不香

有的人从市场上买回冻肉、冻鸡、冻鱼等，为了尽快烹饪，往往放进热水或温水里解冻。其实，这种做法是不正确的，这样解冻的肉烹饪后，吃起来老而不嫩，乏味不香。

如果使其在适当的温度下慢慢解冻，肉细胞与细胞间汁液冰晶慢慢溶解后，仍可逐渐渗回细胞内，恢复至鲜肉的状态，烹饪时其味道仍和鲜肉差不多。如果把速冻肉放进热水或温水

里迅速解冻，肉细胞及肉组织间结成冰的美味肉汁，一下子就会溶化成液体，迅速流到肉组织之外去了。由于这些流失的液体中，溶解有大量氨基酸和肉香的美味物质，将这样解冻的肉烹饪后，当然就会老而不嫩，乏味不香了。因为解冻方法会影响冷冻食物的营养价值，所以冷冻肉的解冻原则是：缓慢解冻、温度均匀适当。具体有 3 种方法：一是从冰箱的冷冻室移至冷藏室（1℃~ 10℃）。要将食品提前数小时至一天左右转移（依食品大小而定）。二是放置在室温下，自然缓慢解冻。三是微波炉加热解冻。虽然比热水解冻所用时间要短，但其热量不是从外部传入，而是在食品内外同时产生。因此解冻后仍能保持原来的结构和形状，营养成分并没有损失多少。需要注意的是，要及时翻转食品，以免局部加热过度。

5. 油炸冷冻食品，一次不要放入太多

油炸时，一次不要放入太多的冷冻食品，避免油炸温度下降。当外皮呈金黄色时，改大火再炸一下，就可以把油逼出来，用捞网捞起就可摆盘食用了。

6. 速冻蔬菜可直接下锅

速冻蔬菜烹饪之前不用解冻，也不用再清洗。因为速冻蔬菜已经洗过，可直接放入烧热的油锅。这样炒出来的菜才更可口，维生素损失也小得多。

十、食用油的使用技巧

因为人体不能自己合成膳食营养中的脂肪酸，尤其是不饱和脂肪酸，所以很大一部分都需要从食用油中摄取。不吃油就等于阻断了不饱和脂肪酸的来源，有损身体健康。而这些为人体所必需的不饱和脂肪酸，除了具有极高的营养价值之外，对减少有害血脂的沉积也有很大的作用。但是，如果摄入了过量的食用油，又容易引发心脑血管疾病等多种慢性病。

食用油是保持人体脂肪酸平衡的重要来源，但不良的用油习惯又往往会危害身体健康。我国 80% 的人长期食用同一种类的食用油，这很容易导致脂肪、胆固醇偏高，而各种脂肪酸和微量营养元素的摄入却严重不足，从而影响人体身体代谢。因此，专家建议，为了身体的健康，在平时用油时，应适当搭配一些高端食用油。如我们在食用 3 斤花生油时，就应该配合食用 1 斤核桃油或红花籽油。

虽然植物食用油能够使食物更加美味，但是在健康与口感难以统一的情况下，应当克制自己，以健康为主。所以，应该选择更健康的烹饪方式，如炖、煮、清蒸、凉拌等少用油的烹饪方式。也可以在每餐中只做一个炒菜，配以一个炖煮菜和一个凉拌菜。这样就会减少食用油

的摄入量。

　　健康从均衡用油开始。众多疾病与食用油食用不当有关。家庭饮食管理，最易忽视食用油。专家指出，健康管理的重点是加强家庭饮食管理，要调控热量平衡，不要猛吃油。

　　专家指出，近90%的缺血性心脏病的发生可能和食用油的食用不当有关。要预防心血管病应该从合理膳食开始。而合理膳食很重要的一点就是要科学食用食用油。

1. 以植物油为主，适量食用猪油

　　猪油，又称大油、荤油。猪油色泽白或黄白，具有猪油的特殊香味，深受人们欢迎。猪油与一般植物油相比，有不可替代的特殊香味，可以增进食欲。特别是与萝卜、粉丝及豆制品搭配时，可以获得用其他调料难以达到的美味。猪油中含有多种脂肪酸，其中饱和脂肪酸和不饱和脂肪酸的含量相当，具有一定的营养，并且能提供极高的热量。

　　一般健康的人可以食用，寒冷地区的人适合食用。但要适量，每天不能超过20克。需要注意的是，猪油不宜用于凉拌和炸食。用它调味的食品要趁热食用，放凉后会有一种油腥气，影响人的食欲。猪油热量高、胆固醇高，故老年人、肥胖和心脑血管病患者都不宜食用。一般人食用猪油也不要过量。

　　植物油与猪油主要有以下一些区别：

　　（1）熔点不同。猪油的熔点高，植物油的熔点低。

　　（2）吸收率不同。一般来说，熔点低的油，熔点越接近人体体温的油，吸收率就越高，可达97%～98%。一旦油的熔点超过50℃，人体就难于吸收。所以植物油比猪油容易被人体吸收。

　　（3）脂肪酸不同。猪油含饱和脂肪酸多，植物油含不饱和脂肪酸多。但这并非是绝对的，如椰子油和棕榈油含饱和脂肪酸就较多。

　　（4）胆固醇含量不同。猪油中含较多的胆固醇，而植物油基本上不含胆固醇。

　　（5）吸收维生素的种类不同。脂肪是脂溶性维生素的溶剂，脂溶性维生素有4种：维生素A、维生素D、维生素E和维生素K。猪油能吸收维生素A和维生素D，植物油则能吸收维生素E和维生素K。

　　由此可以看出，我们在日常饮食中要以植物油为主，但并不是要禁止食用猪油。研究证明，必须保持饱和脂肪酸和不饱和脂肪酸的适宜比例，才能使人体健康。所以，在食用时，应按猪油与植物油1：2的比例来混合。

2. 炒菜先热油，营养损失大

　　炒菜时先热油，会使油的营养损失很大。其实，现代技术深加工出来的食用植物油，如花生油、大豆油等，已经不太适合在菜入锅之前先烧热了。

　　专家指出，炒菜可以不先热油，安全达标的食用植物油是可以生吃的，一热就会热掉营

养物质。如花生油容易消化，含有 80% 以上对人体有益的不饱和脂肪酸，可使人体内胆固醇分解为胆汁酸并排出体外，从而降低胆固醇含量。花生油中的麦胚酚、卵磷脂、维生素 E、胆碱等还可以防止皮肤老化，保护血管壁，预防动脉硬化和冠心病，改善人脑的记忆力。但这些营养物质经过加热，就基本上没有了。大豆油也是如此，它含有多量的维生素 E、D 和丰富的卵磷脂。其他各类植物油，或多或少都具有一些食疗保健作用。但这些营养物质经过一烧，剩下的基本上就是过氧化物和脂肪了，反而增高了血脂。这就是植物油吃多了，血脂也会高的原因。

炒菜先热油还有一个弊端，就是很难把握用油量，容易吃油多。更何况，留在炒锅上的油腻黑渍是致癌的有害物质。

专家指出，炒菜先热油的习惯应该要改变了，用油更多的是一种点缀，可在菜出锅之后或出锅之前放少量的油，这和凉拌菜的道理是一样的。其实，油本身都有香味，只是需要改变我们的烹饪习惯。

3. 合理使用明油，美味又健康

在烹饪菜肴时，有时需要根据成菜的具体情况，在菜肴成熟后即将出锅时，淋入一定量的油脂，烹饪界常称之为明油，也称尾油。

烹饪中可用于明油的油脂种类很多，除了普通的油脂，如色拉油、猪清油、花生油、麻油、鸡油等之外，有的还使用葱油、豆瓣油、花椒油、红油等，在菜肴中所起的作用和效果也各不相同。

合理、有效地使用明油，往往可以提高菜肴的档次，保证菜肴的质量。

（1）明油的适用范围。按照中国热菜烹饪的传统习惯，明油主要适用于那些需要勾芡的菜肴，尤其是爆炒类菜肴，主要起到"亮芡"的作用。

实际上，对于热菜的烹饪，除非原料本身可以产生大量的油脂，一般情况下都可以用适量明油来保证菜肴的光泽度和食用温度；尤其是脂肪含量相对较少的原料，如植物性原料等，可适当增加明油的量，以补充菜肴中脂肪含量的不足。除达到上述的作用外，对于平衡营养也具有重要的作用。

（2）明油的常用方法

①四周淋入法。在菜肴成熟并勾芡后，在出锅前将油脂沿四周锅壁淋入，然后迅速颠勺翻锅，使油脂均匀地黏附在菜肴和芡汁的表面。如爆炒腰花、软兜长鱼、醋熘变蛋等菜肴，经明油后可达到"明油亮芡"的效果，这也是明油在烹饪中使用最多的菜肴。

②均匀撒浇法。为了补充菜肴油脂含量的不足，用手勺将适量的油脂均匀地撒浇在菜肴的表面，以增加菜肴的光泽度。主要适用于那些特别讲究整体造型美观的煎、贴、扒类菜肴，如蟹黄扒素翅、锅塌豆腐等，经明油后菜肴的光泽度增加，并显得油润滑爽。

③适量泼入法。为了保持卤汁的温度，增加其油润的质感，增加菜肴的光亮度，在调制

芡汁时泼入相对多量油脂的方法。主要适用于那些需要额外调制卤汁的菜肴。如金毛狮子鱼、熘素鳝等，调制好芡汁后一次性相对多量地加入热油，然后用手勺迅速搅拌，使油脂和芡汁混合均匀，投入原料翻拌均匀或均匀淋在菜肴的表面上。

④少量滴入法。一些汤、羹类等菜肴在成菜装盆后，为了点缀色泽或补充调味，少量滴入几滴油脂，可以起到提香增鲜的作用。

（4）使用明油的注意事项

①根据菜肴要求选择不同的油脂。一是根据菜肴芡汁的颜色和口味来选用不同的油脂。一般白汁或黄汁的菜肴可选用色泽浅淡、透明的油脂，如鸡油、熟猪油等，对其他色泽的菜肴，应以不掩盖菜肴本身的汁色为原则选择油脂。二是必须符合菜肴口味的调味要求。如口味清淡的菜肴，往往要突出菜肴的本味，应选用色浅味淡的油脂。而对口味较浓的菜肴，应选用味较重的油脂，如红油、花椒油等。三是要注重菜肴营养的平衡。也就是说，对动物性原料应使用植物性的油脂为明油。反之，对植物性原料应使用动物性的油脂为明油，从而达到营养和质地、口味的互补。

②掌握好明油的时机。明油一定要在菜肴成熟并勾芡以后进行。如果过早进行，即在菜肴没有成熟时使用明油，会使油脂渗透到原料的内部，增加菜肴的油腻性。同时由于菜肴表面的油脂有润滑的作用，不利于芡汁的黏附，会发生解芡的现象。如果太迟使用，则淀粉已经糊化黏锅，同时菜肴的质地也会受到影响，失去了明油的意义。另外，使用明油后，菜肴不宜过多搅拌，并应迅速起锅，否则容易造成脱芡或糊芡的现象，特别是烹制要求光亮的菜肴更应该注意。

③掌握好明油的使用量。如果明油的使用量太多通常会使菜肴显得油腻，对身体的健康不利。如果明油的使用量太少，则无法达到理想的明油效果，即无法达到保温、润滑和提香调味的效果。因此，掌握好明油的使用量对菜肴的质量具有很大的影响。

4. 油脂烟点有高低，烹饪方法各不同

专家指出，各种油脂的起烟点温度都不一样，不同的油脂适合不同的烹饪温度。一般来说，起烟点越高的油，在高温下越稳定，不易产生有害物质，也不易变黑。起烟点温度越低的油脂，如橄榄油、大豆油、亚麻油等，不合适大火爆炒或煎炸，而适合凉拌或熟拌。若是传统的热炒，就要选择起烟点中等偏高的油脂，如菜籽油、花生油、葵花籽油等。动物油脂起烟点最高，因此非常适合煎炸食品。但需注意的是，煎炸用油最好不要反复使用，可以在锅中少倒些油，将食物分少量多次来炸，既省油又健康。

5. 如何识别油温

油可传递很高的热量，且在传递热量时具有排水性。因此，油除了能快速使原料成熟，脱水变脆，并带有特殊的油香和清香味外，油在传热过程中的排水性，也能使原料本味更加

浓郁，可使某些易溶于水或蒸汽的原料保持其外形。以油为介质加热，不会使原料酥烂。但对已经酥烂的原料，则可得到特有的酥脆质感。

以油为导热体的烹饪方法，正确掌握油温是关键。

（1）油温的区别

①温油锅。即三四成热。油温达到90℃～120℃，无青烟，无响声，油面较平静。原料周围出现少量气泡。

②热油锅。即五六成热。油温达到50℃～180℃，微有青烟，油从四周向中间翻动。原料周围出现大量气泡，无爆声。

③旺油锅。即七八成热。油温达到210℃～240℃，有青烟，油面较平静，用手勺搅时，有响声。原料周围出现大量气泡，并带有轻微的爆炸声。

正确鉴别油温后，还要注意火力大小、原料性质以及下料多少。

（2）油温的掌握

①旺火。在原料下锅时油温应低一些。因为旺火可使油温迅速升高。如果原料在火力旺、油温高的情况下下锅，极易造成原料黏连、外焦里不熟的现象。

②中火。在原料下锅时油温可偏高些。因为中火加热油温上升较慢，原料下锅后降低了油温。因此达不到所要求的温度，造成原料因糊浆脱落、水分流失过多而变老。

③在操作中，如发现火力太旺、油温上升太快时，应立即将锅端离锅灶，或在锅中加入冷油，或关小煤气，使油温控制在适宜的程度。

④如果投料量多，下锅时的油温可高一些。因为原料本身是冷的，原料量多，会使油温快速下降，故油温要高些。下料后正好降到所需温度，保证菜肴的质量。

⑤如果投料量少，下锅时油温可低一些。原料量少，油温降得慢升得快，故下料时油温要偏低些，下料后正好升到所需要的温度。此外，油温还应根据原料的老嫩和形状大小适当掌握。在烹饪时，以上这几点都不是孤立的，必须同时顾及，灵活掌握。

6. 油锅冒烟下菜，对健康有害

把油温烧得很高时才放菜。这种做法单纯从烹饪的角度来看是不错的，但从营养和保健的角度来看，却是有害的。

这是因为，当油加热到200℃（冒烟）以上时，油中所含的脂溶性维生素就会被破坏殆尽，其他各种维生素（特别是维生素C）也会受到大量破坏，人体所需的各种脂肪酸也会受到大量氧化，从而使油脂的营养价值大大降低。而且，油温过高也会产生大量过氧化脂物质。这种物质对人体极为有害，不但会在胃肠内对食物中的维生素有很大的破坏作用，而且阻碍人体对蛋白质和氨基酸的吸收。人若长期食入这种过氧化脂物质，使其在体内积聚，还会使人体的一些代谢系统受到损害，从而使人未老先衰。因此，炒菜时忌把油温烧得过高。

7. 爆锅忌用热油

在炒菜做汤时爆锅，忌用热油。这是因为，在油烧开时爆炒葱、姜、蒜等，闻着有一股香味，而葱、姜、蒜的香味也正在爆锅时挥发掉，做出的菜却没有了香味。

8. 熬猪油忌用大火

大火熬猪油，油温可达200℃，会产生一种叫丙烯醛的物质。不但有臭味，而且食用后还会刺激口腔、食管、气管及鼻黏膜等，引起胃肠疾病。

9. 忌使用反复炸过食物的油

反复炸过食物的油，其热能的利用率只有一般油的1/3左右。而食油中的不饱和脂肪酸经过加热，还会产生各种有害的聚合物，此物质可使人体生长停滞、肝脏肿大。而且，这种油中的维生素也会受到破坏。

10. 炒菜用油应适量

有的人认为植物油多吃无妨，所以在炒菜时加很多油。其实，这种做法是错误的。动物油和植物油的主要区别只是前者含有的饱和脂肪酸比后者多而已。不管是动物油还是植物油，每克都会产生9千卡的热量，多吃都会使人摄入过多热量，同样会引起肥胖、高血脂，诱发糖尿病、心血管疾病等。所以也应控制植物油的摄入量，每天食用油不要超过30克，最好控制在25克之内。

11. 花生油的食用方法

经常吃花生油能有效地补锌。但是，花生油非常油腻，夏天吃就不是很合适，常吃花生油也比较容易上火。

花生油的脂肪酸组成较合理，对人体有益的不饱和脂肪酸占78%，可降低总胆固醇和坏胆固醇水平，预防动脉硬化及心脑血管疾病。同时还富含维生素E、胆碱、磷脂等对人体有益的物质。花生油热稳定性比大豆油好，适合炒菜，但不适合煎炸食物。

12. 大豆油的食用方法

大豆油有一种特殊的豆腥味，最大特点就是富含两种人体必需脂肪酸：亚油酸和 α - 亚麻酸。亚油酸具有降低胆固醇的作用，α - 亚麻酸在体内可转化成DHA，能促进胎儿大脑生长发育。大豆油中的豆类磷脂也有益于神经血管、大脑的生长发育。此外，大豆油中还含有丰富的维生素E。但大豆油的热稳定性比较差，加热时会产生较多的泡沫，不适合用来高温煎炸。

13. 色拉油的食用方法

色拉油俗称凉拌油，是毛油经过精炼加工而成的精制食用油，适用于生吃，因特别适合用于西餐凉拌菜而得名。色拉油呈淡黄色，澄清、透明、无气味、口感好，用于烹饪时不起沫、烟少，除用作烹饪、煎炸用油外，主要用作冷餐凉拌油，还可以用作人造奶油。

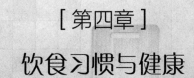

[第四章]
饮食习惯与健康

饮食习惯对人体健康有很大的影响，良好的饮食习惯是保证人体健康的重要基础。不良的饮食方式和习惯会严重影响人体健康，导致"富贵病"。像高血压、肥胖症、冠心病、糖尿病等，都已成为当今威胁人体健康的"隐形炸弹"。科学、健康的饮食，已成为现代人的共识。

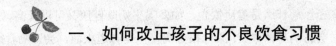

一、如何改正孩子的不良饮食习惯

如果父母或家庭成员在饮食上有偏好，在"言传身教"的影响下，孩子的不良饮食习惯就会在不知不觉中形成了，并会伴随孩子的一生。如有些年轻的父母喜欢吃零食，那么，孩子从小就会养成爱吃零食的不良习惯。此外，还有些家长平时对孩子疏于管教，习惯在进餐时批评、责怪孩子，使孩子患上"进食紧张症"，一到吃饭时就会全身紧张，甚至千方百计地逃避吃饭。这样反而会促成孩子不良饮食习惯的形成。那么，如何培养孩子良好的饮食习惯呢？

耐心教育，言传身教。由于孩子的可塑性较强，纠正不良饮食习惯也需要一个过程。所以家长要耐心培养孩子按时进餐、定时定量、吃饭专心、食物多样、细嚼慢咽等，使其习惯成为自然。对大一点的孩子，除了讲清必要的道理外，最重要的是反复实践，持之以恒，并利用鼓励、赞扬和合理的惩罚来巩固良好的饮食习惯。同时，家长也要以身作则，让孩子在耳闻目睹中受到启迪。对自身难以改变的不良饮食习惯，要多做"自我批评"，并且要改正。

1. 挑食或偏食

有的孩子不爱吃蔬菜，只爱吃肉类。这样容易造成营养失衡，对身体健康也不利，便秘、气色不好，易患呼吸道疾病等。而只吃蔬菜不吃肉的孩子也同样营养不良，易感冒，身体抵抗能力差等。

偏食是一种不良的饮食习惯，独生子女中多见。究其原因，多数是家长对孩子的教育不当或过于溺爱所引起。为此，要纠正小孩偏食习惯，首先应从家长做起。

（1）父母尽量不要在幼儿面前批评食物。即使自己不喜欢，也应该做给孩子吃，不要让孩子对某些食物留下不好的印象，使孩子养成偏食的习惯。

（2）引起孩子的饮食兴趣。如有些孩子爱吃肉不爱吃蔬菜，则可以给孩子讲蔬菜对人体的好处，并讲些与此相关的有趣故事，如吃青菜的小白兔长高了，也长得白白胖胖的，多可爱等，以引起孩子对蔬菜的食欲和兴趣。

（3）在食品制作上，做到烹饪方法多样化。每顿菜的种类不一定要多，2～3种即可，但经常要用不同的方法做成花样不同的食品。尤其是孩子不喜欢的食物，要做得色香味俱全，以引起孩子的兴趣。或改变制作方法，如孩子不爱吃白菜，可把白菜掺在孩子喜欢吃的肉里，做成饺子或包子，使孩子慢慢适应。

（4）不要强迫孩子进食。不要强迫孩子吃不愿吃的某种食物，可以用与这种食物营养相似的来代替，或过一段时间再让孩子吃，以免造成孩子对某种食物的抵触情绪，甚至把吃某种食物当成一种负担和惩罚。至于要吃什么，应由孩子自己选择。若家长的限制太多，反而会损害孩子的自动调节能力，影响日后的饮食习惯。

（5）父母应该让孩子了解什么是健康饮食，如多喝牛奶既健康又可以长高、长壮；可乐虽然好喝，但是会长胖，会影响身体健康；果汁很好喝，但是味道太甜，会影响食欲，也容易造成蛀牙等。

（6）以身作则。父母是孩子的一面镜子。两岁的孩子会开始模仿和学习周围人的行为举止；一些偏食、不良的饮食和用餐礼仪的形成，可能就是在不知不觉中学到的。

2. 电视佐餐

大多数孩子在吃饭时，都喜欢在电视机面前坐着，眼睛一动不动地盯着屏幕看，嘴巴做着机械式的咀嚼，筷子往嘴里塞着食物。长此以往就会引起胃肠的消化道疾病。所以在吃饭时最好关掉电视，专心吃饭，好好享受餐桌上的食物。

就餐需要"净"和"静"。整洁卫生、安静舒适的环境可以增进食欲，有利于消化液的分泌、食物的消化、营养成分的吸收。而喧闹、脏乱、嘈杂的就餐环境，不仅会影响食欲，而且对健康也不利。

3. 饮料代替水

有的孩子口渴了就喝饮料，而且喝饮料都喝上瘾了。因此，身体出了毛病，经常无缘无故地流鼻血。其实，口渴了应该多喝水，饮料适当喝一点是可以的，但不能完全代替水。

4. 引起厌食症的不良饮食习惯

偏食、挑食、常吃零食、喜食冷饮、不吃早餐、进餐不定时、嗜糖如命等不良饮食习惯都会引起儿童厌食。

儿童厌食症是指儿童较长期食欲减退或食欲缺乏为主的症状。它是一种症状，并非一种独立的疾病。某些慢性病，如消化性溃疡、慢性肝炎、结核病、消化不良及长期便秘等都可能是引起厌食症的原因。但是，大多数儿童的厌食症不是由于疾病而引起，而是由于不良的饮食习惯、不合理的饮食制度、不佳的进食环境及家长和孩子的心理因素造成的。

偶然的挑食、吃零食、不吃早餐等，对孩子的身体影响不大。但如果形成了一种不良习惯，天天如此，日积月累，必然会对中枢神经系统产生不良刺激，影响消化系统的正常功能。如果出现长期厌食，就会影响儿童的生长发育。所以，家长对孩子不能过分溺爱，要及时纠正平时出现的不良饮食习惯。

5. 喜欢喝碳酸饮料

充气的"碳酸饮料"中几乎不含营养素。因此，被营养学家列入"垃圾食品"的范围。有资料表明，在那些偏爱饮用碳酸饮料的青少年中，有 60% 的人因缺钙而影响生长发育。如可乐等饮料中含咖啡因，对儿童健康不利。因此幼儿不应该饮用可乐。

现在大多数的孩子在吃饭时，都喜欢拿饮料当水喝，如可乐、果汁饮料等，这些碳酸饮料中的碳酸会与体内的钙形成不溶性的碳酸钙，从而夺走所吃进去的食物中的钙质，造成钙流失，引起钙缺乏的症状。因此，喝不含糖的矿泉水代替碳酸饮料，可减少糖和苯甲酸钠的摄入。

6. 喜欢吃油炸食品

不少孩子都喜欢吃炸猪排、炸鸡腿和炸土豆条等油炸食品，因为又香又脆，确实很好吃。但是如果油炸类食品吃得太多，就会影响正常的胃口、进食量，不少孩子甚至还会出现肥胖、厌食等。

专家认为，从健康角度来看，油炸食品不宜多吃。首先，油炸食品不容易消化，多吃容易得胃病。孩子的胃肠道功能还没有完全发育成熟，高温食品进入胃里后会损伤胃黏膜而得胃炎。油脂在高温下会产生一种丙烯酸的物质，这种物质很难消化。多吃油炸食物的孩子会感到胸口发闷发胀，甚至恶心、呕吐等，个别孩子吃了油炸食品后还会连续几顿吃不下饭。其次，食物油炸之前外表常常要裹上一层面粉浆。在高温下，面粉中的维生素 B_1 完全被破坏了。所以，长期吃油炸食品会造成维生素 B_1 缺乏症。而油在高温下反复使用则会产生致癌物质。

7. 膨化食品爱不释手

薯片、雪饼、虾条等这些食品大多以面粉、小米和土豆等食物为原料，经过油炸、加热或添加膨松剂加工而成的。这些膨化食品大多口味鲜美，包装新颖，其香、脆、酥、甜的口味吃习了孩子的嘴，导致一些孩子不愿意吃没有多少鲜味的蔬菜，不愿意好好吃正餐等，甚至把这些食品当做主食，而一些家长对孩子也是听之、任之。

膨化食品具有4高的特点：高糖分、高脂肪、高热量和比较高的味精含量。由于膨化食品具有这些特点，如果孩子吃得过多会破坏营养均衡。而且膨化食品容易造成饱胀感，影响正常进餐，会妨碍身体对营养物质的吸收。在传统炉灶上烹制的爆米花，还含有微量的铅。专家指出，为避免爆米花等微量铅对孩子造成危害，首先要尽量少吃；其次，尽量不要让孩子在空腹的时候当做填肚子的食物来吃。因为在空腹的情况下，爆米花等所含有的铅特别容易被人体所吸收。最后，孩子吃的食物尽量要全面一些，不要养成吃零食的习惯。

8. 嗜食甜食及甜味饮料

爱吃甜食是每个孩子的嗜好。孩子普遍都喜爱吃甜味的小点心、冷饮、果汁和各种各样的零食。因此，多数孩子都会出现"甜食综合征"。父母没有有意识地加以引导，是孩子爱吃甜食的重要原因。

调查显示，甜食和肉类是孩子最喜欢吃的两种食物，其选择率分别为21.8%和21%。在选择喜欢的食物时，除了"好吃"外，食物味道的好坏也是孩子喜欢、不喜欢食用的主要原因。

现在，糖类点心和各式各样的零食不仅口感好，而且包装也很华丽，对孩子具有很大的诱惑力。然而，长期吃甜食却可能会给儿童带来精神方面的隐患，使孩子情绪激动，具体表现为爱哭爱闹，爱发脾气，多动好动，容易烦躁等。

专家指出，对于甜食，不是绝对不能吃，而是要有一个合理的比例。孩子的食谱中，蛋白质、脂肪和碳水化合物（包括糖类点心和零食）的比例应维持在 1：3：6 的水平。同时，在餐后吃甜点是最好的方式。如果餐前吃饱了反而会影响正餐食欲。

9. 不吃早餐

儿童不吃早餐的原因有几个方面：58.5% 的孩子是因为没有食欲；17.2% 的孩子是因为要赶路来不及；7.4% 的孩子是因为时间紧，家里来不及做或购买；0.2% 的孩子是为了减肥；还有16.6% 的孩子是其他原因。

其中，半数以上的孩子是没有食欲吃早饭，主要是因为晚上的零食、晚饭以及饭后的其他食物吃得过多而造成的。"晚饭过量、早饭不吃"的现象长此以往，不仅会加重孩子晚间睡眠的负担，还会影响消化、内分泌等。因为促使儿童长高的激素是夜间分泌的，时间久了，就会影响发育。

10. 薯条快餐成家常便饭

快餐多属高盐食品，所含的钠对孩子的心、肾器官有可能构成威胁。孩子的肾脏发育尚未成熟，没有能力排出血液中过多的钠，因而会受到过量食盐的伤害。而年龄越小，受到的伤害就越大。同样，高盐食品也是导致血压升高的因素之一。现在，十几岁的孩子就有患上高血压的。这些孩子有的在婴幼儿期常吃过咸的快餐，如油炸薯片、三明治或饼干等。摄入盐分过多，还可能会引起体内钾的流失。而钾对人体肌肉（包括心脏肌肉）的收缩和放松有重要作用。过多的流失将会造成心脏肌肉衰弱，功能减退。长期高热量、高蛋白饮食还可能会引发脂肪肝等儿童成人病。

专家指出，要尽量让孩子少吃快餐，特别是不要用快餐作为晚餐。如果要吃，也不宜选择薯条、油炸肉类等高盐、高热量食品，而应多选择蔬菜、维生素丰富的食品。同时，要引导儿童尽可能吃清淡一些的食品。

11. 吃零食过多

很多零食，如味精紫菜、炸薯条、虾片、炸鸡腿、巧克力、冰淇淋、牛油蛋糕等，大多是高脂、高糖、高盐、高味精食品，甚至含过多的添加剂，营养价值不高，孩子过多进食这类食物容易导致肥胖、龋齿等，也会影响正餐的胃口，应少吃为佳。确有必要补充吃时，如参加体育活动后或考试期间，可适当选用全麦面包、牛奶或豆奶、果仁或水果等。

不分时间地乱吃零食，零食将不断进入胃肠，体内血液一直集中在消化器官，脑部的血液则相对较少，这样会影响思维和记忆，而且易感疲劳。零食不断的孩子，常常表现为记忆力差、学习成绩不理想。对于增加营养的零食，应当适量地吃，要控制吃零食的时间，不要影响正餐食欲。

对于刚开始品尝美味的宝宝来说，甜蜜蜜的糖果和巧克力的诱惑是无法抵挡的。在非用餐时间，如果不注意控制巧克力、蛋糕等小零食的摄入量，一旦撑饱了宝宝的肚子，到就餐时间自然没有胃口。专家指出，应适当给予宝宝零食。

（1）少吃零食。零食毕竟不是正餐，多吃会影响宝宝的食欲和胃口。

（2）选择适合宝宝年龄、营养价值较高的零食，如坚果、优质的蜜饯、豆腐干等。

（3）和正餐一样，零食也不能想吃就吃。合理安排宝宝吃零食的时间，一般饭前和临睡前不要吃零食。

（4）对于吃饭不好的孩子，父母要控制好零食的量，平时要把零食藏在孩子找不着的地方。零食也并不是一无是处，如果吃得科学，零食也可以促进宝宝生长发育。

12. 经常饮食过饱

有的父母总是想尽办法让自己的孩子多吃，认为这样孩子就可以长得快。其实，这种观点并不正确。

儿童全身的各器官都处于一个幼稚、娇嫩的阶段，它们的活动能力很有限，如消化器官所分泌的消化酶的活动比较低，量也比较少。在这种条件下，如果吃得太饱，就会加重消化器官的负担，引起消化吸收不良。此外，过多地进食，不仅会使女孩初潮来得早，未来患乳腺癌的风险大，而且还会为以后患高血压埋下隐患。同时，使大量的血液存积在胃肠道，造成大脑缺血、缺氧而妨碍脑发育，从而会降低智商。更为严重的是，过于饱食还可诱发大脑中纤维芽细胞生长因子分泌增多，使血管壁增厚而血管腔变小，供血因此减少，从而更加剧大脑缺氧。据国外有关专家研究发现，大约有30%～40%的老年性痴呆病人，与少年时进食量过多有关。大脑细胞经常缺血缺氧会导致脑组织逐渐退化、坏死，从而出现早衰。

父母一定要有计划地供给孩子食品，使孩子能始终保持一个正常的食欲。可采取少吃多餐的方式，这样孩子就不会出现一顿吃得过饱的现象。

13. 餐前、餐中或餐后饮水

有些孩子平时不爱喝水，而到吃饭前、吃饭时、吃饭后就开始喝水。如果不喝水，就觉得吃不进饭。这是一种非常有害的不良饮食习惯，因为对食物的消化和吸收十分不利。人的胃肠等消化器官，到吃饭时会反射性地分泌各种消化液，如口腔分泌唾液，胃分泌胃蛋白酶和胃液等。这些消化液会与食物的碎末混合在一起，使得营养成分很容易被消化和吸收。但如果喝了水，就会冲淡和稀释消化液，并使胃蛋白酶的活性减弱，从而影响食物的消化和吸收。如果孩子在吃饭前感到口渴，可先喝一点开水或热汤，但不要马上就吃饭，要过一会儿再吃饭。

14. 饱餐后马上喝汽水

有的孩子刚吃完饭，马上就要喝汽水。由于儿童的胃肠功能弱，若是大量喝汽水，轻者会引起胃胀痛，重者可能会导致胃破裂。因为在进食后，胃黏膜会分泌出较多的胃酸，如果马上喝汽水，汽水中所含的碳酸氢钠就会与胃酸发生中和反应，产生大量的二氧化碳气体。这时，胃已被食物完全装满，上下两个通道口，即喷门和幽门都被堵塞。因此二氧化碳气体不容易排出去，被积聚在胃内，所以胃感到胀痛。当超过胃所能承受的能力时，就有可能会发生胃破裂。一般来说，这类饮料宜在空腹或半空腹的情况下饮用。

15. 常常空腹吃甜食

有的孩子经常在空腹时吃巧克力或其他甜食，而有的父母则认为甜食能比其他食物更快地补充热量，所以常常满足孩子的这种要求。虽然在孩子疲劳饥饿的时候吃一点甜食是有益的，但是这仅限于偶尔情况，而且必须在进餐前2小时。如果在空腹时或很快就要吃饭时吃，就会带来很多害处。

（1）降低正餐食欲、甚至不愿吃正餐。甜食主要给人体提供热量和糖，但缺乏维生素、纤维素、必需氨基酸等。而且，甜食中维生素含量极少，会使肠内的正常菌群很容易被破坏，而这些菌群在新陈代谢后会产生 B 族维生素和叶酸等。因此，会导致维生素缺乏症和营养不均衡。

（2）胰岛素过度释放。空腹吃甜食会使胰岛素在血中增多，从而使大脑血管中的血糖迅速下降，甚至会造成低血糖。因此，体内反射性地又分泌出肾上腺素，以使血糖又回到正常水平。而肾上腺素的分泌会使人的心率加快。儿童的大脑比成年人更敏感，因此会出现头痛、头晕、乏力等症状。

（3）容易引起动脉粥样硬化。血中的糖会慢慢地与各种蛋白质结合，使蛋白质的分子结构改变，营养价值也因此下降。由于蛋白质聚糖的作用，可引起动脉粥样硬化。

16. 不科学的早餐

早餐对于孩子的健康成长具有十分重要的作用。吃对早餐不仅有助于孩子恢复体力，而且还有利于提高孩子的智力。因此，专家指出，为了孩子的健康，家长应注意以下 3 种不科学的早餐。

（1）随意型。食物大多是前一天的剩饭，有什么吃什么，数量和营养都不能保证需要。

（2）蛋白质型。只有一杯牛奶或一个煎鸡蛋，很少甚至完全没有糖类。吃这类早餐的孩子，整个上午血糖都处于相对稳定的低水平，难以进行快速思维，记忆力也较差。

（3）碳水化合物型。只吃馒头、稀饭，缺少蛋白质。吃这类早餐的孩子，刚开始血糖水平较高，思维活跃，精力充沛。但血糖水平也下降迅速，会造成思维和记忆能力的持续下降。

总之，孩子的早餐应包括谷类、蔬菜类、水果类、肉类和奶类等，不要用含乳饮料来代替牛奶。经常变换早餐的花样，干稀结合，荤素搭配，粗细结合，不能天天给孩子吃油条等油炸食品。

17. 少吃主食，偏爱肉食

一些父母认为主食没什么营养，少吃一点没关系。其实，主食所含有的碳水化合物是人体所需热量的主要来源。孩子的活动量大，需要充足的热量供应。主食摄入少，热量供应不充分，孩子自然不会健壮。肉、鱼等虽然富有营养，但儿童的消化吸收功能较差，偏爱肉食，容易使孩子形成疳积之症，最终导致身体素质下降。所以，食用肉食一定要适量。

18. 果汁代替水果

大多数人都爱喝果汁，是因为觉得果汁有营养，而且好喝。许多人认为果汁可以代替水果，喝果汁可以补充水果中的营养成分，特别是应该给不爱吃水果的孩子多喝一些，甚至完全可以代替喝水。

其实，多数果汁所含蛋白质、脂肪、矿物质、纤维素、维生素的量并不多，而是含有大量碳水化合物。如果大量摄入果汁，可能会导致腹胀、腹痛或腹泻等。只要孩子有足够的咀嚼能力，还是让孩子吃水果更好。

老人和小孩适量少喝点果汁可以助消化，润肠道，补充膳食中营养成分的不足。如果小孩不能保证合理膳食，可通过喝果汁适量补充一些营养。有的小孩不爱喝白开水，喝适量的有香甜味的果汁能增加体内的水分。

需要注意的是，果汁和水果的营养有相当大的差别，千万不要把两者混为一谈，果汁不能完全代替水果。首先，果汁基本不含水果中的纤维素；第二，捣碎和压榨的过程会使水果中的某些易氧化的维生素被破坏；第三，水果中某种营养成分，如纤维素的缺失会对整体营养作用产生不利的影响；第四，在果汁生产的过程中，有一些添加物会影响果汁的营养质量，如甜味剂、防腐剂、使果汁清亮的凝固剂、防止果汁变色的添加剂等；第五，加热的灭菌方法也会使水果的营养成分受损。因此，对于能够食用新鲜水果的孩子来说，吃水果比喝果汁更好。

19. 给孩子吃水果不择时

水果营养丰富，但一定要注意给孩子吃水果的时间。如果是在用餐后给孩子吃水果，容易产生胃胀气或便秘。在用餐前给孩子吃水果也不适宜。因为孩子的胃较小，餐前吃水果会占胃的空间，影响其吃正餐。所以，给孩子吃水果最好是在两餐之间。

20. 三餐不固定

一些妈妈娇宠宝宝，宝宝不愿吃饭也不加以引导，等宝宝饿了自然就会吃。如果时间长了，就会造成宝宝进餐时间的紊乱。还有一些妈妈忙于工作，自己吃饭不定时，想吃就吃，宝宝也跟着没有固定的进餐时间。妈妈自身的饮食习惯不正确，影响了宝宝的饮食习惯。因此，妈妈要以身作则，固定三餐时间。吃饭前 5 ～ 10 分钟，可以提醒宝宝要准备吃饭了。如果孩子较大了，还可以让孩子负责盛饭端菜和分碗筷。这样可以让孩子有一个心理准备的过程。到了吃饭时间，家庭成员配合营造愉快的就餐气氛。如果宝宝不想吃，就要提醒宝宝，如果现在不吃，就只有等到下一次吃饭的时间才能吃。

21. 边吃边玩

一些宝宝习惯边吃边玩，有的家长也听之任之，甚至会自动拿玩具来哄宝宝吃饭。这些不良进餐习惯容易造成宝宝吃饭时分心，影响了宝宝的食欲。因此，宝宝吃饭时，最好收起所有的玩具，让宝宝的注意力集中在吃饭上。在宝宝吃得很好的时候，也需要及时鼓励。在吃饭时，如果宝宝下地跑一圈再回到餐桌上，只要马上回来，可以允许，但千万不要追在孩子后面喂饭。

22. 进餐时表现对食物的好恶

每个妈妈都有自己饮食上的好恶，自己不喜欢吃的，理所当然地认为宝宝也不爱吃。大人是孩子的榜样，妈妈的不喜欢也成了宝宝"我不要"的理由。因此，不要在宝宝面前表现出对某些食物的好恶。要让宝宝感觉，每一种食物对身体都是有用的，而且味道都很不错。

23. 宝宝吃饭特殊化

一些妈妈想让宝宝吃得更多，习惯地将宝宝的用餐时间安排在大人吃饭前或吃饭后。殊不知，宝宝吃饭也需要一个良好的氛围，和饭桌上的大人一起吃，比宝宝自己一个人吃要好得多。因此，给宝宝安排一个固定的就餐座位，鼓励宝宝和全家人一起进餐。在宝宝不能自己独自吃饭之前，妈妈可以边喂宝宝，边自己吃。在宝宝掌握基本的吃饭技巧之后，妈妈可以放手让宝宝尝试自己用餐。

24. 不注重用餐氛围的营造

用餐应该是在愉快氛围中完成的，可是很多妈妈并不注意这点。当宝宝表示不愿意吃饭时，性急的妈妈就会表现出很不耐烦，不是打就是骂，逼迫宝宝吃下去。在这样的氛围下，宝宝的胃口就会变得很差。

对于宝宝的吃饭问题，全家人的意见要统一。不要认为宝宝还小不要紧，或者认为宝宝吃饭不好会饿着，所以宝宝想吃什么就给吃什么。同时还要提高烹饪技巧，把饭菜做得美味可口，这样可以增加宝宝的食欲。

25. 宝宝用餐时间过长

专家指出，患龋齿的儿童，一般都有一个不良的饮食习惯，就是用餐时间过长。研究证明，如果食物在嘴里停留时间超过半个小时，就容易造成牙齿细菌的滋生，增加患龋齿的机会。

2～5岁是儿童养成饮食习惯的关键时期。但是这个时期的幼儿充满了好奇心和自主意识，很容易受到外界环境的影响，无法专心进食，对食物的好恶也会慢慢建立起来。幼儿在6个月左右就应开始训练咀嚼，这个时期，如果家长未能及时给予足够的帮助，就会导致小孩缺乏咀嚼训练，造成只喜欢吃流质食物，拒绝固体食物，长大以后吃饭速度就会很慢。

26. 多吃高蛋白食物

当看到自家孩子又瘦又小时，家长总是想让自己的孩子多吃些高蛋白食物来补一补。孩子厌食、瘦小往往是因为胃肠功能不好。高蛋白食物使本来就消化能力弱的孩子的胃肠道无法消化，容易形成积食，出现各种疾病。因此，应多吃些面条、米粥、蔬菜等易消化的食物。

27. 多吃保健品

微量元素补剂、蛋白质粉、牛初乳等保健品已成为很多家长给孩子进补的首选食品。

孩子生长发育需要的是全面的营养，单纯补充功能性食品并不能满足孩子生长发育的需要，而且过多补充还会引起孩子营养失衡。从食物中摄取的营养是最全面的，因此孩子的食谱要广，而且要让孩子养成什么食物都吃的习惯。另外，即使很喜欢吃的食品也不要过量。

28. 多喝酸奶利于消化

过量饮用酸奶会改变胃肠酸碱平衡，进而使胃肠功能紊乱，长期下去会降低免疫力，容易感染呼吸道疾病。若饭前喝过多酸奶易出现饱胀感，影响食欲。

29. 过量吃冷饮

每到夏季，患消化系统疾病的孩子都会随着气温的升高而增加。大多数孩子的临床症状都表现为食欲不振、消化不良和腹泻等，呈营养不良的面黄肌瘦状。因此，专家指出，夏季要控制孩子吃冷饮。如果孩子们无节制地过量食用冷饮，造成的危害是多方面的。

（1）天气炎热，身体出汗较多，流经胃肠的血液就相对减少，加之孩子本身适应温差的能力较弱。如果过量进食冷饮，会降低胃肠道的温度，影响胃肠道对营养的消化吸收。

（2）过量食用冷饮会冲淡胃液和消化液的浓度，影响胃酸的杀菌能力和消化能力。

（3）由于儿童胃肠道发育尚未健全，过量食用冷饮容易发生消化不良、恶心、呕吐、腹痛和腹泻等，严重的还会引发急性胃肠炎。

（4）过量食用冷饮，易发骨质疏松症。一是由于孩子过量食用冷饮会影响正常进食，从而减少营养的吸收。二是有些冷饮的物质与体内钙离子结合后，使血液中钙离子浓度下降而发生缺钙现象。三是孩子因过量食用饮料而影响矿物质元素的摄取，易引起日后患骨质疏松症。

30. 强迫生病的孩子吃东西

生病的孩子食欲不好，于是家长总是想尽办法给孩子吃好的，甚至设法喂孩子吃。父母都认为，孩子一生病抵抗力就减弱，如果不吃东西抵抗力就更弱。

孩子生病不愿吃东西是有科学道理的。孩子生病时身体需要休息，黏膜、皮肤、肝及肾等也要休息，只有适当禁食才能做到。适当禁食不仅可以降低体温，去除痛苦，有利于排除毒物，还可以减低肝的负担，防止严重的并发症，如中耳毛病、乳突炎和脑膜炎等。所以，不要强迫生病的孩子吃东西。其实，简单的菜汤和稀释过的果汁等，可使孩子疲惫的体内器官排泄废物，发挥自我治疗能力。在体温恢复正常后 24 小时，再进食熟的蔬菜和生的或煮过的水果。2～3 天后就可以恢复正常的饮食了。

31. 喝太多的牛奶

中国孩子普遍缺钙，尤其是在断乳之后。每个做父母的都知道牛奶是最优质的钙质来源，所以总会让孩子多喝牛奶。

乳品除了提供给人体最易吸收的钙质外，还是蛋白质的最佳来源。虽然发育中的孩子需要较多蛋白质和钙，但是摄入太多了，也会贫血。许多孩子因大量饮用牛奶而造成体内缺铁和缺少维生素。铁是造血的基础元素，而某些维生素又是促进铁吸收的物质，摄入铁不足可导致孩子身体虚弱、易困倦等贫血症状。

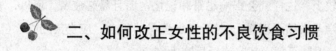

二、如何改正女性的不良饮食习惯

很多女性为了让自己变得更漂亮，在不知不觉中就养成了一些不良的饮食习惯。

1. 饿着不吃好减肥

大多数女性都认为饿着可以减肥，其实正好相反。饿了却不吃饭，身体的第一反应就是储存脂肪，结果导致体重增加。一个人长时间不吃饭，处在饥饿状态，身体就会非常难受。当终于再次进食时，身体就会认为需要储存热量，因为不知道下次进食会拖到什么时候。这样，体内的脂肪就会越积越多。

如果想通过挨饿来保持身材苗条，那么需要重新考虑一下食谱，制定一个饮食计划。应该确定所吃的食物中，不仅有大量水果、蔬菜、粗粮等，而且也应包括肉和鱼。最好的减掉脂肪的方法是规律饮食和有规律的锻炼，绝对不能通过减少体内的热量和营养来减肥。

2. 水果当主食

有很多女性为了减肥或保持苗条的身材，长期吃水果代替主食，很少或完全吃肉类或淀粉类食物。虽然水果的营养丰富，但是水果不能当主食。即使水果中含多种维生素和糖分，但缺少人体需要的蛋白质和某些微量元素，会造成人体缺乏蛋白质等物质，从而造成营养失衡，甚至引发疾病。

3. 不吃正餐，零食却不断

这是很多女性容易犯的通病。有些减肥的女性，以洋芋片、糖果来充饥，所以达不到减肥的效果。吃零食不但对自己的身体无益，而且容易发胖，更何况三餐不定时、不定量，胃肠也无所适从，容易出毛病。

有很多女性，手袋里总装着零食，经常吃个不停。这种乱吃零食的坏习惯，不但会影响身体健康，而且还会影响正常的生长发育。

食物进入胃里，胃便分泌出胃液，并轻轻地蠕动，把食物充分混合变成一种粥状物。输送到肠道内，这样食物便被消化、吸收。但胃和人体内其他器官一样，也需要有规律地工作。因为每天分泌出的胃液也有一定的限度，如果经常吃零食，胃就需要随时分泌出胃液来消化，到吃饭的时候，胃液分泌就会减少。这样，就破坏了胃肠道的活动规律，因而影响了食欲和消化。久而久之，就容易导致胃病的发生，引起营养不良，影响生长发育。所以，爱吃零食的女性，吃饭时总感觉不香，而且也很挑食，长得也较瘦弱。

此外，由于不分时间地乱吃零食，零食不断进入胃肠，于是血液一直集中在消化器官里，脑部血液则相对较少。这样就会影响思维和记忆，而且易感疲劳。所以，爱吃零食的女性，常常记忆力差，学习成绩不理想。对于增加营养的零食，应当鼓励吃，但要讲究时间，不要影响正餐食欲，一般同正餐一起吃或饭后吃为宜。

4. 少吃饭多吃菜

很多人都认为，应该少吃饭，多吃菜，因为饭没有营养，营养都在菜里。一些过分关注自己身材的女性，把这一条奉为减肥的"至理名言"。其实，只吃菜不吃饭更易胖。

因为只吃菜，使人更容易摄入油脂。1克油中，大约有9卡的热量；在1克蛋白质中，大约有4卡的热量；1克米饭中，也只有4卡的热量。因此，只吃菜，不吃饭，会导致饮食中油多、蛋白质多，热量猛增，反而会发胖。从科学营养的角度来看，如果长期这样下去，对身体健康极其不利。

专家指出，主食与副食应科学合理地搭配，在米饭、蔬菜、荤菜和水果中，主食要占绝对的比例。此外，还要看每个人所处的生长阶段。青少年正在长身体和骨骼的时候，活动量也大，主、副食搭配比例要科学。

5. 少吃一餐好减肥

很多女性一天中只吃两餐，认为这样就可以减肥。这种做法是不正确的。在少吃一餐的情况下，反而容易造成另外两餐的过量摄取，导致体内脂肪堆积，使身材变得更肥胖。医学界研究证明，一天只吃两餐比一天正常吃三餐会出现更严重的肥胖。由此可知，减肥在于热量控制。少吃一餐非但对减肥没有帮助，甚至还可能会出现相反的效果。所以，均衡饮食才是最重要的。

6. 不吃早餐

有的女性误以为，不吃早餐就能减少热量的摄取，从而达到减肥目的。殊不知，不吃早餐对身体伤害极大，无益健康。

7. 固定食谱

有的女性为了保持苗条的身材，一日三餐总是吃固定的食物。专家指出，这样做固然减少了许多食物的摄入，但久而久之就会使身体缺乏全面的营养成分，有害无益。

三、预防疾病从改变不良的饮食习惯开始

不良的饮食习惯是指人们在日常生活中养成的，对身体健康不利的饮食习惯，而不良的饮食习惯是引起身体生病的重要原因之一。

1. 不能忽视早餐

有些人不吃早饭或早饭吃得很少就去上学或工作，长此以往，不但会影响身体健康，而且还可能会使学习或工作成绩下降。

脑是记忆的物质基础，人的一切思维活动都是靠脑来完成的。人脑时刻都要有充足的氧气及营养物质来供应。一个人记忆力的强弱，除与遗传、环境因素有一定关系之外，还与脑细胞的营养状况有直接关系。人的记忆靠人脑中各种物质协作来实现，人的思维越集中，消耗的营养物质就越多。如果不及时给予补充，就会造成更多的神经细胞早衰或死亡，从而影响人的记忆力。

如果不吃早饭或早饭吃得少，到上午 10 点之后，就会因脑细胞营养供应不足而出现精力分散、心跳加快、头胀、乏力、浑身虚弱、饥饿感等现象，从而影响学习或工作效果。因此，每天的早餐必须吃，而且要吃好。

2. 不恰当的早餐饮食习惯危害健康

早餐一定要吃，但要怎么吃，恐怕很多人不了解。不恰当的早餐习惯会损害身体健康。以下几种常见的早餐吃法，会危害身体健康。

（1）回味早餐：剩饭剩菜。

不少家庭在做晚饭时都会多做一些，第二天早上当做早餐。这样的早餐，制作方便，内容丰富，基本与正餐无异，通常被认为是营养全面。专家指出，剩饭剩菜隔夜后，蔬菜可能会产生亚硝酸盐，吃进去会对人体健康产生危害。因此，吃剩的蔬菜尽量别再吃，把剩余的其他食物做早餐，一定要保存好，以防变质；从冰箱里拿出来的食物要热透。

（2）速食早餐：各种西式快餐。西式快餐如汉堡包、油炸鸡翅等，很多人都喜欢吃。而且现在不少快餐店也提供早餐，如汉堡包、咖啡，或牛奶、红茶等，方便快捷且味道也不错。

专家指出，这种高热量的早餐容易导致肥胖，油炸食品长期食用也会对身体有害。如果用西式快餐当做早餐，那么午餐和晚餐必须食用低热量的食物。另外，这种西式早餐存在营养不均衡的问题，热量比较高，但却往往缺乏维生素、矿物质、纤维素等营养。因此，选择西式快餐做早餐，应该再加上水果或蔬菜汤等，保证各种营养素的摄入。而且，最好不要长期食用。

（3）传统风味早餐：油条、豆浆。很多人都习惯了早上吃油条加豆浆。专家指出，油条是高温油炸食品，与烧饼、煎饺等都含有油脂。食物经过高温油炸后，不仅营养素会被破坏，还会产生致癌物质。同时油条的热量也比较高，油脂也难消化，再加上豆浆也属于中脂性食品。这种早餐组合的油脂量明显超标，所以不宜长期食用。

早餐一定要有蔬菜或者水果，豆浆加油条的吃法最好少吃，而且当天的午、晚餐必须尽量清淡些，不要再吃炸、煎、炒的食物，并多补充蔬菜。

（4）零食早餐：各种零食，如雪饼、饼干、巧克力等。很多人都在家里储备一些零食，以备不时之需。如果早上起来后时间不是很充分，就往往会顺手拿起零食做早餐，这样方便快捷。

专家指出，平时肚子饿了吃点饼干、巧克力等零食是可以的，但是用零食来充当每天三餐中最重要的早餐，那是非常不科学的。零食多数属于干食，对于早晨处于半脱水状态的人体来说，是不利于消化吸收的。而且饼干等零食主要原料是谷物，虽然能在短时间内提供能量，但很快就会使人体再次感到饥饿，临近中午时血糖水平会明显下降。早餐吃零食容易导致营养不足，体质下降。因此，不要用零食当做早餐，尤其不要吃太多的干食。早餐食物中应该含有足够的水分。如果当天的早餐太干，可以加上一根黄瓜。

（5）"运动"型早餐：路边买早餐，边走边吃。有的人在早上为了赶时间，常常是边走路边吃东西，殊不知这是一种不讲卫生、有害健康的饮食习惯。

①路上人来车往，尘土飞扬，汽车排出的有害物质很多，都在低层空气中飘荡。如果边走路边吃东西，就会随着食物吃进不少有害物质。

②食物的消化吸收都要在大脑统一指挥下来完成。而边走路边吃东西，大脑既要指挥运动系统，又要指挥消化系统，不仅难以将吃下的食物很好地消化，而且还很容易发生呛食、咬舌、引起食物进入气管等。

专家指出，边走路边吃东西对胃肠健康不利，不利于消化和吸收。另外，街头食品往往存在卫生隐患，有可能病从口入。因此，如果选择街边食品做早餐，一是要注意卫生，二是最好到单位再吃。

（6）"营养"早餐：水果、蔬菜、牛奶。这类早餐缺了"营养价值不高"的主食，一般很受女性喜欢。因为主食是热量的主要来源，而热量则是苗条女性与减肥的人的天敌。所以，各种高营养的食物都要吃，而热量则要减少。

　　专家指出，很多人都错误地认为，主食仅仅能提供热量，根本就没有什么营养。其实，碳水化合物也属于营养的范围，而且对人体极为重要。因为没有足够的热量供给，人体就会自动分解释放热量，长期不吃主食，会造成营养不良，并导致身体各种功能的削弱。另外，酸奶和西红柿、香蕉、雪花梨、李子、杏等口味呈酸性的水果和粗纤维的水果，都不宜空腹食用。因此，应该增加面包、馒头等主食，这些谷类食物不仅可以使人体得到足够的碳水化合物，而且有利于牛奶的吸收。

3. 不要饿了才吃

　　有很多人不按时就餐，理由之一就是不饿。其实，食物在胃内仅停留 4～5 小时，感到饥饿时胃早已排空。胃黏膜这时会被胃液"自我消化"，引起胃炎或消化性溃疡。所以，要按时吃饭，养成良好的饮食规律。

4. 不要渴了才喝

　　在现实生活中，有相当多的人不渴不喝水，一直到很渴时才大量喝水。其实，等渴了再喝水已经晚了，会影响人体内水的供应，不利于健康。

　　研究表明，一个健康的成人的体液内，水所占的比例是 60%～70%。在人体的消化及新陈代谢过程中，水是不可缺少的。饮水不足将对身体生理的许多方面都产生不良影响。成年人每人每天至少应喝 8～10 杯水，才能满足身体各方面的需要。所以，应该做到不渴也要喝水。

5. 如何健康喝茶

　　喝茶要看体质，中医认为人的体质有燥热、虚寒之别。而茶叶经过不同的制作工艺，也有凉性及温性之分。所以，体质各异饮茶也有讲究，燥热体质的人，应喝凉性茶，而虚寒体质的人，应喝温性茶。

　　晚上最好喝红茶。因为绿茶属于不发酵茶，茶多酚含量较高，并保持了其原有的性质，刺激性比较强；红茶是全发酵茶，茶多酚含量虽然少，但经过"熟化"过程，刺激性较弱，较为平缓温和，适合晚间饮用。尤其是对脾胃虚弱的人，喝红茶时加点奶，还可以起到一定的温胃作用。但是，平时情绪容易激动，或比较敏感、睡眠状况欠佳和身体较弱的人，晚上还是以少饮或不饮茶为宜。而且，晚上喝茶时要少放茶叶，不要将茶泡得过浓。喝茶的时间最好在晚饭之后，因为空腹饮茶会伤身体，尤其对于不常饮茶的人来说，会抑制胃液分泌，妨碍消化，严重的还会引起心悸、头痛等"茶醉"现象。

　　比较好的饮茶习惯是，早上起床后空腹喝一杯淡茶，民间有句俗语"早上喝杯茶，饿死医生全家"，就是说早上饮茶有利于身体健康，无须看医生。专家指出，早起喝一杯茶后，要隔半个小时再吃早点，可以有清胃肠的作用。

季节的不同，喝茶种类宜做相应调整。春季宜喝花茶，因为花茶可以散发冬天淤积于体内的寒邪，促进人体阳气生发；夏季宜喝绿茶，因为绿茶性味苦寒，能清热、消暑、解毒、增强胃肠功能，促进消化，防止腹泻、皮肤疮疖感染等；秋季宜喝青茶，因为青茶不寒不热，能彻底消除体内的余热，恢复津液，使人神清气爽；冬季宜喝红茶，因为红茶味甘性温，含丰富的蛋白质，有一定滋补功能。但是，很多人在喝茶时还存在一些误区。

（1）饭前饭后饮浓茶。合理喝茶对人体有百益而无一害，但是如果饮茶不合理，就会对人体有害。长期在饭前饭后饮浓茶，茶叶中含有的大量鞣酸可以与食物中的铁元素发生反应，生成难以溶解的物质。时间长了就会引起人体缺铁，甚至诱发贫血症。同时，还会造成消化不良、便秘、营养障碍和贫血等不良后果。因此，在饭前半个小时和饭后1个小时之内，都不宜喝浓茶。

（2）喜喝新茶。由于新茶存放时间短，含有较多的未经氧化的多酚类、醛类及醇类等物质，对人的胃肠黏膜有较强的刺激作用，易诱发胃病。所以新茶宜少喝，存放不足半个月的新茶更要忌喝。

（3）喝头遍茶。由于茶叶在栽培与加工过程中受到农药等有害物的污染，茶叶表面会有一定的残留。所以，头遍茶有洗涤作用，应弃之不喝。

④空腹喝茶。空腹喝茶可稀释胃液，降低消化功能。加之水吸收率高，致使茶叶中有害成分大量进入血液，引发头晕、心慌、手脚无力等症状。

（5）煮茶喝。有些人喜欢煮茶喝，其实这是不好的饮茶习惯。在高温作用下，茶叶的鞣酸过多地溶出，挥发油在煮的过程中也散发，维生素C在高温中被破坏。不仅茶味苦涩，而且大大降低了茶叶的营养价值。如果长期饮用这种茶水，就会危害健康。因此，切忌煮茶喝，即使泡茶，水温也忌过高，以80℃左右为宜。

（6）发烧喝茶。茶叶中含有茶碱，有升高体温的作用，发烧病人喝茶会加重病情。

（7）溃疡病人喝茶。茶叶中的咖啡因可促进胃酸分泌，升高胃酸浓度，诱发溃疡甚至穿孔。

（8）经期喝茶。在月经期间喝茶，特别是喝浓茶，可诱发或加重经期综合征。医学专家研究发现，有喝茶习惯者发生经期紧张症几率比不喝茶者高出2.4倍，每天喝茶超过4杯者，增加3倍。

（9）经常过量喝浓茶。经常过量喝浓茶会引起氟中毒。浓茶中还含有大量的咖啡因、茶碱等，刺激性很强。饮浓茶可导致失眠、头痛、耳鸣、眼花等，对胃肠也不好，有的人还会产生呕吐感。

（10）喝隔夜茶。隔夜茶，特别是变了味的茶，即使还尝不出已变味，但其中也多半孳生、繁殖了大量的细菌。

（11）喝久泡的茶。茶叶泡得过久，其中有很多对人体不利的物质被泡了出来。

（12）喝凉茶。茶宜温热而饮，凉茶有滞寒、聚痰之弊。

6. 喝混合酒易导致肝硬化

各种酒的酒精含量都不同，一会儿喝啤酒，一会儿喝白酒、葡萄酒等，身体对这样不断的变化难以适应。各种酒的组成成分也不尽相同，常喝混合酒会给肝脏造成过重负担，易导致肝硬化等疾病。

7. 食物过咸或甜都会脱头发

食盐过多会脱发。盐分可导致人体内水的潴留，同样在头发内造成滞留水分过多，从而影响头发正常的生长。同时，头发里过多的盐分给细菌滋生提供了良好的场所，刺激皮脂分泌，造成头垢增多，加重脱发现象。

食糖过多头发变黄。糖在人体的新陈代谢过程中会形成大量的酸性物质，破坏维生素 B族，从而扰乱头发的色素细胞代谢，致使头发逐渐因失去原有颜色而枯黄。过多的糖在体内还会使皮脂增多，诱发脂溢性皮炎，继而会导致大量脱发。专家指出，人体每日摄入盐分应在 5克以下，尽量少吃含糖过多的食物，尤其是女性。

8. 用矮桌或蹲着进餐影响消化

无论是用矮桌进餐，还是蹲着吃饭，都不符合生理卫生要求。因为腹部受挤，胃肠不能够正常蠕动，从而影响消化吸收。此外，腹主动脉受到压迫，胃部毛细血管得不到足够的新鲜血液补充，也可导致消化功能减退。

9. 不要吃烫的食物

有的人喜欢喝很热的汤、吃很烫的饭，觉得只有这样，才能吃出饭的香味。其实，这也是一种不健康的饮食习惯，对口腔、食管和胃都有害而无益。

太烫的汤饭除了容易将口腔和舌黏膜烫伤之外，有时还会将食管黏膜烫伤，造成食管黏膜坏死，形成假膜，脱落后就成为溃疡。这种溃疡愈合后，能形成瘢痕，使食管变窄，影响正常的进食，这是食管炎的一种。有这种病的人，经常会感觉胸骨后面疼痛和有灼热感，有时甚至会出现吞咽困难的症状。此外，还可引起急性单纯性胃炎。

经常吃很烫的汤饭与食管癌的发生也有关系。研究表明，在食管癌患者中，多数患者有爱吃烫食的习惯。人的口腔、食管和胃黏膜的耐受温度为 $50℃ \sim 60℃$。为了避免对口腔、食管黏膜的烫伤，减少食管炎、急性胃炎、食管癌的发生，应养成良好的饮食习惯，不要吃热烫的汤饭。

10. 饭后的不良饮食习惯

（1）饭后立即吃水果。食物进入胃内，需经过 $1 \sim 2$ 小时的消化过程才能缓慢排出。饭后立即吃进的水果会被食物阻滞在胃内，如果在胃内停留的时间过长，就会引起腹胀、腹泻或便秘等症状，时间长了将会导致消化功能紊乱。吃水果最好是在饭后 1 ～ 2 小时之间。

（2）饭后立即吃冷饮。饭后立即吃冷饮，会对消化道产生很强的冷刺激，从而引起消化道强烈的蠕动，这样就可能会引起腹痛腹泻。同时，冷热的强烈变化会使胃部血管突然收缩，长此以往可导致胃的消化机能失调，甚至造成消化不良或其他疾患。

（3）饭后立即吸烟。饭后吸一支烟，中毒量大于平时吸 10 支烟的总和。因为人在吃饭以后，胃肠蠕动加强，血液循环加快，这时人体吸收烟雾的能力最强，烟中的有毒物质比平时更容易进入人体，从而更加重了对人体健康的损害程度。而长期大量吸烟，严重者有可能会阳痿。

（4）饭后马上饮水。如果饭后马上饮水就会稀释胃液，使胃中的食物没有来得及消化就进入了小肠，削弱了胃液的消化能力，容易引发胃肠道疾病。如果饭后喝的是汽水，那么对身体就更为不利了，汽水产生的二氧化碳容易增加胃内压，导致急性胃扩张。

11. 暴饮暴食易引发疾病

人体的营养来自饮食，但饮食过量往往会损伤胃肠。经常吃饭过饱的人易引起消化不良。诱发高血压、冠心病等。俗话说"若要身体好，吃饭不过饱"，这话是有一定道理的。暴饮暴食不仅能破坏胃肠道的消化吸收功能，引起急性胃肠炎、急性胃扩张和急性胰腺炎，而且还由于隔肌上升，影响心脏活动，可诱发心脏病等。如果抢救不及时，就会发生生命危险。所以，任何时候都不要暴饮暴食。而且，暴饮暴食是一种不健康的饮食行为，是引起胃肠道疾病和其他疾病的一个重要原因。

饮食过饱会损害大脑功能，使大脑变得迟钝。一种名叫纤维芽细胞生长因子的物质，饭后在脑中含量要比饭前增加数万倍，而且这种因子是脑动脉硬化的原因之一。人们在进餐后，体内会调节这种生长因子，使它从较高状态恢复到正常水平。若长期饱食，这种因子就会在大脑中积累，促使形成脑动脉硬化，而脑动脉硬化义与老年性痴呆症密切相关。

每餐最好吃七八分饱。如果吃得太饱，血液循环停留在胃部的时间较长，脑部就会有一点缺氧，容易感到想睡觉、没精神，而且胃部的负担也会增加。

12. 吃荤食后不宜立即饮茶

有的人在吃肉食、海味等高蛋白食物后，习惯于立即喝茶，以为这样就能帮助消化。其实不然，因为茶叶中的大量鞣酸与蛋白质结合，会生成具有收敛性的鞣酸蛋白质，使肠蠕动减慢，从而延长粪便在肠道内滞留的时间。这样不仅容易形成便秘，而且还会增加有毒和致癌物质的吸收。所以，最好过一段时间再喝茶。

13. 酒后饮浓茶解酒不好

许多人酒后往往爱饮茶，以为这样可以解酒。但是，因为酒味辛甘，入肝、肺二经，饮酒后阳气上升，肺气增强；茶味苦，属阴，主降。酒后饮茶，特别是饮浓茶对肾脏不利。

酒精进入肝脏后，通过酶的作用分解为水和二氧化碳，经肾脏排出体外。而茶碱有利尿作用，浓茶中含有较多的茶碱，它会使尚未分解的乙醛（酒精在肝脏中先转化为乙醛，再转化为乙酸，乙酸又被分解为二氧化碳和水）过早地进入肾脏。而乙醛对肾脏有很大的损害作用，易造成寒滞，导致小便频浊、阳痿、睾丸有坠痛感和大便干燥等。所以，酒后最好不要立即饮茶，尤其不能饮浓茶。最好进食瓜果或饮果汁，既能润燥化食，又能醒酒。

14. 吃饭时不要狼吞虎咽

消化的意义就是为了使食物分解，变得容易吸收。细嚼慢咽是一种饮食好习惯，而狼吞虎咽则是不好的饮食习惯。

进食的速度太急、太快。往往食物吞到肚子里，胃肠来不及消化，觉得不够饱又吃，当感到饱时，已经过量了。胃里囤积的食物太多，消化量也大，很容易造成胃下垂，同时脂肪也会堆积。所以吃东西要细嚼慢咽，让心情放松，并保持七分饱的状态，身体健康又愉快。

细嚼慢咽好处很多，养成这种饮食习惯，食量尽管不大，但比狼吞虎咽更能充分地吸收养分和能量。足够的唾液能很好地与食物混合在一起，帮助胃肠消化食物。这样可以有效地控制过多地吃入食物，避免了消化不良和长期食物过量导致的肥胖。

15. 饮食口味不要过重

调味品的种类让人眼花缭乱。然而，人们的饮食在愈来愈依赖调味品的背后，却隐藏了一个令人忧心的问题，那就是我们正常的味觉正在逐渐失去作用。如烤肉时必须要蘸烤肉酱，否则烤肉就会觉得无味、难吃，结果吃进去的都是烤肉酱，真正肉类的鲜美滋味却吃不出来。即使炒菜，有的人也喜欢加入高鲜味精来增加食物的美味等。过重的口味已使得现代人的味觉受到了严重的破坏。在众多调味品之中，多半都含有大量的化学成分，即使是宣称采用肉类、谷物等天然原料制成的高鲜调味品，也有化学成分，长期食用将会使味觉失去分辨食物原始美味的能力。

特别是对于孩子们，如果从小就习惯食用添加许多调味品或色素的食物，将来以为只有添加调味品的食物才是正统美味，原味食物反而变得没有滋味了。此外，调味品中的化学成分也有可能会造成味觉异常。

人的味觉一旦习惯了浓烈的味道之后，将无法感觉出较为清淡的味道。因此，若是从小习惯浓烈的味道，对于味道较清淡的菜肴将失去味觉，这对儿童的健康是不利的。此外，饮食口味过重必然会增加盐的摄入量，这样就会造成钙的大量流失，危害身体健康。

16. 长期吃素食营养不良

蔬菜含有丰富的维生素、无机盐和纤维素，对身体健康是有很多好处的，但蔬菜中的蛋白质含量很少，或者没有。蛋白质是构成全身组织器官的重要成分，它参与机体很多生理功能，如果缺乏就会引起许多不良后果。而且大部分蔬菜中的微量元素锌含量极微，但锌又是增进食欲，促进生长发育，提高创伤愈合能力的良药。如果育龄妇女经常素食，摄入的热量及锌不足，容易给下一代带来先天性疾病。因此，吃蔬菜比较多的人，应该多吃一些肉蛋奶类食品、豆类及其制品，以免造成营养不良。

拒绝吃肉会造成动物蛋白质摄入不足，即使补充了豆类等植物蛋白，其吸收和利用都远不如动物蛋白。当完全素食者蛋白质摄入不足时，人体内的蛋白质、碳水化合物、脂肪就会失衡，造成免疫力下降、记忆力下降、贫血、消化不良。而长时间的纯素食，身体会缺乏维生素B_{12}、钙、铁、锌等微量元素，以致于对身体产生许多不利的影响。国外研究表明，长期素食会导致生殖机能异常，甚至严重影响生殖能力。

17. 乘飞机前的不良饮食习惯

乘飞机，由于高空气温、气压等改变，人体要消耗较多的能量。所以在上飞机前的一个半小时要适当进食一些食品，如面包、点心、面条、牛奶、蔬菜、瘦肉和水果等。但也应注意以下4个方面：

（1）忌吃得过饱。如果高空飞行前吃得过饱，一方面会加重心脏负担，另一方面容易引起恶心、呕吐、晕机等症状。因此，上飞机前不要吃得太饱。

（2）忌食用多纤维和容易产生气体的食物。人在5000米高空时，身体里的气体的体积会比在地面时增加1～2倍。如果食用易产生气体的食物和含粗纤维较多的食物，飞行时就会产生胸闷、腹胀的感觉。

（3）忌进食过分油腻和含大量动物蛋白质的食物。这些食物在胃内很难排空，当人体到达空中后，会使胃肠膨胀。加之到高空后，人的消化液分泌减少，胃肠蠕动减弱，高脂肪、高蛋白的食物更加难以消化，会在飞行中及下机后产生腹胀、腹痛等反应。

（4）忌进食过晚。在上飞机前1小时内最好不要再进食。如果刚进食后就上飞机，食物在胃内还没有来得及消化，就要经受飞机起飞时的颠簸、爬高时的气压变化等，会带来胃肠的不适，易造成呕吐。

18. 空腹不能吃的食物

虽然人在饥饿时需要吃食物，但是有些食物不适宜在空腹时吃，否则就会给身体的健康埋下隐患。

（1）香蕉。香蕉含有较多的镁元素，空腹吃会使人体中的镁元素突然增高，对心血管产生抑制作用。

（2）柑橘。柑橘含有大量糖分和有机酸，空腹吃会使胃酸增加，引发脾胃不适，胃肠功能紊乱。

（3）西红柿。西红柿含有大量的果胶、柿胶酚、可溶性收敛剂等成分，容易与胃酸发生化学反应，凝结成不易溶解的块状物。这些硬块可将胃的出口——幽门堵塞，使胃里的压力升高，造成胃扩张，从而使人感到胃胀痛。

（4）柿子。柿子含有柿胶酚、果胶、鞣酸和鞣红素等物质，具有很强的收敛作用。在胃空时遇到较强的胃酸，柿子容易和胃酸结合凝成难以溶解的硬块。小硬块可以随粪便排泄，若结成大的硬块，就易引起"胃柿结石症"，中医称为"柿石症"。

（5）甘蔗和鲜荔枝。甘蔗和鲜荔枝空腹食用时，会因体内突然渗入过量糖分而发生"高渗性昏迷"。

（6）山楂。山楂的酸味具有行气消食作用，但若空腹食用，不仅耗气，还会增加饥饿感，并加重胃病。

（7）大蒜。蒜含有大蒜素，空腹吃蒜，会对胃黏膜、肠壁造成强烈刺激，易引起胃肠痉挛、绞痛等。

（8）冷饮。空腹状态下大量吃冷饮，会刺激胃肠发生挛缩，诱发胃肠疾病。女性月经期间大量吃冷饮，还会使月经发生紊乱。

（9）酸奶。空腹饮用酸奶，会使酸奶的保健作用减弱。而饭后两个小时饮用或睡前喝，既有滋补保健、促进消化作用，又有排气通便作用。

（10）白酒。空腹饮酒会刺激胃黏膜，时间长了易引起胃炎、胃溃疡等疾病。空腹时，身体血糖低，此时饮酒，人体很快会出现低血糖，造成头晕、心悸、出冷汗等，严重者还会发生低血糖昏迷。

（11）糖。糖是一种极易消化吸收的食品，空腹大量吃糖，人体短时间内不能分泌足够的胰岛素来维持血糖的正常值，使血液中的血糖骤然升高，容易导致眼疾。

（12）豆浆和牛奶。牛奶和豆浆都含有大量的蛋白质，空腹饮用，蛋白质将被迫转化为热能消耗掉，起不到补充营养的作用。正确的饮用方法是，与点心、面饼等含面粉的食品同食，或餐后两个小时再喝，或睡前喝均可。

（13）白薯。白薯含有单宁和胶质，会刺激胃壁分泌更多胃酸，引起烧心等不适感。

19. 不要经常在餐前吃西红柿

西红柿应该在餐后再吃，这样可使胃酸和食物混合，大大降低酸度，避免胃内压力升高而引起胃扩张。

20. 冷热同吃易腹泻

腹泻病有 1/3 是口不择食所造成的，其中冷饮和热的甜点混食引起的腹泻占了绝大多数。因此，夏季预防腹泻病，除了要注意防止食物变质及细菌感染引起的食物中毒外，一定要注意因饮食搭配不当而造成胃肠道吸收障碍的非细菌性感染腹泻。

夏天，许多人都喜欢同时喝热咖啡和吃冰淇淋。殊不知，这些最常见的冷热甜食混合却在损伤胃肠道。温度的骤然变化会造成胃肠黏膜不同程度的损伤，轻者胃肠难受，重者胃肠出血。胃肠道受到极度刺激，会造成胃肠道吸收食物的障碍，因此会形成水一样的大便而腹泻。还有人在夏天喜欢喝冷咖啡和冰镇鸡尾酒，这两种饮品都含有强刺激物咖啡因和酒精，冰镇以后对人的胃肠道刺激会更大，是肝脏、心脏、动脉、消化系统等人体重要组成部分的健康杀手。

21. 不要带着不良情绪吃饭

不良的心理因素，不仅会导致吃进去的食物进入体内后容易堆积而形成脂肪，而且还会加重胃肠道的负担，使胃肠道容易发生疾病。尤其是上班族，因工作压力比较大，精神紧张，在吃饭的时候也时常处于紧张的状态之中，或者是带着沮丧、愤怒等不良的情绪进餐。专家指出，进餐前应主动调整好心理状态，避免进食时胃肠道产生不适感。

22. 不要喝太多的啤酒

酒是产生高热量的饮料，1 克酒精能产生 7 千卡热量，仅次于脂肪产生的热量。啤酒中的酒精度数虽然只有 3% 左右，但还有 11% 的含糖度数，而且喝啤酒的量在一般情况下都会很多，一瓶啤酒产生的热量相当于 100 克粮食产生的热量。酒喝得多就等于多吃很多食物，多余的能量就会以脂肪的形式储存起来。

23. 不要经常在睡前吃东西

临睡前吃点心、零食等，容易摄入过多的热量，多余的热量会转化为脂肪而储存于体内。因此，为了体态美和健康，睡前尽量不要进食。

如果在睡前 3 个小时内吃太多食物，或吃一些辛辣、高脂肪、含咖啡因的食物等都会影响睡眠质量，那么在第二天会感到乏力，甚至一整天都没精打采。如果在睡前感到有点饿，切忌吃上面提到的各类食物，可以吃少量新鲜水果。

24. 不要经常吃泡饭

俗话说："汤泡饭，嚼不烂。"汤泡过的饭，更软了，也更容易下咽了，为什么说会"不烂"呢？其实，这句话的意思是，汤泡饭不容易消化。相反，长期吃还会导致消化功能减退，从而引起各种疾病。

饭和汤水混在一起，食物在口腔内还未嚼烂就滑到胃里去了。食物没有经过充分咀嚼，唾液分泌得少，与食物混合搅拌不均匀，淀粉酶也会被汤水稀释。再加上味觉神经没有受到应有的刺激，胃肠道反射性的消化液分泌也有所减少。因此，食物的消化将会受到影响，营养也不能完全被吸收。此外，未被咀嚼而整粒吞下的饭，也会加重胃肠道负担。长此以往，会造成胃肠道功能紊乱、胃肠道消化不良等疾病，严重影响身体健康。

对正处于生长发育期的孩子来说，吃泡饭危害更大。因为长期食用泡饭，不仅妨碍胃肠道的消化吸收功能，还会使咀嚼功能减退，使咀嚼肌萎缩，严重者还会影响成年后的脸型。同时，吃泡饭还容易使孩子养成囫囵吞枣的不良饮食习惯。

老年人也尽量不要吃泡饭。研究表明，咀嚼时通过颌关节运动，可使脑血液循环加速，畅通的血液循环又能增强大脑皮质的活化，从而有利于预防脑萎缩和老年痴呆。所以，老年人缺牙齿应及早镶上，以恢复咀嚼功能，不能长期因缺牙而吃泡饭。

但是，饭前喝汤、吃稀饭与吃泡饭却有所不同。饭前少量喝汤，不仅能湿润口腔和食道，还能刺激口腔和胃产生唾液和胃液，有助于消化。此外，稀饭质地较细，经水煮后，淀粉已分解成容易被胃肠道所吸收的糊精，不会影响消化功能。

总之，吃泡饭是一种很不好的饮食习惯，不论是汤饭、茶泡饭、酱油泡饭等都不应该吃。而且不论吃什么食物，都要养成细嚼慢咽的好习惯。

25. 不要长期吃方便面

方便面不宜长期食用，尤其是消化功能不良的老年人和正在生长发育的儿童，因为长期吃会引起营养不良。如果因特殊情况需较长时间吃方便面，应注意补充优质蛋白质，如瘦肉、鸡蛋、水产品、海鲜、动物内脏等富含蛋白质及维生素和微量元素的食物。另外，还要注意食用新鲜蔬菜和水果，以补充足够的维生素和植物纤维素。

26. 水果不能代替蔬菜

蔬菜和水果都是对人体健康非常有益的食物，但两者不能互相替代，因为蔬菜与水果所含的营养成分有些不同。蔬菜中含有较丰富的铁、钙、磷、胡萝卜素与维生素 C 等人体需要的营养素，还可帮助机体吸收蛋白质、糖类与脂肪等，促进胰腺分泌消化液，促使食物更好地消化和吸收。研究证明，常吃南瓜、大蒜、胡萝卜、芹菜、西红柿、韭菜等蔬菜，还具有防衰老和防癌作用。

27. 大鱼大肉"吃"掉钙

高蛋白饮食是引起骨质疏松症的重要原因。实验证明，每天摄入 80 克的蛋白质，将会导致 37 毫克的钙流失；每天摄入 240 克的蛋白质，另外补充 1400 毫克的钙，将会导致 137 毫克钙的流失。这说明另外补充钙并不能阻止高蛋白所引起的钙流失。这是因为，过多摄入大鱼大肉这些酸性食物，容易产生酸性体质。而人体无法承受血液中酸碱度激烈的变化，于是，身体就会动用两种主要的碱性物质钠和钙来加以中和。当体内的钠用完时，就会动用身体内的钙。所以，过量摄入大鱼大肉而不注意酸碱平衡，将会导致钙的大量流失。这就是那些常吃宴席（肉多、酒多、油多、菜少、饭少）的人常常莫名其妙地感到疲倦、头晕、体力不支的原因。同时，也容易患高血压、高血脂、糖尿病、肥胖、脂肪肝、痛风等时髦病。

28. 老人喝奶得不偿失

牛奶含有 5% 的乳糖，通过乳酸酶的作用分解成半乳糖，极易沉积在老年人眼睛的晶状体上，导致晶状体透明度降低，诱发老年性白内障的发生。老年人可以选用虾皮、虾米、鱼类、贝类、蛋类、肉骨头、海带及田螺、芹菜、豆制品、芝麻、红枣、黑木耳等含钙高的食物来补钙，以天然食物为最佳。

29. 鸡蛋和牛奶不能同时吃

鸡蛋和牛奶都有较高的营养价值，但是两者同时食用，既不合理，热能也不够。因为奶制品及蛋类的主要成分都是蛋白质，其吸收转化速度低于淀粉类物质。所以，两者一起食用，不仅不能很快地给人体提供能量，而且仅仅作为热量被消耗也是一种浪费。另外，由于胃酸的作用，空腹喝牛奶也不利于钙等营养物质的吸收。

30. 矿泉水不能代替普通水

经常饮用矿泉水可以增加患肾结石的危险。因为普通水中含矿物质极低，可以对肾脏进行冲刷，稀释尿酸，将其中沉积的过量钙质排出体外。而矿泉水中含有大量钙质，经常饮用会增加钙的沉积，形成结石。

31. 空腹时间不宜过长

研究证明，人体空腹过久与胆结石的形成有密切关系。这是因为人体在空腹时，体内的胆汁量分泌减少，胆汁中胆盐的含量下降，而胆固醇的含量却不变。长此以往，胆汁中的胆固醇就会处于一种饱和状态。由于胆汁中胆盐与胆固醇正常比例下降，胆固醇极易沉积起来，形成胆固醇结石。

32. 边吃边唱不科学

在一些卡拉 OK 歌厅等娱乐场所，很多人喜欢边吃边唱。但从卫生的角度来看，这是很不科学的。边吃边唱对人的身体健康有弊而无益。

（1）这种行为易导致厌食症。心理学研究表明，某种信息的重复刺激，可使人产生条件反射。如果经常边吃边唱，一到吃饭的时候就难免想唱几句。一旦不具备条件，就可能食不知味，对食物产生厌恶感。

（2）边吃边唱易导致胃病。因为边吃边唱会使整个消化系统不能专一协同地工作，唾液、胃液不能正常分泌。如果时间长了，就会导致胃炎、胃溃疡、肠炎等疾病。

（3）话筒是疾病的传染源。这些娱乐场所的话筒一般使用者众多，带有许多病菌。如果边吃边唱，极易引起疾病传染。

33. 吃海鲜不能同时喝啤酒

海鲜是高蛋白、低脂肪食物，含有嘌呤和苷酸两种成分；而啤酒则含有维生素 B_1，它是嘌呤和苷酸分解代谢的催化剂。

边吃海鲜边喝啤酒，会造成嘌呤、苷酸与维生素 B_1 混合在一起发生化学作用，导致人体血液中的尿酸含量增加，破坏原来的平衡；尿酸不能及时排出体外，以钠盐的形式沉淀下来，容易形成结石或引发痛风。严重时，满身红疙瘩，痛痒不止，无法行走。痛风急性发作可在饮酒之后的 24 小时内出现。

34. 饮水的误区

（1）纯净水可作为家庭长期饮用水。长期饮用纯净水会带走人体内的一些微量元素，容易造成人体内钙的流失，尤其是儿童不应长期饮用。

（2）矿泉水的矿物质越多越好。水中矿物质的含量超标对人体是不利的，并非所有矿泉水都能作为饮用水，有的要经过科学处理才能饮用。

35. 火锅吃法不当可能会致癌

吃火锅的时间不宜过长，尤其是不能吃在火锅里长时间烧煮的食物。这是因为，当火锅烧煮 60 分钟和 90 分钟后，其汤汁中的亚硝酸盐含量分别超过了 10 毫克/公斤和 15 毫克/公斤，高于一般食品中的含量。而人体一次吸收亚硝酸盐超过 200 毫克时，可将正常血红蛋白转变为高铁血红蛋白，造成人体缺氧，出现急性中毒症状。

此外，火锅食品中的肉类、鱼类、内脏等高蛋白食品在长时间高温烧煮过程中会释放胺类物质，胺类中的二级胺类与亚硝酸盐结合，形成亚硝胺致癌物质。而只稍微涮一下就捞起来吃的饮食方式也是错误的。这是因为，如果吃了未涮熟的猪、牛、羊、鸡、鸭、兔等肉类食品，或者是不熟的螺、鱼、蟹、蛙等食物，因病源尚未被杀死，就可能会患食源性寄生虫病。

需要注意的是，对于看似味美的各种火锅汤也尽量不要喝，因为食物成分在不断沸腾中会发生化学变化，对人体有害。

36. 饮酒的误区

（1）饮酒能治腰痛：有些老年人患腰痛，常用饮酒来治疗疼痛。专家指出，饮酒不可能治好腰痛。虽然饮酒有临时止痛的效果，但这不是从根本上解决问题。老年人由于内脏功能退化，肝功能减退，所以对酒精耐受程度会降低。如果把饮酒作为治疗老年人腰痛的手段，天天饮酒，就有可能因饮酒过量而对肝脏造成新的损害。因此，饮酒治腰痛并不十分可取。

（2）饮酒能助眠。有人认为睡前饮酒可助眠。其实这种做法十分有害。因为，饮酒虽能暂时抑制大脑中枢系统活动，使人快速入眠。然而，酒后睡眠与正常生理性入睡则完全不同。酒后入睡，大脑活动并未休息，甚至比不睡时还要活跃。所以，酒后醒来常会感到头昏、脑胀、头痛等不适。由于影响睡眠质量，使人休息不好，致使精神不振。久而久之，就会对人体造成诸多危害。经常晚上饮酒后入睡，还可能会导致酒精中毒性精神病、神经炎及肝脏疾病等。因为夜晚饮酒入睡后，代谢减慢，肝脏解毒功能也相对减弱，酒中的有害物质（甲醇、杂醇油、氰化物及铅等）更容易蓄积，故对健康极为不利。另外，睡前饮酒还会影响胃肠消化功能。所以，失眠者切莫以饮酒助眠。而且，睡前饮酒，入睡后易出现窒息，一般每晚两次左右，每次窒息约 10 分钟。长此以往，容易患心脏病和高血压等疾病。

（3）饮酒能消愁。饮酒时，情绪上可得到暂时的宽解。但饮酒后，平时被压抑在内心的情绪就可能显露出来，陷入一种原始的情绪状态之中，出现狂喜、暴怒、悲痛、绝望等不良情绪。这时，很容易被一点小事激怒而痛哭流涕。酒精依赖者嗜酒如命，性格上逐渐发生了变化，如工作不负责任，自尊心丧失，自私自利，好自我吹嘘等。

（4）饮酒能助性。很多人错误地认为，喝酒可以增强性功能。其实不然，喝酒虽然可以引起一种兴奋，即酒后乱性，失去控制，可能会做出一些平常不应该做的事。但是，这种乱性并不表示性功能增强了。而实际上，喝酒对肾脏有害。因为喝酒会影响机体的氮平衡，增加蛋白质的分解，增加血液中尿素氮的含量，这必然会增加肾脏的负担。而肾脏对性功能是很重要的。如果长期酗酒，可能会引起阳痿。

37. 不良饮食习惯会导致近视眼

吃得过甜。吃得过甜致使消耗体内大量的维生素 B_1，降低体内的钙质，使眼球壁的弹力减弱，导致近视眼的发生。

吃得过精。长期吃精细食物，造成肌体缺铬，使晶状体变凸、屈光度增加，产生近视。铬主要存在于粗粮、红糖、蔬菜及水果等食物中。

吃得过软。吃硬质食物过少也是引起青少年近视的原因之一。咀嚼被誉为另类的"眼保健操"。多吃胡萝卜、黄豆、水果等耐嚼的硬质食品，增加咀嚼的机会。

38. 吃饭时间长对身体不利

专家指出，如果吃得太快，食物得不到充分咀嚼就咽下，颗粒较大的饭菜就容易伤害食管黏膜和胃。

养生讲究细嚼慢咽，但太慢了也不好，会影响营养的吸收。因为消化酶一般在十几分钟内达到高峰，此时是消化食物的最佳时间，有利于营养的吸收。另外，如果吃的是高油脂食物，受到脂肪刺激，胆汁就会从胆囊排放到肠内来消化食物。但胆汁的量是有限的，如果吃饭时间过长，脂肪得不到充分的消化就会堆积下来。所以，用餐时间最好为20分钟左右，这样身体就有了饱足感，不会因为吃得太快或太慢而引起身体发胖。当然，朋友聚会难免吃得时间长，偶尔为之无所谓，但不要经常这样。

39. 吃得越冰越易中暑

炎炎夏日，喝上一杯冰镇啤酒或饮料，确实能感到透心凉，似乎感到酷暑远去。其实，这只是一时的享受。这些冰冷的美食会影响消化功能，降低抵抗力，使人更容易中暑。

专家指出，细胞的代谢和转化必须有酶的参与。人体有几千种酶，几乎所有的生命活动过程，从腺体的分泌到免疫系统的正常运行都需要酶的参与。

酶在35℃～40℃之间活性最好，在人体体温37℃时最为活跃，而在60℃以上则失去活性。如果夏日摄入冰镇食品过多，人体局部的温度短期降低，而此时由于人体一下子无法适应这么低的温度，消化系统就会首先受到影响，继而影响到全身的各系统功能的正常发挥。在炎热夏季，就容易导致中暑的发生。

此外，冷饮通过胃肠的速度要大大快于常温的食物，因此会越喝越渴。所以，冰镇啤酒、冰淇淋等这些冷饮，其实是裹着冰衣的火球，它们所含的热量不仅会增加脂肪，而且还会让暑热更容易侵袭人体。但是，如果适量地吃，慢慢地吃，就不会引起上面所说的症状。何况，不同的人群对冷饮的接受程度也不同，体弱、患有心血管疾病的人最好不要吃冷饮。婴幼儿由于胃肠功能发育不全，也应少吃冷饮。那么，盛夏喝什么温度的水最解渴呢？

盛夏烈日炎炎，即使不活动也会大量出汗。在这种情况下，有许多人一味地喝凉水或冷饮，认为那样最能解渴。实际上，人在出汗很多、感到很渴的情况下，喝凉水或冷饮，结果只会越喝越渴，造成反射性出汗，使体内失水更多，对身体健康危害更大。大量出汗还会导致体内缺盐，引起热痉挛，危及生命。正确的做法是应该养成喝温开水的习惯，尽量少喝或不喝冷水或冷饮。

40. 虾皮含钙高不能晚上吃

很多人都知道睡觉前补钙的效果较好，如睡前喝杯牛奶，既能促进睡眠，又能补钙。由于虾皮中钙的含量非常丰富，于是有些人觉得晚餐睡觉前吃虾皮补钙的效果一定会超过牛奶。

其实这种做法是完全错误的，这样不但不能达到补钙的目的，更容易增加患尿道结石的危险。

虾皮中钙含量高达 991 毫克 /100 克（成人每日的钙推荐量为 800 毫克左右），素有"钙的仓库"之称。虾皮还具有开胃、化痰等功效。但是，正是因为虾皮含钙高，所以不能在晚上吃，以免引发尿道结石。因为尿结石的主要成分是钙，而食物中的钙除一部分被肠壁吸收利用外，多余的钙就会全部从尿液中排出。人体排钙高峰一般在饭后 4 ～ 5 小时内，而晚餐食物中含钙过多，或者晚餐时间过晚，甚至睡前吃虾皮，当排钙高峰到来时，已经上床睡觉，尿液就会全部潴留在尿路中不能及时排出体外。这样，尿路中尿液的钙含量就会不断增加，不断沉积下来，久而久之极易形成尿结石。所以，晚上补钙不能过晚过多，补钙食物的选择应尽量选择易消化吸收的。而睡前 1 ～ 2 小时喝一杯牛奶，就是非常不错的选择。

41. 男人太瘦就不要饮酒

体重指数是人体身高与体重平方之间的比值，这项指数一般被用于判断人的肥胖程度。

较瘦的男人随着饮酒量增加，患 2 型糖尿病的危险性也会随之增加。专家指出，不少瘦人的胰岛素分泌能力较弱，而长期饮酒可使胰岛素分泌能力进一步下降。这两种因素加在一起，就增加了瘦男人患 2 型糖尿病的危险性。

42. 不要先吃肉再吃青菜

很多人在吃饭时，先吃什么后吃什么随意性很大。但是，吃饭也是讲究顺序的，这样才有利于健康。正确的吃法是：先喝汤再吃青菜，然后吃饭，最后吃肉，半个小时后吃水果。

43. 吃饭时不要喝果汁

不管是纯果汁还是果汁饮料，吃饭时要尽量少喝。因为果汁的酸度会直接影响胃肠道的酸度，大量的果汁会冲淡胃消化液的浓度。果汁中的果酸还会与膳食中的某些营养成分结合，影响这些营养成分的消化吸收，造成在吃饭时感到胃部胀满，吃不下饭，饭后消化不好，肚子不适。需要注意的是，空腹时不要喝酸度较高的果汁，先吃一些主食再喝，以免胃不舒服。

44. 在睡前吃水果

食物的主要成分是脂肪、糖和蛋白质等，这些食物在胃里的滞留时间大致为：糖类为 1 小时左右，蛋白质为 2 ～ 3 小时，脂肪为 5 ～ 6 小时。

如果在睡前吃水果，消化慢的淀粉、蛋白质和脂肪会影响消化快的水果。进食的食物要在胃部停留一两个小时或更长时间，与消化液产生化学作用分解后才能进入小肠被吸收。这样就会阻碍水果前进，被停滞在胃内产生腐败。

水果的主要成分是果糖，在胃内的高温作用下产生发酵反应，甚至腐败变化，会生成酒精及毒素，出现胀气、便秘等症状，给消化道带来不良影响，甚至还会引起多种疾病，如胃灼热、消化不良、肚子痛等。

水果中含有类黄酮化合物，如果不能及时进入小肠被消化吸收，而是被阻隔在胃内，经胃内的细菌作用转化为二羟苯甲酸，而摄入的蔬菜中含有硫氰酸盐。在这两种化学物质作用下，干扰甲状腺功能，可导致非碘性甲状腺肿。所以，不要在晚上临睡觉前吃水果，不然充盈的胃肠会使睡眠受到影响。

45. 夏季水果吃多也会生病

专家指出，水果虽然对人体健康有益，但并非吃得越多越好。如李子、杏儿、梅子等含有金鸡钠酸、草酸和安息香酸，这几种成分在人体内不容易被空气氧化分解，经代谢作用后形成的产物仍是酸性物质。这些物质可导致人体内酸碱度失去平衡，而且吃水果过多还会中毒。因此，高浓度的水果汁和味道太酸的梅子、李子、杏儿等水果，还是少吃为好。

46. 睡前不能吃的蔬菜

豆类、大白菜、洋葱、玉米等食物，在消化过程中会产生较多的气体，如果在睡前吃这些食物，就会产生腹胀感，影响正常睡眠。

47. 中草药不宜长期当茶饮

很多人喜欢把银杏叶、胖大海、甘草、草决明等中草药当茶饮。但中草药是不宜长期当茶饮用的，无论是剂量过大还是服用时间过长，都有可能会产生副作用。当然，在医生的指导下，短时间饮用还是可以的。

（1）银杏叶。银杏叶是药，不是日常保健饮品。它含有有毒成分，用其泡茶可引起阵发性痉挛、神经麻痹、过敏、出血和其他副作用，过敏体质及高血压患者应慎用。

（2）胖大海。胖大海不是日常保健饮品，只适用于风热邪毒侵犯咽喉所致的嘶哑。因声带小结、声带闭合不全或烟酒过度引起的嘶哑，饮用胖大海无效。而且，饮用胖大海会产生大便稀薄、胸闷等副作用，特别是老年人及脾虚患者更应慎用。

（3）甘草。甘草所含甘草甜素具有肾上腺皮质激素的作用，能够促进水、钠潴留和排钾。如果长期大量饮用甘草，就会出现水肿、血压增高、血钾降低、四肢无力等假醛固酮增多症。此外，肾病患者必须慎用甘草。

（4）草决明。草决明对视神经有良好的保护作用，而且还有抑制葡萄球菌生长及收缩子宫、降压、降血清胆固醇的作用，对防治血管硬化与高血压有显著效果。但同时也可引起腹泻，长期饮用对身体不利。

48. 干豆腐卷大葱不宜常吃

东北人喜欢吃干豆腐卷大葱、小葱拌豆腐等。其实，豆腐不宜与葱同吃。葱含有大量的草酸，当它与豆腐混合在一起时，豆腐中的钙与葱里的草酸会结合形成白色沉淀物草酸钙。这种草酸钙是难以被人体吸收的，容易在人体内形成结石。另外，豆腐中的钙质也会受到破坏。所以，长期食用干豆腐卷大葱和小葱拌豆腐还容易造成人体钙的缺乏。

49. 喝啤酒的禁忌

（1）剧烈运动后忌喝啤酒。有些人进行剧烈运动后口渴难忍，常常会用啤酒来解渴。其实，经常这样做有可能会导致痛风。因为在剧烈运动后，饮用啤酒会使血液中尿酸浓度迅速升高，在尿酸排泄发生故障时，便会在人体关节处沉积下来，从而引起关节炎和痛风。

（2）喝啤酒不宜吃烧烤。很多人喜欢边喝啤酒边吃烧烤，其实这样的饮食搭配可能会诱发痛风，甚至癌症。

（3）喝啤酒的温度不宜过低。许多人喜欢喝冰镇啤酒，但温度较低的啤酒不仅口感不好，而且还可能会诱发多种疾病。专家指出，放在冰箱里的啤酒温度应该控制在5℃～10℃。

（4）饮用不宜过量。啤酒虽然酒精度不高，但过量饮用啤酒同样也会对身体有害。专家指出，过量饮用啤酒会增加肝脏、心脏等负担，并对这些重要器官造成伤害。

（5）肥胖的人不宜喝生啤酒。由于生啤酒所含的酵母菌在进入人体后仍能存活，可促进人体中的胃液分泌，并增强人的食欲。因而喝生啤酒易使人发胖，而胖人饮用则会越喝越胖。所以胖人和减肥的人更适宜饮用熟啤酒，但要适量。

（6）啤酒忌与白酒混饮。啤酒是一种低酒精饮料，含有二氧化碳和大量水分。如果与白酒混饮，就会加重酒精在全身的渗透，对肝、胃、肠和肾等器官都会产生强烈的刺激，并影响消化液的分泌，使胃酸分泌减少，导致胃痉挛、急性胃肠炎等病症。

（7）饭前忌喝冰镇啤酒。饭前喝冰镇啤酒容易使胃肠道温度骤降，血管迅速收缩，血流量减少，从而使生理功能失调。同时，也会导致消化功能紊乱，易诱发腹痛、腹泻等症。

50. 夏季的饮食不要太清淡

绝大多数的人都认为，夏季的饮食要清淡一些，否则容易上火。这样的饮食结果是，不少人的体质迅速下降，体重减轻，消瘦乏力，抗高温和疾病的能力下降，工作、学习效率降低等。

在夏天，身体消耗超过了春、秋、冬季节，加上在夏季的睡眠质量较差，就更需要补充营养。如果饮食比较清淡，少吃甚至不吃营养丰富的食物，其结果必然会使热量入不敷出，导致体质极大下降。因此，除了不要吃过多的油腻食物外，还要适当地吃一些营养丰富的食物，如肉类、鱼类、蛋类等。

51. 喝豆浆六不宜

豆浆营养丰富，但是专家指出，饮用豆浆时需注意以下情况：

（1）不宜喝生豆浆。生豆浆含有对人体不利的物质，若未煮熟就喝，会引起恶心、呕吐、腹胀、腹痛、腹泻等症。因此，豆浆要充分加热，不能刚煮沸就关火，应持续反复煮沸5～10分钟。

（2）不宜空腹喝。空腹喝豆浆，豆浆中的蛋白质大都会被机体转化为热量而消耗，不能充分起到补益作用。豆浆应与饼干、馒头、面包等含碳水化合物、淀粉多的食物同食，或在早饭后1～2小时饮用。

（3）不宜冲鸡蛋。生鸡蛋中含有一种黏液性蛋白质，会与豆浆里的胰蛋白酶结合，产生不易被人体吸收的复合蛋白质，不能增加营养。

（4）不宜冲蜂蜜。蜂蜜含大量葡萄糖、果糖和少量有机酸，与豆浆混合时，会与豆浆中的蛋白质结合产生变性沉淀，不能被人体吸收。

（5）不宜加红糖。红糖含多种有机酸，易与豆浆中的蛋白酶结合，使蛋白质变性沉淀，不易被人体吸收。

（6）豆浆性平偏寒，因此饮后有反胃、嗳气、腹泻、腹胀者，以及夜间尿频、遗精者，均不宜饮用豆浆。另外，豆浆中的嘌呤含量高，痛风病人也不宜饮用。

（7）不宜一次过多饮用。一次喝豆浆过多，易引起蛋白质消化不良，出现腹胀、腹泻等不适症，有慢性胃病者更需注意。

52. 经常改变饮食习惯可防癌

科学家认为，癌细胞可以出现在任何人的身体内。由于每个人包括免疫功能在内的体质不同，癌细胞的发生或迟或早，或多或少，或迅速繁殖，或被控制乃至消失。但是，不变的饮食习惯确实可以引起细胞癌变的早发。因此，固定不变的饮食结构或偏爱某种食物，机体就会累积某些或某种固有的有毒物质，甚至是致癌物质。

科学家认为，癌变是一项长期的可逆性"工程"。在此"工程"中，只要有一段时间的中断，癌变就要重新开始。因此，需要不断改变饮食习惯，甚至生活环境。在选购食物时，品种尽可能多样化；主粮、杂粮混食或交叉食用，荤素搭配，决不偏食，不忌口或少忌口；外出旅游或探亲访友时吃一些当地的风味食品也有裨益。

医学研究证明，一成不变的饮食习惯易诱发癌症。食谱广泛、常变口味，不仅可满足各种营养需求，而且能在体内筑起一道抗癌之"墙"。

53. 粽子不能当早餐

食物消化从胃到肠，至少需要停留6个小时左右。粽子是用糯米做的，本来就不容易消化。如果早上吃粽子，停留在胃里的时间则更长，会刺激胃酸分泌，可能会使有慢性胃病、胃溃疡的人发病。需要注意的是，临睡前绝对不能把粽子当夜宵吃，否则粽子会一晚上留在肚子里不容易消化。

专家指出，吃粽子时最好能同时喝茶水，这样可以帮助吞咽和消化。同时，吃粽子也要清淡一点。如有胃病的人吃粽子，可选白米粽，别蘸糖，不要吃得太甜；对于有胆结石、胆囊炎和胰腺炎的病人，最好不要吃肉粽、蛋黄粽。过于油腻，脂肪、蛋白过高的粽子，可能还会引起消化不良、胀气，使疾病急性发作。

54. 老年人的早餐不宜吃得过早

有的老年人认为，老年人早晨起得早，早餐也应该吃得早，其实不然。医学专家认为，人在睡眠时，绝大部分器官都得到了充分休息，而消化器官却仍在消化吸收前一天存留在胃肠道中的食物，到早晨才渐渐进入休息状态。如果早餐吃得过早，就必然会干扰胃肠休息，使消化系统长期处于疲劳应战的状态。所以，老年人最好在早上8点钟以后吃早餐。

55. "三白食物"要少吃

研究证明，常吃白米饭、白面包和白面条等精制谷物的女性，患糖尿病的几率更高。其中每天吃超过300克白米饭的女性，患糖尿病的可能性比每天吃200克以下白米饭的女性高出78%。

专家指出，"三白食物"属于风险食物。稻谷、麦子等粮食本身含有丰富的B族维生素和丰富的矿物质。在机械加工过程中，这些营养素容易被破坏，加工越精细、越白的食物，营养损失也就越多。精米精面几乎不含纤维，进入体内后很快就会被消化分解代谢，使血糖急速升高。

正常人的主食也要减少"三白食物"的比例。常吃这类主食易使人体糖耐量受损，这是向糖尿病过渡的一个"黄灯期"，如果不及时干预，极易发展成糖尿病。如果在白米饭中加入玉米粒、黑米、豆类等粗粮，就可以补充大米缺失的营养。

56. 桶装矿泉水最好不要加热饮用

桶装矿泉水最好不要加热饮用。因为加热后，水中的钙、镁易与碳酸生成水垢，不仅会影响口感，而且也容易造成饮水机中的矿物质沉积，影响身体健康。制冷的水也要小心饮用，因为制冷水的温度一般在0℃～5℃，并不足以杀死很多细菌。

57. 食用杂粮，因人而异要适量

杂粮虽好，但也不是所有的人都适合吃杂粮。有些人不太适合吃杂粮，是因为杂粮中含有过多的食物纤维，会阻碍人体对其他营养物质的吸收，降低免疫能力，如有溃疡、肠炎及胃肠道手术后的病人。如果不加控制地超量摄取，不仅难以起到维护健康、防治疾病的作用，而且还可能会造成很多问题。

（1）大量进食杂粮，可能会使胃肠道不堪重负。大量进食杂粮，可一次性摄入大量不溶性

膳食纤维，容易加重胃排空延迟，可能会造成腹胀、早饱、消化不良等。特别是一些儿童和老年人，还有一些胃肠道疾病患者，或胃肠功能较弱者，在进食大量杂粮后，会出现上腹不适、嗳气、肚胀、食欲降低等症状，甚至还可能会影响下一餐的进食。

（2）大量进食杂粮，可能会影响钙、铁、锌等元素的吸收。大量进食杂粮，在延缓糖分和脂类吸收的同时，也在一定程度上阻碍了部分常量和微量元素的吸收，特别是钙、铁、锌等元素。这对于本身就缺乏这些元素的中老年人和病人而言，无异于雪上加霜。因此，专家指出，不宜大量进食杂粮，在进食杂粮的同时，还应补充维生素和微量元素合剂。

（3）大量进食杂粮，可能会降低蛋白质的消化吸收率。蛋白质的补充，一方面要注意补充的量，另一方面要注意蛋白质的消化吸收率。大量进食杂粮，其中的不溶性膳食纤维将会导致胃肠蠕动减缓，使蛋白质的消化吸收能力更弱。加之一些老年人害怕体重增加及血脂和血糖升高而减少肉、蛋、奶等含优质蛋白质的食物的摄取，这样就会导致负氮平衡，使血浆蛋白质水平降低。长此以往，将会使老年人出现蛋白质营养不良。

（4）糖尿病患者一次性大量进食杂粮，可能会发生低血糖反应。部分糖尿病患者，往往因饮食、运动、药物（包括胰岛素）的改变或控制不当，而发生低血糖反应。有些糖尿病患者突然在短期内由低纤维膳食转变为高纤维膳食，在导致一系列消化道不耐受反应的同时，会使含能量的营养素（如糖类、脂类等）不能被及时吸收而发生低血糖反应。尤其是注射胰岛素的糖尿病患者更应注意。

总之，我们在充分认识杂粮益处的同时，应清醒地认识到进食杂粮并非多多益善。科学的做法是粗细搭配，一般1份杂粮加3～4份细粮。这样既能发挥杂粮的功效，又避免因杂粮进食过多而产生不良反应。

58. 橘子皮未经处理切莫泡茶

不少人喜欢用橘子皮泡茶喝，认为它具有清凉、解热、开胃、止咳化痰的作用。专家指出，未经处理的橘子皮泡茶对人体有害。因为橘子在生产过程中都需要喷农药来杀虫，采摘后为了保鲜还需要进行化学保鲜处理。这些步骤只要规范操作，虽然对橘子肉没有影响，但橘子皮会残留毒素。所以未经处理的橘子皮是绝对不能用来泡茶喝的。

59. 忌用卫生纸擦餐具

许多人都认为卫生纸是消过毒的，所以用普通卫生纸擦餐具、水果或擦脸，这是错误的。因为卫生纸只适用于卫生间，许多卫生纸因消毒不彻底而含有大量细菌，切不可当做消毒巾来使用。用卫生纸擦脸，有可能会使脸上出现痘痘；用来擦餐具，也不能保持餐具的卫生。

60. 忌在饭盒里放羹匙

不少上班族带饭盒，都习惯将羹匙或筷子与饭菜一起放在饭盒内，这是极不卫生的。因为羹匙的把或筷子手握的部位带着大量的细菌，如果将它们放在饭盒里直接与饭菜接触，细菌就会污染饭菜，食用时进入人体，就会造成危害。因此，饭盒里最好不要放入羹匙或筷子，而应该将它们用干净的纸另包起来，使用时再清洗干净，以防病从口入。

61. 忌用印刷品包装食品

在日常生活中，有些人用旧报纸、杂志、书页来包装食品。街头巷尾的小商贩，将花生米、瓜子等食用旧印刷品来包的现象也屡见不鲜。这些做法对人体的健康是十分不利的。

首先，印刷品所使用的油墨中含有一种叫多氯联苯的有毒物质，它的化学结构与敌敌畏差不多。如果用印刷品来包食品，这种物质就会附着在食品上，然后随食品进入人体。多氯联苯的化学性质相当稳定，进入人体后易被吸收，并蓄积起来。多次食用这种物质后就会产生恶心、呕吐、肝功能异常等中毒症状。其次，印刷品经过很多人的传阅，难免会沾染上大量细菌、病毒等。所以绝不能因为图方便而用印刷品来包装食品。

62. 忌喝凉白酒

有人喜欢冬天喝热白酒，夏天喝凉白酒，认为这样饮酒才感到舒适。其实，冬夏均以喝热白酒为好。

白酒的主要成分是乙醇，同时还含有甲醇、甲醛、乙醛等。甲醇在体内分解较慢，如果摄入达到4毫升～10毫升，往往会使人中毒。甲醛、乙醛是醇类的氧化物，甲醛的毒性为乙醇的30倍，具有强烈的刺激味和辛辣味，饮用后容易引起头晕。但是，甲醇、甲醛、乙醛等的沸点很低，酒烫热时往往会全部挥发掉。所以，白酒最好烫热后再喝。

63. 忌空腹喝酒

所谓空腹，就是胃肠道的食物已经消化完了。正常人血液中的葡萄糖（简称血糖）是由肝脏贮存的糖提供的，但维持时间不长，主要是靠肝脏将一些非糖物质变成葡萄糖源源不断地送入血液。如果这种糖异生作用不能进行，人很快就会出现低血糖，而酒精就是这种糖异生作用的强抑制剂。

人体处在低血糖时，脑组织可能会因缺乏葡萄糖的供应而发生功能障碍，会出现头晕、心悸、出冷汗以及饥饿感等症状，甚至会发生低血糖昏迷、死亡。所以，在饥饿的时候，特别是在一夜断食、进行剧烈运动或劳动后，大量喝酒是有危险的。即使平常喝酒，也要注意同时吃一些含有糖分的食物，如大米饭、馒头等，以免发生低血糖。

64. 酒后忌喝咖啡

酒后忌喝咖啡，因喝咖啡会加重酒精对人体的损伤作用。喝酒之后，酒精在消化道会很快被吸收，接着进入血液循环系统，分布到全身，可直接影响胃肠、心脏、肝脏、肾脏、大脑和内分泌系统的功能，其中受害最严重的是大脑。

咖啡的主要成分是咖啡因，会刺激大脑神经，协同和加重酒精对大脑神经细胞的损害，从而引起剧烈头痛、精神异常，如喜怒无常、狂暴、忧郁等症状，并刺激血管扩张，加速血液循环，极大地增加心血管的负担。这样对人体的损伤比单纯喝酒大许多倍。

65. 锻炼后忌大量吃冷饮

在炎热的夏季仍坚持锻炼，无疑对身体大有益处，但是锻炼后忌大量吃冷饮。这是因为，人体经过剧烈的运动之后，会引起体内血液重新分配，大量的血液流向运动着的肌肉和体表，消化器官处于相对的缺血状态。如果此时吃大量的冷饮，由于冰冻饮料温度过低，就会对缺血的胃肠造成强烈的刺激，容易损伤其生理功能。

66. 长期吃精白米或糙米都不好

如果长期吃精白米，就会缺少足够的营养，造成 B 族维生素缺乏，会产生神经炎、角膜炎等系列病症。虽然糙米营养价值较高，但是糙米含磷过多，而糙米又是酸性食物，如果长期只吃糙米，会破坏人体体液的酸碱平衡，对健康也不利。

四、良好的饮食习惯是身体健康的基础

健康与饮食习惯密不可分，不少人对此往往认识不足，认为饮食习惯只是生活的小事，却不知道健康就在饮食习惯中。良好的饮食习惯是健康的基础，而不良的饮食习惯则是健康的隐患，损害健康于不知不觉、日积月累中。

1. 早餐吃好，中午吃饱，晚餐吃少

不良的饮食习惯和生活方式，可引起代谢紊乱、内分泌异常。晚餐摄食大量的高能量食物，过剩的营养会转化成脂肪，导致肥胖。

对于上班族来说，晚餐几乎成了一天的正餐。早餐要看"表"，午餐要看"活"，只有到了晚上才能真正放松下来稳坐在餐桌前美美地大吃一顿。殊不知，这是极不符合养生之道的。医学研究证明，晚餐不当是引起多种疾病的罪魁祸首。一些常见慢性疾患是由于不良晚餐习惯所造成的。

合理安排一日三餐的时间、食量和能量摄入，是合理膳食的重要组成部分。一日三餐应遵循"早餐要吃好，午餐要吃饱，晚餐要吃少并要早"的原则。食物的能量分配为：早餐占

25%～30%，午餐占 30%～40%，晚餐占 30%～40%。成年人一般一日三餐，两餐时间间隔为 4～5 小时。

（1）早餐要吃好。理想的营养早餐应包括谷类、动物性食品（肉类、蛋）、奶及奶制品、蔬菜和水果等 4 类食物。营养充足的早餐至少应包括其中的 3 类。

（2）午餐要吃饱。午餐的数量要多，质量要高。谷类食物（主食）、动物性食品、豆类及其制品、蔬菜水果要合理搭配。

（3）晚餐要吃少并要早。晚餐要清淡、量少，且不宜吃得太晚。晚餐过于丰盛、油腻，会延长消化时间，导致睡眠不好。研究表明，晚餐经常进食大量高脂肪、高蛋白质食物，会增加动脉粥样硬化的危险，从而导致冠心病、高血压等疾病的发生。

2. 荤素食物搭配要适当

荤食中蛋白质、钙、磷及脂溶性维生素优于素食；而素食中不饱和脂肪酸、维生素和纤维素又优于荤食。所以，荤食与素食适当搭配，取长补短，才有利于健康。

肉类都是酸性食物，吃很多酸性食物时人体血液也会偏酸。身体会用体内的碱性成分钠和钙来中和体内过量的酸，这样就会造成这两种营养素的损失。所以，最好在吃肉的同时，吃点新鲜蔬菜和水果。

3. 少吃多餐，控制零食的摄入

喜食零食是一种不良的饮食习惯，摄入过多的高糖、高脂食物，会造成营养过剩而转化成脂肪导致肥胖。可采取少吃多餐，控制零食的摄入，或用水果、高纤维食品替代，逐渐克服喜食零食的不良饮食习惯。

4. 科学喝汤

俗话说："饭前喝汤，苗条又健康；饭后喝汤，越喝越胖。"

饭前先饮少量汤，好像运动前做预备活动一样，可使整个消化器官活动起来，使消化腺分泌足量消化液，为进食作好准备。饭前喝汤有助于食物的稀释和搅拌，从而有益于胃肠对食物的消化和吸收，减少对胃肠道的刺激，降低胃肠道肿瘤的发生几率。

饭前先喝汤，胜过良药方。这句话是有科学道理的，因为从口腔、咽喉、食道到胃，犹如一条通道，是食物必经之路。吃饭前先喝几口汤，等于给这段消化道加了"润滑剂"，使食物能顺利下咽，防止干硬食物刺激消化道黏膜，保护消化道，降低消化道肿瘤的发生。虽然饭前喝汤有益健康，但并不是说喝得多就好，要因人而异，也要掌握喝汤时间。一般中、晚餐前以半碗汤为宜，而早餐前可适当多些。因一夜睡眠后，人体水分损失较多。喝汤的时间以饭前 20 分钟左右为宜，吃饭时也可缓慢少量喝点汤。总之，喝汤以胃部感到舒适为宜。相反，饭后喝汤是一种有损健康的吃法。一方面，饭已经吃饱了，再喝汤容易导致营养过剩，造成肥胖；另一方面，最后喝下的汤会把原来已被消化液混合得很好的食糜稀释，影响食物的消化吸收。

5. 冬季可适当吃些凉菜

冬季若多吃一些凉拌菜，可促进新陈代谢，促使身体自我取暖。这样会消耗一些脂肪，从而达到减肥目的。

6. 夏季吃火锅保健养生

很多人都认为，夏天吃火锅，温度高容易上火。专家指出，夏季的特点是气温高、空气潮湿，人体受热空气的影响，肌体出汗多，会丢失大量的水分和盐，造成胃酸分泌下降、唾液减少、食欲不振等。吃火锅可以有效地解决这些问题。

炎热的天气使得很多人都不愿吃火锅。其实这种做法是错误的。科学食用火锅有益健康，尤其春夏季吃火锅，能起到滋补保健、瘦身养颜等作用。按中医理论讲，夏季吃火锅不仅能祛汗除湿，促进新陈代谢，而且还可防治伤风、鼻塞、头痛、关节风湿疼痛等病。

7. 早晨第一杯水怎样喝

健康的肌体必须保持充足的水分，所以人在一天中应该饮用 7 ～ 8 杯水。一日之计在于晨，清晨的第一杯水尤其显得重要。很多人都已习惯了早上起床后喝一杯水，但是，这一杯水到底该怎么喝呢？

（1）喝什么样的水。新鲜的白开水是最佳选择。白开水是天然状态的水经过多层净化处理后煮沸冷却的。水中的微生物已经在高温中被杀死，而开水中的钙、镁元素对身体健康是很有益的。研究表明，含钙、镁等元素的硬水有预防心血管疾病的作用。

有不少人认为，喝淡盐水有利于身体健康，于是早晨起来就喝淡盐水。其实，这种做法是错误的。因为喝盐水反而会加重高渗性脱水，使人更加口干。况且早晨是人体血压升高的第一个高峰，喝盐水会使血压更高。

早上起来的第一杯水最好不要喝果汁、可乐、汽水、咖啡、牛奶等饮料。汽水和可乐等碳酸饮料中都含有柠檬酸，在代谢中会加速钙的排泄，降低血液中钙的含量，长期饮用会导致缺钙。而另一些饮料有利尿作用，清晨饮用非但不能有效地补充肌体缺少的水分，还会增加肌体对水的需求，反而会造成体内缺水。

（2）什么温度的水最适宜。有的人喜欢早上起床以后喝冰箱里的冰水，觉得这样最提神。其实，早上喝这样的冰水是不科学的。因为此时胃肠都已排空，过冷或过烫的水都会刺激到胃肠，引起胃肠不适。

早晨起来喝与室温相同的白开水最佳，天冷时可喝温开水，以尽量减少对胃肠的刺激。研究证明，煮沸后冷却至 20℃～ 25℃的白开水，具有特异的生物活性，比较容易透过细胞膜，并能促进新陈代谢，增强人体的免疫功能。凡是习惯喝温、凉开水的人，体内脱氧酶的活性较高，新陈代谢状态好，肌肉组织中的乳酸积累减少，不易感到疲劳。如果要喝头天晚上的凉开水一定要加盖，因为开水在空气中暴露太久会失去活性。

（3）喝多少。清晨起床是新的一天身体补充水分的关键时刻，此时喝300毫升的水最佳。

（4）怎么喝。清晨喝水必须是空腹喝，也就是在吃早餐之前喝水，否则就达不到促进血液循环、冲刷胃肠等效果。最好小口小口地喝，如果饮水速度过快，对身体非常不利，可能会引起血压降低和脑水肿，导致头痛、恶心、呕吐等病症。此外，如果早晨进行体育锻炼，最好先喝水，然后再出门锻炼。

8. 盛夏科学解渴

夏天，有的人在大汗淋漓之后猛喝开水，不注意补充盐分，这种解渴方法是不科学的。因为汗水带走了体内的盐分，会使人体内的渗透压失去平衡。这时饮下去的开水就无法在细胞内停留，又会随汗液排出，并带走一定量的盐分。这样形成了白开水喝得越多，汗也出得越多，盐分也就失去得越多的恶性循环。不仅解不了渴，反而会使体内失去大量盐分，严重者还会因缺盐而引起肌肉无力、疼痛，甚至抽搐等症。

正确的解渴方法是，出汗后感到口渴时，先用少量水含在口中，将口腔、咽喉湿润一下，然后再多次少量地喝些温热淡盐水或盐饮料、盐茶等，这样既能解渴，又能及时补充体内的水分和盐分。

9. 夏天多吃点酸味食物

气温高的夏季会使人食欲减退，只想吃清淡的东西，结果使人浑身无力。在炎热的季节里，为了增进食欲，不妨多吃点酸味的食物。

夏季出汗多而易丢失津液，西红柿、柠檬、草莓、乌梅、葡萄、山楂、菠萝、芒果、猕猴桃等酸味水果，能敛汗止泻祛湿，且可以生津解渴，健胃消食。若在菜肴中加点醋，醋酸还可杀菌消毒，防止胃肠道疾病的发生。此外，持续高温下及时补充水分很重要，但饮水多了会稀释胃液，降低胃酸的杀菌能力。因此，多吃些酸味食物可增加胃液酸度，健脾开胃，帮助杀菌和消化。

10. 生熟食物搭配对身体更有益

蔬菜生吃和熟吃互相搭配，对身体更有益处。如萝卜种类繁多，生吃以汁多辣味少者为好，但其属于凉性食物，阴虚体质者还是熟吃为宜。还有一些食物，生吃或熟吃摄取的营养成分都是不同的，如西红柿中含有能降低患前列腺癌和肝癌风险的西红柿红素，要想摄取番茄红素就要熟吃。但如果想摄取维生素C，生吃的效果会更好。因为维生素C在烹饪过程中易流失。

11. 营养早餐三大原则

（1）就餐时间。一般来说，起床 20 ～ 30 分钟后再吃早餐最合适。因为这时人的食欲最旺盛。另外，早餐与中餐以间隔 4 ～ 5 小时左右为最好，也就是说早餐在 7 ～ 8 点之间为最好。如果早餐过早，那么数量应该相应增加或者将午餐相应提前。

（2）营养搭配。主副相辅、干稀平衡、荤素搭配。下面的营养素是早晨进餐时一定要有的：

①碳水化合物。人类的大脑及神经细胞的运动必须靠糖来产生能量，因此可进食一些淀粉类食物，如馒头、面包、粥等。早餐所供给的热量要占全天热量的 30% 左右，主要靠主食，故早餐一定要吃好。

②蛋白质食物。人体是否能保持充沛的精力，主要由早餐所食用的蛋白质来决定。因此，早餐还要有一定量的动植物蛋白质，如鸡蛋、肉松、豆制品等。

③维生素。这一点最易被忽视。最好有些酸辣菜、拌小菜、泡菜、蔬菜沙拉、水果沙拉等。

（3）早餐注意事项

①要摄入足够多的水分。早餐要摄入至少 500 毫升水，这样既可帮助消化，又可为身体补充水分、排除废物、降低血液黏稠度等。

②不宜经常食用油炸食物。油炸类食品脂肪含量高，胃肠难以承受，容易出现消化不良，易诱发胆、胰疾患，或使这类疾病复发、加重。此外，多次使用过的油往往会有较多的致癌物质，如果常吃油炸食品，还可增加患癌症的危险。

③食物应当容易消化。早晨起床后，多数人食欲不强，消化能力也比较弱。所以，早餐食物必须容易消化、营养丰富，又不过于油腻。需要注意的是，食物不宜太凉，因为凉食会降低胃肠的消化能力，而且在秋冬寒冷季节还容易引起腹泻等。

④早餐不宜多吃酸性食物。午餐和晚餐一般都能吃到蔬菜、豆类等碱性食物，而早餐则往往以馒头、面包、油炸食品等为主，有的人甚至不吃早餐。由于饮食搭配不当，就会引起体内生理方面的酸碱平衡失调。酸性物质积聚过多，不仅会影响神经细胞的生理功能，还会导致心脏功能减退和全身许多脏器的功能紊乱，以致于在上午就显得疲倦乏力。时间长了，还可能诱发多种器质性疾病。

12. 如何科学喝奶

奶类含有丰富的优质蛋白质、多种维生素和矿物质等，是天然钙质的最好来源，而且钙的吸收率也较高。但喝牛奶也有一些禁忌，一次喝很多、空腹喝、喝冰牛奶等都是不好的习惯，很容易导致腹泻。

（1）牛奶不宜空腹喝。空腹饮用牛奶会使肠蠕动增加，牛奶在胃内停留时间缩短，仅仅是

"穿肠而过"，其营养素不能被充分吸收利用。喝牛奶最好与一些含淀粉类的食物，如饼干、面包、玉米粥、豆类等同食，有利于消化和吸收。

（2）喝牛奶不要过量。成年人每天 250 毫升左右；1～3 岁的儿童、青春发育期的孩子（男孩 12～14 岁、女孩 10～12 岁）、孕妇、乳母、50 岁以上的中老年妇女每天 500 毫升左右。

（3）喝牛奶以早、晚为宜：因为清晨饮用牛奶能充分补充人体能量，使精力倍增。晚上睡前喝牛奶具有安神催眠作用，并能被充分消化吸收。

（4）酸奶人人爱喝，但是对于不同的人群，每天应该饮用多少才合适呢？

早上一杯牛奶，晚上一杯酸奶是最为理想的。但是有些人特别喜爱喝酸奶，往往在餐后大量喝酸奶，这样可能会造成体重增加。因为酸奶本身也含有一定的热量，饭后喝酸奶就等于额外摄入这些热量，使体重增加。因此，除婴幼儿外，各类人群均可每天饮用 1～2 杯酸奶（125 毫升～250 毫升）为好，最好在饭后半小时到 1 小时饮用，这样可调节肠道菌群，对身体健康有利。

（5）牛奶不宜与含鞣酸的食物同吃，如浓茶、柿子等，这些食物易与牛奶发生反应结块成团，影响消化。牛奶与香菇、芹菜、银耳等配合食用，对健康大有益处。

13. 适量饮酒健康长寿

每次大量饮酒或醉酒对肝脏有较大的损害。长期无节制饮酒，不仅使人食欲下降、食物摄入量减少、多种营养素缺乏，严重时还会导致急慢性酒精中毒、酒精性肝硬化，甚至还会引发肝癌，并增加患高血压、脑卒中等疾病的危险。

适量饮酒的限量值是：成年男性一天饮用酒的酒精量不宜超过 25 克，成年女性一天饮用酒的酒精量不宜超过 15 克。

男性每天的饮酒量为：54 度白酒为 1 两左右，或 38 度的白酒为一两半左右，或红葡萄酒为半斤左右，或啤酒大约 3 杯。女性每天的饮酒量约是男性的 1/2。

14. 面条最好中午吃

面条含有丰富的碳水化合物，能提供给人体足够的能量，而且在煮的过程中会吸收大量的水，100 克面条煮熟后会变成 400 克。因此能产生较强的饱腹感。此外，面条能够刺激人的思维活动，人的大脑和神经系统需要一种碳水化合物占 50% 的食物，而面条就是这种有益的食物。硬质小麦含有 B 族维生素，对脑细胞有刺激作用。所以中午吃一碗营养搭配合理的面条是不错的选择，而晚上吃面则不利于消化吸收。

15. 谷类与豆类同吃能达到互补作用

谷类食物包括稻米、小麦及玉米、高粱、大麦、燕麦、小米、荞麦和青稞等，其中以大米和小麦为主。这是我国居民的主食，是蛋白质和能量的主要来源，也是一些矿物质和 B 族维生素的重要来源。我国居民摄取的 50% ～ 70% 的蛋白质、60% ～ 70% 的能量都来源于谷类。70% 的碳水化合物、小米、玉米中还含有胡萝卜素，谷类的胚芽、谷皮中都含有维生素 E。

谷类中的赖氨酸、苯丙氨酸和蛋氨酸等必需氨基酸含量都较低，因此不是理想的蛋白质来源。为提高谷类蛋白质的生理价值，必须与豆类一起吃才能达到互补作用。

16. 水果最好上午吃

上午是吃水果的黄金时期，对人体最有益处，更能发挥其营养价值，产生有利人体健康的物质。

一般而言，早餐前吃水果，既开胃又可促进维生素吸收。人的胃肠经过一夜的休息之后，功能尚在激活中，消化功能不强，但身体又需要补充足够的营养素，此时吃易于消化吸收的水果，可以为上午的工作或学习提供所需营养。但选择适合餐前吃的水果最好是酸性不太强、涩味不太浓的，如苹果、梨、葡萄等，胃肠功能不好的人，不宜在这个时间段吃水果。

上午 10 点钟左右，由于经过一段紧张的工作和学习，碳水化合物基本上已消耗殆尽。此时吃水果，其果糖和葡萄糖可快速被机体吸收，以补充大脑和身体所需的能量。而这一时段也恰好是身体吸收的活跃阶段，水果中大量的维生素和矿物质，会对体内的新陈代谢起到非常好的促进作用。

中医认为，上午 10 点左右，阳气上升，是脾胃一天中最旺盛的时候，脾胃虚弱者选择在此时吃水果，更有利于营养的吸收。餐后 1 小时吃水果有助于消食，可选择菠萝、猕猴桃、橘子、山楂等有机酸含量多的水果。晚餐后吃水果既不利于消化，又很容易因吃得过多，使糖转化为脂肪在体内堆积。

17. 喝水太多或太少都不利于健康

喝水不仅可以排毒养颜、降火，而且还可以治感冒。很多人都认为，喝水越多越好。其实，喝水过量了也会中毒。通常情况下，喝进体内的水，要通过尿液和汗液排出体外，体内水的数量得到调节，使血液中的盐类等特定化学物质的水平达到平衡。如果在短时间内过量饮水，最后肾不能快速地将过多的水分排出体外，会导致血液被稀释，血液中的盐类浓度被降低。一些水分就会被吸收到组织细胞内，使细胞水肿。开始会出现头昏眼花、虚弱无力、心跳加快等症状，严重时甚至会出现痉挛、意识障碍和昏迷，即水中毒。喝太多的水最终会引发脑胀，导致大脑控制呼吸等重要调节功能终止，引起死亡。

那么，究竟怎么喝水才是适当且健康的呢？

（1）根据机体需要喝水。专家指出，需要根据自身机体需要及活动状况来选择喝什么水。大量运动过后或者在烈日暴晒之后，一定要喝含有大量电解质的水，一定不能喝纯净水，否则容易造成脱水。另外，脑力劳动者因繁重的工作，常常会感到注意力不集中、记忆力减退，这是脑部细胞缺水的表现。脑细胞高速大量的运动会消耗大量的水分，很容易脱水。所以脑力劳动者一定要注意补水，保持脑部细胞的水分。

有人认为在空调环境下不需要补水，这是错误的。空调环境本身就是个消耗水分的环境，同样也要注意及时补水。

（2）喝茶或咖啡等不能代替喝水。喝茶并不能补充身体里的水分。因为茶叶中含有很多不同的物质，人体代谢时需要消耗身体里的水分。所以喝茶反而造成了身体缺水。

咖啡中所含的咖啡因进入人体内部的代谢，也需要消耗大量水分。所以喝咖啡的同时也要喝水。

（3）6种人过量喝水有害健康

①心脏不好者喝水宜少量多次。心脏不好的人不宜多喝水，否则可能会加重心脏负担，甚至会导致发病，应少量多次喝水。

②6个月以下婴儿不宜多喝水。医学专家认为，未满6个月的婴儿不宜喂水太多，以免出现水中毒症状，6个月以上的幼儿则不受限制。

③严重病毒性感冒患者不宜多喝水。一般情况下，对于感冒病人，医生都会建议多喝开水。如果感冒是病毒感染或继发细菌感染，多喝水可增加尿量，并且间接地起到排除体内毒素的作用。尤其是尿路感染时，多喝水多排泄，有利于冲洗膀胱，促进疾病恢复。然而，对于个别支气管炎、细菌性肺炎等病毒性感染较为严重的感冒病患，不宜多喝水，因为多喝水会增加抗利尿荷尔蒙的分泌。

患感冒以后，要保持饮水量，但不要一次大量饮水，应间断性地喝水。一次喝1杯左右的量，不要超过300毫升。而且要间隔一段时间后再喝，不要接连着喝，否则会加大肾脏的负担。一天的饮水量也不宜超过2000毫升。这样，既能保持对普通感冒饮水量的需求，又不会对呼吸道感染有影响。

④长跑者不宜多喝水。一般认为，为了避免脱水，长跑者应该多喝水。但是，国外最新研究证明，跑步过程中喝太多水会危害长跑者的健康。

专家指出，到目前为止，马拉松比赛中没有人因为脱水而死，却有不少因为喝水过多而死的事件。长跑者，特别是参加马拉松的运动者，应该在每隔20分钟喝不超过0.28升的水。如果喝得太多，那么水就会渗入人体血液中，之后水分进入细胞，甚至于大脑细胞中。这样大脑细胞很有可能会受损，从而引发低钠血症致死。

⑤青光眼病人不宜多喝水。正常眼球都有一定的压力。当眼内压力超过眼球所能承受的最大压力时，就会造成视神经损伤，出现视野缩小及眼力下降，青光眼。青光眼是致盲的主要疾病，常在傍晚或看电影之后出现症状，但是大量饮水后也可能会出现青光眼症状。因为大量的水分被人体所吸收，眼内房水也随之增多。正常人可通过加速新陈代谢加以调节，排泄多余的房水。而青光眼由于滤帘功能障碍，房水排出异常，使眼压上升。所以，专家指出，青光眼的病人不宜多饮水，要注意控制饮水量，一般每次饮水不要超过500毫升。

（6）这3种体质的人不宜多喝水。中医把一般人的体质分为九类，不同体质的人有不同的特点和饮食宜忌。其中，气虚质、阳虚质、痰湿质这3种体质的人不适合大量喝水，否则就会出现胃胀、食欲不振、腹泻等脾虚水湿内停的症状，严重的还会出现头晕、呕吐、口淡、流口水等症状。

（7）饭后半小时不宜多喝水。饭后半个小时最好不要喝大量的水，以免冲淡胃液，稀释胃酸，损害消化功能。餐中喝点汤，饭后喝点水，可使消化液与食物混合，对消化吸收有良好的作用。但是，有人饭后喝大量的水，这种做法是不科学的。

进食以后，食物占据了胃肠的大部分空间。如果喝太多的水，就会把胃撑得满满的，使人有胀痛感。另外，如果吃得过多，再喝大量的水，胃内食物沉重，还会使胃下垂或扩张。因此，饭后最好不喝水或少喝水。

[第五章]
厨房里的食物医生

虽然厨房里的很多食物都很普通，但是一旦有头疼脑热等疾病，有些食物还是具有一定食疗的作用，像洋葱、土豆、燕麦等这些我们每天都吃的食物，不仅能充饥果腹，而且还具有特殊的防病、治病的作用。

用食物来防病、治病，是一种常用而简单有效的方法。食物之所以能够治疗疾病，主要是因为食物具有与药物一样的功能和性能，包括"性"、"味"、"归经"等。在中医理论的指导下，根据阴阳、五行、脏腑、病因、病机等来辨证施食，可以达到保健身体、防治疾病的目的。

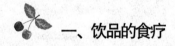
一、饮品的食疗

1. 不同的喝水方式可治疗不同的疾病

（1）色斑。清晨一杯凉白开。早晨喝一杯水对身体有好处。有的人喝盐水，有的人喝蜂蜜水，还有的人为了美白喝柠檬水等。到底喝什么水最好呢？人体经过一夜的代谢，体内的垃圾需要一个强有力的外作用帮助排泄，没有任何糖分和营养物质的凉白开就是最好的。如果是糖水或加入营养物质的水，这就需要时间在体内进行消化吸收，不能起到迅速冲刷机体的作用。所以，清晨一杯清澈的白开水是排毒妙方。

（2）肥胖。餐后半个小时喝一些水。有的人认为，不喝水可以减肥。专家指出，这是一个错误的做法。既要减轻体重，又不喝足够的水，身体的脂肪就不能代谢，体重反而会增加。体内的很多化学反应都是以水为介质进行的。身体的消化功能、内分泌功能都等需要水，代谢产物中的毒性物质也要靠水来消除，适当饮水可避免胃肠功能紊乱。肥胖者在用餐半个小时后喝一些水，可加强身体的消化功能，帮助减肥。

（3）感冒。比平时要喝更多的水。感冒看病时，医生都会说"要多喝水"。因为当感冒发烧的时候，人体出于自我保护机能的反应而自身降温，就会有出汗、呼吸急促、皮肤蒸发的水分增多等代谢加快的现象，这时就需要补充大量的水分。多喝水不仅能促使出汗和排尿，而且还有利于体温的调节，促使体内细菌病毒迅速排泄。但是，严重病毒性感冒患者则不宜多喝水。

（4）咳嗽。多喝热水。如果有咳嗽、痰这样的症状，很多人都会感到憋气、难受，痰液难于咳出。这时就要多喝水，而且要多喝热水。首先，热水可以起到稀释痰液，使痰易于咳出的作用；其次，饮水的增多也增加了尿量，可以促进有害物质的迅速排泄。此外，还可以缓解气管与支气管黏膜的充血和水肿，使咳嗽的频率降低。这样人就会感到舒服通畅。

（5）胃疼。喝稀粥。有胃病，或者感到胃不舒服时，可以喝粥。熬粥的温度要超过60℃，这个温度会产生一种糊化的作用，软嫩热腾的稀饭入口即化，下肚后非常容易消化，很适合胃肠不适的人食用。稀饭中含有的大量的水分，还能有效地润滑肠道，荡涤胃肠中的有害物质，并顺利地把有害物质带出体外。

（6）便秘。大口大口地喝水。便秘的原因简单地讲有两种：一是体内宿便没有水分，二是肠道等器官没有了排泄力。前者需要查清病因，日常要多饮水。后者的临时处方是：大口大口地喝上几口水，吞咽动作要快一些。这样，水就能够尽快地到达结肠，刺激肠蠕动，促进排便。需要注意的是，不要小口小口地喝，那样水流速度慢，水很容易在胃里被吸收，产生小便。

（7）烦躁。高频率地喝水。人的精神状态和生理机能相联系，而联系二者的枢纽，就是激素。简单地讲，激素也分成两种：一种产生快乐、一种产生痛苦。大脑制造出来的内啡肽被称为"快活荷尔蒙"，而肾上腺素通常被称为"痛苦荷尔蒙"。当一个人痛苦烦躁时，肾上腺素就会飙升。但它如同其他毒物一样也可以排出体外，方法之一就是多喝水。

（8）恶心。用盐水催吐。出现恶心的情况很复杂。有时候是对吃了不良食物的一种保护性反应。因为吐出脏东西可以让身体舒服很多。如果感到特别难以吐出，就可以利用淡盐水催吐。准备一杯淡盐水，喝上几大口，促使污物吐出。吐干净以后，可以用盐水漱口，起到简单消炎的作用。另外，治疗严重呕吐后的脱水的情况，淡盐水也是很好的补充水液，可以缓解患者虚弱的状态。

（9）心脏病。睡前喝一杯水。如果心脏不好，可以养成睡前喝一杯水的习惯。这样可以预防容易发生在凌晨的，像心绞痛、心肌梗塞等这样的疾病。心肌梗塞等疾病是因血液的黏稠度高而引起的。当人熟睡时，由于出汗，身体内的水分丢失，造成血液中的水分减少，血液的黏稠度就会变得很高。睡前喝上一杯水，可以减少血液的黏稠度，减少心脏病突发的危险。

（10）发热。间断性小口补水。这里所说的发热，是指剧烈运动后，身体的温度骤然上升，大量汗液排出。这个时候人会感到疲惫，而适当饮水是对身体最紧急的呵护。水可以调节血液和组织液的正常循环，溶解营养素，使之供给体能，散放热量，调节体温，增加耐力。但需要注意的是，运动中不能迅速补水，如一口气喝上两瓶饮料等，这样会进一步增加心脏的负担。所以，运动中以间断性小口补水为宜。此外，也可以运动前补水。

（11）预防感冒。冬天常饮凉开水。冬天如能经常饮用凉开水，有预防感冒、咽喉炎之功效。尤其是早晨起床后喝杯凉开水，能使肝脏解毒能力和肾脏排泄能力增强，促进新陈代谢，增强免疫功能，有助于降低血压，预防心肌梗塞。

（12）口气浑浊。多喝水。对于经常需要社交应酬的人来说，口气浑浊可是最大的忌讳。中医认为，口臭与胃火有很大关系。因此，治疗口臭，除了要注意每天早晚刷牙外，还要合理安排饮食。其中一个简单的方法，就是每天尽可能地多喝白开水。这个方法在治疗口臭的同时，还补充了身体每天所需的水分。科学研究证明，口气不清新的原因是嘴里有一种产生硫磺的厌氧菌，如果要使它尽快消失，就要每天多喝水。

2. 喝苏打水防尿路感染

如果患有尿路感染，如膀胱炎等疾病，可以将半汤匙的小苏打溶在 200 克水中饮用，每天喝一到两次，这样可以降低尿液的酸性，从而缓解疼痛。

3. 茶的食疗

喝茶既可养生又能治病。近年来，茶叶中的营养成分和药理作用不断被发现，其保健功能和防治疾病功效得到肯定。在秋季，如能根据自身体质，选择适宜的饮茶方法，对促进健康、增强体质都会有益处。

据现代科学分析和鉴定，茶叶中含有超过 450 种对人体有益的化学成分，如叶绿素、维生素、类脂、咖啡碱、茶多酚、脂多糖、蛋白质和氨基酸、碳水化合物、矿物质等对人体都有很好的营养价值和药理作用。

（1）绿茶的食疗。绿茶富含红茶所没有的维生素 C。维生素 C 是预防感冒、滋润皮肤所不可缺乏的营养素。绿茶中富含防止老化的谷氨酸、提高免疫力的天冬氨酸、滋养强身的氨基酸，具有利尿、消除压力的作用。绿茶中还含有提神作用的咖啡因、降血压的黄酮类化合物等。

（2）月季花茶治痛经。夏秋季节摘月季花，以紫红色半开的花蕾、不散瓣、气味清香者为佳品。将其泡之代茶，每日饮用。其具有行气、活血、润肤的功效。适用于月经不调及痛经等症。

（3）甘菊茶治口腔溃疡。冲泡一杯甘菊茶，晾凉以后饮用。每两小时一次，喝时不要急于咽下，先在口腔中来回漱口，这样就可以减轻口腔溃疡引起的炎症。

（4）红茶是流感的"克星"。流感涉及人群之广，对人体危害之大，都是不容忽视的。专家指出，在流感高发季节，常饮红茶或坚持用红茶水漱口，可能是一种既简便又有效的预防措施。

（5）天天喝茶可提高免疫力。研究证明，长期每天饮用5杯以上的茶，对于对抗感染性的疾病与提高免疫力，都具有显著的效果。

（6）防龋固齿。茶水中含有丰富的氟和茶多酚等成分。如果将茶水含在口中片刻，浸润牙齿，每天10余次，可以达到防龋固齿的功效。并且饭后用茶水漱口可以保持口腔卫生。另外，茶叶中的糖、果胶等成分与唾液发生化学反应，在滋润口腔的同时，还增强了口腔的自洁能力。

（7）化解中毒。如误服银、铝、洋地黄、奎宁、铁、铅、锌、钴、铜、马钱子等金属盐类或生物碱类毒物，可饮浓茶。茶叶中的鞣酸可与毒物结合沉淀，延迟毒物的吸收，以利于抢救。

（8）医治菌痢。无论急、慢性菌痢，饮浓茶治疗都有显著疗效。茶叶煎浓汁对痢疾杆菌有明显的抗菌作用。

（9）治急性肠炎。饮食不洁而致腹痛、腹泻，可泡浓茶一杯饮之。如腹泻仍然不止，可用茶叶15克加水煎服两次即见效。

（10）治胆绞痛。当胆结石患者胆绞痛急性发作时，饮浓茶一杯，可暂时缓解胆区剧痛，然后立即去医院诊治。

（11）治带状疱疹。泡一杯浓茶，冷却后蘸细花茶末涂患处，一日3次，连续使用。

（12）茶治头痛。 头疼一般多由血管变化而引起。此时喝杯茶，茶中的咖啡因可以抑制血管收缩，减轻头痛。

（13）茶包敷眼缓解不适。用湿的茶包敷眼睛，可以缓解发烧引起的眼睛干涩、发痒症。

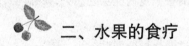

二、水果的食疗

1. 核桃的食疗

适量吃核桃，可降低胆固醇，预防心血管疾病。核桃的降胆固醇功效较明显，高于鱼类，也可以降低甘油三酯，并能降低患冠心病的风险。

2. 西瓜的食疗

（1）西瓜味甘性寒，具有生津止渴、解暑祛湿的功效。

（2）西瓜具有利尿作用，有助于降低血压。

（3）西瓜消暑利尿，可使皮肤渗满水分，滋润皮肤，有洗涤肠道的功能，可治疗肾脏病。

（4）冬天吃西瓜能防流感。

3. 苹果的食疗

（1）常吃苹果可防治口腔疾病。因为苹果的纤维质能清除牙龈中的污垢。但需要注意的是，吃完苹果后要漱口，以防龋齿的发生。苹果的鞣酸还有助于治疗牙龈炎。

（2）苹果可治疗头痛。头痛时，把苹果磨成泥状，涂在纱布上，然后贴在头痛部位，头痛症状可减轻。

（3）苹果可消除口臭。用苹果汁刷牙，不仅可消除口臭，而且还可保持牙齿洁白。但是，刷完后要用牙膏再刷一遍牙齿。

（4）苹果含半乳糖醛酸，能帮助排毒。

4. 梨的食疗

冬季气候干燥，常常使人感到鼻、咽干燥不适。梨有生津止渴、止咳化痰、清热降火、养血生肌、润肺去燥、解酒毒等功效，最适宜于冬春季发热和有内热的病人食用。尤其是对肺热咳嗽、小儿风热、咽干喉痛、大便燥结等病症更为适宜。有慢性气管炎、咳嗽痰多、大便干燥等病症的人，在药物治疗的同时，吃些梨有利于病情的好转。

梨还有降低血压、清热镇静的作用。把鲜梨洗净切碎，熬浓去渣，加冰糖收膏，每次服1匙，每天服2次，可治热咳或慢性支气管炎。将1个大梨去皮挖心，装入中药川贝粉3克和冰糖15克，放到碗里蒸熟吃，有润肺止咳作用。

5. 香蕉的食疗

（1）香蕉皮治疣状痣。用熟透的香蕉皮内侧涂在患处，每晚睡前涂一次，疣状痣就会减轻或消失。

（2）香蕉缓解四肢乏力。运动过量会导致四肢乏力，因为钾元素在体内的含量比较少。因此，运动后更要及时补充钾，而补充钾最理想的食物就是香蕉。

（3）香蕉可减肥。因为香蕉中淀粉含量很高，所以很容易饱腹。加上淀粉在体内转变成糖类需要一些时间，因此不会产生过多的能量堆积。所以，香蕉可以作为减肥首选的优良食物。

6. 白果仁治痤疮

痤疮是青年人常见的皮肤病。取新鲜白果仁数粒，若无新鲜的用干果也可，但需先在温水中泡软，用刀剖开，将白果仁的横切面部分紧敷患处，并反复轻轻擦拭，每天4～5次，可使痤疮消失。

7. 橘子的食疗

过度饮酒会造成酒精肝、脂肪肝和肝硬化等疾病。因此，专家指出，这主要是因为病毒性肝炎、酒精性肝炎以及肝硬化等患者体内血清中的抗氧化能力降低，而柑橘中丰富的类胡萝卜素和维生素可提高抗氧化能力，对保护肝脏有益。

8. 草莓是医治失眠的最佳水果

专家指出，最好用大自然的食物来医治失眠症，而不是依赖药物。草莓有医治失眠的神奇功效，主要是因为其含有丰富的钾、镁两种元素。钾有镇静功能，镁能安抚机体，两者结合就可达到安眠之功效。此外，草莓还能帮助清洁胃肠道，并强固肝脏。对阿司匹林过敏和胃肠功能不好的人，不宜食用。

9. 柠檬的食疗

柠檬是世界上最有药用价值的水果之一，因为富含维生素 C、柠檬酸、苹果酸、高量钠元素和低量钾元素等，对人体十分有益。维生素 C 能维持人体各种组织和细胞间质的生成，并保持它们正常的生理机能。人体内的母质、黏合和成胶质等，都需要维生素 C 来保护。如果维生素 C 缺少了，细胞之间的间质——胶状物也会随着变少。这样细胞组织就会变脆，失去抵抗外力的能力，人体就容易出现坏血症。

此外，柠檬还有更多的好处，如预防感冒、刺激造血和抗癌等作用。虽然柠檬食之味酸、微苦，不能像其他水果那样生吃鲜食，但柠檬果皮富含芳香挥发成分，可以生津解暑，开胃醒脾。

夏季暑湿较重，很多人神疲乏力，长时间工作或学习之后往往胃口不佳，喝一杯柠檬水，清新酸爽的味道使人精神一振，更可以打开胃口。

柠檬的高度碱性能止咳化痰、生津健脾，有效地帮助肺部排毒。医学研究证明，由于血液循环功能退化，造成脑部血液循环受阻，妨碍脑部细胞的正常工作，造成记忆力退化，而柠檬含有抗氧化功效的水溶性维生素 C，能有效改善血液循环不佳的问题，帮助血液的正常排毒。每天食用柠檬有助于强化记忆力，提高思考反应的灵活度。

10. 枣的食疗

"一日食三枣，郎中不用找。"这句谚语是指枣的营养价值很高。

从中医角度讲，枣有健脾健胃的功能，能平脾气、补胃气、养血安神，尤其适合脾胃虚弱的人吃。从现代营养学来看，枣的维生素 C 含量非常高，一粒大枣的维生素 C 含量等于一片维生素 C。所以，枣被称作"天然维生素丸"。另外，枣能气血双补，还含有丰富的铁元素。对于女性来说，在月经期吃枣可以补血补气，平时吃枣还能帮助延缓衰老。所以就有

"门前一颗枣，红颜永到老"的说法。

鲜枣和干枣相比较，鲜枣在维生素 C 的含量上稍占优势。当鲜枣被晒干后，维生素 C 的含量也会损失一部分。但是，干枣也有优势，那就是铁含量比较高，对于女性补血补铁很有好处。

枣虽好，但食用还要有度。枣皮纤维含量很高，吃多了会胃疼，尤其是胃肠功能较弱的人，更不能多吃。虽然吃枣多少并没有一个严格的限制，但一般人每天吃 7 粒就足够了。另外，女性在经期时，最好不要吃生枣，否则很容易会引起肚子疼，可以用枣来煮粥。

11. 百益而无一害的木瓜

木瓜果皮光滑，果肉厚实细致，香气浓郁，果汁多，甜美可口，营养丰富，素有"百益之果""水果之皇""万寿之果"之美称，是岭南四大名果之一。木瓜含有 17 种以上氨基酸及钙、铁等元素。此外，还含有木瓜蛋白酪、番木瓜碱等。半个中等大小的木瓜，可提供成年人一天所需的维生素 C，多吃可延年益寿。

（1）木瓜能消除体内过氧化物等毒素，净化血液，对肝功能障碍及高血脂、高血压病等具有防治效果。

（2）番木瓜碱具有抗肿瘤的功效，并能阻止致癌物质亚硝胺的合成，对淋巴性白血病细胞具有强烈的抗癌活性。

（3）木瓜里的酵素会帮助分解肉食，减轻胃肠的负担，帮助消化，防治便秘，并可预防消化系统癌变。

（4）木瓜能均衡、强化青少年和孕妇的荷尔蒙的生理代谢平衡，润肤养颜。

12. 山楂的食疗

山楂味酸甘，性微温，具有开胃消食、化滞消积、活血化瘀、收敛止痢、驱虫解毒等功效，是很常用的消食药物。现代药理研究证明，山楂对心血管系统有多方面的药理作用，能扩张冠状动脉，舒张血管，增加冠状动脉血流量，改善心脏活力，兴奋中枢神经系统，具有降血脂、降血压、强心、抗心律不齐等作用。

13. 饭后吃柿子止咳

柿子营养丰富，含有多种糖分、维生素及微量元素。柿子具有清热润燥、化痰止咳的功效，是非常适合慢性支气管炎病人的保健水果之一。天气骤凉，感冒咳嗽的病人多了起来，如果饭后吃个柿子，对咳嗽会有很好的辅助治疗作用。

由于人体空腹饥饿时胃酸增多，而且浓度较高。而柿子含有大量的单宁、胶质及可溶性收敛剂等成分，若与高浓度胃酸相遇，容易形成结石，所以要饭后吃柿子。此外，柿子虽好，但也不能多吃，也不要与含高蛋白的蟹、鱼、虾、白薯等一起吃。

14. 鳄梨对干枯的头发有特殊功效

染发烫发过程，会使头发的水分和油脂丢失，头发会变得干枯。成熟的鳄梨中含有30%的油酸，对干枯的头发有特殊功效。

15. 板栗可补肾

民间用板栗补养、治病的方法很多，但多数人都是熟吃。其实，生食板栗补肾的效果可以超过熟吃。

老年人由于阳气渐渐衰退，不仅会出现腰膝酸软、四肢疼痛等症，还可能会出现牙齿松动、脱落等症，而这些都是肾气不足的表现。应当从补肾开始，及早预防，食用生板栗就是最好的方法之一。每天早、晚把新鲜的栗子放在口中咀嚼，就能收到补益治病的效果。

中老年人若是养成每日早晚各吃风干的生板栗5～10粒的习惯，就可以达到有效预防和治疗肾虚、腰酸腿疼的目的。需要注意的是，脾胃不好的人，生食板栗不宜超过5粒。栗子富含柔软的膳食纤维，糖的含量比米饭低，只要在烹饪中没有加入糖，糖尿病病人也可适量食用。

16. 鲜果汁可排毒

鲜果汁进入人体后，可使血液呈碱性，从而将积聚在细胞中的毒素溶解，然后排出体外。

17. 荔枝可排毒

荔枝有补脾益肝、生津止渴、解毒止泻等功效。现代医学认为，荔枝不仅含有维生素A、B_1、C，而且还含有果胶、游离氨基酸、蛋白质以及铁、磷、钙等多种元素。现代医学研究证明，荔枝有补肾、改善肝功能、加速毒素排除、促进细胞生成、使皮肤细嫩等作用，是排毒养颜的理想水果。

18. 樱桃的食疗

樱桃能去除毒素和不洁的体液，因而对肾脏排毒具有相当的辅助功效，同时还有温和的通便作用。

19. 葡萄的食疗

葡萄能帮助肠内黏液组成，清除肝、肠、胃、肾的垃圾。唯一的缺点就是热量有点高，40粒葡萄相当于两个苹果的热量。

三、畜禽和水产品的食疗

1. 鸡汤可化痰

鸡肉在烹饪过程中释放出来的半胱氨酸与治疗支气管炎的药物乙酰半胱氨酸非常相似。有盐分的鸡汤可以减轻因感冒而产生的痰多的症状，因为它与咳嗽药的成分很像。炖鸡汤时加些洋葱和大蒜，效果会更显著。

2. 牛肉可预防流感

锌在饮食中非常重要，它可以促进白血球的生长，因此能帮助人体防范病毒、细菌等有害物质。即使人体是轻微缺锌，也会增加患传染病的风险，而牛肉是人体补充锌的重要来源，所以在冬季，适当进补牛肉，既耐寒又预防流感。

3. 牛排可治秃头

研究证明，经常吃瘦牛肉的人，即使不能完全解决脱发问题，至少也可以延缓脱发。

4. 常喝骨头汤可延缓衰老

随着年龄的增长，人体骨髓制造血细胞的功能会逐渐衰退，此时就需要从食物中摄取类黏朊来增强骨髓制造血细胞的能力。而骨头含有丰富的类黏朊，以猪骨头为例，将其砸碎，按1份骨头5份水的比例，用小火炖煮1～2小时，尽量使含有类黏朊和骨胶原的髓液溶解，在骨汤中加入蔬菜食用。只要持之以恒，便可延缓人的衰老速度。

5. 鸽肉的食疗

鸽肉有滋阴壮阳，养血补气的作用，常食用可防治血管硬化、高血压、气喘、贫血等疾病。鸽肉有促进血液循环、防止孕妇流产和促进伤口愈合之功效。此外，鸽肉中还含有丰富的维生素B和微量元素，对早期毛发脱落、白发和湿疹均有很好的疗效。

6. 肉皮的食疗

肉皮富含胶原蛋白和弹性蛋白，能使细胞变得丰满，减少皱纹、增强皮肤弹性。

7. 狗肉能御寒

寒冬正是吃狗肉的好时节，它与羊肉都是冬令进补的佳品。狗肉不但肉嫩味香，营养丰富，而且还能产生大量的热量，增温御寒能力较强。因此，一些体质虚弱和患有关节炎等病的人，在严冬季节，吃些狗肉是有好处的。但吃狗肉后不要喝茶，以免给身体造成不利的影响。这是因为，狗肉中含有丰富的蛋白质，而茶叶中含有比较多的鞣酸。如果吃完狗肉后马上喝茶，就会使茶叶中的鞣酸与狗肉中的蛋白质结合，生成一种叫鞣酸蛋白质的物质。这种物质具有一定的收敛作用，可使肠蠕动减弱，大便里的水分减少。因此，大便中的有毒物质就会在肠内停留时间过长，极易被人体吸收。

8. 鱼的食疗

（1）鱼治哮喘。多吃鱼可以润肺、补肺，从而可以缓解哮喘病的症状。这是因为鱼肉中含有丰富的镁元素，就像吃含镁类药物能缓解哮喘症状一样。

（2）鱼肉预防糖尿病。国外研究发现，鱼肉含有较多的欧米加 -3 脂肪酸，可增强人体对糖的分解及利用能力，维持糖代谢的正常状态。鲱鱼、鳗鱼、大比目鱼、墨鱼、金枪鱼、红鳟鱼等都是预防糖尿病的佳品。

（3）深海鱼有益心脏血管。压力大会使男性罹患高血脂症和中风的年龄降低，而深海鱼对心脏血管特别有益。

（4）鱼治偏头痛。多吃鲑鱼、沙丁鱼等含较高脂肪的鱼类可防治偏头痛，每周至少吃 3 次。

9. 鳝鱼是糖尿病患者的"天然良药"

鳝鱼也叫黄鳝，不但营养丰富，而且药用价值极高。研究证明，鳝鱼中含有丰富的二十二碳六烯酸（DHA）和卵磷脂。这两种物质都是构成人体各器官组织细胞不可缺少的营养物质。此外，鳝鱼中还含有一种特殊的物质——鳝鱼素。鳝鱼素具有调节人体血糖的作用，因此鳝鱼也是糖尿病患者的天然良药。另外，鳝鱼中维生素 A 的含量也非常高，而维生素 A 具有保护视力的作用，视力不佳的人可以适当多吃些鳝鱼。

10. 海鲜可以增强性功能

男性精液里含有大量的锌，如果体内的锌不足，就会影响精子的数量与质量。而食物中海鲜类的蚝、虾、蟹的锌含量最为丰富，一个小小的蚝就几乎可以满足一个成年人一天中锌的需求量（15 毫克）。此外，蚝因富含糖原和牛磺酸，具有提升肝脏功能的作用，且滋养强身。

11. 海带的食疗

（1）海带含有丰富的矿物质，常吃能够调节血液中的酸碱度，防止皮肤过多分泌油脂。

（2）常食海带能御寒。冬天，有些人怕冷，有些人不怕冷，其奥秘已被医学界揭开，它与甲状腺分泌的甲状腺素多少有关。碘是合成甲状腺素的主要原料，供甲状腺合成甲状腺素。海带含碘量很高，冬天怕冷的人经常食用，有利于甲状腺合成甲状腺素，从而有效地提高自身的御寒能力。

（3）老年人常吃海带可预防骨质疏松症。海带富含钙、碘等物质，能促进骨骼、牙齿的生长，预防骨质疏松，是儿童、孕妇和老年人的营养保健食品。

（4）海带中所含的多糖类物质，具有降低血脂的功效。常食海带可预防动脉硬化、降低血脂、通便，并使机体强壮有力，是高血压、高脂血症、冠心病、肿瘤、甲状腺病、水肿等患者的康复保健食品。

（5）海带具有抗癌、预防白血病和骨疼痛的作用。海带中所含的碘可以促使缺碘性甲状腺的病理肿块溶解，并借助于碘化物在人体组织和血液中形成的电解质渗透，使病毒和炎症渗透物被吸收或排出。

（6）海带含有大量的碘，碘可以刺激垂体前叶黄体生成素，促进卵巢滤泡黄体化，从而使雌激素水平降低，恢复卵巢的正常机能，纠正内分泌失调，消除乳腺增生的隐患。所以，对于患有乳腺增生并伴有体胖及内分泌失调的女性，常食用海带大有益处。

（7）海带含有丰富的碘，对人体十分有益，可治疗甲状腺肿大和碘缺乏而引起的病症。它所含的蛋白质中，包括 8 种氨基酸。海带的碘化物被人体吸收后，能加速病变和炎症渗出物的排除，有降血压、防止动脉硬化、促进有害物质排泄的作用。同时，海带还含有一种叫硫酸多糖的物质，能够吸收血管中的胆固醇，并把它们排出体外，使血液中的胆固醇保持正常水平。另外，海带表面上有一层略带甜味的白色粉末，是极具医疗价值的甘露醇，具有良好的利尿作用，可以治疗药物中毒、浮肿等症状。所以，海带是理想的排毒养颜食物。

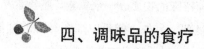

四、调味品的食疗

1. 桂皮的食疗

桂皮含有一种活性化合物，这种物质可使葡萄糖的新陈代谢增加约 20 倍，可预防糖尿病。可在早茶、咖啡、麦片、汤、甜点中放入四分之一茶匙香甜可口的桂皮粉。此外，桂皮还有防寒的作用。在寒风凛冽的冬天，可以喷一点桂皮粉在袜子和手套里。手脚的摩擦会释放出桂皮中的挥发油，这种油可渗透到皮肤里被血液吸收，加快血液流动的速度，从而使体温升高。

2. 孜然的食疗

孜然可以消灭 80% 的细菌和真菌，成为最佳自然杀菌剂之一。

孜然还可以预防中风。人体摄入适量孜然，能使血小板凝聚的可能性降低，有助于防止由血液凝结而引发的心脏病和中风。

3. 丁香的食疗

丁香是强力的抗菌剂，能消灭受污染食物中的大肠杆菌。做菜时，每斤肉可加入 1 汤匙的丁香粉。丁香还能保护牙齿和牙龈。丁香所含的黄酮醇和油可以抑制口腔细菌的生长。可在一杯红茶中加入一两朵丁香，或将茶包和丁香浸入沸水中煮 5 分钟，然后过滤，再加些糖即可。

4. 食盐的食疗

（1）盐的主要成分是氯化钠，人体每天都必须摄入一定的盐来保持新陈代谢，调整体液和细胞之间的酸碱平衡，促进人体生长发育。

（2）常用淡盐水漱口，不仅对喉咙疼痛、牙齿肿痛等口腔疾病有治疗和预防作用，而且还能预防感冒。

（3）防脱发。把 100 克左右的食盐加入半盆温水中，先浸湿头发，再按通常的方法洗净头发，每周洗 1 次，仅两三次后，梳头洗发就再不会大把脱落了。

（4）缓解腹胀。盛夏，如吃西瓜过量而引起小腹胀满，胸膈闷塞，可取食盐少许，含化咽下，片刻即好。

（5）缓解扭伤。如果有轻微的扭伤可将粗盐炒热，用布或毛巾裹着敷于患处，可起到放松肌肉的作用。

（6）每天早晨喝一杯淡盐水，对溃疡和便秘有防止和治疗作用。

（7）粗盐可以用来祛角质，具有磨砂的作用。洁面后用盐蘸水揉鼻子，干后洗掉。这个方法收缩毛孔效果很好。但是，用多了也会伤皮肤，所以要适可而止。

（8）鼻塞用盐水洗。鼻塞会使人呼吸不畅，十分难受，采取盐水洗鼻的方法，可以缓解症状。

5. 酱油的食疗

酱油含有的氨基酸是人体的主要营养物质，尤其是一些人体不能合成的氨基酸，必须通过酱油摄取。另外，身体某部位烫伤时，可用酱油涂敷，能止痛解毒；手指肿痛，将酱油与蜂蜜加热后，将手指浸入其中，能止痛消肿。

酱油有助于预防心脏病或中风。酱油中所含的异黄酮可降低人体 10% 胆固醇，减少患心血管疾病的危险，并可以减缓甚至阻止肿瘤的生长。

需要注意的是，在服用优降宁、闷可乐等治疗心血管疾病及胃肠道疾病的药物时，不可与酱油同食，否则会引起恶心、呕吐等副作用。

6. 食糖的食疗

运动中补充适量的糖分，可以提高血糖水平，增加供给能量，节约肌糖原的损耗，减少蛋白质和脂肪酸供能比例，延缓疲劳的发生。砂糖水还可以刺激胃肠，帮助消化。

（1）糖治打嗝。打嗝时，可在舌头下面放一勺糖。这种做法的科学解释还不很清楚，但有的医生说，糖可以刺激喉咙后侧的神经，而一旦神经受到刺激，就会中断某些神经信号，其中包括引起打嗝的膈神经。

（2）身上有伤口流血时，可立即在伤口上撒些白糖。因为白糖能减少伤口局部的水分，抑制细菌的繁殖，有助于伤口收敛愈合。

（3）红糖可益气补血、健脾暖胃、解毒。

红糖按结晶颗粒不同，分为赤砂糖、红糖粉、碗糖等。因没有经过高度精炼，它们几乎保留了蔗汁中的全部成分，除了具备糖的功能外，还含有维生素和微量元素，如铁、锌、锰、铬等，营养成分比白砂糖要高很多。每100克红糖含钙90毫克，含铁4毫克，还含有少量的核黄素及胡萝卜素。中医认为，红糖性温、味甘、入脾，具有益气补血、健脾暖胃、缓中止痛、活血化淤的作用。所以，专家指出，最好多吃红糖。

此外，红糖还能解毒。红糖排毒是风靡全日本的排毒方法。因为红糖中含有特殊的成分"糖蜜"，具有强力的"解毒"功效，而其蕴含的胡萝卜素、核黄素、烟酸、氨基酸、葡萄糖等成分，对细胞具有强效抗氧化及修护作用，能使皮下细胞排毒后迅速生长，避免出现色素反弹。因此，红糖可以排毒。

直接食用红糖是一种方法，或者用红糖、木瓜泥和橄榄油制成面膜，用来敷脸和按摩肌肤，也有不错的效果。需要注意的是，并不是所有的人都适合吃红糖。红糖性温，适合怕冷、体质虚寒的人食用。另外，胃酸高的人，包括糜烂性胃炎、胃溃疡患者和糖尿病患者都不宜食用红糖。过量摄入糖会导致龋齿，并引发肥胖、糖尿病、动脉硬化症、心肌梗塞，甚至对乳腺癌等癌症也有促进作用。糖尿病患者、肝炎病患者要尽量少吃。

7. 醋的食疗

（1）失眠患者，睡前喝杯加一小匙醋的冷开水，便容易入眠。

（2）中老年人常食些醋，可降低血压，预防血管硬化。

（3）火伤、烫伤用醋淋洗，可止痛消炎、防止起泡，而且愈后不留疤痕。

（4）醋可治神经性皮炎。患有神经性皮炎的人，可将鸡蛋3个置于瓶内，加醋500克浸没，浸泡7～10天后取出，去蛋壳，将鸡蛋与醋搅匀，装入有盖容器内。每天用此液涂擦患处2～3次，坚持7～10次即可痊愈。

（5）经常食用醋，对预防消化道癌症有一定作用。

（6）用醋熏蒸室内，能预防流感、百日咳和麻疹。

（7）醋能促进新陈代谢。

（8）醋有很强的杀菌能力，在 30 分钟内，可杀死沙门氏菌、大肠菌等多种病菌。

（9）多吃醋能维持肠道酸性，达到祛除有害病菌的效果。

（10）用醋水漱口，可治疗轻度的喉咙炎。需要注意的是，醋不宜大量饮用，尤其是胃溃疡患者，更要避免喝醋，以免对身体造成伤害。吃羊肉时也不宜食醋，否则会消弱两者的食疗效果，并可产生对人体有害的物质。

8. 辣椒的食疗

辣椒中的辣味成分辣椒素，营养丰富，可增进食欲，被广泛应用在烹饪中。辣椒中含有较多抗氧化物质，可预防癌症及其他慢性疾病，同时有利于使呼吸道畅通，治疗感冒。长期食用辣椒，能强化个人对抗衰老的能力。辣椒还有温中除湿去寒，开胃消食发汗的作用。

（1）辣椒含有多种生物碱，能刺激口腔黏膜，促进唾液分泌及胃肠蠕动，有利于食物消化，有健胃作用。少量内服，能促进胃液分泌，增进食欲。

（2）外用对皮肤有刺激作用，能治风湿痛、腰肌疼痛。

（3）内服适用于胃弱消化不良、胃肠充气、胃寒痛等。

（4）防治冻疮。冻疮初期，局部有红肿发痒时，可以用辣椒酒频繁搓擦，一日 3 ～ 5 次，能促使红肿逐渐消散，或用辣椒全草和茄子全草煮水洗患处。

（5）预防冻伤。可用 20% 辣椒油膏（辣椒细粉 0.6 克、凡士林 2.4 克，搅匀即可）涂于易冻伤的部位，如耳轮、手背、足跟等处。

（6）治秃发。辣椒酒频繁涂于秃发部位，一日数次，有促进毛发再生之功效。

（7）减肥。辣椒中含有的活性成分辣椒素，可将人体的新陈代谢率提高25%。需要注意是，不要过量食用，否则会引起神经系统损伤，消化道溃疡。同时，患有食道炎、喉咙炎、牙痛、痔疮、肺结核、高血压者少吃为宜。

9. 花椒的食疗

花椒具有去腥味、去异味、增香味的作用。花椒含有多种挥发油和芳香物质，除了有很好的除膻解腥作用外，还有止关节痛、牙痛，温中散寒的作用。

需要注意的是，花椒为热性调料，会使人出现燥热，引起消化道和泌尿道一些病症，所以夏天不宜食用。

10. 胡椒的食疗

胡椒能健胃、促进胃肠蠕动，增进食欲，加速血液循环，解毒消炎。

（1）胡椒粉治风寒感冒。春天最容易患感冒，胡椒可以主治因受风寒而引起的感冒。将胡椒磨碎后与红糖水煮开口服，效果很好，而且口味也不错。或者，每隔4个小时嚼一些胡椒，可有效抑制感冒加重。

（2）白胡椒散寒、温补脾胃。白胡椒的药用价值稍高一些，但调味作用稍次。它的味道比黑胡椒更辛辣，因此散寒、健胃功能更强。肺寒痰多的人将白胡椒加入羊肉汤，可温肺化痰。有些人容易肚子痛，是由于胃肠虚寒造成的，可在炖肉时加入人参、白术，再放点白胡椒调味，除了散寒外，还能起到温补脾胃的作用。平时吃凉拌菜，最好也加点白胡椒粉，可去凉防寒。

（3）黑胡椒补肾。中医认为，颜色黑的食物入肾。因此，黑胡椒温补脾肾的作用明显，可以治疗由脾肾虚寒造成的"鸡鸣泻"（指经常在早晨拉肚子）。其方法是在头天晚上喝用黑胡椒调味的肉汤。用黑胡椒做菜时要注意两点：一是与肉食同煮的时间不宜太长；二是温度高可让胡椒的味道更浓郁。因此，用黑胡椒做铁板类菜肴效果会更好。

（4）黑胡椒加速新陈代谢、促进营养吸收。黑胡椒利尿的功效有助于除去过度的水肿，它生热的特性还能提高新陈代谢率。胡椒碱是黑胡椒含有的一种活性成分，它可以促进胃肠系统对营养的吸收。因此，在任何健康菜肴中加入黑胡椒，都对吸收营养成分有益。

（5）治疗胃痛。把胡椒0.6克～1.5克研成末，用红糖伴水吞服。也可用胡椒泡酒抹胸口，可治疗因受凉而引起的胃痛。

（6）治疗儿童腮腺炎。可用胡椒粉少许，拌以适量面粉，加清水调成糊状，每日涂抹患处几次，即可见效。

（7）治疗小儿虚寒性腹泄。取胡椒粉1克，撒于米饭中捏成饼状，贴肚脐，或以胡椒粉3克敷于肚脐眼，用伤湿止痛膏封严，每日1次，一般1～3次即可痊愈。

（8）胡椒能预防流感、百日咳和麻疹，能清热解毒、理气止痛、驱寒除邪。

11. 生姜的食疗

生姜有独特的辛辣味。姜能刺激消化液分泌，增进食欲，帮助消化，减少血清中的胆固醇；具有解热、防治感冒、散寒等功效。捣烂敷患处可消炎止痛；饮用姜汤，可防止四季感冒；把姜敷在肚脐上，可防止晕车晕船。

（1）生姜预防恶心。恶心一般由低血糖引起，生姜却能够帮助血液保持一定的含糖水平。食用生姜粉或含姜的饼干还可以使孕妇减轻呕吐症状。

如因晕车、晕船而恶心，可事先切一片生姜贴在内关穴或肚脐上，用胶布固定，就可免除眩晕之苦。

姜根含有生姜醇和姜烯酚成分，可以缓和胃蠕动的频率，具有止吐的作用。如果感到恶心想吐，不妨把姜捣碎，将姜汁和姜末含在嘴里，或含一片烫过的生姜。

（2）冬天手脚生冻疮，用姜擦患处，便可活血化淤，减轻症状。

（3）牙痛时，切一片生姜咬在痛处，即可止痛。

（4）巧用生姜治烫伤。若不小心被烫伤，可将生姜捣烂，取其汁液，然后用药棉蘸上姜汁擦患处。如果起泡，则可消炎除泡；如果皮破，则可促进结痂。

（5）风湿病症状。生姜皮晒干研末，装入瓶内储存备用。每次取姜皮末半汤匙冲酒（低度白酒）饮服，可缓解症状。

（6）生姜治疗男性前列腺疾病及性功能障碍。中医认为，姜是助阳之物，所以自古以来中医就有"男子不可百日无姜"的说法。而现代临床药理学研究证明，姜不仅具有加快人体新陈代谢、抗炎镇痛、同时兴奋人体多个系统的功能，而且还能调节男性前列腺的功能，可治疗中老年男性前列腺疾病以及性功能障碍。因此，姜常被用于男性保健。

（7）鲜姜增进食欲，延缓衰老。中老年男性常会因胃寒、食欲不振导致身体虚弱，可以经常含服鲜姜片，刺激胃液分泌，促进消化。鲜姜没有干姜有强烈的燥性，滋润而不伤阴。每天切四五薄片鲜生姜，早上起来饮 1 杯温开水，然后将姜片放在嘴里慢慢咀嚼，使生姜的气味在口腔内散发，扩散到胃肠内和鼻孔外。现代医学研究证明，生姜含有比维生素 E 作用大得多的抗氧化成分。常吃生姜可使老年斑推迟发生或逐渐消失。

（8）生姜治感冒。风寒感冒、头痛无汗，用生姜切片，泡茶饮服，有显著功效。有胃寒、腹胀、呕吐的症状，服点姜汤，可起到解毒、止呕、促进气体排出的作用。

姜中的姜辣素、姜油酮可以发汗。尤其是水分较少的老姜，促进血液循环效果更好，添加红糖则可补充热量。但姜汤只适用于外感风寒，得了热伤风，则不适合饮用。而且，姜能促进血液循环，若有发炎、出血等情况，也不要吃姜。

（9）如果切菜时不小心弄伤了手，可把生姜捣烂敷在伤口流血处，以敷满伤口 为宜，这样止血效果更佳。

（10）治胃痛泛酸。胃痛泛酸时可多吃姜，因为姜可加强食管底部括约肌的收缩，阻止胃酸反流入食管。而一些高脂肪食物，如黄油和肉等也会抑制食管底部括约肌的收缩功能，辛辣或酸味食物也会引起胃痛泛酸。所以，胃肠功能不好时要尽量少吃这些食物。

需要注意的是，姜性辛温，只能在受寒情况下食用，且用量大了很可能会破血伤阴。如果有喉痛、喉干、大便干燥等阴虚火旺症状，就不适宜食用姜。

（11）排毒用好一味姜。现代医学证明，在众多食疗排毒方法中，生姜具有多种重要功能。在生姜提取物中含有与阿司匹林作用相似的抗凝血成分，其抗凝作用甚至超过阿司匹林，加上生姜的降胆固醇作用，服用生姜是一种十分有效的预防心肌梗塞和脑梗塞的自然排毒疗法。

（12）防止胆固醇过多形成结石。日本学者的研究表明，生姜所含的生姜酚，通过抑制前列腺素的合成，可减少胆固醇的生成，并能促使其排出体外。

（13）杀灭病菌。生姜中含有的辛辣姜油和姜烯酮，对伤寒、沙门氏菌等病菌有强大的杀灭作用。

（14）姜有助于稳定血糖水平，防止情绪的波动。此外，姜还能提神，可以将姜味糖时常备在身边。

12. 茴香的食疗

茴香不但有去腥、增进食欲、祛痰、驱风、抗痉挛、治便秘、延长睡眠时间等作用，还有助于防治胃肠传染病、缓解饱胀和腹部痉挛等症。

需要注意的是，食用茴香不可过量，因其挥发油中含有黄樟素，有致癌作用。另外，八角茴香为热性食物，夏天不宜食用，孕妇也要忌食。

13. 咖喱的食疗

咖喱有驱寒、健胃、祛痰、增进食欲的作用。如果因伤风感冒而引起鼻塞、耳朵发炎或胸口憋闷，吃点辛辣的咖喱，可使七窍通畅。需要注意的是，咖喱粉有刺激胃酸分泌的作用，胃酸分泌过多可造成胆囊收缩，诱发胆绞痛。慢性胆囊炎病人忌食用。

14. 小茴香的食疗

小茴香味甘香。茴香油具有刺激胃肠血管、促进血液循环的作用。若着凉胃腹疼痛，取茴香 100 克，炒热用布包起来，热敷痛处，可缓解症状。

15. 大蒜的食疗

大蒜有"绿色青霉素"之称。

（1）生吃大蒜能防癌。大蒜具有防癌的作用，主要是因为它含有一种天然的杀菌物质——蒜素，我们闻到的辛辣味就是蒜素产生的。蒜素即使稀释 10 万倍，仍能在瞬间杀死伤寒杆菌、流感病毒等，特别是能杀死胃癌的首要诱因幽门螺杆菌。如果煮熟的大蒜，蒜素会大部分挥发或受热分解掉，所以大蒜要生吃。

（2）治脚气。将大蒜涂在患处，可以抑制和消灭真菌，还可以止痒。

（3）预防痢疾与肠炎。春秋季节，每天吃几瓣生大蒜，可以预防痢疾与肠炎。

（4）预防流行性脑膜炎。醋浸大蒜有助于预防流行性脑膜炎。

（5）一天半瓣大蒜预防肠癌。科学家对大蒜的防癌机制与剂量都做了研究，认为大蒜的防癌功效主要是其所含的二硫化二烯丙基。这种物质可产生清除致癌物的酶，进而保护肠道。半瓣大蒜所含的二硫化二烯丙基就已足够预防癌症。因此，只要坚持每天吃半瓣生大蒜就可以有效地预防肠癌。

（6）止痛。龋齿病俗称蛀牙，当病变严重时，就会感到牙痛，尤其是在吃较硬食物或遇甜酸、冷热时，疼痛就会加剧。中老年人若因牙龈萎缩和牙根暴露，也会有酸痛感。可用新鲜大蒜头去皮、捣烂如泥，填塞于龋齿洞内，可使疼痛迅速缓解，继而消失。对于牙齿过敏而产生酸痛者，可用黄酒浸泡大蒜液涂搽。

（7）治疗鼻塞。感冒鼻塞时，可用一瓣大蒜头，用刀削成与鼻孔相似的形状，塞进鼻孔，连续几次，即可治愈。

（8）治疗哮喘。春天是哮喘病多发季节，可用 2～4 瓣大蒜捣成泥状装入瓶中，闻大蒜气味，每日 3～5 次，大蒜瓣一日一换，连用 3～4 日即可缓解。

（9）捣烂大蒜，外敷能治疮疖、头癣、体癣。

（10）吃大蒜防治阴道炎。大蒜有"天然广谱抗菌素"之美誉，现代医学研究证明，大蒜素具有强烈的抗菌作用，对阴道滴虫、阿米巴原虫等多种致病微生物都有效。每天坚持进生食一瓣大蒜，就能对阴道炎起到良好的防治作用。

（11）大蒜水治咳嗽。新鲜的大蒜汁有抗菌的作用。取 6 瓣大蒜，将其压碎，并加入温水，每天喝两次，连服 3 天即可缓解症状。

（12）预防中毒。大蒜中所含的大蒜素，可与铅结合成为无毒的化合物，能有效防治铅中毒。

（13）防止血栓的形成。大蒜具有降血脂、预防冠心病和动脉硬化的作用，并可防止血栓的形成。

（14）吃大蒜的注意事项。

① 过量吃蒜伤害眼睛。眼疾患者不宜生吃大蒜。大量食用生蒜会对眼睛有刺激作用，容易引起眼睑炎、眼结膜炎。我国民间有"大蒜百利，只害一目"的说法。

如果长期过量地吃大蒜，尤其是眼病患者和经常手足心发烧、潮热温汗等阴虚火旺之体的胃患者，会受到很大的伤害。如果到了五六十岁，就会逐渐感到眼睛视物模糊不清、耳鸣、口干舌燥、头重脚轻、记忆力明显下降等。这些病症是长期吃大蒜的后果。

② 蒜有很强的刺激性，胃肠道疾病，特别是胃炎、胃溃疡、十二指肠溃疡患者忌食，否则会引起腹痛。

③ 腹泻时忌吃大蒜。一般人都有这种常识，拉肚子吃大蒜会使病情加重，且越拉越厉害。因为腹泻是腹部受凉或食入被细菌污染的食物后，腹壁受到刺激所产生的。这时，肠腔内处于"过饱和"状态，如果食入大蒜，由于大蒜对肠壁的刺激作用，就会使肠内血管进一步充血、水肿，导致更多的组织液进入肠腔，从而使腹泻加重。所以，腹泻病人忌食大蒜。

④ 喜欢生食大蒜，最好每天不要超过 2 瓣，而且最好多餐分食。

16. 豆豉消溶血栓

豆豉是大豆、黑豆或青豆发酵后形成的，不仅保留了原有的大豆异黄酮和低聚糖等物质，而且还产生了大豆原来没有的新物质——豆豉纤溶酶。血栓的形成与人体内凝血活性增强，抗凝活性和纤溶活力降低等有关，极易诱发心梗、中风等疾病。而豆豉纤溶酶是一种可抗凝和溶栓的酶，它通过消化道被人体直接吸收后将血栓溶解，很适合血液黏稠度高、患血栓性疾病的中老年人食用。

需要注意的是，辣味豆豉溶栓效果较差。豆豉纤溶酶不耐热，炒菜时加入豆豉会大幅度降低其溶栓效果，最好是拌菜时直接加入，并减少盐的用量。

17. 芥末的食疗

（1）消食。黄芥末粉的主要辣味成分芥子油，辣味强烈，可刺激唾液和胃液的分泌，有开胃、增进食欲的作用。

（2）解毒。黄芥末粉有很强的解毒功能，可解鱼蟹之毒。故生食三文鱼等海鲜，经常会配芥末。

（3）抗癌。黄芥末粉含有异硫氰酸盐，这种成分不但可以预防蛀牙，对预防癌症、防止血管凝块、治疗气喘等也有一定功效。

（4）祛脂降压。黄芥末粉还有预防高血脂、高血压、心脏病及减少血液黏稠度等功效。

（5）养颜护肤。芥末油有美容美颜的功效。在美体界，芥末油是很好的按摩油。

（6）缓解关节炎症。如果手指疼痛，把整个手都抹上芥末，疼痛感就会减轻大半。如果浑身肌肉疼痛，可在浴缸中放入6汤匙的芥末和一把盐巴，泡浴20分钟即可缓解。

（7）通气。如果感冒时鼻子不通气，睡前在胸口涂两汤匙芥末，这样就会保持呼吸顺畅。

（8）促进消化。烹饪菜肴时放点芥末，且坚持每天吃，可促进消化。

（9）缓解疲劳。如果在晚上用热水泡脚时加入3汤匙芥末，泡10分钟，比没有加芥末更能缓解足部疲劳。

18. 蜂蜜的食疗

（1）蜂蜜加果醋缓解关节炎。蜂蜜和苹果醋都有消炎的作用。可以各取一小勺混合，与早餐一同食用，可有效减轻疼痛。

（2）蜂蜜能洁齿。蜂蜜含有类似溶菌酶的成分，对各种致病菌有较强的杀菌和抑菌能力。经常食用蜂蜜，并注意口腔卫生，能预防龋齿的发生。

（3）巧治气管炎。将蜂蜜和白酒（根据自己的酒量大小而定）掺在一起，用火烧热，凉后喝下。每天喝1～2次，坚持喝一个月，即可见效。

（4）使皮肤红润细嫩。蜂蜜含有大量易被人体吸收的氨基酸、维生素及糖类，常吃可使皮肤红润细嫩、有光泽。

（5）蜂蜜能延年益寿。由于蜂蜜含有较多的蔗糖酶和淀粉酶，所以食用后可以增进食欲和帮助消化。蜂蜜中还含有多种维生素，如 B_1、B_2、B_6 和烟酸、维生素 C 等。这些维生素对增强人体的免疫功能、防治心血管疾病有着重要作用。

实验证明，蜂蜜在食用后，其中的葡萄糖几分钟就能迅速被人体吸收。由于蜂蜜葡萄糖和果糖恰好以非常合适的比例存在，而吸收较慢的果糖却起到了维持血糖的作用。

老年人经常服用蜂蜜，可以防止咳嗽、失眠、心血管疾病、消化不良、胃肠溃疡、便秘等症。患有心血管病的老年人，每日食用蜂蜜20克～50克，可以改善体质，改善血液的组成，提高血色素，治疗贫血；患有肝炎的老年人，每天适量饮蜂蜜，不但能助消化、健胃、润肠，而且还有促使溃疡面细胞再生的作用。因此，蜂蜜是很适应老年人生理需要的长寿珍品。

（6）治疗刀伤、擦伤、水泡。蜂蜜有很强的防腐功效和抗病毒能力，能够防止感染，可以用来治疗刀伤、擦伤和水泡。每日两次涂在患处，就可以迅速消灭病毒。

（7）蜂蜜可排毒。自古就是滋补强身、排毒养颜的佳品。蜂蜜富含维生素 B_2、C，以及果糖、葡萄糖、麦芽糖、蔗糖、优质蛋白质、钾、钠、铁、天然香料、乳酸、苹果酸、淀粉酶、氧化酶等多种成分，对润肺止咳、润肠通便、排毒养颜有显著功效。

近代医学研究证明，蜂蜜中的主要成分葡萄糖和果糖很容易被人体吸收利用。常吃蜂蜜能达到排出毒素、美容养颜的效果，对防治心血管疾病和神经衰弱等症也很有好处。

19. 小苏打的妙用

（1）驱除身体异味。将一汤匙小苏打轻轻涂在患处，如腋下和脚部，可以降低这些部位的湿度，从而驱除异味。

（2）治尿路感染。如果患有尿路感染，如膀胱炎等疾病，可以将半汤匙的小苏打溶在200ml 水中饮用，每天 1～2 次，可以降低尿液的酸性，从而缓解疼痛。

20. 面碱的妙用

被开水烫伤，用面碱压住伤处，既可止痛，又可防止起泡。

21. 味精止牙痛

牙痛时，有时打针吃药也无济于事。如果用筷子蘸一点味精，然后将味精点到疼痛的牙齿上，疼痛就会立刻好转，并很快消失。

味精适量，用开水溶化，在茶杯中冷却，每日用其漱口 4 次，即可解除牙痛之苦。

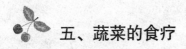

五、蔬菜的食疗

1. 洋葱的食疗

（1）可清除血液内不洁的物质。中年人的脸上出现了老年斑，是早衰的象征。这是因为，一方面是体内抗氧化能力降低，另一方面是因长期食用了存放过久的油脂食品。平时多吃些新鲜蔬菜和抑制脂肪过氧化物的维生素 C 和 E，能预防老年斑。洋葱就是较适合的食物，它含有硫质和必需的维生素，能清除血液内不洁的物质，使人的肌肤洁净。此外，大白菜、芹菜、萝卜、荠菜、菠菜以及红枣、葡萄干、橄榄、杏仁和各种新鲜水果等，都有清除面部疣斑、推迟皮肤老化的作用。

（2）蜂蜇用洋葱。如果被蜜蜂蜇了，可用一片新鲜的洋葱涂于蜂蜇处，洋葱中的酶可以阻止毒素扩散和发炎。

（3）降低亚硝酸盐的含量。吃洋葱能降低胃中亚硝酸盐的含量，因为洋葱中含有一种天然的叫栎皮素的抗癌物质。研究证明，经常吃洋葱，胃癌发病率比少吃或不吃洋葱要降低 25%。

（4）预防感冒。洋葱含有一种特殊的挥发油，油中含有葱辣素，具有较强的杀菌作用，对预防春季呼吸道传染病、伤风感冒有明显功效。

（5）促进消化。春季常吃洋葱能促进消化液分泌，有助于消除胃肠积下的污垢浊气，增进食欲，健脾强身。此外，还能降低血压、血脂、血糖，提高人体免疫力。这些作用与洋葱中富含锗等微量元素有关。

（6）预防骨质疏松。骨质疏松症通常在女性更年期后，或者男性 65 岁以后发生。很多人都通过补钙和维生素 D 等方式来避免骨质流失。

科学家在洋葱中发现了一种叫 GPCS 的物质，它抑制骨质流失的效果很好。因此，专家指出，容易发生骨质疏松的女性以及老年人，最好平时多吃些洋葱。而且，越是味道浓烈的洋葱，所含的 GPCS 就越多，抑制骨质流失的效果也就越好。

（7）防癌。洋葱中含有的抗氧化成分，可以起到预防癌症的作用。

（8）降血脂。洋葱营养丰富，不仅含有丰富的钙、铁和多种维生素，而且还含有胡萝卜素、硫胺酸、尼克酸等，特别是它含有一种叫硫化丙烯的油脂性挥发液体。这是一种配糖体，具有杀灭多种病菌的作用。洋葱的重要价值主要在于有降脂作用。

研究证明，洋葱头中含有一种洋葱精油，可降低高血脂病人的胆固醇，提高高血脂病人体内纤维蛋白溶解酶的活性，对改善动脉粥样硬化很有益处。

（9）排毒洋葱含有丰富的硫，和蛋白质结合的情形最好，对肝脏特别有益，因此有助于排毒。煮一锅以洋葱为主的蔬菜汤，加入绿花椰菜、胡萝卜、芹菜等多种高纤维水果、蔬菜，能分解体内积累的毒素，有助于排便。

2. 山药的食疗

（1）益寿佳品。研究证明，山药含有蛋白质、糖、多种氨基酸、钙、磷、铁、维生素 C 等多种生命活动中的重要物质，这也是山药作为益寿佳品的物质基础。

（2）山药所含的皂甙是激素的原料，证明了中医关于山药有补肾涩精的说法，有一定的科学根据。

（3）山药的重要成分之一多巴胺，具有扩张血管、改善血液循环的重要功能。

（4）山药中另一种成分胆碱，有抗肝脏脂肪浸润的作用。

（5）山药具有增进食欲，促进消化，降低血糖，增强体质等多种功能。

（6）山药与人参、黄芪、党参、香菇、首乌、灵芝等中药一样，有诱生干扰素的作用。

（7）如果手足有冻疮，可用一截干山药，磨细敷上。如果有乳腺炎、乳房肿痛，可用山药研成泥外敷。

（8）山药不仅能减少皮下脂肪沉积，避免肥胖，而且还能增强免疫功能。以生食排毒效果最好，可将去皮白山药和切小块的菠萝，一起打成汁饮用，有健胃整肠的功效。

3. 芹菜的食疗

（1）男性常吃芹菜可预防脱发。谢顶在医学上称为雄激素源性脱发，是成年男性最常见的一种脱发现象，多由雄激素分泌较多和遗传因素等综合作用导致。研究证明，芹菜、香菜、西兰花都有较好的抗雄性激素的作用。因此，常吃这3种蔬菜可以预防谢顶。

（2）降血压。芹菜最大的功效在于清热解毒、利尿消肿。而且还能降血压、镇静安神、治疗头痛、头晕、黄疸、水肿等病症。

（3）芹菜治跌打损伤。用芹菜30克～50克，捣烂外敷，能散瘀破结、消肿解毒，对跌打损伤、痈肿疮毒有较好的治疗效果。

（4）芹菜具有解热、利尿的作用。能减退因喝醉酒而引起的发热和帮助大小便的排泄，减少体内的酒精含量。同时，钙磷含量较高的水芹还能够保护心血管。此外，芹菜叶中含有的营养成分远远高于芹菜茎，其中芹菜叶含有的胡萝卜素是茎的88倍，维生素C的含量是茎的13倍。

（5）芹菜根60克，用水煎服，可治高血压、失眠。

（6）鲜芹菜500克，捣烂取汁，开水冲服，每日服一次，可治高血压、头晕。

4. 菠菜的食疗

（1）防治视网膜退化。研究证明，每星期吃2～4次菠菜，可明显降低视网膜退化的危险。菠菜能保护视力，主要是其含有丰富的类胡萝卜素。该化合物存在于绿叶蔬菜中，可防止太阳光对视网膜的损害。而视网膜退化是65岁以上老年人丧失视力的主要原因。因此，多吃菠菜对提高老年人的视力大有益处。

（2）增强活力。菠菜含有非常多的叶酸，同时也是胡萝卜素、铁、钾、镁的极佳来源。研究证明，缺乏叶酸会使脑中的血清素减少，从而导致精神性疾病。因此，含有大量叶酸的菠菜，食用后能使人充满活力。

（3）排毒。菠菜能清理人体胃肠里的热毒，防治便秘，使人容光焕发。菠菜叶中含有一种类胰岛素样物质，能使血糖保持稳定。菠菜丰富的维生素含量能够防止口角炎、夜盲症等维生素缺乏症。菠菜中还含有大量的抗氧化剂，具有抗衰老、促进细胞繁殖作用，既能激活大脑功能，又可增强青春活力，防止大脑老化。

5. 黑木耳的食疗

尿道结石症患者，若能坚持每天吃黑木耳，疼痛感就可很快消失，10 ～ 14 天后结石会变小，甚至会排出。这主要是因为黑木耳中的发酵素与植物碱，可刺激腺体分泌，湿润管道，促进结石排出；同时，木耳中含有的矿物质还可与结石中的化学成分发生反应，剥蚀结石，使结石变小，从而加快结石排出体外的速度。

木耳富含碳水化合物、胶质、脑磷脂、纤维素、葡萄糖、木糖、卵磷脂、胡萝卜素、维生素 B_1 和 B_2、维生素 C、蛋白质、铁、钙、磷等多种营养成分，被誉为"素中之荤"。木耳中含有的一种植物胶质，具有较强的吸附力，可将残留在人体消化系统的灰尘杂质集中吸附，排出体外，从而起到排毒清胃的作用。

6. 西红柿的食疗

（1）生吃西红柿抗血栓。西红柿抗血栓的作用显著，对于预防脑梗死和心肌梗死等疾病具有重要的作用。为了最大限度地发挥西红柿的这一作用，以生吃为最佳。专家指出，可坚持每天吃 1 个西红柿。若饮用西红柿汁，一天最好不要超过 250 毫升，而且尽量不放盐。每天晨起体内水分不足，血液较易凝结，这时是生吃西红柿或饮用西红柿汁的最佳时机。中老年人，特别是心脑血管疾病患者，早上起床后生吃西红柿或饮西红柿汁，对身体健康有很大益处。

（2）降血压。研究证明，西红柿中所含的维生素 C、E 以及西红柿红素都能降低血液中坏胆固醇的含量，缓解高血压的症状。一些有轻微高血压的患者，坚持每天早晚各吃 1 个西红柿，15 天后，90% 的人血压指数都会恢复正常。因此，西红柿被称为名副其实的降压食物。

（3）治前列腺癌。研究证明，每周吃 10 个以上西红柿，患前列腺癌的几率会降低 45%。

（4）西红柿含有西红柿红素，有助于展平皱纹，使皮肤细嫩光滑。常吃西红柿还不易出现黑眼圈，且不易被晒伤。

（5）防雀斑。每日喝 1 杯西红柿汁或经常吃西红柿，对防治雀斑有较好的作用。因为西红柿中含丰富的维生素 C，被誉为"维生素 C 的仓库"，可抑制皮肤内酪氨酸酶的活性，有效减少黑色素的形成，从而使皮肤白嫩，黑斑消退。

（6）治皮肤病。将鲜熟西红色柿去皮和籽后，捣烂敷患处，每日 2 ～ 3 次，可治真菌感染性皮肤病。

（7）美容防衰老。将鲜熟西红柿捣烂，取汁加少许白糖，每天用其涂面部，能使面部皮肤细腻光滑，美容防衰老效果极佳。或者将西红柿切片，敷在脸上，也能增加脸上的光泽。

（8）治溃疡。轻度消化性溃疡患者，可将榨取的西红柿汁和马铃薯汁各半杯混合饮用。每天早晚各一次，连饮 10 次，溃疡可愈。

（9）治肝炎。取西红柿丁一汤匙，芹菜末、胡萝卜末、猪油各半汤匙，拌入米粥内烫熟，加入盐、味精，适量食用，对治疗肝炎效果极佳。

（10）防中暑。将 1～2 个西红柿切片，加盐或糖少许，熬汤热饮，可防中暑。

（11）退高烧。将西红柿汁和西瓜汁各半杯混合饮用，可退高烧。

（12）治牙龈出血。将西红柿洗净当水果吃，连吃半个月，即可治愈牙龈出血。

7. 茄子的食疗

（1）多吃茄子降低胆固醇。茄子含有皂甙物质，对降低胆固醇有非常明显的功效。此外，茄子还是心血管病人的食疗佳品，特别是对动脉硬化、高血压、冠心病和坏血病患者非常有益，有辅助治疗的作用。

（2）茄子治皲裂。茄子的茎、叶、根煎汤洗患处，可防治冻疮、皲裂和脚跟痛。

8. 韭菜的食疗

（1）韭菜含有较多的粗纤维，能促进胃肠蠕动，可有效预防习惯性便秘和肠癌。这些纤维还可以把消化道中的沙砾、头发、金属屑等包裹起来，随大便排出。所以韭菜有"洗肠草"之称。

（2）韭菜含有挥发性精油及含硫化合物，具有增进食欲和降低血脂的作用。对高血压、冠心病、高血脂等也有一定疗效。因为韭菜含硫化合物，所以还具有一定杀菌消炎的作用。

（3）韭菜中含有丰富的钙和铁元素，对于骨骼、牙齿的形成和预防缺铁性贫血都非常有益。

（4）韭菜除了抑菌、消食、降血脂等作用外，还能温和养肝，正适合春天的养生特点。韭菜最大的功效就是温中下气、补肾益阳。

（5）鼻子出血不止时，取韭菜少许捣烂，塞入鼻孔仰卧，血即止。

（6）韭菜根 60 克，捣汁空腹服，可治疗白带过多。

（7）韭菜根 100 克，捣碎取汁，加白酒 50～100 毫升，空腹服，可治跌打损伤。

9. 巧食萝卜保安康

萝卜不仅甘甜香脆，而且物美价廉。此外，萝卜还有健身治病作用。

（1）萝卜同羊肉或鲫鱼煮食，可治咳嗽、咳血。

（2）萝卜捣汁，加入酒少许热服，或以汁注鼻中，可以防治鼻衄不止。

（3）常用萝卜汁漱口，能防治口疮。

（4）萝卜同醋研末，外敷可消肿去毒。

（5）萝卜生吃或同橄榄煮水常饮，可防治流感、喉痛。

（6）萝卜加水浓煎，常饮可治疗痢疾；洗脚可防治汗脚。

（7）萝卜生吃，可防治积食、消化不良，有开胃解腻的作用。

（8）萝卜所含的纤维木质素有抗癌作用。纤维木质素可增强巨噬细胞吞噬细菌、异物和坏死细胞的功能，从而加强人体的抗癌能力。萝卜含有的糖化酶素，也能分解致癌物亚硝胺，从而起到防癌作用。

（9）捣汁白萝卜生，涂患处，可治烫伤、烧伤。

（10）初春吃萝卜，顺气防感冒。

（11）白萝卜有很好的利尿功效，所含的纤维素可以促进排便，利于减肥。如果想利用白萝卜来排毒，则适合生食，可打成汁或以凉拌、腌渍的方式来食用。

（12）胡萝卜预防动脉硬化及癌症。

（13）胡萝卜素有助于维持皮肤细胞组织的正常机能，减少皮肤皱纹，保持皮肤润泽细嫩。

（14）胡萝卜味甘、性凉，有养血排毒、健脾和健胃的功效，素有"小人参"之称。胡萝卜富含糖类、脂肪、挥发油、维生素 A、维生素 B_1 和 B_2、花青素、胡萝卜素、钙、铁等营养成分。现代医学已经证明，胡萝卜是有效的解毒食物，其含有丰富的胡萝卜素、维生素 A 和果胶，可与体内的汞离子结合，能有效降低血液中汞离子的浓度，加速体内汞离子的排出。

10. 减脂生菜

生菜富含水分，热量特别低，但纤维和维生素 C 含量很高，可以帮助消除多余的脂肪。而且生菜特别适合生吃，健康清爽。

11. 菜花的食疗

（1）在干燥的春天，多吃菜花可润肺、止咳。菜花有白、绿两种颜色，绿色的比白色的含胡萝卜素高。

（2）长期食用菜花，可以减少乳腺癌、直肠癌及胃癌等癌症的发病率。

（3）菜花含有类黄酮，可以防止感染。

（4）菜花是最好的血管清洗剂，能减少心脏病与中风的危险，并增强肝脏解毒能力。

12. 油菜的食疗

在干燥的春天，多吃油菜可使肌肤更滋润。油菜含有丰富的钙、铁和维生素 C、胡萝卜素等，是人体黏膜及上皮组织维持生长的重要营养物质，对抵御皮肤过度角化大有益处。另外，油菜还有散血消肿、明目等功效。油菜最佳吃法：焯熟后食用，口感爽脆，且营养素损失最少。

13. 南瓜的食疗

南瓜含有丰富的钾、钙、硒、铁、锌、胡萝卜素、维生素 C 等元素，这些营养素的含量在蔬菜中属中等水平。南瓜里钴元素的含量比任何一种谷物与蔬菜都要多。

（1）南瓜最主要的功效是防治糖尿病。南瓜不仅含有丰富的钴，而且还含有能促进胰岛素分泌的铬元素和葫芦巴碱。这两种物质能降低糖尿病患者的餐后血糖。南瓜中的果胶，具有很强的饱腹感，可在胃中停留时间较长，具有降低空腹血糖的作用。据国外研究，糖尿病人每天吃 250 克南瓜，一个月后，血糖就会有不同程度的降低。

（2）南瓜含有的多糖，有类似磷脂的作用，能清除胆固醇，降低血脂，防止动脉硬化。经常吃南瓜，能降低肺癌的发病率。

（3）南瓜含有的维生素 C 和胡萝卜素，是天然的抗氧化剂，能有效地清除体内自由基，不仅具有抗衰老作用，而且也有助于抗癌。

（4）南瓜具有防治脱发的功效。

14. 药用蔬菜最好选薄荷

薄荷性辛、凉，归肺、肝经。薄荷的功效为疏散风热、清头目、利咽喉、疏肝解郁。除了内服，薄荷还可以外用，对于夏季痱子、蚊虫叮咬、疮疖等有很好的功效，且用后清凉舒适。

薄荷具有医用和食用双重功效。薄荷还常被用于菜肴、糕点和饮料制作，为食疗常用之品。主要食用部位为茎和叶，也可榨汁服。在食用上，薄荷既可作为调味剂，又可作为香料，还可配酒、冲茶等。

（1）薄荷凉茶。新鲜薄荷叶少许，清洗干净，沸水冲泡，加入适量白砂糖，自然冷却。日饮 3～5 杯，饮用后身体舒坦，精力倍增。饮用有清凉感，是清热利尿的良药。

（2）薄荷冰。用锅将 4 碗清水煮开，加入薄荷煮 5 分钟，放凉。将薄荷水放入冰箱冻成冰粒，咽喉痛或口干时取冰粒放于口中咀嚼，有清凉利咽之功效。

（3）薄荷酒。取薄荷油 10 克，米酒、黄酒各 50 毫升，将薄荷油与米酒、黄酒兑在一起，早晚空腹饮用。

15. 大葱的食疗

（1）治鼻塞。将葱白一小把切碎，熬汤，熬好后趁热用鼻子使劲吸热气，疗效很好。

（2）治意外烫伤。用大葱叶劈开成片，将有黏液的一面贴在烫伤处，面积大可多贴几片，并轻轻包扎。既止痛，又防止起泡，一两天基本痊愈。

16. 土豆皮治烫伤

洗净土豆，然后将干净的土豆皮剥下，将之敷在烫伤处，并用消毒纱布固定。一般烫伤后 3～4 天即可痊愈，且无剧痛，无疤痕。此外，用土豆片敷眼，可消除眼睑肿胀。

17. 苦瓜的食疗

苦瓜有降糖、杀菌的作用，水煎内服，可治糖尿病、细菌性痢疾，捣烂外敷可治疖肿。

苦瓜富含蛋白质、糖类、粗纤维、维生素 C、维生素 B_1 和 B_2、尼克酸、胡萝卜素、钙、铁等成分。现代医学研究发现，苦瓜中存在一种具有明显抗癌作用的活性蛋白质。这种蛋白质能够激发体内免疫系统的防御功能，增加免疫细胞的活性，清除体内的有害物质。苦瓜虽然口感略苦，但余味甘甜，很多人都喜欢食用。

18. 牛蒡的食疗

牛蒡可促进血液循环、新陈代谢，并有增强肠道功能的作用。所含的膳食纤维可以保持水分、软化粪便、有助排毒、消除便秘。牛蒡还可做成牛蒡茶随时饮用。

19. 莲藕的食疗

莲藕的利尿作用，能促进体内废物快速排出，因此能净化血液。莲藕冷热食用皆宜。将莲藕榨成汁，加一点蜂蜜，调味直接饮用，也可以用小火加温，加一点糖，趁温热时喝。

20. 冬菇可排毒

冬菇有益气健脾、解毒润燥等功效。冬菇含有谷氨酸等 18 种氨基酸，在人体必需的 8 种氨基酸中，冬菇就含有 7 种。同时还含有 30 多种酶以及葡萄糖、维生素 A、维生素 B_1 和 B_2、尼克酸、铁、磷、钙等成分。现代医学研究证明，冬菇含有多糖类物质，可以提高人体的免疫力和排毒能力，抑制癌细胞生长，增强机体的抗癌能力。此外，冬菇还可降低血压、胆固醇，预防动脉硬化，有强心保肝、宁神定志、促进新陈代谢及体内废物排泄等作用，是排毒壮身的最佳食用菌。

21. 大白菜的食疗

大白菜味美清爽，开胃健脾，含有蛋白质、脂肪、多种维生素及钙、磷、铁等矿物质。常食用有助于增强免疫功能，对健康健美也有很大益处。大白菜中含有大量的粗纤维，可促进肠道蠕动，帮助消化，防止大便干燥，促进排便，稀释肠道毒素，既能治疗便秘，又有助于营养吸收。白菜含有活性成分吲哚 -3- 甲醇。实验证明，这种物质能帮助体内分解发生乳腺癌的雌激素。如果女性每天吃 500 克左右的大白菜，就可减少乳腺癌的发生率。

22. 吃春笋可清除体内垃圾

春笋不仅肉质脆嫩，清香甘甜，而且营养价值很高。其所含的蛋白质中，至少有多种不同成分的氨基酸，其中赖氨酸、色氨酸、苏氨酸、丙氨酸等都是人体所必需的。

笋是体内垃圾的"清道夫"，其所含的膳食纤维可以增加肠道水分的储存量，促进胃肠蠕动，降低肠内压力，减少粪便黏度，使粪便变软容易排出，有利于治疗便秘，预防肠癌。笋低糖、低脂，富含膳食纤维，可降低体内多余脂肪，消痰化瘀滞，对高血压、高血脂、高血糖的治疗有益，且对消化道肿瘤及乳腺癌有一定的预防作用。

需要注意的是，由于笋中含有较多的草酸，会影响人体对钙的吸收。因此，正处在长身体阶段的儿童不宜多食，有尿路结石者也不宜食用。

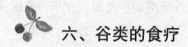

六、谷类的食疗

1. 糙米的食疗

研究证明，长期食用糙米，对于治疗粉刺和肥胖症有良好的效果。专家指出，糙米含有丰富的维生素和矿物质，而这些营养素的95%都蕴藏在米糠内。因此，长期食用糙米，酸性体质可自然得到治愈。

糙米是全米，保留米糠，有丰富的纤维，具吸水、吸脂作用及相当的饱足感，能整肠利便，有助于排毒。每天早餐吃一碗糙米粥或者喝一杯糙米豆浆，是不错的排毒方法。

2. 红薯的食疗

研究证明，红薯的营养价值远远超过了大米和面粉，因为其含有多量的糖类、蛋白质、纤维素、多种维生素、钙、磷、铁及多种氨基酸等。

人们食用红薯对身体有多种保健作用。

（1）增强皮肤抵抗力。皮肤也是人体免疫系统的一部分，是人体抵抗细菌、病毒等外界侵害的第一道屏障。维生素A在结缔皮肤组织过程中起重要作用。补充维生素A最好的办法就是从食物中获取β-胡萝卜素，而红薯是获得这种营养的最快途径。而且红薯的热量也很低。

（2）降脂。因红薯富含胶原纤维素，在消化道中有吸水作用，能使大便软化而利于排泄，缩短了肠中毒素的滞留时间，使肠癌的发病率降低。胶原纤维素与胆汁结合，能抵制胆汁在小肠的吸收，从而有效地降低血液胆固醇。

（3）抗癌。红薯中含有抑制癌细胞生长的物质。研究证明，浓缩4倍的白薯汁，对癌细胞增殖的抑制作用比普通白薯汁要强。此外，红薯被制作成淀粉后的残渣中，也含有抑制癌细胞增殖的物质。

（4）通便减肥。红薯纤维结构细腻，对肠道蠕动能起到良好的刺激作用，可预防便秘。红薯的胶原纤维素在肠内无法被吸收，有阻碍糖转变为脂肪的作用。因此，红薯是理想的减肥食物。

（5）将鲜红薯捣烂，挤汁涂搽，便可治疗湿疹、蜈蚣咬伤、带状疱疹等疾患。此外，红薯叶纤维质地柔细、不苦涩，容易有饱足感，又能促进胃肠蠕动，预防便秘。把新鲜红薯叶洗净后用开水烫熟捞起，与剁碎的大蒜及少许盐、油拌匀，就是一道美味爽口的蒜拌红薯叶。

需要注意的是，为了避免食用红薯后出现烧心、吐酸水、腹胀等症，红薯一定要蒸熟、煮透后才能食用。而且每餐不要吃得过多，最好与米面搭配吃，不定期可适当加点咸菜。

红薯的各种吃法：

蒸红薯：若是要吃红薯来促进胃肠蠕动，使腰围变小。专家建议，最好是用蒸的方法。用刷子把皮清洗干净，放入电锅中蒸煮，连皮一起吃，纤维素更丰富，刺激胃肠蠕动的效果最好。

烤红薯：如果不喜欢蒸红薯的口感，也可以用烤的方法。最方便的就是放入烤箱中，用小火慢慢烤，同样可以连皮一起吃。

红薯粥：红薯和白米饭熬成红薯粥，非常养生。

红薯牛奶：红薯去皮之后用电锅蒸熟，加入牛奶、果糖打成浆，就成了好喝的红薯牛奶。要连红薯渣一起吃，才能吃进纤维素。

3. 绿豆解毒不解药

绿豆甘凉止渴，消热解暑，煮食可清胆、润肤、消肿、利尿、止痢等。

绿豆的营养成分十分丰富，含有大量蛋白质、脂肪及糖类、胡萝卜素、铁、钙、磷脂、维生素 B_1 和 B_2、尼克酸等。

绿豆可以解一切药物与食物中的毒性，但不解药。因为绿豆中含有丰富的蛋白质，内服可保护胃肠黏膜。绿豆中的蛋白质、鞣质和黄酮类化合物可与有机磷农药、汞、砷、铅化合物结合形成沉淀物，使其失去活性，且不易被胃肠道吸收。

绿豆汤解煤气中毒。绿豆汤既是盛夏防暑的清凉饮料，又是寒冷冬季防治煤气中毒的良药。当煤气中毒恶心呕吐时，用绿豆煮汤饮服；或取绿豆粉 30 克，用开水冲服，可缓解煤气中毒。需要注意的是，绿豆性凉，脾胃虚寒者应少食或忌食。

4. 豆腐可延年益寿

豆腐不仅价廉可口，而且有延年益寿的功效。因为豆腐有以下 5 种食疗功能。

（1）豆腐含有的不饱和脂肪酸，可以降低血液中的胆固醇，预防动脉硬化、高血压和心脏病等病症。

（2）强化血管，降低血压。

（3）慢性、急性肝炎以及肝硬化等疾病，至今还没有特效药，全靠静养和食疗。食用高蛋白质的豆腐，对病情有很好的缓解作用。

5. 玉米的食疗

每 100 克玉米中含叶酸 12 微克，是大米的 3 倍；钾 300 毫克，是大米的 3 倍；镁为 96 毫克，是大米的 3 倍；而且还含有胡萝卜素、叶黄素、玉米黄质、硒、维生素 E 等多种抗氧化剂。因此，玉米具有多种保健作用。

玉米是世界公认的黄金食物。纤维素比精米、精面粉高 4 ～ 10 倍。纤维素可促进肠道蠕动，排除大肠癌的因子，降低对胆固醇的吸收，预防冠心病。玉米还能吸收人体的一部分葡萄糖，对糖尿病有缓解的作用。

玉米含有丰富的、能把玉米染成金色的色素——叶黄素和玉米黄质（胡萝卜素的一种）。这两种物质虽然不是营养素，但作用却胜似营养素，是强大的抗氧化剂，能够保护眼睛中黄斑的感光区域，预防老年性黄斑变性和白内障的发生。

6. 燕麦的食疗

（1）治皮肤瘙痒。用纱布把燕麦包上，使淋浴器中的水透过纱布包，这样，燕麦淋浴可以帮助治疗湿疹、皮肤干燥和瘙痒。因为燕麦中含有抗炎症和止痒的成分。

（2）燕麦能滑肠通便，促使粪便体积变大、水分增加，配合纤维促进胃肠蠕动，有通便排毒的作用。将蒸熟的燕麦打成汁，当做饮料来喝是不错的选择。搅打时也可加入苹果、葡萄干等，既营养又能促进排便。

7. 面包治脚趾甲嵌肉

把磨碎的面包放进热牛奶中充分搅拌，敷在脚趾甲嵌肉处 20 分钟，反复使用，直到好转。

8. 科学吃米饭可防治慢性病

（1）茶水煮饭。要想吃到清香扑鼻的米饭，并不一定要用新米，用茶水煮饭就可以获得色、香、味俱佳的米饭。茶水煮饭还有去腻、洁口、化食和防治疾病的功效。研究证明，常吃茶水煮饭，可以防治 4 种疾病。

①防治心血管疾病。茶多酚是茶叶中的主要物质，约占水浸出物的 70% ～ 80%。而茶多酚可以增强微血管的韧性，防止微血管壁破裂而出血。茶多酚还可以降低胆固醇，抑制动脉粥样硬化。中老年人常吃茶水米饭，可软化血管，降低血脂，防治心血管病。

②预防脑中风。脑中风的原因之一是，人体内生成过氧化脂质，从而使血管壁失去弹性。而茶水中的单宁酸，具有遏制过氧化脂质生成的作用，因此能有效地预防中风。

③防癌作用。茶多酚能阻断亚硝胺在人体内的合成，而胺和亚硝酸盐是食物中广泛存在的物质，其在 37℃ 的温度和适当酸性的条件下，极易生成能致癌的亚硝胺。而茶水煮饭可以

有效地防止亚硝胺的形成，从而能防治消化道肿瘤。

④预防牙齿疾病。茶叶所含的氟化物，是牙本质中不可缺少的重要物质。如果不断地有少量氟浸入牙组织，可防止龋齿的发生。

（2）芋头饭。芋头质地细软，易于消化，适合患有胃肠道疾病、结核病的人以及老年人、儿童食用。便秘或夏天身上发生红肿时，吃点芋头饭可起到通便、解毒的作用。不过，芋头含淀粉较多，多吃容易胀气，吃时应注意适量。

（3）南瓜饭。南瓜的胡萝卜素含量居瓜类之首，其中的果胶可以提高米饭的黏度，使糖类吸收缓慢。甘露醇有通便作用，可以减少粪便中毒素对人体的危害，防止结肠癌的发生。

南瓜饭的做法。将南瓜洗净，切成方块，煮半熟之后，加入适当大米，煮成饭或粥，作为正餐食用。对于喜食甜味的人来说，既可满足口欲，又可增加食物纤维的摄入，补充胡萝卜素。胡萝卜素可在体内转化为维生素 A，对于保持皮肤细嫩、保护视力都有益。

（4）大枣乌鸡糯米饭。将大红枣去核、切碎，乌鸡肉切丝，与糯米一同入锅煮饭，具有补中健脾、滋养强身之功效，可治疗脾胃虚弱、气血不足而引起的食欲不振等症。

（5）根据疾病做米饭。

①高血压、高血脂。如果有高血压、高血脂，可以做燕麦米饭、甜玉米粒米饭、白萝卜细小块米饭、枸杞子米饭。午饭时吃干，晚饭时熬粥，会有很好的效果。

②上火。如果上火，可做绿豆米饭，白萝卜条米饭。绿豆要先用清水泡半天，煮熟后再做米饭。

③便秘。如果大便不畅，可做红薯米饭、南瓜米饭。可根据自己的爱好，把红薯或南瓜切成小块放入米中，食时甘甜可口，食后大便通畅。

9. 淘米水的妙用

淘米水有美白的功效，用来洗脸，可以使肌肤变得光滑，洗手则可增加指甲的柔韧度及光洁度。而对于喜欢涂指甲油的女性来说，淘米水还可以减轻指甲油的伤害，起到护甲的作用。

10. 米饭团的妙用

刚煮熟的米饭，温热细软，搓成团在脸上滚动，可把黑头搓掉。

11. 杂粮的食疗

（1）降血脂。杂粮中含有丰富的膳食纤维，可以降血脂。食用普通食物转化成葡萄糖，血糖会很快升高，但也会很快下降。而食用杂粮，血糖会相对比较平稳。这对于糖尿病人控制血糖有好处，而血糖得到控制后也有利于血脂的代谢。

（2）利减肥。吃杂粮容易耐饥饿，有利于减肥。

（3）治疗便秘。吃杂粮可以调理胃肠，改善便秘。

12. 薏米的食疗

旅途归来，因长时间坐车、坐飞机，腿部会异常浮肿。此时如果喝碗薏米粥就可以加快消肿。专家指出，薏米健脾利湿，有消除水肿的作用，可消除因长时间坐卧血液循环不畅而引起的下肢、腿以及脚部浮肿。

此外，旅途奔波还容易引发体热、上火等症，这时候在薏米粥里加点红豆或绿豆，功效就会更好。因为这两种食物，除了有利水消肿的作用外，还可以清热解毒。旅途中容易引发如咽痛、咳嗽、痰多等上呼吸道疾病，因此，在煮薏米粥时可加些百合。百合可以清心火肺热，还可以润燥，有缓解咽干、舌燥、止咳的功效，同时百合还有安神的作用。

专家指出，薏米粥最好吃上 3～7 天。腿部浮肿一般 1～2 天就能恢复，但这时消除的水肿只是肉眼看不到，其残余的湿气却还存留在组织间隙中，水分还没能回到血液循环中被代谢出去。因此，要彻底消除体内湿气，还要多吃几天。

13. 黑豆的食疗

黑豆味甘、性平，含丰富的蛋白质、胡萝卜素、维生素 B_1 和 B_2、烟酸等营养物质，有补肾强身、活血利水、解毒、滋阴明目的功效。

（1）防止视力下降。黑豆能够滋补肝肾，而肝肾的健康对改善视力有很大的帮助。所以，黑豆能缓解眼睛疲劳，有助于防止视力下降。

醋泡黑豆的做法。首先准备一个平底锅，放入黑豆，但不放油，用中火炒 5 分钟左右，等黑豆皮迸开后，改为小火，再炒 5 分钟，注意不要炒糊。将炒好的黑豆晾 15 分钟后，放入带盖子的干净容器中，之后加入陈醋。浸泡两小时左右，陈醋被黑豆吸收后，就可以食用了。醋泡黑豆做好后放入冰箱可以保存半年，因而可每次多做一些。黑豆本身具有天然的甜味，醋泡黑豆味道醇和，比较好吃。如果不喜欢醋的酸味，还可以加入少量的蜂蜜。

醋泡黑豆除了能帮助抑制视力下降外，对治疗慢性疲劳、寒症、肩膀酸痛、高血压、高胆固醇等也都很有效。

（2）喝黑豆粥赶走视疲劳。食用黑豆枸杞粥，可以有效赶走视疲劳。具体做法是，黑豆100 克，枸杞子 3 克～5 克，红枣 5～10 粒，料酒、姜汁、食盐各适量，加水适量，用急火煮沸后，改用文火熬至黑豆烂熟，即可取汤饮用。每日早、晚饮用，每次 2～3 杯为宜，可长期饮用。

黑豆粥还可以加入冰糖 30 克～50 克，溶化后直接食用；也可以将刚煮好的黑豆粥，加入2～3 朵菊花（菊花有清肝明目之功效，小而颜色泛黄的菊花是上选），泡开后食用，对防治眼睛疲劳、视力模糊效果更好。

（3）黑豆含有丰富的纤维素，能减少食物在肠中停留的时间，预防肥胖，并促进肠的蠕动，帮助排便。因此，黑豆具有很好的排出体内废物、解毒的功能。在运动的间隙，喝一杯黑豆茶对排出身体毒素非常有效。

14. 芝麻酱的食疗

芝麻酱含有丰富的蛋白质、铁、钙、磷、核黄素和芳香的芝麻酚等。经常给孩子吃点芝麻酱，不仅对调整孩子的偏食、厌食有积极的作用，而且还能纠正和预防缺铁性贫血。

芝麻酱的含钙量特别高，每100克中含钙870毫克，仅次于虾皮。芝麻酱含钙比蔬菜和豆类都高得多。食用10克芝麻酱就相当于摄入30克豆腐或140克大白菜所含的钙。所以，给孩子经常吃点芝麻酱，对预防佝偻病以及骨骼、牙齿的发育，都大有益处。

芝麻酱所含蛋白质比瘦肉还高，质量也不亚于肉类。芝麻所含的"亚麻仁油酸"可以祛除附在血管内的胆固醇，促进新陈代谢。

15. 黑米粥可缓解视觉疲劳

黑米粥最适合眼部容易疲劳的电脑族、电视迷，长期坚持喝，每天喝一点，才能见效。但要注意，熬粥时枸杞不可放过量。一般来说，健康的成年人每天食用枸杞最好不要超过20克。有感冒、发烧、炎症、腹泻等症的人，在熬黑米粥时不要放枸杞，可用决明子代替枸杞。

16. 适量吃花生有益健康

花生因其能滋养补益，所以具有养生延年的功效，被誉为"长生果"，也被誉为"素中之荤"。

花生味甘性平，营养丰富，具有健脾、和胃、养血止血、润肺止咳、利尿、下乳等功效，能降低胆固醇，预防和治疗动脉粥样硬化、高血压和冠心病等。另外，还可以防治肿瘤类的疾病。

花生膜预防胃出血。有些食物的外皮具有药效。临床上，花生作为药用部分，最好、最有价值的就是花生的外衣（俗称膜）。一般人喝酒配花生时，习惯将花生膜用手指揉掉，这种吃法很不科学，因为花生衣是一味非常好的止血药。喝酒会让血管扩张，如果胃黏膜、胃壁比较脆弱，喝了酒以后血管就会持续扩张，很容易造成胃出血，而花生衣的抗凝血作用可预防胃出血。

17. 小米的食疗

小米性甘微寒，有健脾、除湿、安神等功效。

（1）适用于脾胃虚热、反胃呕吐、腹泻及病后体虚的婴儿食用。小米熬粥时上面浮起一层细腻的黏稠物，俗称"米油"。中医认为，米油的营养极为丰富，滋补力最强，有"米油可代参汤"的说法。腹泻反复不愈的婴儿更适合长期食用小米粥，对恢复肠道消化功能很有帮助。

（2）小米粥素有"黄金粥"之美称。对于老弱病人和产妇来说，小米是最理想的滋补品。由于小米不需精制，保存了许多维生素和矿物质。其中所含有的蛋白质、脂肪、钙等都比大米多。一般粮食中不含有的胡萝卜素，每 100 克小米含量达 0.12 毫克，维生素 B_1 的含量位居所有粮食之首，等重量的小米中含铁量比大米高 1 倍，有利于产妇产后滋阴养血。

（3）小米不仅营养全面丰富，而且还有养胃的功效。中医认为，小米味甘、咸、性凉，入肾、脾、胃经，《本草纲目》就有小米"治反胃热痢，煮粥食，益丹田，补虚损，开胃肠"的记载。因而对于体弱多病，气血不足，脾胃虚弱的老人十分有益。

（4）小米治失眠。失眠是很多人都深感痛苦的疾病。如果服用安眠药，就会对人体健康产生危害。而食用小米治失眠，既无副作用，又味美可口，还能达到治疗的目的。

色氨酸含量高的食物具有催眠作用。在众多食物中，小米含色氨酸最多，每 100 克小米含色氨酸高达 202 毫克，而且小米的蛋白质中不含抗血清素的酪蛋白。同时，小米富含淀粉，进食后能使人产生温饱感，可以促进胰岛素的分泌，从而增加进入脑内色氨酸的数量。熬成稍稠的小米粥，睡前半个小时适量进食，能使人迅速发困、入睡。

（5）小米不含麸质，不会刺激肠道，是属于比较温和的纤维质，容易被消化，因此适合搭配排毒餐食用。小米粥很适合排毒，有清热利尿的功效。小米营养丰富，有助于美白。另外，由于粥类易吸收，导致血糖快速升高，所以糖尿病人在喝粥时要慎重。

18. 荞麦的食疗

荞麦含有其他谷物所不具有的叶绿素和芦丁，其维生素 B_1、B_2 比小麦多 2 倍。荞麦中所含的烟酸和芦丁对治疗高血压有很好的疗效。经常食用荞麦，对治疗糖尿病也有一定的疗效。而荞麦外用还可治疗毒疮肿痛等。

19. 红豆的食疗

红豆可增加胃肠蠕动，减少便秘，促进排尿。可在睡前将红豆用电锅炖煮浸泡一段时间，隔天将无糖的红豆汤当开水喝，能有效地促进排毒。

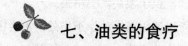

七、油类的食疗

1. 香油的食疗

（1）如果患有气管炎、肺气肿，在临睡前喝一口香油，第二天早晨起床后再喝一口，当天咳嗽就能明显减少。若天天喝，咳嗽慢慢就会好。

（2）香油是食道黏膜理想的保护剂。如果误吞鸡骨、鱼刺、枣核等异物，喝口香油能使异物顺利滑过食道，防止和减少锐性损伤。如果误服强酸、强碱或滚烫食物，立即喝口香油是最及时的自我急救措施。晚期食道癌及食道狭窄进食困难的病人，香油调以各种维生素或某些药物饮用，或可延长病人的存活时间。患慢性食道病变、有吞咽痛苦的人，饭前饭后喝点香油也有好处。

（3）香油有去腐生肌功能。牙周炎、口臭、龋齿、地图舌、扁桃体炎、女性因怀孕雌激素紊乱而引起的牙龈出血等，口含香油均会有很好的疗效。

（4）香油能增强声带弹性，使声门张合灵活有力，对声带疲劳、声音嘶哑、慢性喉炎等都有良好的恢复作用；登台演唱或演讲前，喝口香油能使嗓音更加圆润清亮，增加音波频率、发声省力、延长舞台耐受时间。

（5）一时难以戒烟的人，经常喝点香油可减轻香烟对牙齿、牙龈、口腔黏膜的直接损伤，改变口中难闻的气味，减少肺部烟斑的形成，部分地阻滞对尼古丁的吸收，使之黏附在香油层中随痰液咳出体外。

（6）爱喝烈性酒的人，喝点香油同样可保护口腔、食道、贲门和胃部黏膜。

（7）皮肤烫伤时，涂一层芝麻油，既能防止创面感染，又能止痛。

2. 亚麻籽油治痛经

当前列腺素进入人体组织时，子宫会产生反应性痉挛，这是造成痛经的重要因素。而食用亚麻籽油可以阻止前列腺素释放。因此，专家指出，痛经的女性最好每天喝 1～2 汤匙亚麻籽油，也可将它抹在面包上或拌沙拉。

3. 牙痛擦点丁香油

牙疼不是病，疼起来真要命。如果牙疼，可用棉花蘸些丁香油涂在疼痛处，即可止痛。

4. 花生油的食疗

（1）轻度胃溃疡，每日早晚各喝两小汤匙花生油（1 克～2 克），可逐渐痊愈。

（2）小虫钻进耳朵，滴点花生油，虫子很快就会出来。

（3）小孩跌伤，皮肤无溃破，可迅速用花生油涂于伤处，不会出现瘀肿现象。

（4）早晚各喝一口花生油，既可治疗溃疡，又能防止便秘。

八、酒类的食疗

1. 健身巧用酒

酒不仅可以防病治病，而且还可以延年益寿。尤其是中老年人，阳气渐衰，血脉不畅，易受风寒雾露侵袭。如果能适当饮酒，则可起到疏风活血、延缓衰老、轻身延年的作用。

所谓巧用酒，就是把酒作为药用，用其防病治病。除了要注意少饮、适量饮酒外，还要注意饮酒的方式，不要猛饮、暴饮，不要空腹饮，不要两种或几种酒一起饮。此外，还要注意选择合适的酒类，如肝胃不好者，不饮白酒，可选择黄酒、葡萄酒；身痛关节痛者，可选择黄酒；有糖尿病、胰腺炎者，不宜饮啤酒。

有病者，可据病情在酒中侵入适症的中药，既能治病，又可延年。

2. 葡萄酒的食疗

（1）红葡萄酒能抑制氧化，因此对预防动脉硬化、心肌梗死、脑梗死、癌症及老人痴呆等有效。

（2）红葡萄酒是经过酿造而成，其发酵过程会产生一种抗氧自由基的物质。由于抗氧自由基在体内能够防止脂肪的氧化，所以多喝红葡萄酒能够延缓衰老，但每日应适量。

（3）在刚开始有腹泻症状时，喝一两杯红葡萄酒就可以治愈。研究证明，白葡萄酒和红葡萄酒与治腹泻的药物有同样的功效。

3. 啤酒的食疗

（1）预防白内障。啤酒可预防白内障，主要是因为啤酒含有抗氧化物质。这种物质可以保护细胞线粒体，而线粒体能将葡萄糖转化为能量，这种转化在白内障的发病过程中起到关键作用。

（2）预防心脏病及动脉硬化。啤酒含有抗氧化物质，对预防心脏病及动脉硬化等有效果。

（3）可治疗头皮屑、头皮痒。如果头皮屑多、头皮痒，可用啤酒浸湿头发，15 分钟后用清水洗净头皮。每天 1 次，4～5 天后，头皮就不痒了，头皮屑也没有了。

4. 香菜和米酒治荨麻疹

专家指出，浑身出荨麻疹后，将香菜泡在米酒里，然后涂抹全身，能暂时起到缓解瘙痒的症状。这是因为，香菜能帮助发汗，起到驱风解毒的作用，而将其与米酒混合，可快速预防皮疹发炎。

5. 白酒的食疗

白酒不仅可用于皮肤消毒，而且在筋骨酸痛时，用白酒擦也可缓解症状。

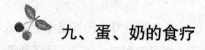

九、蛋、奶的食疗

1. 鸡蛋的食疗

（1）醋蛋是老年保健食品。醋蛋是民间流传的保健食品，对老年人有保健驱病之功效。制作方法：把180毫升的9度米醋装进大口杯，然后将1个生鸡蛋洗净浸入醋里。经过36～48小时后，蛋壳被软化，仅剩一层薄皮包着的鸡蛋。用筷子将皮挑破，把蛋清、蛋黄与醋搅匀，即成醋蛋。

每个醋蛋液可分5～7天吃完，每日清晨起床后空腹饮用。每次加入开水2～3倍，再加点蜂蜜调匀（软蛋皮可一次吃完）。第一个醋蛋服剩仅够两天量时，再开始制作下一个醋蛋。

（2）鸡蛋壳治十二指肠溃疡。患有十二指肠溃疡的人，胃会分泌大量胃酸。而鸡蛋壳内含有的碱性物质，可与过量胃酸起中和作用，从而达到止痛、制酸的治疗效果。鸡蛋壳的服用方法是，将鸡蛋壳洗净打碎，放入铁锅里炒，然后研成粉，越细越好。每日服一个鸡蛋壳的量，可分2～3次服用，饭前或饭后用开水吞服。

（3）美白嫩肤。打鸡蛋时，可以用蛋壳里剩余的蛋清抹脸，半个小时后洗掉，可使皮肤柔嫩。鸡蛋有美白、嫩肤的功效，是非常不错的天然美肤品。

（4）消炎止痛

意外烫伤后，可用鸡蛋清、熟蜂蜜或香油混合调匀涂敷在受伤处，有消炎止痛作用。

（5）绿豆蛋花汤治口疮

鸡蛋1个，打入碗内捣散，将适量绿豆浸泡10多分钟，煮沸1～5分钟。用此汤冲蛋花，早晚各服一次，服1～2天。

2. 奶的食疗

（1）防治支气管炎。因为牛奶含有大量的维生素A，可保护支气管和支气管壁，使之减少发炎的机会。

（2）常喝酸奶好处多。

①常喝酸奶可以降低胆固醇，预防心血管疾病。

②对便秘和细菌性腹泻有预防作用。

③能抑制癌症。

④喝酸奶不会过敏。如果对鲜奶过敏，喝酸奶则十分有利。

⑤具有美容作用。常喝酸奶可以润肤、明目、固齿、健发。

⑥孕妇饮用酸奶可预防便秘。

很多孕妇都会出现便秘，主要是因为脾胃功能不足，体内津液减少，导致大便秘结。所以，完全可以靠饮食来调理，如果每天喝一杯酸奶，就能缓解便秘。

[第六章]
如何储存食物

食物变质的原因往往十分复杂，而储存不当是导致食物腐败变质的重要原因之一。储存食物的作用，不仅是存放食物，更重要的是防止食物腐败变质，保证食物质量。储存食物的方法主要有两种，即低温储存和常温储存。

低温储存主要适用于易腐食物，如动物性食品等。按照低温储存的温度不同，低温储存又分为冷藏储存和冷冻储存。冷藏储存是指温度在 $0 \sim 10℃$ 条件下，用冰箱或低温冷库等储存食物，如蔬菜、水果、熟食、乳制品等；冷冻储存是指温度在 $-29℃ \sim 0℃$ 条件下，用冷冻冰柜或低温冷库等储存食物，如水产品、畜禽制品、速冻食品等。

常温储存主要适用于粮食、食用油、调味品、糖果、瓶装饮料等不易腐败的食物。常温储存的基本要求是：贮存场所清洁卫生，阴凉，干燥，无蟑螂、老鼠等虫害。

在购买定型包装食物的时候，应注意产品的外包装上产品标签（或说明书）中所标识的产品储存方法、保质期限等内容，根据产品标签（或说明书）标识的储存方法进行储存。散装食物和各类食用农产品，应根据各类食物的特点进行贮存。

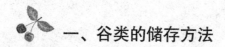 一、谷类的储存方法

1. 不要用透明容器储存大米

现在透明容器越来越受到人们的喜爱。这不仅是因为透明容器会使烹饪出的食物看起来更诱人可口，而且还能使人更容易看到储存在里面的食物的变化。然而，专家指出，并不是所

有食物都适合装进透明容器来储存，如大米等。

谷类中含有大量的核黄素，光照会使营养受到很大的破坏。因此，专家建议，不要将面食、大米和谷物装在透明容器内储存，而是将它们保存在不透明的容器或米袋里，并放在避光的橱柜内。

2. 剩饭储存时间不要超过 6 小时

夏季天气热，湿度大，适合细菌生长繁殖，而人体此时的抗病能力又相对较弱。因此，很容易发生细菌性食物中毒和食源性传染病。

在高温高湿的夏季，食物特别容易变质，最好是不要剩饭。如果有剩饭，等饭的温度降至室温时，再放入冰箱冷藏，而且最好用保鲜膜包好，以防食物在冰箱内交叉污染。

专家建议，剩饭的保存时间，以不隔餐为宜，早上剩饭中午吃，中午剩饭晚上吃，尽量在 5 ～ 6 个小时以内吃完。

3. 面包不宜在冰箱内保存

面包在烘烤过程中，面粉中的直链淀粉部分已经老化，这就是面包产生弹性和柔软结构的原因。随着放置时间的延长，新鲜的面包放在冰箱冷藏保存后，很容易会变"老"，等拿出来再吃时，会又干又硬，且容易掉渣。变陈的速度与温度有关。在低温时（在冷冻点以上）老化较快，面包放在冰箱中要比放在室温变硬的速度更快。因此，面包不宜放在冰箱内保存。

4. 元宵存放不当易中毒

每年的元宵节即将到来之际，不少家庭都提前买元宵存放至元宵节食用。如果元宵存放不当或时间过久，就会容易变质，人吃了变质的元宵就会引起中毒。所以，元宵要现买现吃、现包现吃，一次不要购买、包制过多；如果需要存放，最好装入无毒塑料袋内（防止干裂），置于冰箱冷冻室内储存。如果元宵变红、变绿、变黑或食之有酸味时，应禁止食用。

5. 速冻食品的储存方法

现在的速冻食品越来越多，如速冻汤圆、饺子等。大多数人把速冻食品买回来以后，直接放入冰箱中，而且一放就是很久。速冻食品的保质期虽然比新鲜食品长，但如果处理不当，也会容易变质。所以，速冻食品保鲜要注意以下两点：

（1）忌将速冻食品和其他生食混合存放。速冻食品应避免和其他生食放在一起，如新鲜的鱼、肉等要分类存放，否则相互之间会传播细菌，容易引起食物变质。

（2）忌把速冻食品直接放入冰箱。速冻食品在放入冰箱之前，应先仔细察看商品的外包装，了解食品的储存要求及保质期。一般的速冻食品都要求在 -18℃ 左右保存，而有的冰箱则达不到这个温度，一般只有 -10℃ 左右。在 -25℃ ～ -18℃ 之间，速冻食品的质量会比较稳定。

如果高于这个温度，保质期就会相应缩短，所以要了解自己家冰箱冷冻的温度。速冻食品开封后，最好尽快吃完，否则温度达不到要求，食品就容易变质。

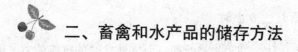

二、畜禽和水产品的储存方法

1. 肉类不宜反复冷冻

冰箱或冰柜冷冻的食物解冻后，再冷冻储藏，这是很不科学的。

食物经过反复冷冻和解冻，其细胞膜会受到破坏，汁液流失。当解冻后温度升高时，就为细菌和霉菌的生长繁殖提供了良好的条件，食物就容易腐败变质。因此，每解冻一次再重新冷冻，食物的保存期就会缩短数天，这在无形中影响了食物应有的保质期。

解冻后的食物容易受到细菌和霉菌的污染。研究证明，食物的再次冷冻、解冻，特别是反复多次的冷冻、解冻，容易产生致癌物质。而且重新冷冻的次数越多，产生致癌物质的浓度相应就会越高，对人体健康的危害就越大。

因此，合理的冷冻方法可提高食物的冷冻质量。为了便于食物的冷冻和取存，在冷冻之前，应将食物切成小块，且以小包装的形式冷冻为好。这样每次用多少就可取多少，不要解冻之后重新再放入冰箱里冷冻贮藏。这样也可提高食物的利用价值。

2. 排酸肉的冷冻方法

排酸肉买回家后不能冷冻，要放在保鲜盒里，可保存 1～2 天。

3. 熟肉食品的储存方法

熟肉食品除中式香肠外，都可以直接食用。目前，市场上销售的熟肉食品品种很多，根据加工工艺和产品的口味，可以分为以下几类：

（1）肉类干制品。如肉松类、肉干类和肉脯类。这类食品水分含量较低，较稳定，常温保存即可，开封后应尽快食用。

（2）高温蒸煮肠（俗称火腿肠）、真空包装熟肉制品以及罐头类熟肉制品。这类食品由于经高温高压灭菌处理，食品已达到无菌要求，所以只需常温保存，没有必要冷藏。食品一旦开封，应尽快食用完；未食用完的，应放入冰箱冷藏。

（3）熏煮肠类和熏煮火腿类。如西式方腿、红肠以及酱卤肉类食品，这类食品由于含水分多，且未达到无菌要求。所以这类食品应全过程冷藏，冷藏温度最好在 5℃以下，这样才能保证肉制品不会变质。最好是即买即吃，食品开封后应尽快食用完。未食用完的，应放入冰箱冷藏。如果想较长时间保存，也可冷冻。但解冻后，食品的口感会有所降低。

4. 阴湿天剩余熟食的储存方法

阴湿天湿度大、气压低，非常适宜细菌的生长繁殖。在食品制作、储存方面，应注意温度和时间的控制，剩余熟食常温保存不可超过 2 个小时。

5. 熟食冷藏不能超过 4 天

冰箱里的食物，虽然外表看起来还很新鲜，但是实际上已经变质。熟肉类食物在冰箱中的储存时间不应该超过 4 天。

6. 微波炉解冻的肉类不要再放入冰箱

已用微波炉解冻的肉类，如果再放入冰箱冷冻，必须要煮熟。因为肉类在微波炉中解冻后，实际上已将外面一层肉加热了，因此细菌可以繁殖。虽然再次冷冻可使细菌繁殖停止，但却不能将活细菌杀死，即使放入冰箱中，细菌仍会生长。

7. 腌制品不宜放进冰箱

肉类腌制品在制作过程中都加入了一定量的食盐，氯化钠的含量较高。盐的高渗透作用会使绝大部分的细菌死亡，从而使腌制的肉类食品有更长的保存时间，无需用冰箱保存。

若将肉类腌制品放入冰箱，尤其是含脂肪高的肉类腌制品，因冰箱内温度较低，而腌制品中残留的水分极易冻结成冰，这样就促进了脂肪的氧化。而这种氧化具有自催化性质，使氧化的速度加快，脂肪会很快酸败，致使肉类腌制品质量明显下降，反而会缩短保质期。

8. 冷冻鱼要除鳃和内脏

有些人用冰箱冷冻鲜鱼时，往往不除掉鳃和内脏，将完整的鱼放入冰箱中，这种做法是不科学的。

鱼离不开水，而水中生存的微生物中有许多属于耐寒冷的。当鱼体离开水后，虽然已死亡，但体内仍然含有大量水分和耐低温的微生物。这些微生物借助于鱼体的营养，仍然繁殖。如果停电等造成温度升高，鱼体渐溶，使冷冻鱼逐渐腐败。而鱼鳃是鱼的呼吸器官，是进行气体交换的部位，是藏污纳垢的部位，也是鱼体容易腐败的部位。

鱼的内脏，特别是消化器官肝、胰脏和消化道等更容易腐败。肝、胰脏都含有一些有毒的物质，消化道容纳的食物残渣，含有大量细菌。所有这些都容易造成鱼体的腐败。所以，要使冷冻鲜鱼不腐败，应去掉鱼的鳃、内脏等。

9. 虾皮储存久了会产生致癌物质

新买的虾皮一般都是白色的，没有很明显的氨味。如果在家里放了一两个月之后，颜色就会变成了粉红色，而且还有一股强烈的氨味。除了虾皮之外，各种海鲜干货都有类似的问题，如海米、鱿鱼丝、小鱼干等，只是味道的浓烈程度略有差异而已。

虾皮之所以能长期保存，主要的原因是水分低，盐分大，且两者缺一不可。但平时人们买到的虾皮一般都不是干透的，这种没干透的虾皮，因为蛋白质含量高，所以特别容易滋生细菌。

如果在常温下储存，蛋白质经过微生物的作用，先变成肽和氨基酸，再分解成低级胺和氨气。而低级胺就是腥臭气的来源，氨气就是刺激味道的来源。

低级胺不仅本身有一定的毒性，而且非常容易和水产品中少量的亚硝酸盐结合，形成强致癌物亚硝胺。这种物质是促进食管癌和胃癌发病的重要化学因素。亚硝胺类物质的毒性是非常大的，有慢性的毒性、致畸性和致癌性，而且还有挥发性，从空气中吸入也会引起毒性反应。

各种海产品是亚硝胺类的重要来源。不新鲜的腌鱼、虾皮、海米、鱿鱼丝、干贝、鱼干等都有亚硝胺超标的可能。所以，一旦虾皮出现异味，就要坚决扔掉，即便水洗之后，也不能食用。

10. 海带储存不当会变质

不少家庭都储存着一些干海带。有人认为海带和其他海产品一样，可以长时间储存。其实，海带买回来后，如果不能食用完，应把拆封后的海带冷藏在冰箱或冰柜里。因为拆封后的海带在储存过程中受温度、光照等因素的影响，营养成分会有所降解，微生物会不断繁殖，有害成分会不断增加，促使海带变质。在食用海带时，应清洗干净后，根据实际情况用水浸泡，并不断换水，一般浸泡6个小时以上。如果海带在经水浸泡后像煮烂了一样没有韧性，说明它已经变质了，就不能再食用。

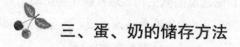

三、蛋、奶的储存方法

1. 鲜鸡蛋不宜直接放入冰箱

很多人从市场上买回鲜鸡蛋后，就直接放入冰箱蛋架上，这样做是不卫生的，很容易造成食源性中毒。由于蛋壳在鸡下蛋的过程中和在笼子里滚动受到的污染与鸡粪的污染源一致，都可能含有沙门氏菌，造成污染。如果开冰箱时手接触蛋壳，又去碰其他的食物，就会造成交叉污染。因此，从市场上买回鲜蛋后，应先将有禽粪、血斑、污斑蛋挑出，洗去污物后，再放入冰箱保存。

2. 鸡蛋存放不宜超过 15 天

有人认为鸡蛋有一层薄薄的外壳，可以把所有细菌都挡在外面。但事实却并非如此。

专家指出，市场上销售的鸡蛋一般都存放在室温下，鸡蛋壳表面有许多毛细孔，如果放置时间过长，鸡蛋的毛细孔就会变大，外壳细菌就有可能穿过蛋壳及蛋膜，侵入蛋内。这种鸡蛋就可能带有李斯特菌、沙门氏菌、金黄色葡萄球菌等致病菌，食用后除导致胃肠炎外，也可能会引发其他严重疾病。专家指出，存放于冰箱的鸡蛋，最好在一周内食用完。

确实有很多人把买回来的鸡蛋存上个把月。这样不仅会带来安全隐患，而且鸡蛋的营养也会变差。专家指出，鸡蛋和果蔬一样，要趁鲜吃。一周内的新鲜鸡蛋营养最好，但储存时间不要超过 15 天。

3. 清洗鸡蛋忌用冷水浸泡

鸡蛋壳表面的毛细孔会随温度的变化而出现热胀冷缩。如果为了清洁表面的污垢而把鸡蛋长时间浸泡在低温水中，在不同的温度切换之间，溶于水中的污垢就会穿过毛细孔进入鸡蛋里面。

专家指出，如果买回来的鸡蛋有脏物，可以用清水进行清洗，但要快速清洗、快速擦干，或用布轻轻抹去，然后再放入冰箱，这样才能避免脏物进入蛋里。

4. 鸡蛋最好放入纸盒后再冷藏

虽然冰箱门上有专门储存鸡蛋的小格子，但鸡蛋最好不要放在这里，应该先装在纸盒里再冷藏。

5. 鸡蛋竖放不易坏

刚产的蛋，蛋白浓稀分布有规律，竖放能够固定蛋黄的位置。但是，随着时间的延长和外界温度的上升，在蛋白酶的作用下，蛋白所含的黏液素会逐渐脱水，慢慢地使蛋白变稀。这时蛋白就失去了固定蛋黄位置的作用。又由于蛋黄比重轻于蛋白，如果鸡蛋横着放，蛋黄就会上浮，贴在蛋壳上，形成"靠黄蛋"或"贴皮蛋"，这样就容易形成"臭蛋"。

另外，鸡蛋也会呼吸。鸡蛋比较大的一端，蛋壳上有一些圆形的小孔，这是空气进出鸡蛋的地方（称为气室）。所以，如果把较大的一端朝下，呼吸作用就会变差，降低其新鲜度。如果把较细的一端朝下，较大的一端朝上，鸡蛋内气室的空气就会使蛋黄无法接近蛋壳。因此，鲜鸡蛋竖放，不易黏壳和散黄。

6. 鸡蛋存放不当会有怪味

有时，把鸡蛋存放在冰箱内保鲜也会变味。鸡蛋的异味可能与其存放的环境有关。专家指出，鸡蛋的表面虽然有一层厚厚的硬壳，但其硬壳上有很多肉眼看不见的小孔。如果将鸡蛋长时间存放在有异味的环境中，这些异味就会通过蛋壳的小孔渗透入鸡蛋内部，从而造成鸡蛋的"怪味"。

7. 松花蛋不宜冷冻

松花蛋又叫皮蛋，是鲜鸭蛋在氢氧化钠等多种物质作用下形成的再制蛋。其蛋白呈琥珀色半透明状，并有松枝状花纹；蛋黄凝而不固，滋味醇厚清香。

有的人把松花蛋放到冰箱里保存，甚至冷冻起来，以为这样就可以长期储存而不变质。实际情况恰恰相反，因为松花蛋是由碱性物质浸泡而成的，蛋体凝成胶状体，含水分在70%左右，若冷冻，水分就会逐渐结冰。等拿出来吃时，冰逐渐融化，其胶状体就会变成蜂窝状，改变了松花蛋原有的风味，降低了食用价值。而且由于低温会使松花蛋色泽变黄，口感变硬，和正常松花蛋差异极大。

储存松花蛋的最好方法是，放在塑料袋内密封保存，一般可保存3个月左右，质量风味也不会变。

8. 松花蛋去壳后保质期短

去壳后的松花蛋，一定要在1～2个小时内吃完，不要长时间暴露在空气中或放在冰箱里留着下顿吃，否则易感染沙门氏杆菌。

9. 牛奶不宜冰冻保存

牛奶在较高的温度下会变质，但把牛奶冰冻起来也会变质。这是因为，牛奶中含有3种不同性质的水：游离水、结合水和结晶水。其中游离水含量最多，不会与其他物质结合，只能起溶剂作用。结合水与蛋白质、乳糖、盐类结合在一起，不再溶解其他物质，在任何情况下都不会冻结。结晶水与乳糖结晶体一起存在。

当牛奶冻结时，游离水先结冰，牛奶由外向内逐渐冻结，里面包着的干物质有蛋白质、脂肪、钙等，干物质不结冰。随着冰冻时间的延长，里面干物质含量相应增多。当牛奶解冻后，其蛋白质易沉淀、凝固而变质，因此牛奶忌冰冻保存。

10. 不要用透明容器储存牛奶

牛奶中含有丰富的核黄素，人摄入一定量的核黄素就可以有效改善视力，减轻眼睛疲劳，帮助碳水化合物、脂肪、蛋白质的代谢。但这种物质容易与光发生反应，因此当牛奶接触光时，就会发生化学反应，从而降低核黄素的营养价值。而蛋白质的重要成分氨基酸、各种维生素等一些营养成分也会受到光的影响。低脂牛奶和脱脂牛奶比全脂牛奶更稀，阳光更容易"穿透"。这种感光氧化过程可以改变牛奶的味道，产生自由基（存在人体内的一种分子。研究证明，80多种疾病的产生与自由基有关）而致病。因此，存放牛奶时，不要使牛奶受到阳光或灯光的照射，最好的方法是使用不透明的容器来储存牛奶。

11. 不要用保温瓶存放牛奶

有些人将含营养成分丰富的牛奶煮沸后，盛入保温瓶或保温杯里。其实，这种储存方法不正确。

当牛奶温度降低后，牛奶中原来未被杀死的细菌或瓶（杯）内含有的细菌，就会在适宜的温度下，将牛奶当成营养丰富的培养基而大量繁殖。细菌在牛奶中约20分钟就会繁殖1次，3～4个小时后，整个保温瓶或保温杯中的牛奶就会变质。喝了变质的牛奶，容易引起腹泻、消化不良，或食物中毒。所以，牛奶煮沸后应立即食用，喝不完的可放入冰箱冷藏室。

下面介绍鲜奶储存的两种方法：

夏季天气炎热，牛奶容易变质，如在牛奶中加点盐，就能使牛奶保鲜的时间长些，但要盖好盖、密封。

将鲜牛奶煮沸，倒入用沸水消毒过的玻璃瓶内，然后将瓶浸入冷水中，水面要与瓶内鲜奶液面相平，每隔3～4个小时更换1次冷水，在鲜奶冷却后要盖上瓶盖。在夏季可保鲜12个小时。

12. 婴幼儿配方奶粉储存不当易变质

婴幼儿配方奶粉与成人奶粉最大的区别就是营养更丰富，而且蛋白质含量很高。但丰富的蛋白质和营养也是细菌生长和繁殖的温床，所以婴幼儿配方奶粉更容易因储存不当而受到污染而变质。

为了避免奶粉污染和变质，在婴幼儿配方奶粉开封后的保存与配制中，应注意以下几点。

（1）奶粉开封后的保存

①奶粉开封后不宜存放于冰箱里。有人认为把开封后的奶粉放在冰箱中储存，保存时间会更长。其实这是一个误区。奶粉放冰箱保存，经常拿进拿出，冰箱内外的温差和湿度都有差别，很容易造成奶粉潮解、结块和变质。开封后的奶粉可在室温中储存，避光、干燥、阴凉即可，但要注意避免将奶粉长时间放在高温处。

②每次开罐使用后必须盖紧塑料盖，袋装奶粉每次使用后要扎紧袋口。为了便于保存和取奶粉，袋装奶粉开封后，最好存放于洁净的奶粉罐内。奶粉罐使用前要用清洁、干燥的棉巾擦拭，不用水洗，否则容易生锈。

③奶粉开封后食用的时间有规定。大多数婴幼儿配方奶粉包装上都有明确规定，开封后超过一个月，就应丢弃不用。需要注意的是，奶粉包装上的保质期是在未开封和合适的保存条件下的日期。

④奶粉在规定的食用日期内也可能会结块。正常奶粉应该松散柔软。开封后的奶粉可能由于空气中的水分进入，或者在奶粉配制过程中，不可避免地带入少量的水分等原因，使奶粉受潮吸湿，发生结块。如果结块一捏就碎，说明奶粉质量变化不大。但是，结块较大、坚硬、捏不碎的，说明奶粉已变质，不能食用。

（2）调制的奶粉的保存

①尽可能现配现用。如果为了方便，也可一次配数瓶奶粉，但一定要将冲调好的奶加上盖子，立即放入冰箱内贮存。冲调好的奶应于 24 小时内食用完。

②喝剩的奶，如果 1 个小时内还不能喝完，必须倒掉。

调制奶粉时，双手应干燥，避免水珠滴入奶粉中，这样可使奶粉的保存时间更长。不要食用过期奶粉或包装已经破损的奶粉。此外，从冰箱中取出的奶粉，不要用微波炉加热，以免局部过热的奶粉烫伤婴儿的口腔。

13. 喝剩的牛奶不要放在冰箱门上

喝剩的牛奶最好在 24 小时内喝完，如果喝不完，应放进冰箱保存。由于冰箱门附近温度不够低，所以喝剩的牛奶不要放在冰箱门上保存。

14. 奶油蛋糕不宜久存

奶油蛋糕极易变质。这是因为，奶油蛋糕是由面粉、糖、油脂、奶油和蛋类制成的。这些原料营养丰富，含水量高，极易被细菌侵染。再加上蛋糕本身残存的耐高温细菌，很容易使蛋糕变质。所以奶油蛋糕要随买随吃，不宜久存。即使是冬季，存放时间也不能超过 7 天。

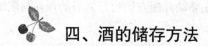

四、酒的储存方法

1. 啤酒的储存方法

（1）用保温瓶装啤酒会中毒。散装啤酒既经济实惠，又新鲜，很受人们的欢迎。夏天，人们喜欢把鲜冷的啤酒装在保温瓶里，认为这样既能保证啤酒的新鲜度，喝起来又凉快。实际上，把啤酒装在保温瓶里是错误的。因为保温瓶内壁长期存热水，会有一层水垢，其中含有镉、铅、铁、砷、汞等多种有害物质。啤酒是一种酸性饮料，可以将上述有害物质溶解在啤酒里。如果饮用这种啤酒，就容易中毒，危害身体健康。散装啤酒最好装在玻璃容器或陶器中，切不可装在保温瓶中。

（2）啤酒不能冷冻保存。啤酒的冰点为 -1.5℃。冷冻啤酒不仅影响口感，还会破坏啤酒的营养成分，使酒液中的蛋白质发生分解、游离，同时也容易发生瓶子爆裂，对人体造成伤害。实际上，啤酒所含的二氧化碳的溶解度会随温度高低而发生变化，适宜的温度可以使啤酒的各种成分协调平衡，在 8℃～10℃左右，啤酒会给人一种最佳的口感。

（3）啤酒开瓶后不宜久存。啤酒中含有较多的二氧化碳，能使啤酒具有爽口风味。二氧化碳溶于酒液中，并在瓶中形成一定的压力，当开瓶倒入杯中时，二氧化碳就会从酒中冒出，形成啤酒特有的泡沫。

如果啤酒开瓶时间过久，二氧化碳就会逐渐消失，泡沫减少，啤酒的风味和滋味也会发生变化，最后就会变得没有一点泡沫，味道也十分平淡了。

2. 葡萄酒的储存方法

葡萄酒的保存一般要注意温度、湿度、光线和振动等问题。最重要的因素就是温度，葡萄酒最佳的保存温度应该是 13℃左右。另外，温度最好要保持恒定。

湿度的影响主要作用于软木塞，湿度一般在 60%～70% 是比较合适的。湿度太低，软布塞会变得干燥，影响密封效果，使更多的空气与葡萄酒接触，加速葡萄酒的氧化，导致葡萄酒变质。即使葡萄酒没有变质，干燥的软木塞在开瓶的时候也很容易断裂，甚至会破碎，这就会造成很多木屑掉到酒里。如果湿度过大，有时也不好，因为软木塞容易发霉。在酒窖，还容易滋生一种甲虫。这种像虱子大小的甲虫会把软木塞咬坏。

光线中的紫外线对葡萄酒的损害也很大。因此，想要长期保存葡萄酒，就应该尽量放到避光的地方。虽然葡萄酒的墨绿色瓶子能够遮挡一部分紫外线，但毕竟不能完全防止紫外线的侵害。紫外线也是加速葡萄酒氧化的主要原因之一。

振动对葡萄酒的损害纯粹是物理性的。葡萄酒装在瓶中，其变化是一个缓慢的过程。振动会使葡萄酒加速成熟，使葡萄酒变得粗糙。所以应该放到远离振动的地方，而且不要经常搬动。

葡萄酒买回家后必须注意储存。一般来说，葡萄酒储存在恒温 10℃～14℃、湿度为 70% 左右的小酒窖中最合适。如果不具备此条件的家庭，也可将酒置于通风好，且不受高温骤冷影响的环境中保存。

对于已开瓶口，但未饮完的葡萄酒，可用空气抽取器抽尽瓶内气体后再贮存。如条件不具备，则将葡萄酒换到容量相当的小瓶中，使瓶中存不了空气。但是开瓶后的葡萄酒，保存期不应超过一周。

另外，还需注意葡萄酒本身的保质期。原料、工艺、品种不同的葡萄酒，其保质期也各不相同，优质干红一般没有保质期的限制。如法国吉洛干红葡萄酒，在酿造过程中已在地下大酒窖中储存了两年以上，葡萄酒中的糖分已完全转化为酒精，也就失去了细菌的生活环境，因此，该酒不但酒性稳定，而且口感醇厚，易于储存。

在温度高、日照强的夏天，葡萄酒容易变质。虽然白葡萄酒可以放在冰箱里，但要在品尝前2~3个小时放入。如果放的时间太久，软木塞就会吸进冰箱里的异味，葡萄酒就会变成五味杂陈的鸡尾酒。

3. 盛米酒器皿选择不当危害健康

许多人都爱喝米酒，但很少有人知道盛米酒的器皿选择不当，也会危害身体健康。

锡壶：有很多地方的人喜欢用锡壶盛米酒，由于很多锡壶在加工过程中都加入了过量的铅，在盛装、储存米酒时，铅易溶出而导致铅中毒。

铝制品：包括铝壶、铝锅等。研究证明，铝对神经系统、生殖系统、消化系统等都有不同程度的毒性作用，也是老年痴呆症发病的主要原因之一。因为酒可把铝制器皿中的铝溶解出来，如果长期用铝制品盛装或保存米酒，铝就会源源不断地随酒进入人体，危害身体健康。

铁制品：很多地方的人用铁壶、铁桶等加工、保存米酒。虽然铁制品对人体没有太大的危害，但铁制品极易生锈，可与酸生成亚铁盐。如果这种物质过多地进入人体，对健康会有潜在的不良影响。更重要的是，不少铁制品大都经过油漆或其他形式的包装，多数都含有铅、铬等有毒物质，时间长了，可使人发生慢性中毒。

塑料制品：这是用得最多的一种器皿。不少塑料制品并不是专供盛装食品的，而是工业用品。用这种器皿盛装、储存米酒是相当有害的，应禁止使用。半透明而有一定韧性的塑料桶大多是用聚乙烯或聚丙烯制成的，尽管其本身的毒性很低，适合盛装食品。但长久盛装、储存米酒，也会析出微毒成分，对人体有毒害作用。

陶瓷制品：虽然陶瓷制品有较强的耐酸碱腐蚀能力，但最好挑选釉中、釉下彩陶瓷器皿，内壁装饰图案较少、图案颜色光亮的或白瓷制品来盛装、储存米酒。

不锈钢制品：不锈钢餐具含有铬和镍，但只要是正规产品，并且使用得当，一般不会发生安全问题。但不宜用来长时间盛装、储存米酒，以防铬、镍等金属元素溶出。

那么，用什么器皿来盛装、储存米酒最好呢？当然是玻璃制品和内壁不含彩釉的陶瓷制品，还有用聚乙烯或聚丙烯制成的塑料制品。但是，每次使用的时间也不能太长，一般使用10天左右，就应将其用清水洗净、晾干，以备再次使用。

4. 不要用旅行水壶装酒

如果热水瓶或旅行用的铝合金水壶经常装开水，内壁上或壶底就会积上一层水垢。而水垢则是混在水中的重金属、钙盐、病菌等沉淀物，不仅不卫生，而且有害身体健康。水垢中还有一些致癌物质，如用这种热水瓶装酒，酒精就会溶解水垢，饮用这种酒对人体健康是有害的，会发生慢性中毒。

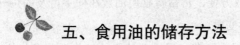

五、食用油的储存方法

1. 开封的食用油最好在 3 个月内吃完

开了封的食用油特别不耐存。因为油脂容易被氧化，氧化后脂肪酸败，味道变酸，影响口感。更严重的是，油脂氧化后营养价值也会降低，不饱和脂肪酸受到破坏。如果长期食用，还会因为产生大量自由基而促进人体的衰老，甚至会增加患慢性疾病的风险。

研究证明，开盖后，空气中的氧气进入油桶，即使拧上盖子也已经失去密封状态，储藏 3 个月之后，油脂的过氧化值就会超过国家标准。如果把油倒在开口的容器中，只需要一周。如果把油放在光线能照到的地方，油脂变质的速度会加快 20 ~ 30 倍。接触空气、光线是食用油以及油炸类食物的天敌，味道变酸是变质的标志。此外，新油和旧油尽量不要混在一起。因为油脂的氧化是会"传染"的。使用有盖油壶，从大桶中倒出大约一周的用量，剩下的用盖子拧紧。不要每次都直接拿油桶往锅里倒油，这样会增加氧化机会。

2. 不宜储存太多的食用油

家庭不宜储存太多的食用油。食用油的酸败是一个自然现象，放置的时间越长，酸败的程度就越高。即便是避光、低温、避免空气等，也只能是降低油脂的酸败速度，而不能使油脂停止酸败。

3. 不宜用透明的玻璃容器储存食用油

很多家庭都习惯用玻璃瓶储存食用油，这对保护食用油的营养成分不利。食用油存放在透明的玻璃容器内，光线能直接照射到，会促使食用油中的油脂发生氧化，尤其是紫外线危害更明显。这样很容易导致食用油变质变味，不仅营养价值会降低，而且会损害人体健康。此外，也不要使用含有铁、锡等元素的容器盛装食用油。存放食用油的容器，应选用玻璃、陶瓷或搪瓷容器。如用玻璃容器盛油，应选择深色玻璃制品，以免光照影响食用油品质。存放食用油的器皿最好放在阴凉通风处。

目前市场上存放食油的容器多为金属桶、玻璃瓶、塑料桶等。专家指出，用金属容器装食用油安全，既不进氧又不进光，油难以被氧化；而玻璃瓶和塑料桶在这方面都有欠缺，尤其是塑料桶装油，非常容易被氧化。而且，用不同的容器存放，食用油的保质期也不相同。一般采用金属桶装油可保存 2 年，采用玻璃瓶可保存 1 ～ 2 年，塑料桶可保存半年至 1 年。

4. 食用油不要放在灶台上

许多家庭为了烹饪时拿取方便，常常将食用油放在伸手可及的炉灶旁。这种摆放方式是不科学的，很容易造成食用油变质。

因为炉灶旁的温度通常很高，在高温下，油脂的氧化反应会加快，容易产生酸败现象。此外，炉火产生的强光也会加速油脂的酸败，使油脂中的维生素 A、D、E 均受到不同程度的氧化，降低其营养价值。同时还会产生对人体有害的醛、酮类物质。如果长期食用这种酸败油脂，就容易引起肝、肾、皮肤等器官的慢性损害，甚至会导致癌症。

由于油脂只有酸败到一定程度时，外观上才会出现一些变化，如颜色变深、沉淀增多、油液浑浊，并产生难闻的哈喇味等。因此，一般人很难从食用油的外观上辨别是否变质。为了避免这种潜在危害，专家指出，应采取正确的食用油储存方法：

低温储藏。最佳储存温度是 10℃～ 25℃。除了远离炉灶，还应避免靠近暖气管道、高温电器等地方。家庭用油最好现买现吃，使用时间不要超过一年。

避光保存。食用油最好存放在背光、通风处，因为阳光中的紫外线和红外线都会促使油脂氧化及有害物质的形成。

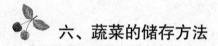

六、蔬菜的储存方法

1. 蔬菜竖着放，营养损失少

很多人习惯把买回家的蔬菜随意堆放在地面或冰箱里，或切开存放。事实上，蔬菜存放是有讲究的。

蔬菜存放中最常见的错误就是平着放。研究表明，一些具有花蕾、茎尖的茎类蔬菜，如菜心、芥兰、芦笋、大葱等，在采收后会继续生长、开花。这类蔬菜的生长具有向地性，也就是生长方向着地面。因此，蔬菜采收后如果平放保存，5 ～ 7 天蔬菜顶部就会逐渐弯曲，从而影响蔬菜的外观，但竖着放就没有这个现象。从营养价值来看，竖着放的蔬菜生命力强，叶绿素、含水量都要比平放保存得好，且时间越长，差异就越大。同时，蔬菜生命力维持时间越长，其维生素损失就越小，对人体就越有益。

2. 冰箱储藏蔬菜亚硝酸盐少

刚刚采收的新鲜蔬菜，亚硝酸盐含量微乎其微。蔬菜在室温下储藏 1～3 天，其中的亚硝酸盐就会达到高峰，而冷藏条件下，3～5 天可达到高峰。菠菜、小白菜等绿叶蔬菜，亚硝酸盐产生量特别大，冰箱储藏的效果远远好于室温储藏；黄瓜和土豆等蔬菜差异就没有那么明显。

冬储大白菜因储存多日，其中的硝酸盐和亚硝酸盐含量反而有所下降。这可能是因为储藏过程中营养损耗或亚硝酸盐转化成了其他含氮物质。

3. 蔬菜切开存放易腐烂

将蔬菜切开后存放是一种错误的做法。因为蔬菜切开后，其生理活动会加快，从而消耗更多的营养物质，蔬菜品质就会降低。同时，蔬菜切开后，细胞内的物质被氧化，这增加了微生物入侵的机会，并易产生褐色物质，对土豆、藕、生菜等蔬菜来说，会非常明显。另外，由于切面含水量高，很适合微生物生长，容易造成蔬菜腐烂。所以家庭存放蔬菜，最好要完整地存放，一旦切开，就要及时食用。

4. 不要把不同种类的蔬菜存放在一起

温度和湿度影响蔬菜的营养。把不同种类的蔬菜存放在同一温度和湿度下，也是不正确的。

每种蔬菜对于温度、湿度的要求都不相同。蔬菜存放应该根据各种蔬菜的特性，选择适合的条件。如黄瓜、苦瓜、豇豆、南瓜等是喜温蔬菜，适宜存放温度一般在 10℃左右，不能低于 8℃；绝大部分叶菜类为喜凉蔬菜，其适宜的存放温度为 0℃～2℃，不能低于 0℃。

一般情况下，蔬菜适宜的存放温度在 0℃～10℃之间，湿度为 85%～95%。大蒜、洋葱和大葱等蔬菜，则应选择温度较低的干燥环境存放。

如果把蔬菜存放在低于适宜温度的环境下，蔬菜就会发生冷害。其典型症状就是蔬菜表面有凹点、水浸状斑点等。如果温度过高，蔬菜存放的时间则会大大缩短。

家庭存放蔬菜时，可以选择较薄的保鲜袋，将新鲜完好的蔬菜放入保鲜袋内，并用针在袋上扎几个小洞，然后将塑料袋封口，放入适宜温度下进行存放。

5. 切洗过的茄子不能再保存

茄子的表皮有一层很薄的蜡质层，具有阻断空气中的微生物侵蚀茄子细嫩致密的肉质，保护茄子的特殊作用。茄子切洗后会很快变色，是由于洗后的茄子表皮的蜡质保护膜被破坏，在破坏的地方很快就会"生锈"，所以会局部发黑、发黄、变软，用不了多久，整个茄子就会变成"茄泥"了。这就是空气中的大量微生物通过破损的缺口，在茄子肉质内不断侵蚀的结果。

切洗过的茄子要即刻炒食，不能再保存。

6. 青菜忌水洗后再储存

有些人喜欢将蔬菜洗好后再储存，但这并不适用于青菜。这是因为青菜吸收水分主要靠根部而不是茎叶。青菜浸水之后，茎叶细胞外的渗透压和细胞呼吸均发生改变，从而加速茎叶细胞的死亡，这样青菜就会烂得更快。此外，如果水不清洁，又增加了青菜被污染的机会，所以青菜不宜洗后再储存。青菜如果有腐烂，就要坚决扔掉，不要再食用了。

7. 买回来的蔬菜不要马上放进冰箱

夏天的食物很容易变质，为了给食物保鲜，很多人常常把刚买回来的蔬菜就马上放进冰箱里。但是，冰箱并不是"万能保鲜箱"，有些食物放入冰箱，反而会提前"衰老"。

白菜、菠菜、芹菜、胡萝卜等适宜在0℃保存。但是，这些蔬菜刚买回来时，最好不要立即放入冰箱。因为低温会抑制蔬菜的酵素活动，从而使残毒无法分解。所以，蔬菜最好在室温存放一天后再放入冰箱。

外面套个保鲜袋，或者放进保鲜盒，这样才能达到保鲜效果。而冰箱温度最好控制在0℃～4℃度之间。蔬菜最好不要清洗，放置时间不宜太长，否则菜很容易捂烂。像土豆、黄瓜、胡萝卜等块茎类蔬菜在室温下保存就可以了。

8. 塑料袋储存蔬菜不能太久

蔬菜放在塑料袋内储存，是人们常用的一种科学保鲜方法。其原理是降低塑料袋内的氧的浓度，增加二氧化碳的浓度，使蔬菜处于休眠状态，延长储存期。但是储存的时间不能过长。因为疏菜为有机食品，含水分较高，并含有水溶性营养物质和酶类，在整个储存期间仍有很强的呼吸活动。一般情况下，温度每上升10℃，呼吸强度就会增加一倍。在有氧的条件下，蔬菜中的糖类和其他有机物质会氧化分解，产生二氧化碳和水分，并放出大量熟量。在缺氧的条件下，糖类不能被氧化，只能分解产生酒精、二氧化碳，并释放出少量热量。但是，二氧化碳浓度不能无限度地上升，只能提高10%。氧浓度的下降也不能超过5%，否则蔬菜在缺氧时为了获得生命活动所需的足够的能量，就必须分解更多的营养。同时，因缺氧呼吸产生的酒精留在蔬菜里，会引起蔬菜腐烂变质。所以蔬菜放在塑料袋内存放时间不宜过长。

将蔬菜放在塑料袋里储存，隔两三天就要把塑料袋的口打开，放出二氧化碳和热量，再把塑料袋口扎上，这样就会减少腐烂变质的发生。

9. 土豆的储存方法

土豆适宜常温保存，不需经过清洗。可以将土豆与苹果存放在一起，放在阴凉的地方保存。由于苹果会释放出一种能使其他果蔬老化的乙烯气体，可以抑制土豆发芽。

土豆不能放在阳光下暴晒，也没必要放在冰箱里。温度过高会导致土豆发芽或腐烂，而温度过低则会使土豆易冻伤，不能食用。

10. 绿色蔬菜的储存方法

绿色蔬菜应在低温（不低于 0℃）条件保存；若温度超过 40℃，其所含叶绿素酶就会将叶绿素与蛋白质分开而散失；若温度低于 0℃，叶绿素又会因冷冻而受到破坏。

11. 莲藕的储存方法

莲藕买回家后，会很容易变质。因此，应尽可能选择阴凉的地方储存，避免阳光直射。莲藕的最佳贮藏温度为 5℃ 以上，湿度为 85% 以上。最好不要放在冰箱里，因为在 5℃ 以下长时间贮藏，会使莲藕组织发生软化，直至形成海绵状而无法食用。

12. 萝卜的储存方法

萝卜最好能带泥放置在阴凉通风处。若买到的萝卜已清洗过，可用报纸包起来放入塑料袋中，放入冰箱果蔬保鲜室直立冷藏。因为萝卜叶会加速根部萎缩，所以最好先将萝卜叶切除后，用保鲜膜包裹，再放入冰箱冷藏。

13. 花椰菜的储存方法

花椰菜切小朵，稍微烫过，捞起沥干放凉，就可以放入保鲜袋，放进冰箱冷冻室保存。用水烫花椰菜的作用是使花椰菜不会再开花变黄，但是不能烫得太熟，否则花椰菜容易变烂。

14. 辣椒的储存方法

辣椒置于室温下不容易保存其鲜艳的外观。最好将辣椒洗净擦干后放入保鲜袋中，再放进冷冻室储存，这样能保存 1 ～ 2 个月。

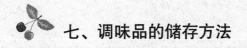

七、调味品的储存方法

1. 不能用饮料瓶长期装米醋

有的人常用饮料瓶来装米醋，认为这样既方便又实用，但是会对身体健康有害。

专家指出，饮料瓶多数是塑料制品，主要是由聚乙烯或聚丙烯等材料，添加多种有机溶剂后制成的。聚乙烯、聚丙烯这两种材料无毒无味，但聚乙烯一旦受高温或是酸腐蚀就会慢慢溶解，并释放出有机溶剂，就会对人体造成危害。

如果在短时间内（通常不超过 1 周）用它装米醋不会对身体健康产生危害，但用后要及时清洗，反复使用最好不超过半年，否则将会对人体健康产生不良影响。

研究证明，长期食用被聚乙烯分子污染的食物，会使人出现头晕、头痛、恶心、食欲减退、记忆力下降等症状，甚至贫血。专家指出，日常生活中可以用玻璃器皿来盛装米醋。此外，用饮料瓶装醋，在空气中瓶子会受到氧气、紫外线等作用而老化，会释放出更多的乙烯单体，使长期存放于瓶内的醋变质、变味。

2. 碘盐最好存放在玻璃瓶或陶瓷罐里

碘是一种很活跃的物质，食盐中的碘会随着存放时间的延长而丢失，致使碘含量越来越少。因此，碘盐不宜在包装袋中长期存放，最好装在玻璃瓶或陶瓷罐里，并盖上盖子，放在阴凉的地方。此外，尽量不要使碘盐受热，碘盐在高温环境中存放，碘的流失比在室温环境中要快。

3. 不宜用铁制容器储存醋

用铁制容器储存醋，会对人体极为不利。醋是酸性物质，铁与醋结合会发生化学反应，生成有害物质，破坏醋原有的营养成分。人体摄入这种变质的醋，会引起恶心、呕吐、腹痛、腹泻等症状。储存醋最好选用陶瓷器皿，凡是酸性的食物都不要用金属容器储存。

4. 不宜用不锈钢容器存放盐、酱油、醋

在日常生活中，有些人用不锈钢容器长期存放盐、酱油、醋等，这种做法是错误的。因为用不锈钢容器长时间存放盐、酱油、醋、菜汤等容易中毒。

这是因为，不锈钢与其他金属一样，容易和电解质发生化学反应。在长时间用不锈钢存放的食物中，含有很多的电解质，一旦起化学反应，就会使有毒的金属元素溶解出来，这样就容易中毒。所以，盛放盐、酱油、醋等，最好用陶器或者玻璃制品。

5. 料酒开启后不可久存

料酒属于酿造酒，酒精度较低，很容易受到细菌的侵染，造成酸败。尤其是在夏季，开启后常被放在灶台旁边，温度较高，再加上与空气长时间接触，料酒会变得浑浊不清，产生酸味，不能再起到增香的调味作用。

所以，储存料酒时，应注意将其放在阴凉通风处，最适宜的温度为 15℃～25℃，不能放在灶台上。启开盖后应随时盖好，且不宜久存。既要防止细菌、尘埃落入，又要防止料酒变质。

6. 夏季白糖储存不当易长螨虫

专家指出，白砂糖、绵白糖、冰糖等糖类，由于结构内部水分少、渗透压大，不利于微生物生长，很难受到污染，不易变质，但前提是储存要得当。食糖本身容易吸潮，如果放置不当，性质改变，就会受到微生物的污染。

夏季潮湿闷热，白糖储存时间长了，会因吸潮而导致晶体表面溶化，透明度降低，颜色变暗，此时对人体的影响不大。但是，白糖久存会寄生螨虫，而且还会不停地繁殖，这种现象肉眼是看不见的。螨虫在潮湿及温暖的地方生长繁殖得很快，尤其是粉螨，喜欢吃糖。人吃了被螨虫污染的白糖，螨虫会随白糖进入消化道寄生，引起不同程度的腹痛、腹泻等症状，医学上称之为肠螨病。所以，家庭一次购买白糖不宜过多，并应储存在干燥处加盖密封。在调制饮料或做凉拌菜时，应注意将白糖加热处理。一般加热到70℃，只需3分钟，螨虫就会死亡。

7. 金属容器不宜存放蜂蜜

使用金属容器存放蜂蜜，会使蜂蜜变黑。这是由于蜂蜜中含有2‰～4‰的有机酸。将蜂蜜存放在金属容器内，其中的有机酸与金属接触后会起化学反应，从而增加蜂蜜的铅、锌、铁等重金属的含量。这样不仅会使蜂蜜颜色变黑，而且会使其营养成分受到不同程度的破坏。人吃了这种蜂蜜后，就会出现恶心、呕吐等中毒现象。存放蜂蜜应使用玻璃瓶、瓦缸、木桶等非金属容器。

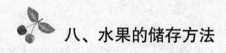

八、水果的储存方法

1. 水果放入冰箱前不要洗

水果买回家后不吃或吃不完，放进冰箱是最好的保存方式。但是不要清洗，否则容易变质腐烂，应尽量在一个星期内吃完。

每种水果都有其最适合的贮藏温度、保存期限。放得愈久，水果的营养及风味也就愈差。有些水果像香蕉、凤梨、芒果、木瓜、柠檬等，只要摆在室内阴凉角落处即可，不宜长时间冷藏。另外，苹果、梨、香蕉、木瓜、桃子或一些易腐烂的水果，容易产生乙烯，最好不要同其他水果放在一起。

2. 水果久存，维生素 C 损失多

水果中维生素的含量受很多因素影响。为了预防虫害及日晒，在生长过程中常用纸袋包裹起来，结果造成维生素 C 含量减少。水果久存维生素损失多，如夏季水果丰收，储藏于冷库，冬天出售时，水果中的维生素含量就会大大减少。水果存放的时间越长，维生素损失就越多。

3. 冰箱会破坏西瓜的营养成分

专家指出，放在冰箱里冷藏的西瓜，看上去也许很新鲜很好吃，但实际上并没有在室温存放的西瓜那么有营养。因为冰箱里的低温已经破坏了西瓜的营养成分，室温更有助于保存西瓜中的抗氧化成分。而且，室温中存放的西瓜甚至比新摘下来的西瓜的营养成分更多。西瓜富含类胡萝卜素，这种抗氧化成分可以有效地阻止太阳光、化学物质对人体造成的伤害。另外，西瓜还富含西红柿红素，这种抗氧化成分是使西瓜呈现红色的原因，有助于预防心脏疾病和某些癌症。

实验证明，整个西瓜在室温中存放时营养成分最多。与刚摘下来的西瓜相比，室温中存放的西瓜的西红柿红素的含量增加了 44%，另外，类胡萝卜素的含量也增加了 50% ～ 139%。专家指出，西瓜在摘下之后仍然继续生成营养成分。但如果被放到冰箱里冷藏，反而会减慢这一过程。西瓜摘下来之后，在 20℃左右的气温当中，保质期为 14 ～ 21 天，而冰箱的冷藏温度一般都在 5℃左右。这样西瓜在一个星期之内，反而会容易损失营养成分，甚至会变质。此外，新买回来的西瓜，放在冰箱里不要超过 1 天，切开后存放也不要超过 1 个小时。

4. 果汁越放越没营养

果汁的营养很丰富，但很多人买回家后，往往要放一段时间才能喝完。果汁在这段时间里，主要营养成分已经下降很多，有些甚至完全消失了。

刚榨出来的果汁，保存了水果中的主要养分，但其中的维生素化学性质不稳定，会渐渐地分解，失去活性，一些微量的生理活性物质也会逐渐损失，或者转变为活性较弱的形式。此外，果汁储存久了，味道也会越来越淡，颜色也会越来越浅。这是因为，果汁的风味物质和天然色素都逐渐减少了。这些因素都会导致其营养价值的下降。所以，购买果汁的时候，要尽量选择出厂不久的产品。买回家后要及时喝完，不能久存，特别是开封之后。山楂汁、柑橘汁、葡萄汁可存放 3 ～ 5 日，桃汁、梨汁最好在 2 天内喝完。

如果水果没有经过烫煮，榨出来的果汁应当马上喝完，不可以存放。可以说，在每一分钟当中，维生素和抗氧化成分的损失都在增加。如果水果经过烫煮再榨汁，酶已经被灭活，可以在冰箱里密闭暂存一天。

在储藏中，果汁损失最快的成分是维生素 C。不同种类的果汁在不同条件下保存，维生素

C 的损失率也不相同。一般来说，果汁酸性越强，维生素 C 能够保存的时间就越长。因为维生素 C 在酸性的条件下最稳定，微生物也不易繁殖。

5. 红枣的存放方法

红枣怕风吹、高温和潮湿。因为受风后易干缩，皮色由红变黑；在高温、潮湿的条件下易出浆、生虫发霉。

为防止红枣发黑，可在红枣上遮一层篾席，或在通风阴凉处摊晾几天。待晾透后再放入缸内，加木盖或拌草木灰，放桶内盖好。也可用 30 克～ 40 克盐炒后研成粉末，分层撒于 500克红枣上，然后封好，红枣就不会坏。

6. 荔枝保鲜的方法

未经保存处理的荔枝有"一日色变，二日香变，三日味变，四日色香味尽去"的特点。为了保存荔枝的色香味，可以在荔枝上喷点水，装在塑料保鲜袋中放入冰箱，利用低温高湿（温度为 2℃～ 4℃，湿度为 90%～ 95%）保存。将袋中的空气尽量挤出，可以减慢氧化速度，提高保鲜的效果。

7. 桂圆保鲜的方法

桂圆冷藏法可保鲜 1 个月左右；冷冻法可保鲜 3 个月左右；熏硫法可保鲜半年左右。其中冷藏保鲜的果实，口感和营养成分均为最佳，冷冻法次之，熏硫法相对稍差。专家指出，如果选择熏硫法保鲜，一定要注意二氧化硫的含量，1 公斤果实的二氧化硫含量必须小于 10 毫克。

桂圆买回家后，如果不能马上吃完，应洗净装入保鲜袋，放进冰箱冷藏。但要与生肉等分开放置，以防变味。如果没有冷藏条件，也要放置于阴凉处，在两三天内吃完。如果发现桂圆颜色变深，且果肉呈深褐色，说明保存时间过长，已不能食用。

8. 樱桃保鲜的方法

新鲜的樱桃一般可保存 3 ～ 7 天，甚至 10 天，但不宜长期存放。樱桃非常怕热，所以要把樱桃放置在 -1℃的冰箱里储存。此外，樱桃属浆果类，容易损坏，所以一定要轻拿轻放。

9. 火龙果的储存方法

较为成熟的火龙果，买回家后直接放入冰箱冷藏即可。反之，放在室温下则会催熟。

10. 山竹的储存方法

山竹外壳见风容易变干，所以吃多少买多少。保存时需放入冰箱冷藏。通常存放 5 天后，风味会有变化，所以最多只能储存 10 天。

11. 红毛丹的储存方法

红毛丹的存放时间一般为 10 天左右。红毛丹比较怕风，见风后果皮容易变干、发黑，存放时最好避风冷藏。

12. 板栗的储存方法

买回来的生板栗，如果当时不吃，最好装在有网眼的网袋或筛子里，放置在阴凉通风处，每天将板栗翻动数次即可存放多日。

九、饮料和矿泉水的储存方法

1. 矿泉水不宜长期放车内

矿泉水不能长期存放在车内。这是因为，矿泉水瓶经过阳光曝晒或长时间存放在闷热高温的环境里，容易发生材质老化，并释放有毒物质。长期饮用这样的水，会引起慢性中毒。因此，车上最好别存太多矿泉水，如有需要，可以少放两瓶并保证在短时间内喝完。未喝完的水也要随时带走。

2. 冲好的咖啡应在 10 分钟内喝完

每天午后，冲上一杯咖啡，浓浓的香味不仅可以提神醒脑，还可以舒缓压力，放松心情。国外许多研究表明，咖啡在治病防病上具有一定的功效。虽然喝咖啡好处很多，但如果在细节上不注意，就会危害身体健康。专家指出，冲好的咖啡应该尽快喝完。

咖啡如果长时间暴露在空气中，弥漫在空气里的真菌就会在极短的时间内附着在咖啡杯上，而这些真菌中含有的一些有机成分就是引起人体过敏反应的罪魁祸首。

咖啡中含有一种叫丹宁酸的物质，经提炼后的丹宁酸是淡黄色的粉末，很容易融入水中。如果冲泡好的咖啡不及时喝完，咖啡颜色就会变深，而且味道也不够浓香。因此，咖啡冲泡好后，最好能在 10 分钟内喝完。此外，喝咖啡的时候，最好使用咖啡壶，喝多少倒多少，并盖好咖啡壶的盖子。如果是单杯，最好能在短时间里喝完，或者用带盖的杯子冲泡。需要注意的是，喝完咖啡后，一定要及时把咖啡渍刷洗干净，否则容易滋生细菌。如果杯子上已经积攒了很多咖啡渍，最简单的清洗方法就是用牙膏和盐清洗。先用水把杯子涮一下，然后用干盐或牙膏在杯子壁上来回蹭，再用清水冲洗即可。

3. 果汁类饮料储存不当会爆瓶

爆瓶现象在瓶装饮料中是普遍存在的，尤其是碳酸类饮料和奶类、果蔬类、果汁类等营养型饮料。

果汁类饮料爆瓶的原因是由开盖饮用后储存不当，造成内容物发酵而引起的。虽然在瓶签上已有提示，但很多人并没有给予足够的重视。另外，需要注意的是，饮用碳酸类饮料、乳饮料遇到高温且激烈碰撞后，也容易发生爆瓶。

果汁类饮料营养很丰富，含有糖类、纤维素、蛋白质、矿物质、维生素等多种营养元素，开盖后很容易被空气中存在的大量微生物，尤其是酵母菌污染，酵母菌发酵后，就会产生二氧化碳气体。如果在室温25℃条件下放置48小时后，开盖后的果汁因发酵产生的二氧化碳气体，可导致瓶内产生2公斤/立方厘米以上的压力。

果汁类饮料，尤其是中高浓度的果汁类饮料，一般都在瓶签上标出提示信息：开启后请及时饮用，在4℃～6℃冷藏条件下24小时内饮用完。如发现胀瓶，请勿开启饮用。但这一条信息往往被很多人忽视。

4. 不要用暖瓶装豆浆保温

有人喜欢用暖瓶装豆浆保温，这种方法是错误的。因为暖瓶温湿的内环境极有利于细菌繁殖。另外，豆浆里的皂毒素还能够溶解暖瓶里的水垢，喝了会危害人体健康。

5. 不要用塑料瓶和金属壶装酸性饮料

盛夏，人们外出常常用塑料瓶和金属壶来装酸梅汤、山楂糖水等酸性饮料。其实，这种方法是错误的。

塑料的原料是合成树脂，在制作过程中添加了增塑剂和稳定剂。这些添加剂中有些是有毒的，遇到酸性饮料后，塑料中毒性很强的苯酚、甲醛就会溶解出来，对人体造成毒害。用金属壶装酸性饮料，因有些金属的性质比较活跃，也可和酸性饮料起反应，生成对人体不利的物质。容易引起化学性食物中毒，产生头晕、呕吐、腹泻等现象。所以不要用塑料瓶和金属壶来装酸性饮料，最好装在搪瓷、玻璃、陶瓷等容器里。

十、包袋食品的储存方法

1. 罐头的储存方法

打开后的罐头，若一次未能食用完，要倒入另外的容器装盛，以免罐体生锈影响食物质量。蔬菜类罐头内的水分，在烹饪时要倒掉，但未食用完而需倒出保存时，要保留汤汁与蔬菜一起盛装，待用时再倒掉，以免蔬菜变质腐烂，因为汤汁中含有防腐剂。

一些人喜欢把罐头放入冰箱里保存，以为这样可以保证罐头食品的质量。其实不然，这样做虽然可以低温保存食品，减少细菌的污染和繁殖，但会增加有害物质铅的摄入。

实验证明，开罐后的罐头食品在冰箱里低温保存，除了低酸性食品罐头的含铅量无明显的变化外，其他的罐头食品铅的含量都有明显增加。其中铅含量增加最多的是水果类罐头。在开罐存放 60 天后，铅的含量增加了 20 多倍。因此，罐头食品不能低温保存，尤其是开罐后的罐头。

2. 真空包装食品开封后要用保鲜盒冷藏

真空包装食品主要有两类：一类是为了防潮的干食品，一类是为了保水的湿食品。专家指出，不管哪种类型，真空包装食品开封后都应尽快吃完。如果一次吃不完，就必须放进保鲜盒里冷藏。

专家指出，对于湿的真空包装食品，如火腿、酱牛肉等，由于其较适合微生物生长，容易变质。因此，除了要放进保鲜盒冷藏外，拿出来吃的时候最好再热一下。一般的真空包装食品打开后，在冰箱可密封保存一两天，但还是要尽快食用完。一旦发现有异味等变质状况，最好不要再食用。

十一、冰箱储存食物的方法

1. 不能放冰箱里的食物

其实，并不是每一种食物都适宜放入冰箱。有些食物放入冰箱，反而会缩短保质期；有些食物不放入冰箱，也可以长期保存。

（1）饼干、糖果、蜂蜜、咸菜、黄酱、果脯、粉状食品、干制食品等都无需放入冰箱。因为这些食物中，有的水分含量极低，微生物无法繁殖；糖和盐浓度很高，渗透压很大，自由水分很少，微生物也无法繁殖。

如果蜂蜜放入冰箱，就会促使其结晶析出葡萄糖。这个变化并不会影响蜂蜜的安全性，也不会影响其营养价值，但是会影响口感。一些人因此认为蜂蜜坏了而扔掉，实在可惜。

（2）茶叶、奶粉、咖啡等干制食品放入冰箱，如果密封不严，反而会使冰箱中的味道和潮气进入食品中，既影响风味，又容易生霉。

（3）馒头、花卷、面包等淀粉类食品，如果一两餐吃不完，放在室温下即可。如果放入冰箱里，反而会加快这些食品变干变硬的速度。

（4）橙子、柠檬、橘子等柑橘类的水果，在低温条件下，表皮的油脂很容易渗入果肉而发苦，所以不适宜放入冰箱。柑橘类水果最好放置在15℃左右的室温下储藏。此外，还有不少水果也不适宜放入冰箱储藏，尤其是芒果、柿子、香蕉等酱果类的水果。酱果类水果是指那些能够剥皮、果肉呈酱状的水果。浆果类水果在低温条件下，香味会减退，表皮也会变质。如香蕉放在12℃以下储存，就容易发黑腐烂，鲜荔枝在0℃条件下放置一天，果皮就会变黑，果肉就会变味。

草莓、杨梅、桑椹等即食类水果，最好即买即食，放入冰箱不仅会影响口味，也容易霉变。而苹果、西瓜则可以短时间放入冰箱，可延长保质期。

（5）不能放入冰箱的蔬菜。

西红柿：西红柿经低温冷冻后，肉质就会呈水泡状，鲜味消失，不容易煮熟。如果时间长了，局部或全都就会呈水浸状软烂。

黄瓜和青椒：黄瓜和青椒在冰箱中久存，就会出现变黑、变软、变味，黄瓜还会长毛发黏。因为冰箱里存放的温度一般为4℃～6℃，而黄瓜适宜储存温度为10℃～12℃，青椒为7℃～8℃。

绿叶蔬菜：绿叶蔬菜要放进保鲜盒，冰箱温度最好控制在0℃～4℃之间，才能达到保鲜效果。储藏前不要清洗，也不能放时间太长。而土豆、胡萝卜等块茎类蔬菜在正常室温下保存就可以，不需要放入冰箱。

（6）火腿若在冰箱中储存，其水分极易结冰，从而会促进火腿内脂肪的氧化作用，火腿质量就会明显下降，使保质期限大大缩短。

（7）冰箱内的储存环境潮湿，巧克力中的糖分容易被表面的水分所溶解，待水分蒸发后就会留下糖晶。此外，可可油晶粒也会溶解渗透到巧克力表面再次结晶，导致巧克力出现反霜现象。而且冷藏后，表面结霜的巧克力还会失去原来的醇厚香味。此外，巧克力放入冰箱时间长了，容易发生脂肪结晶的晶型变化，虽然不会变质，口感却会逐渐变得粗糙，表面长霜，不再细腻均匀。实际上，巧克力适合放在十几度到二十几度的室温下储存。

（8）啤酒若低于0℃，则外观浑浊，味道不佳。因此，啤酒无论什么季节都不宜放入冰箱里。

（9）药材放入冰箱里，和其他食物混放时间长了，不但各种细菌容易侵入药材里，而且容易受潮，破坏了药材的药性。所以，对一些贵重的药材，如人参、鹿茸、天麻、党参等，若需长期保存，可放在一个干净的玻璃瓶内，搁置在阴凉通风处。

（10）月饼是用面粉、油、糖和果仁等原料制成的，并经过焙烤。焙烤食品是不宜放入冰箱储存的。尽管对于有些品种的月饼放入冰箱可以延长保质期，但还是会影响其风味。这是因为，月饼原料中的淀粉在经过焙烤后熟化，变得柔软。而在低温的条件下，熟化了的淀粉会析出水分，变得老化（也就是"返生"），使月饼变硬、口感变差。

含油脂、水分较少的月饼品种，如老北京的自来红、自来白月饼，变硬现象更为明显。如果放在冰箱低温潮湿的环境中，不但会很快变硬，而且容易发霉。但是广式月饼，由于其油脂含量高、面粉少，所以口味变化会相对小些。

2. 如何防止冰箱成为污染源

只要做到下述几点，就可以防止冰箱成为污染源。

（1）食物放入冰箱前，要经过分类和初步处理，分别包装密封后再放进冰箱。

（2）生熟食品用不同的格子存放，且熟食要放在上面。

（3）速冻食品的储存时间不要超过一周。

（4）冰箱要每星期进行一次彻底的清洗消毒，并及时清除已变质的食品。

（5）冰箱内的有些食品取出食用前，应重新加热杀菌。用微波炉加热到60℃以上或炉火加热到90℃以上才能食用。

（6）蔬菜取出后要清洗，水果应去皮食用。

（7）夏季食用冰箱里的食物，要防止的低温、细菌引发的冰箱性腹泻。

（8）冰箱冷藏室的温度应保持在4℃左右。

3. 食物不要长期存放在冰箱

食物长期存放在冰箱里是不对的。首先，冰箱不是"食品保险箱"，更不是"保鲜箱"，如果冰箱长期存放食物，又不经常清洗消毒，就会滋生出许多细菌。有些食物外表看起来虽然很新鲜，但是实际上已经变质。冰箱保存食物的常用冷藏温度是 4℃～8℃，在这种环境下，绝大多数的细菌生长速度都会变慢。但有些细菌却嗜冷，如耶尔森菌、李斯特氏菌等在这种温度下反而能迅速生长繁殖。如果食用感染了这类细菌的食物，就会引起肠道疾病。非真空包装的熟食和剩菜在冰箱中的储存时间也不应超过 4 天。

冰箱的冷冻箱里的温度一般在 -18℃左右，能抑制或杀死一般的细菌，在半年之内具有较好的保质作用。但一般加工好的食物最好不要再进行冷冻。因为低温不但会破坏食物的营养和味道，而且食用也不方便。任何食物在冰箱里的储存时间都不要太长，最好做到随买随吃。

4. 食物摆放分清上下、前后

冰箱冷藏室里的温度并不是恒定的。一般来说，上层比下层温度高，冰箱门口处温度最高，靠近后壁处温度最低。因此，食物摆放时是有讲究的。如一两天内吃完的小食品、不容易坏的西红柿酱、沙拉酱、果汁饮料以及鸡蛋、咸鸭蛋等食品可以放在门口处；剩饭菜以及豆制品等比较容易变质的食物，应放在冰箱上层后壁四周；水果、蔬菜等可以放在冰箱下层，或者是专门的果菜盒里，但不要太靠里边，以免被冻坏。

5. 冰箱储存食物要温进箱、短存菜

温进箱。人们习惯把熟的食品充分冷却后再放进冰箱，以防食品内部冷不透而变质。但是，常温下细菌极易繁殖，如毒力较强的痢疾杆菌，在室温下只要几个小时，繁殖数量就足以使食者致病。一般冰箱冷藏室内温度平均为 4℃～6℃，这种低温无法杀死细菌，仅可抑制其继续繁殖或减缓其繁殖速度。加上有些细菌，如伤寒杆菌等在此温度下仍可滋生，若食品在室温下冷却时间过久，就会有大量细菌繁殖。若此时进冰箱冷藏，就会更加危险。而食品温热进冰箱，同样能达到保鲜效果。

短存菜。有些人为省时省事，从菜市场一次购回许多蔬菜，放在冰箱里慢慢地随食随取。其实，这样做并不妥当。蔬菜储存冰箱里，虽然可延缓变质的发生，但是蔬菜，尤其是叶菜类中含有较多的硝酸盐类，其本身并无毒。但在储存过程中，由于酶和细菌的作用还原成有毒的亚硝酸盐。而且亚硝酸盐进入人体后可与蛋白质的分解产物二级胺结合，生成强致癌物亚硝胺，是导致胃癌的主要原因之一。所以，新鲜蔬菜购回应尽快烹饪食用，如当天未食用，也只能放在冰箱里短暂储存，若已发黄或有水渍化的现象，说明亚硝酸盐的含量已非常高，应弃之不食。

十二、塑料制品储存食物的方法

1. 什么样的食品塑料包装袋无毒

目前，食品塑料包装袋种类繁多，主要是由两类塑料薄膜制成：一类是聚乙烯、聚丙烯和密氨等原料制成；另一类是使用聚氯乙烯制成，而聚氯乙烯有毒。虽然聚氯乙烯树脂本身无毒性，但在制作过程中加入增塑剂，便产生了毒性。此外，有些塑料制品中也会加入稳定剂，主要成分是硬脂酸铅，其中的铅盐极易析出。一旦被吸入人体，就会造成蓄积性铅中毒，从而危害人体健康。

（1）那么如何鉴别塑料袋是否有毒性呢？

①用水检测法：把塑料袋放入水中，无毒塑料袋放入水中后，可浮出水面，而有毒塑料袋则不会向上浮。

②抖动检测法：用手抓住塑料袋一端，用力拍一下，发出清脆声者无毒，反之则有毒。

③火烧检测法：用火烧塑料袋，有毒的不易燃烧，无毒的遇火容易燃烧。

选择和使用合格的食品专用塑料包装袋，应注意以下几点：

①食品专用塑料包袋，包装袋外要有中文标识，标注厂名、厂址、产品名称，并在明显处注明"食品专用"字样。产品出厂后均附有产品检验合格证。

②食品专用塑料包装袋出厂时是无异味的，有特殊气味的塑料包装袋，不能用于食品包装。

③尽量选用没有涂、镀层材料的食品包装袋。现代包装设计中，为了使包装更加美观、耐蚀，大量使用附带涂、镀层的材料。而大部分涂、镀层材料本身具有毒性，如果食用了这些材料包装的食品，会对身体产生很大的危害。

④慎用普通塑料袋装熟食。有人经常用普通塑料袋直接装熟食，特别是刚出锅的热包子、热油条等食品。其实这对人体极为不利，因为热气会将塑料中的有害物质催化到食品内，再经食品进入人体。专家指出，买食品最好用干净的纸袋、布袋盛装，购买食品应该选择半透明的塑料袋，到家后立即倒出。冰箱里的冷藏、冷冻食品，应该用保鲜膜（袋）包装，而不要用普通的塑料袋。

2. 存放熟食时别裹保鲜膜

超市中的熟食大多包裹着一层保鲜膜，很多消费者都认为这就是一层"保护膜"，买回家就直接放到冰箱里。其实，这是错误的做法。

目前，生产食品保鲜膜的原料主要有 3 种，分别是聚乙烯（简称 PE）、聚氯乙烯（PVC）和聚二氯乙烯（PVDC）。市场上所售的大多数保鲜膜使用的原料都是聚乙烯。由于在生产过程中不添加任何增塑剂，被认为是最安全的。但是，超市中用来包裹食品的保鲜膜，也有可能是用聚氯乙烯生产的。实验证明，这种保鲜膜为增加其附着力，在生产时常常会加入增塑剂。这种增塑剂对人体内分泌系统有很大破坏作用，会扰乱人体的激素代谢。而这种化学物质极易渗入食物中，尤其是高脂肪食物，而超市里的熟食恰恰大都是高脂肪食物。经过长时间的包裹，食物中的油脂很容易将保鲜膜中的有害物质溶解，食用后会影响人体健康。因此，食品买回家后，要把保鲜膜撕掉，将食物用食品保鲜袋装起来，再放进冰箱；也可以将食物装在有盖的陶瓷容器中；如果是没有盖的容器，覆盖保鲜膜时，尽量不要把食物装得太满，以防接触到保鲜膜。

需要注意的是，热菜也不要盖保鲜膜，因为这样会增加菜中维生素的损失，最好等菜完全冷却后再盖保鲜膜。

3. 塑料制品不宜长时间储存食物

塑料包装虽然具有重量轻、方便携带等优点，但对食品安全的影响也不容忽视。如瓶装矿泉水出厂时大多符合健康标准，但储存 3 个月以后，塑料瓶中含有的锑就会渐渐溶入水中。此时，矿泉水中的锑含量就会超过正常含量的数倍，对人体健康造成潜在威胁。

用塑料制品储存食品应注意以下三点：一是不要长时间用塑料瓶储存食品，因为储存时间越长，有害元素从塑料中渗出的可能性就越大；二是塑料制品加热应特别当心；三是避免使用质量差的塑料制品。

4. 塑料制品不能储存食用油和酒类

百事可乐、可口可乐和雪碧等饮料的塑料包装瓶，因不易破损、质量轻、容量大，且又便于携带，许多家庭都用来盛装食用油或酒类。这类塑料瓶的主要原料都是聚丙烯塑料，其本身无毒，对人体健康是没有影响的。但是，聚丙烯、乙烯类高分子化合物，其中还含有少量的乙烯单体，如果长期储存酒类、食用油等脂溶性有机物，乙烯单体就会被脂溶性有机物溶出。又由于这类塑料瓶易老化、耐光性差等缺点，易受空气中的氧气、臭氧和紫外线等作用，产生难闻的异味。若长期用这类容器存放食用油、酒类等，不仅会使食用油等加快氧化而变质，而且会加速聚丙烯塑料的老化，致使聚丙烯的碳链断裂，产生更多的乙烯单体。

研究证明，可乐饮料塑料瓶盛装白酒储存 1 年，溶解在白酒中的乙烯单体含量可达20PPM（1PPM 等于 1%）。而空气中乙烯浓度达到 0.5PPM（即是酒中浓度的 1/40），就可使人出现头痛、头晕、恶心、食欲不振、记忆力减退和失眠等症状，严重者还会导致人体贫血。

5. 不要使用一次性塑料袋套餐具

包装食品应该用安全塑料制成的包装袋。有些用再生塑料制成的劣质塑料袋不符合标准，而且原料来源混杂，其中有许多可能是用回收的农药、化学制剂、医学及化学品包装袋加工制成的，本身就有可能含有大量毒素。而且这种再生塑料袋使用的着色剂通常含有苯并芘，这是一种很强的致癌物质。与食品接触后，可能会进入到食品中，造成慢性中毒。特别是在盛装熟食时，食品温度超过 60℃，塑料袋受热可能会产生一些聚二苯、聚三苯等致癌物质，塑料袋中的铅等物质也会进入食品中，对人体产生的危害进一步加强。

只有在出厂前经过严格消毒，产品原料、工艺经过相关部门监督、鉴定合格，并符合餐饮卫生要求的一次性餐具才能供消费者使用。市场上一般使用的一次性塑料袋并不是一次性餐饮用具，只是装物品的袋子，如果用来套餐具使用，即便是安全塑料袋，其原料中的物质也会对人体有害。像平时吃的麻辣烫等高温食物，如果用塑料袋套上食用，就会严重危害健康。

6. 不要用有颜色的塑料袋装食品

专家指出，合格的食品塑料包装袋可放心使用，但不要用有颜色的塑料袋装食品。有关专家特别提醒，用塑料袋包装熟食、点心等直接食用的食品时，最好不要用有颜色的塑料袋。因为用于塑料袋染色的颜料渗透性和挥发性较强，遇油、热时容易渗出。如果是有机染料，其中还会含有芳烃，对健康有一定的影响。另外，不少有色塑料袋是用回收塑料制造的。由于回收塑料中杂质较多，厂家不得不在其中添加颜料加以掩盖。专家指出，非正规厂家生产的、在街头小摊出售的塑料袋，不管是白色的还是有色的，都不要用于食品包装。此外，塑料袋如果有特殊气味，也不能用来装食物。

7. 水分较多的水果和蔬菜适合用保鲜膜

盖上保鲜膜，就能锁住美味。现在，人们对保鲜膜的依赖越来越强，蔬菜、水果、剩菜剩饭等，都会盖上保鲜膜。但是研究证明，并不是所有的食物都适合用保鲜膜。

水分较大的水果和蔬菜，比较适合用保鲜膜，如苹果、梨、西红柿、油菜、韭黄等，使用保鲜膜，不但能长时间保鲜，还会增加其中的一些营养素。研究证明，100 克裹上保鲜膜的韭黄，24 小时后其维生素 C 含量比不裹时要多 1.33 毫克。

现在，市场上食品包装产品有很多，如保鲜膜、保鲜袋、保鲜盒等。专家指出，保鲜主要是保水、保质和保护营养，在这方面保鲜膜的功效最好。合格的保鲜膜透气性强，内外氧气可以交流，能有效阻止厌氧菌的繁殖，在一定时间内，能保证食物的新鲜。但对于馒头、点心这样的食物，用保鲜膜显然很不方便，而保鲜袋比较厚，透气性不是很好，比较适合一些，但使用时尽量不要把口封死。保鲜盒的作用主要是密封，可以有效地将生熟食品隔离储存。

8. 重复使用塑料饮料瓶有害健康

许多塑料饮料瓶底都标有由 3 个箭头组成的三角形，内标 1 ～ 7 不同的数字。其实，这些数字代表了生产饮料瓶的不同材质。不同材质的塑料瓶在重复利用方面差别很大，使用不当有可能会危害健康。

专家指出，塑料瓶底三角形所标注数字有重要意义。三个箭头组成的三角形，代表可回收再利用，但并非是能重复使用的标志。在我国，塑料制品标注回收标志是非强制性的。

现在市场上销售的矿泉水、碳酸、果汁等饮料的塑料瓶外形美观、设计时尚、携带方便，很受人们的欢迎。饮料喝完后舍不得扔掉，留着装水用。有的家庭经常利用塑料饮料瓶盛散装的酱油、醋等调料。有的人为了方便和省钱，经常将矿泉水瓶当做水杯使用，而且一般装的都是热水。

饮料瓶可以重复使用吗？有的专家指出，喝完的饮料瓶最好不要重复使用。但也有的专家指出，饮料瓶重复使用时，要看清塑料瓶底三角形内标注的数字，在掌握其材料性能的情况下，完全可以扬长避短，合理利用。如对于那些正规厂家生产的用来盛装矿泉水、饮料的塑料瓶，可以在短时期内装常温水，但不能装高温水，也不宜装酸碱性饮料。

[第七章]

饮食不当，毒从口入

在日常的饮食中，有些食物含有一定的毒素，危害身体的健康。也有些食物由于吃法不当，身体在不知不觉中受到毒害。

预防食物中毒的注意事项：

定型包装食品应在其保质期内。不要购买来源不明的食品。

食品加热要彻底。许多生的食品，如家禽、肉类等常会被病原体污染，要彻底加热才能杀灭病原体。

做熟的食品要快吃。烹调过的食品冷却至室温时，微生物已开始繁殖，放置的时间越长，危险性就越大。所以，食品出锅后应尽快吃，夏秋季节在室温下存放不应超过 4 个小时。

妥善贮存剩余食品。剩余食品必须低温贮存。婴幼儿食品要现吃现做，不要贮存。

避免生食与熟食接触。生食和熟食应分开用不同的容器贮存，也不要把新鲜食物与剩余食物混在一起。

保持厨房清洁卫生。厨房应当有相应的通风、冷藏、洗涤、消毒、污水排放等设施，且布局合理，防止食品加工过程交叉污染。

养成良好的卫生习惯。制作食品时应当讲究个人卫生，进食前要注意洗手。在日常饮食中，应做到不吃不洁、腐败、变质的食物，不买街头无照（证）商贩出售的食品，不食用来源不明的可疑食品。

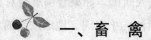 一、畜 禽

1. 忌吃病死的猪肉

猪的胃肠中存在着数量众多的细菌，如沙门氏菌、链球菌、葡萄球菌、变形杆菌等，在猪患病时机体抵抗力下降，这些细菌就会经淋巴管进入血液循环，在内脏和肌肉组织内大量繁殖，并产生毒素。

病猪死后的肉，由于发生质的变化，蛋白质被破坏、凝固，又极不容易煮透。所以人吃了这种带病的死猪肉后，就有可能感染发病。如果人吃了受沙门氏菌感染而病死的猪肉，就有可能也受沙门氏菌感染而发生急性胃肠炎，出现呕吐、腹泻、腹痛、高烧及其他并发症。如果不及时治疗，就有可能危及生命。因此，切不可食用病死猪肉。

2. 忌吃有出血点的肉

有出血点的肉，多数是受传染病侵袭的。如猪瘟为病毒感染，病猪表皮有大小不等的出血点，指压不褪色，内脏也有出血点；猪丹毒为丹毒杆菌感染，表皮出现稍隆起的红斑，呈大小不等的菱形或圆疹块，肉的剖面多汁，丹毒通过表皮可传染给人；猪出血性败血症为败血杆菌感染，四肢表皮有出血点，红点密集，内脏亦有出血点。

猪瘟与猪出血性败血症虽然不会感染人，但是猪患病后，机体抵抗力下降，其肌肉及脏器往往会伴有沙门氏菌属的继发感染，如果烹饪不当，也可引起沙门氏菌食物中毒。

3. 变黑的鲜肉不能食用

鲜肉变黑的原因并非由微生物引起，而是由于鲜肉组织中酶活性引起肌肉组织的自然分解所致。蛋白质被分解后，释放出硫化氢和其他不良气味，同时使肉的颜色变黑，鲜肉的皮下脂肪呈乌绿色，这种肉称为自溶肉，不能食用。

4. 忌吃注水肉

给畜禽肉注水，不仅会增加重量，而且还会对人的身体健康造成很大的伤害。以下是注水猪肉给人体造成的伤害。

（1）猪胃肠注入大量水后会严重膨胀，失去收缩能力，肠道蠕动减慢，胃肠道内的食物就会腐败，分解产生氨、胺、甲酚、硫化氢等有毒物质。这些有毒物质遍布猪的全身肌肉，如果

被人吃了就会危害健康。

（2）大量注水，猪的胸腔受到压迫，呼吸困难，造成其组织缺氧，肌体处于半窒息和中毒状态，胃肠道细菌就会通过血液循环进入肌肉，如果食用就会对人体不利。

（3）一些不法猪贩子有时也用养鱼池、小河沟、地边水沟的水来注入猪的体内，这样的水含有许多细菌。为了使猪吸收水更快，有的猪贩子甚至还在水中加入洗衣粉。如果食用这样的猪肉，就会对人体健康产生极大的危害。

（4）有的猪贩子有时也用农药喷雾器来给猪注水，喷雾器里的残留农药也会随水进入猪肉里。因农药残留量较少，短时间内吃了注水肉后一般不会立即中毒。但农药在人体的残留时间较长，如果长期吃含有农药的注水猪肉，残留农药就会在人体内蓄积，导致基因突变，引发疾病，严重的还会致癌。如果孕妇吃了这种猪肉，就会引起胎儿畸形等严重后果。

5. 猪肉有白点不能食用

猪肉中的白点，分布均匀，是由于猪囊虫尾蚴寄生于猪体内所致。尾蚴外观呈半透明囊胞，中心有一个小白点，这是囊虫的头部。囊胞状如米粒，故亦称"米猪肉"或"豆猪肉"。

这种肉如烹饪不当，活的囊虫就可能会进入人体，在小肠内可生长为有钩绦虫，为人畜共患的寄生虫，危害性很大。成虫可长达 $1 \sim 2$ 米，寄生于肠道。幼虫可侵入人体各个部位，包括肌肉、内脏、脑部、眼部等，因而可引起严重的症状，甚至还会使病人死亡。

6. 煮熟的肉不变色不能食用

鲜肉在常温空气中暴露时，呈鲜红色或淡红色。因为血色素为动物肉类色素，它和球蛋白结合形成血红蛋白和肌红蛋白，分布于肉类血液和肌肉组织中。血红蛋白中的亚铁离子很不稳定，在空气中可与氧结合，形成鲜红色的氧合肌红蛋白和氧合血红蛋白，所以鲜肉呈鲜红色或淡红色。

肉类由生到熟的色泽变化，主要是蛋白质的变化所致。当肉被加热后，其色素被氧化成高铁状态，所以熟肉呈褐色。如果动物全身淤血或血液不凝固，则生肉色泽暗淡，煮熟了也不会变色，说明血红蛋白与肌红蛋白已被细菌或病毒所破坏。因此，这种肉不能吃，如果吃了就会感染疾病或中毒。

7. 畜类的肉球不能食用

畜类的脖子和奶脯部位有些灰色或暗红色的肉球，这是淋巴结。因其形似小枣，故名"肉枣"。肉枣有时也会遍布于畜体的全身，主要分布在头部、颈部、躯体及内脏等部位。

这些淋巴结在协助血液循环、输送营养和代谢产物方面具有重要的作用。但其本身也积存了很多细菌和病毒，尤其是脖子部位。如果不把这些"肉枣"去掉，人食用后会很容易感染疾病。因为淋巴结里的细菌、病毒在短时间内是不易被杀灭的，如果发现有"肉枣"，千万要剔除，不要食用。

8. 不要吃流产的羊羔肉

羊羔肉味道鲜美、肉质细嫩、营养丰富，很多人都喜欢吃。此外，羊羔肉还有补气、御寒、益肾养肝、明目、健脾和健胃的功效。但是，流产的羊羔不能吃。因为，母羊流产多数是由于各种各样的疾病造成的。尤其是布鲁氏杆菌病，它是导致羊流产的主要传染性疾病。

这种病菌不仅会感染羊，而且还会传染给人，被称为人畜共患的病菌。当母羊被布鲁氏杆菌感染后，这种病菌就会通过血液和胎盘进入羊羔的体内。羊流产时，羊羔经过产道，身体表面又被污染。所以，流产的羊羔体内、体表均有被布鲁氏杆菌感染的可能。

如果吃了这种带菌的羊羔肉，就有感染布鲁氏杆菌的危险，这种病会出现不规则的低热。在早期，无明显的全身症状，常容易出现误诊而延误治疗，使病情加重，以至出现四肢无力，关节疼痛，肝脾肿大等慢性疾病，严重的还会引起男性睾丸炎。

9. 病鸡不能食用

病鸡的体内某处一定存在着病变，此病变处会有病毒和细菌。此外，生病的鸡，自身抵抗力降低，很容易受细菌、微生物的侵袭，并且随着病体存在时间的延长，病毒侵袭肌肉的程度也会加深。在宰杀、烹饪等一系列的加工过程中，若残留未被杀死的病菌，人食用后就会出现中毒症状，如恶心、呕吐、腹泻，甚至高烧等。

10. 鸡死足不伸者不能食用

如果宰杀的是健康的活鸡，放血后由于缺血缺氧，鸡会猛力挣扎，其足会伸直，体温降低后会变为强直状。病鸡由于病毒侵袭，高烧中神经中毒、肌肉痉缩，所以足不会伸直，肉中多含毒物，若食用往往会中毒。

11. 打死或药死的野禽不能食用

野禽富含蛋白质，味道鲜美。但是，如果是打死或药死的野禽，食用后会对人体健康有害。因为野禽的食物来源很随便，生活环境也不卫生，所以在野禽身上寄生着比家禽更多的微生物和菌类。一些微生物对野禽自身也许影响不大，但当它被打死时，伤口处有大量淤血，很易受细菌感染，而当时又不能像宰杀活禽那样割断气管放尽血。这样它身体中的菌类将滞留于体内，并很快浸入肌肉当中。如果烹饪不当，菌类就会直接危害人体健康。

12. 太老的鸡头和鸭头不宜多吃

"十年的鸡头赛砒霜"，也就是说，鸡越老，鸡头的毒性就越大。因为鸡在啄食中会吃进有害的重金属，如铅等。这些重金属主要储存于脑组织中，鸡龄越大，储存量就越多，毒性就越强。因此，老鸡头不宜多吃，老鸭头、老鹅头同样也不宜多吃。

13. 忌吃鸡、鸭的臀尖

臀尖是指鸡等禽类屁股上端长尾羽的部位，肉肥嫩，学名叫"腔上囊"。这个部位是淋巴腺集中的地方，因淋巴腺中的巨噬细胞可吞食病菌和病毒，即使是致癌物质也能吞食，但不能分解，因而都会沉积在臀尖内。臀尖是一个藏污纳垢的"仓库"，所以坚决不能食用禽类的臀尖。

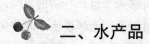

二、水产品

1. 忌食生鱼片、生鱼片粥

生鱼片粥，就是把生鱼切成薄片，加入作料，再浇上滚开的米粥；生鱼片，就是把生鱼切成薄片，再拌上调料。虽然这两种食品的味道都很鲜美，但生鱼体内存有许多寄生虫，其中最常见的就是中华枝睾吸虫的幼虫。如果人吃了带有这种幼虫的生鱼片粥或生鱼片，幼虫就会进入人体，由肠道逆行而上至胆管，然后寄生在胆管中，从而使胆囊发炎，严重的还会导致肝硬化。有些人还会出现食欲不振、上腹疼痛、腹泻、肝肿大、浮肿、面黄肌瘦、疲乏无力、体力衰退等症状，严重者可导致死亡。所以，不能吃生鱼片、生鱼片粥。

2. 忌常食咸鱼

在我国的广东、海南、广西等地，咸鱼是喝粥的最佳配菜之一。但是，专家指出，多食咸鱼有害健康。

咸鱼一般是将生鱼用海盐腌制而成的。海盐的主要成分是氯化钠，但也含有少量的硝酸钠和亚硝酸钠。由于在腌制咸鱼的过程中，海盐中的亚硝酸钠和生鱼中的胺长期接触而发生化学反应，致使鱼体内产生大量的二甲基亚硝酸盐。这种物质进入人体后，容易被代谢转化为致癌性极强的二甲基亚硝酸胺。

研究证明，经常食用咸鱼的人，鼻咽癌的发病率比一般人高 30 ～ 40 倍，甚至可以通过胎盘作用于下一代。二甲基亚硝酸胺尤其易对年龄较小者产生更大的危害。

3. 发红的咸鱼不宜食用

咸鱼在贮存中，常容易发生发红现象，这是一种变质现象。发红是由一种呈红色的嗜盐红菌所引起的，这类细菌能在盐类中生存。在具备盐、水分和适当的温度条件下，便会大量繁殖生长，而咸鱼则具备这种条件。这些嗜盐细菌大量繁殖后，会使鱼的表面逐渐发红。如果咸鱼组织已全部呈暗红色，并伴有哈喇味时，就不宜食用了。

4. 死的鳝鱼和甲鱼不能食用

死的鳝鱼和甲鱼体内都含有较多的组氨酸，在酶和细菌的作用下，会很快产生组胺。组胺是一种毒性很强的物质，人食用组胺14毫克左右就会引起中毒。已产生大量组胺的鳝鱼和甲鱼，即使在120℃的温度下烧煮，组胺也不易被破坏。所以不能吃死的鳝鱼和甲鱼。

5. 反复冷冻的鱼不能食用

鱼从低温的冷冻状态到冰点以上的解冻状态时，其细胞膜已被严重破坏，如果再进行冷冻，已不能起到保鲜作用。不仅如此，反复冷冻的鱼肉中，还会产生一种可怕的致癌物质。冷冻的次数越多，生成致癌物质的浓度就越高。所以，反复冷冻的鱼不能吃。

6. 烧焦的鱼不能食用

有些人在烹饪鱼和肉时，喜欢把鱼和肉烧得很焦，认为这样才香脆。但是，这是很危险的。

这是因为，鱼和肉里含有丰富的蛋白质，如果烧得很焦，其中的高分子蛋白质就会分裂变为低分子氨基酸。这种氨基酸经过组合，可生成引起"致突变"的化学物质。人吃了这种烧焦的鱼和肉，就会产生遗传上的毒害，影响下一代的健康。另外，鱼和肉里的脂肪呈不完全烧焦的状态，能产生大量的苯并芘。这是一种强烈的致癌物质，其毒性超过黄曲霉素。因此，烧焦的鱼和肉，千万不能食用。

7. 多吃鱼片干易引起慢性氟中毒

鱼片干香脆可口，是不少孩子都喜欢的零食。很多家长认为，鱼的营养价值很高，那么鱼片干的营养价值也会很高。但是，鱼片干吃多了会引起氟中毒。因为鱼片干是由海鱼加工而制成，含有丰富的蛋白质、钙、磷等营养元素，但氟元素含量也很多。据测量，鱼片中的氟元素是牛、羊、猪肉的2400多倍，是水果、蔬菜的4800多倍。而人体每日对氟元素的生理需要量仅为1毫克～1.5毫克。如果每天从食物中摄入氟超过4毫克～6毫克，氟就会在体内蓄积起来，如果时间长了就可引起慢性氟中毒。

慢性氟中毒会影响小孩的牙齿发育，使牙齿变得粗糙无光，牙面出现斑点、条纹，呈黄色，形成氟斑牙。氟斑牙一旦形成，就再也无法恢复。因此，鱼片干偶尔可作为小孩两餐之间的零食，但绝对不可长期大量摄入。

8. 应少吃鱼头、鱼子

实验证明，鱼头的血管很多，鱼腹的周围也布满了血管。这是各种农药和有毒化学物质的富集区。所以鱼的头部和卵子，农药残留量高于鱼肉 5 ～ 10 倍。

在传统的精耕细作时期，农田只施农家肥，工业污染也少，鱼头和卵子的有毒物质也少。但是，随着工业化的进程，农村也发生了根本性的变化，种植业和养殖业早已进入了化学时代。喷洒的化学农药附着在农作物上的只占 10%，而 90% 的农药则进入土壤里，而且残留的时间较长。

农田里的灌溉水、雨水等还会将土壤里的残留农药带到鱼塘里、河水中。这些农药和化肥等被水中浮游的生物吞食后，可富集到 13000 倍。鱼吞食水球藻和浮游生物等，通过生物链的逐级积累，其毒性增大到千倍或万倍。而鱼头和鱼子正是高胆固醇等脂肪物质富集区，农药也聚集最多。所以，应该少吃鱼头和鱼子。

9. 忌吃生甲鱼血

有一些地方的人习惯吃生甲鱼血及生胆汁配白酒，认为这样可以去毒，且有滋补作用。实际上，甲鱼血、胆汁生饮会感染寄生虫，并导致中毒。其中一种水蛭会使进食者出现严重贫血、肝胆发炎。

生甲鱼血及生胆汁并不具有大补作用。甲鱼体内的水蛭虫卵不能被白酒杀死，经高温也难杀灭。若吃生甲鱼血及生胆汁，水蛭虫卵就会进入人体生长繁殖，并大量吸食人血。通常在饮用后的数周至一两年内发病，会出现严重贫血，目前尚无根治的方法。

10. 忌食的鱼器官或部位

（1）鱼腹内的黑膜必须除净。鱼的腹腔内壁上都有一层薄薄的黑膜，这层黑膜是鱼腹中各种有害物质的汇集层，若被人食用，就可能会引起中毒。

（2）鲤鱼筋必须除净。鲤鱼脊背两侧各有一条白筋，它是鲤鱼产生特殊腥味的物质，而且它还属于发物，不适合有些病人食用。

（3）各类鱼胆必须除净。各种鱼类的胆都含有"鱼胆毒素"，这种毒素的毒性很强，而且具有耐热、耐酸的特性，在烹饪中不会被分解。

11. 不要吃生蟹、醉蟹

民间有"生吃螃蟹活吃虾"的说法，认为这样吃味道鲜美。其实，生螃蟹是绝对不能食用的。因为螃蟹生长在江河、湖底的泥沟里，并多以动物尸体为食，因此带有各种病原微生物。尤其是其体内的肺吸虫幼虫囊蚴感染度很高，抵抗力很强，只用黄酒、白酒浸泡并不能杀死。吃生蟹、醉蟹极易感染肺吸虫病，引起咳嗽咯血。如果病毒进入脑部，还会引起瘫痪。

腌渍的螃蟹，往往不容易把寄生在螃蟹胃肠里的病菌杀死，因而最好不要吃；不新鲜的和未煮熟的螃蟹不能吃。如果是新鲜的螃蟹，也要把腮、胃、肠等都处理干净再烹饪，这样就不会有危险了。不过，一次也不要吃得太多，因为螃蟹是一种含蛋白质很丰富的食物，如果吃得太多，就会引起消化不良。

12. 鲜海蜇不宜食用

海蜇味道清脆爽口，是凉拌佳肴，但是，食用未腌渍透的海蜇会引起中毒。海蜇属腔肠动物类的水母生物。鲜海蜇含水量高达 95%，此外还含有五羟色胺、组织胺等各种毒胺及毒肽蛋白。人食后易引起腹痛、呕吐等中毒症状。因此，鲜海蜇不宜食用，必须经盐、白矾反复处理，脱去水和毒性黏蛋白后方可食用。

13. 生食"醉虾"肝脏受损

不少人习惯于把活生生的虾在酒中蘸一下就"醉吃"，认为这样吃新鲜有营养。其实，这种时尚吃法很不卫生。因为活虾的虾体上常沾有肝吸虫的囊蚴，它们随着被生食的虾而进入人体。因此，不少人吃了醉虾后，常有急性感染性症状出现，如高热打寒战，肛区疼痛、黄疸等，血中嗜性颗粒细胞显著升高，大便中可查到虫卵；严重者还可出现腹胀、食欲不振等症状，并可因肝功能衰竭而死亡。

14. 有煤油味的鱼虾不能食用

有的鱼虾煮熟后吃到嘴里时，感觉有一股浓重的煤油味。有人以为这是鱼虾沾上了机油或柴油，可以食用。其实，这种鱼虾是有毒的。

现在，随着生活垃圾和大量工业废水的排放，一些江河受到了不同程度的污染，这不仅使某些污染物或有毒物质在鱼体内长期蓄积，同时也间接地威胁到人们的健康。这种含有煤油气味的水产品是酚污染的结果。水中酚污染主要来源于冶金、煤气、石油化工等工业企业排放的含酚废水。此外，粪便和含氮有机物在分解过程中也会产生少量含酚化合物。当水体中酚的浓度达到 0.1 毫克～ 0.2 毫克 / 升时，在这种水体中生活的鱼虾就会有酚味，也就是我们吃到的煤油味；浓度为 6.5 毫克～ 9.3 毫克 / 升时，能迅速破坏鱼的鳃和咽，使体腔出血，脾肿大，引起鱼类大量死亡。尤其到了冬季，河水温度变低，酚类化合物分解变慢，鱼虾体内的贮存量也增多。

有煤油味的鱼是鱼类大量富集毒物后才会出现的。而许多时候，鱼虽未出现煤油味，但其体内仍可能富集毒物。如果人吃了这种鱼，摄入的酚量超过了人体的解毒能力时，就会发生慢性中毒，出现头痛、头晕、呕吐、腹泻、神经紊乱等症状。所以，购买鱼虾时要仔细闻一闻。当闻到鱼虾有煤油味时，有的商贩可能会解释"这是船上带来的味"，千万不要上当受骗。

15. 变色的虾蟹不能食用

鲜活状态下的虾蟹为青色或褐绿色。不管是鲜活的还是冷冻的，其营养价值都差不多。在购买冷冻的虾蟹时，切忌选购肉质发红的。

在常温下，虾蟹肉质的颜色发红是不正常的。当虾蟹被初加工后放在室温下，随着时间的延长，质地在改变，颜色也会发生变化：由淡青、浅灰、浅橙变成橘红色。虾蟹在常温下颜色变化，说明新鲜程度在下降。因此虾蟹变为红色后则不能再食用。但是，虾蟹在加热状态下，外壳均由淡青色转化为鲜红色，这是正常现象。

常温下变成红色是肉质腐败，是受菌类侵袭而出现脂肪酸败后的氧化产物和蛋白质质变所致。即由于虾蟹死亡后，肌肉内部氧气不足，生成还原性肌红蛋白，使死后肌体表现为红色。这样的肉被人食后会发生食物中毒。所以，常温下与加热后虽然都是红色，但其变色的原理及本质都是不同的。

死的螃蟹不能吃。因为当螃蟹垂死或已死时，蟹体内的蛋白质会分解产生组胺。螃蟹死的时间越长，体内积累的组胺就越多，其毒性就越大。组胺为一种有毒的物质，即使蟹煮熟了，这种毒素也不易被破坏。人们食用这种螃蟹后，会出现恶心、呕吐、腹痛腹泻等，严重者上吐下泻不止，引起人体因失水过多而造成酸碱失调或虚脱，甚至还会出现生命危险。

16. 隔夜的海产品不能凉吃

海产品体内存在的某些细菌，如果在高温下没有完全被杀灭，经过冷却之后，细菌就会自然再生或者重新复活。因此，如果要食用隔夜海产品，就必须要加热。

17. 虾的直肠不能食用

虾的消化系统直肠，从头部一直延伸至尾部，含有细菌和消化残渣污物。如果食用，就会很容易感染病毒而生病。因此，食用时，应剖开头部，挤出其中的残留物，拉出直肠。

18. 发光的食品要加工后才能食用

食品受到不同细菌的污染，会有各种各样的表现。有的细菌在食品上繁殖，但在外观上毫无改变；有的细菌可使食品变质，如分解食品中的蛋白质，使食品具有腐臭味；分解食品中的淀粉，使食品具有馊味等；有的细菌还可使食品产生异常感官，如使食品产生颜色或使食品发出荧光等。使食品发出荧光的是一类被称为假单胞菌属的细菌。虽然发光细菌不会使食品变质，但已显示该食品已受到污染。因此，发光的食品需经加工后才可以食用。

19. 皮青肉红的鱼不能食用

皮青肉红的鱼，鱼肉往往已经腐烂变质。由于含组胺较高，食用后会引起中毒，所以绝对不可食用。

20. 各种畸形的鱼不能食用

有些水域离生活区或工业区较近，易受到农药以及含有汞、铅、铜、锌等金属废水、废物的污染，从而导致生活在这些水域环境中的鱼类也受到污染，使一些鱼类生长不正常，如头大尾小、眼球突出、脊椎弯曲、鳞片脱落等。各种畸形的鱼是受合成或天然化学致癌物中致突变物作用，或通过生殖细胞传给后代引起遗传变异产生的，很多鱼体内都有肿瘤。如果吃了这种鱼，将会影响健康，甚至患上疾病。

21. 甲醛泡过的水产品不能食用

食用甲醛泡过的水产品，会对人体产生极大的危害。

甲醛是一种防腐和消毒的化学药品，对人体能产生很大的危害。急性中毒主要是对呼吸道与消化道黏膜的刺激和腐蚀，表现为鼻塞、喉痒，口、咽、食道、胃部有烧灼感，恶心、呕吐，严重时还会引起肺部炎症，肺水肿和胃肠道穿孔。此外，甲醛还会引起皮肤瘙痒、皮疹及肾炎，损害肝胃功能和中枢神经系统。所以，禁止食用甲醛泡过的水产品。

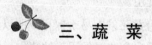

三、蔬　菜

1. 慎吃毒韭菜

韭菜的虫害韭蛆常常生长在地里蛀食菜根，表面喷洒杀虫剂难以杀灭，所以不少农户使用高毒杀虫剂灌根。而韭菜具有的内吸毒特征，使得毒物会遍布整个株体，所以韭菜被污染的情况比其他蔬菜要更严重一些。

用高毒农药灌根后的韭菜，往往生长茂盛，叶片肥大，颜色浓绿。如果食用这种毒韭菜，其农药残留量可导致食用者头痛、头昏、无力、恶心、多汗、呕吐、腹泻等，严重者还可出现呼吸困难、昏迷、血液胆碱酯酶活性下降等。另外，农药在体内不易被分解，如果长期食用这种毒韭菜，身体内的毒素就会越来越多，从而造成更严重的危害。

在清洗韭菜时，最好采用碱水浸泡法，时间在 1 小时左右。另外，每次食用韭菜量不要过大。

2. 圆白菜浸泡要充分

菜青虫对含有芥子油的十字花科蔬菜有趋向性，特别喜欢在甘蓝叶背产卵。所以，在吃这类十字花科蔬菜前，一定要注意清洗，至少用清水冲洗 3～4 遍，然后泡入淡盐水中，最后再冲洗一遍。对圆白菜，可先剥成单独的片，放在清水中浸泡 1 个小时左右，再用清水冲洗，以清除残留的农药。

3. 有虫眼的蔬菜并不安全

有人认为，有虫眼的蔬菜是没有喷过农药的。其实，这并没有科学道理。因为农药很难一次就杀死全部害虫，如果时间长了，害虫就会产生抗药性。当再喷农药时，害虫就会逃走，然后再回来。因此，蔬菜上有虫眼未必就是没有喷过农药的。而且，蔬菜表皮有一层蜡质，能起到防止害虫和有毒物质侵害的作用。一旦蔬菜表皮受到损伤，各种细菌等病原微生物就会乘虚而入。所以，有虫眼蔬菜并不安全。

4. 慎吃有毒黄花菜

（1）鲜黄花菜不能吃。鲜黄花菜含有有毒的秋水仙碱，如果未经水焯、浸泡，且急火快炒后食用，可能会导致头痛头晕、恶心呕吐、腹胀腹泻等，甚至还会体温改变、四肢麻木。所以，最好将新鲜黄花菜蒸熟后晒干再食用。

（2）警惕鲜艳的干黄花菜。由于鲜黄花菜不易于保存，所以一般要制成干品保存。在加工过程中，用二氧化硫进行熏蒸可起到漂白和防腐作用。按规定，每公斤黄花菜中的二氧化硫残留量不得超过 200 毫克。但是，有些生产厂家不按标准量使用，而是过量使用二氧化硫，目的是使黄花菜的外观漂亮。当黄花菜中的二氧化硫残留量超标时，会对人体的健康造成危害。

根据加工技术的不同，如果黄花菜是晒干的，称为"原菜"，如果是添加了焦亚硫酸钠的，则被称为"药菜"。前者颜色老黄，后者则呈非常鲜艳的黄色。所以，干黄花菜以黄中褐黑发暗、味道甘甜者可以食用。而色泽金黄鲜艳或呈白色，闻之还有刺激性气味者，或品尝有浓浓的酸味者则不宜食用。

（3）霉变的黄花菜不能吃。黄花菜极易霉变，一般是先发热后发黏，产生酒味以至发霉。发现热黏的黄花菜，应立即摊开、晒干，对质量影响不大；如果黄花菜发生霉变，经过晒干后，则菜色呈现出红或黑的色泽，水发后会发软烂掉，失去食用价值，不能再食用。

5. 发芽变绿的土豆不能食用

预防土豆中毒的主要措施是避免食用青紫色皮以及发芽的土豆。发芽土豆引起中毒的龙葵素可溶于水，遇醋酸易分解。所以，如果是少量发芽的土豆，可深挖去发芽部分，并用水浸泡半个小时以上，在烹饪时加点醋，可加速破坏龙葵素，促进其毒素分解。如果是土豆发芽过多或皮肉大部分都变紫就不能食用。但是对儿童来说，最好不要食用有发芽和青紫色皮的土豆。

6. 未成熟的西红柿不能食用

青色的西红柿是未成熟的，未成熟的西红柿不能吃。因为其中含有大量的生物碱，可被胃酸水解成西红柿次碱，食用后会出现头晕、流涎、恶心、呕吐和全身疲劳等中毒症状。而成熟后变红的西红柿，此物质会自行消失，所以对人体无害。

7. 未煮熟的四季豆不能食用

生的四季豆中含有皂甙和血球凝集素。皂甙对人体消化道具有强烈的刺激性，可引起出血性炎症，并对红细胞有溶解作用。豆粒中含有的红细胞凝集素，对红细胞具有凝集作用。如果四季豆不煮熟，豆类的毒素成分未被破坏，食用后会引起中毒。

一般在食用后半个小时至 3 个小时内发生中毒反应，表现为上腹部不适或胃部烧灼、腹胀、恶心呕吐等。

8. 吃野菜要当心

虽然野菜营养丰富，但并非所有野菜都可以食用。贸然食用可能会导致食物中毒，轻者腹痛、恶心、呕吐，重者可出现呼吸困难、心力衰竭、意识障碍，甚至死亡。

不吃很少食用或没有食用过的野生植物。最好选择经过民间百年流传下来，经过食用证明无毒、健康的野菜。食用时先将其用热水煮，再用凉水漂浸，最后烹饪。

专家指出，并非所有的野菜都是"绿色食品"，乱吃野菜小心毒从口入。不少野菜本身虽无毒素，但是在生长过程中受到污染也不能食用。此外，不管什么野菜，尝尝新鲜就可以了，不要长期和大量食用。对不能确定是否有毒的野菜，则坚决不采、不食，以免发生不测。

9. 没腌透的酸菜不要食用

不少人喜欢吃腌制的食物，尤其爱吃腌制不透的酸菜，这样会发生急性亚硝酸盐中毒。因为，蔬菜在腌制的过程中，有时由于用盐不足，一些细菌没有被完全抑制，仍然能把蔬菜中硝酸盐还原成有害的亚硝酸盐，这种化学变化大约在腌制后一周左右达到高峰。然后由于醋酸和乳酸的分解破坏而使亚硝酸盐的含量逐步下降。所以，腌制的酸菜最好隔半个月后再食用。

10. 未炒熟的黄豆芽有毒

黄豆芽味道好，营养丰富，烹饪时应烧透。如果吃了没炒熟的黄豆芽，容易使人出现恶心、呕吐、头晕等中毒症状。特别是正在长身体的青少年，如果经常吃没有熟透的黄豆芽，就会影响身体的生长发育，生长速度变得缓慢或出现营养不良，严重者还可出现代偿性胰脏肥大等。这是因为，黄豆芽中含有皂素和腊样芽孢杆菌等有毒物质，只有在100℃的高温下病菌才能被破坏杀死。所以，千万不要让儿童食用半熟的黄豆芽。

11. 久存的蔬菜非常有害

如果吃了存放几天的蔬菜，对健康是非常有害的。因为蔬菜本身含有硝酸盐，而硝酸盐本身无毒。但是在储藏一段时间之后，由于酶和细菌的作用，硝酸盐被还原成有毒的亚硝酸盐，它在人体内与蛋白类物质结合，可生成强致癌性的亚硝酸盐类物质。

久存的蔬菜不仅会产生有害物质，而且还会造成营养素的损失。实验证明，在30℃的屋子里储存24个小时，绿叶蔬菜中的维生素C几乎全部失去。新鲜蔬菜在冰箱内储存期不应超过3天，凡是已经发黄、萎蔫、水渍化及开始腐烂的蔬菜都不要食用。

12. 路边的蘑菇不要采

预防毒蘑菇中毒，关键是不吃可疑的蘑菇。由于许多野生的食用菌的形态与毒蘑菇非常相似，所以容易误食。在判断蘑菇是否有毒时，颜色不是唯一的依据。蘑菇都有菌丝体和子实体两大部分。子实体又可分为菌盖与菌柄。

致命毒蘑菇通常都有一定的特征，毒蘑菇茎的上部周围常有褶边或圆环，底下有个槽，茎正好长在里面，菌伞都带有鳞状物。有些没有槽的，它的槽可能是脱落了。另外，一些毒蘑菇喜欢生长在树荫下与树根部相连，或生长在牛马等动物的粪便上，或草坪、蕉林地上。因此，除非能确切地辨认有毒的蘑菇，否则不要采集和食用野生蘑菇，以防中毒。

13. 无根豆芽成健康"杀手"

现在，在菜市场上出现了很多没有根须、肥胖白净的豆芽。然而，这些"无根豆芽"很有可能是用化学药品浸泡而成的有毒豆芽。

这种豆芽在生产过程中，除大量使用无根剂、防腐剂、增粗剂（粉）等化学原料外，还使用了漂白粉、保鲜粉等有毒化工原料。如果长期食用会危及健康，并且可能会导致身体细胞癌变。

14. 慎食鲜木耳

黑木耳营养丰富，有素中之荤的美誉。但鲜木耳要慎食，因为食用鲜木耳会引起植物日光性皮炎，又称蔬菜日光性皮炎，是一种光感性疾病。鲜木耳中含有一种卟啉性物质，它对光敏感，食用后被太阳一照射就会发病，暴露的皮肤易出现疼痒、浮肿、鲜红色丘疹等，甚至还会发生局部皮肤坏死现象。这种物质还易被咽喉吸收，导致咽喉水肿。但干制的木耳，这种物质已消失，因此可以安全食用。

15. 荸荠不宜生吃

荸荠又叫马蹄，肉质洁白，脆甜爽口，多汁。荸荠富含磷，儿童食用对牙齿和骨骼的发育非常有利。荸荠可煮食，或做成各种菜肴，荤素皆宜，均美味可口，但荸荠不宜生吃。因为荸荠属浅水生草本植物，生于水田、池沼之中，容易被水中多种有害有毒的生物或化学物质污染。如果生吃荸荠，就会很容易感染上姜片虫病。所以，荸荠应去皮煮熟后再食用。

16. 隔夜的蔬菜不能食用

有的家庭将吃不完的蔬菜存放到第二天再食用，这样容易引起亚硝酸盐的中毒。因为蔬菜中，尤其是白菜、菠菜中都含有大量的硝酸盐。这些硝酸盐在一定的条件下会转变成亚硝酸盐。如果蔬菜煮熟后隔夜再吃，其中的硝酸盐会被一些细菌，如大肠杆菌、梭形芽孢杆菌等还原成有毒的亚硝酸盐。一次只要吃进 0.3 克～ 0.5 克纯亚硝酸盐，就会发生急性中毒，一次吃进 3 克即可丧命。这种亚硝酸盐能使人体血液的红细胞中的血红蛋白氧化为高铁红蛋白，从而失去携带氧气的功能，导致缺氧发疳、呼吸急促、心悸头痛、口唇干燥、指甲呈青紫色等，医学上称之为"肠源性青紫症"。因此，蔬菜吃不完最好倒掉，当天烹饪的蔬菜当天要吃完。

17. 红薯不要带皮食用

红薯皮含碱多，食用过多会引起胃肠不适。呈褐色和黑褐色斑点的红薯皮是受到"黑斑病菌"的感染，能够产生"蕃薯酮"和"蕃薯酮醇"，进入人体将会损害肝脏，并引起中毒。中毒轻者，出现恶心、呕吐、腹泻等症，重者可导致高烧、头痛、气喘、抽搐、吐血、昏迷等，甚至死亡。

18. 发苦的黄瓜不能食用

黄瓜脆嫩清香，味道鲜美，很多人都喜欢吃。但有时在市场上买到的黄瓜却是苦的。专家指出，黄瓜发苦是不正常的现象，黄瓜发苦是一种生理性病害，它不同于苦瓜的苦味。苦瓜中的苦瓜甙和苦味素能增进食欲，健脾开胃。而黄瓜苦味的产生可能来源于某种毒素，吃下去会不利于人体健康。所以，发苦的黄瓜最好不要吃。

19. 不要食用新蚕豆

蚕豆种子含有巢菜碱苷，人食用这种物质后，可引起急性溶血性贫血（蚕豆黄病）。春夏两季吃青蚕豆时，如果烹饪不当，就会使人发生中毒现象，而且一般在吃生蚕豆后 4 ～ 24 小时后发病。为了防止蚕豆中毒，最好不要吃新鲜的嫩蚕豆，一定要煮熟后再食用。

20. 未煮熟的木薯不能食用

尽管木薯的块根富含淀粉，但其全株各部位，如根、茎、叶等都含有有毒物质，而且新鲜块根毒性较大。因此，在食用木薯块根时一定要注意。木薯含有的有毒物质为亚麻仁苦苷，如果摄入生的或未煮熟的木薯或喝其汤，都有可能会引起中毒。因为亚麻仁苦苷或亚麻仁苦苷酶经胃酸水解后会产生游离的氢氰酸，使人体中毒。

一个人如果食用 150 克～300 克生木薯，即可引起中毒，甚至死亡。要防止木薯中毒，可在食用木薯前去皮，用清水浸薯肉，使氰苷溶解。一般泡 6 天左右就可去除 70% 的氰苷，再加热煮熟，即可食用。

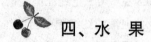

四、水　果

1. 农药残留，慢性杀手在身边

水果是补充营养必不可少的重要食物，然而水果的农药残留却会危害身体健康。在食用水果时，如果通过一些方法对水果进行处理，就能够降低农药残留量。

（1）延长储存时间。农药是有半衰期的，随着储存时间的延长，农药含量就会不断减少。在常温下农药残留的下降率要高于低温环境下的水果。因此，耐存的水果最好不要在冰箱里保存。

（2）充分水洗。充分水洗可以去除水果表面 75% ～ 85% 的农药残留，尤其是有机磷农药。盐对有机磷农药有较好的去除作用，浸泡水果时可以放一些盐。水果不要切开后再浸泡，以免造成二次污染。

（3）去皮。一般水果表面的农药残留量最高，去皮是最简单的去除农药残留的好方法。

另外，尽量购买、食用无公害的水果。购买水果时，尽量挑选使用套袋方法生产的水果，其农药残留量要比一般水果低很多。

2. 歪瓜裂枣最好不要食用

歪瓜裂枣是因为在水果的开花期或小果期受到了外界的刺激，从而导致形状发生了改变。最常见的是温度的变化，如天气突然变冷或变热，这样的水果只是形状发生变化了，其大小通常和形状规则的水果差不多。

但有一种情况需要注意，那就是使用了植物激素造成水果畸形或颜色异常鲜亮。有的水果在生长过程中，人为地使用了催熟剂和膨大剂等，导致生长过快、营养分布不均、微量元素缺乏等，使水果的形状发生了变化。尤其是温室栽培的水果，氮磷肥施用过多会引发缺钙、缺硫等现象，也会使水果畸形，产生表面不光滑等现象。而且，水果用过植物激素后也会变得异常大，而水果里面却是空的。

虽然目前还没有确切证据证明，植物激素对人体的危害有多大，但最好别买歪瓜裂枣。如果形状稍有不规则，最好要挑个头儿适中的水果。因为，个头越大的水果就越有可能是使用了激素的。

3. 小孩忌吃生白果

白果又叫银杏，含有白果酸、白果醇等有毒物质，能与人体细胞色素氧化酶结合，使之失去活性，使细胞不能摄取氧气。白果熟吃也要控制，儿童耐受量小，一次不能超过10粒。生吃白果危险性更大，通常在吃后一至数个小时内会产生中毒症状，表现为恶心、呕吐，然后出现头晕、抽搐等。所以，小孩忌吃生白果。

4. 水果部分腐烂不要食用

水果腐烂后，微生物在代谢过程中会产生各种有害物质，特别是真菌的繁殖会加快。有些真菌具有致癌作用，可以从腐烂部分通过果汁向未腐烂部分扩散。所以，尽管去除了腐烂部分，但剩下的水果仍然不能吃。

5. 鲜艳的水果皮不宜食用

凡是外皮鲜艳的水果都应该削皮后再食用，如苹果、梨等因为果皮都含有很多的炎黄酮。这种化学物质进入人体，经肠道细菌会分解成为二羟苯甲酸等，对甲状腺有很强的抑制作用，严重的还会引起甲状腺浮肿。

6. 甘蔗肉有红块，吃了会中毒

甘蔗含铁量非常丰富，被称为"补血果"。甘蔗一般在秋季上市。如果储存了一个冬天后，会很容易变质，在甘蔗末端出现絮状的白色物质。切开之后，断面上还会有红色的丝状物。如果食用了，就会导致中毒。需要注意的是，霉变的甘蔗毒性很大，中毒的症状也是以中枢神经系统损伤为主。一般情况下，在吃了霉变甘蔗2～8小时后，就会出现呕吐、头晕、头疼、视力障碍，进而出现四肢僵直现象，严重的还会导致昏迷和死亡。所以，食用甘蔗时，如果发现甘蔗肉有红块，最好不要食用。

7. 反季节水果食用不当会中毒

现在，随着科技的发展，冬天也可以吃到夏天的水果，如西瓜、草莓等。专家建议，冬天最好还是吃最便宜的应季水果。因为反季节水果，不但营养价值不高，而且价格也不菲，不适于经常食用。

反季节水果相对于应季水果，在于吃个新鲜感，而不在于营养价值。那些色彩斑斓、明亮诱人的反季节水果往往是大棚里种植出来的，其日晒、风吹及土壤水平均与应季水果不同。所以，营养最好的水果就是最便宜的水果，最便宜的水果往往就是应季水果。此外，一些不法商贩也会用化学试剂催熟反季节水果，食用后会对人体健康造成伤害。下面是几种危险的反季节水果。

（1）葡萄。一些不法商贩按一定的比例用水把乙烯利稀释后，将没有成熟的葡萄放入稀释液中浸湿，过一两天青葡萄就会变熟。这种药虽然毒性较低，但长期食用会对人体产生危害。

（2）香蕉。为了使香蕉皮变得嫩黄好看，有的不法商贩用二氧化硫来催熟香蕉，但果肉吃时仍是硬硬的，一点也不甜。二氧化硫及其衍生物不仅会对人体的呼吸系统产生危害，而且还会引起脑、肝、脾、肾的病变，甚至对人的生殖系统也有危害。

（3）西瓜。超标准使用催熟剂、膨大剂及剧毒农药会使西瓜带毒。这种西瓜皮上的条纹不均匀，切开后瓜瓤特别鲜艳，但瓜子是白色的，吃过后嘴里有异味。

（4）草莓。中间有空心及形状不规则而又硕大的草莓，一般都是使用过量激素所致。如果草莓使用了催熟剂或其他激素类药，生长期变短，颜色新鲜，但果味却变淡了。这类草莓必须慎食，食用过多，会影响人的正常生长发育，如导致儿童早熟等。

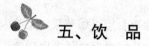

五、饮 品

1. 忌用保温杯泡茶

用保温杯泡茶，茶叶长时间浸泡在高温、恒温的水中，会使茶叶中的维生素大量被破坏，芳香油大量挥发，鞣酸、茶碱也会被大量浸出来。不但大大降低了茶叶的营养价值，还会使茶水无香味，茶味苦涩，有害物质增多。如果长期饮用这种茶水，就会危害健康，甚至可能会引起某些疾病。所以，最好不要用保温杯泡茶。

2. 隔夜的茶水不能喝

茶叶中含有丰富的营养物质，所以茶水是一种低热能、低脂肪，并且有一定保健作用的饮料。

隔夜茶因冲泡时间过长，茶叶中的茶多酚、类脂、芳香物质等已被氧化，不仅茶水色暗、味差、香味少，失去品尝价值，而且由于茶叶中的维生素 C、尼克酸、氨基酸等营养素因氧化而减少，使茶水的营养价值大大降低。

更重要的是，茶搁置的时间太长，极易受到外界的污染，茶里残存的蛋白质、糖类等成为细菌、真菌繁殖的养料，使茶水变质。而且隔夜茶还会产生较多的有毒物质亚硝酸盐。所以，隔夜茶不能喝。

3. 茶叶不宜嚼食

饮茶对人体健康有益，但有些人在饮茶后喜欢嚼食茶叶，这是有害的。因为，空气和土壤受化肥和农药的污染日益严重，同时茶叶在加工制作过程中，由于碳化物的热解作用，使茶叶受到污染，而含多环芳香烃物质苯并芘，又是难溶于水的致癌物质。如若嚼食茶叶，致癌物质苯并芘就会在人体内留下隐患。因此，茶叶不宜嚼食。

4. 茶杯洗不净，残留将致命

俗话说："喝茶不洗杯，阎王把命催。"这句话的意思是，茶虽有益健康，但错误的饮茶习惯却会带来相反的结果。

没有喝完或放置时间较长的茶水暴露在空气中，茶叶中的茶多酚会与茶锈中的金属元素发生氧化，形成茶垢，附着在杯子内壁。而茶垢就是危害人体健康的罪魁祸首。因为茶垢中含有镉、铅、汞、砷等有毒物质以及亚硝酸盐等致癌物，这些物质进入人体的消化系统，与食物中的蛋白质、脂肪酸、维生素等相结合，不仅阻碍了人体对这些营养素的吸收和消化，而且会使胃肠等器官受到损害。此外，经常不清洗的茶杯上还留有更多水垢，其中也含有大量的重金属，对健康极为不利。

专家指出，每次喝完茶后，即使杯子没有茶渍，也要认真清洗一下。如果杯子里已经积满了茶垢，可以用几种方法去除：用一支旧牙刷挤上牙膏，在茶壶或茶杯中来回刷，由于牙膏中既有去污剂，又有极细的摩擦剂，很容易将茶垢擦去而又不会损伤壶杯；用加热的米醋或苏打水浸泡 24 小时，再反复冲洗，也能清洗干净。清洗时要特别注意杯口，因为残留在杯子外部的口水及茶水的混合物暴露在空气中，更易滋生细菌。

5. 去餐馆要当心免费茶

许多餐馆都会给客人端上一壶免费茶水。但是，许多餐馆的免费茶是几元钱一斤的"垃圾茶"，千万不能喝。从外观上看，这种茶叶呈墨黑色，主要是碎片，里面还搀杂着大量叶梗。其中有不少是茉莉花茶，在近处能闻到一股很浓的茉莉花香味。"垃圾茶"的一个重要来源是茶场陈茶翻新时筛下的碎末，实际上就是下脚料，还有的是在劣质茶叶中搀上槐树叶、杨树叶等。而掺到茶叶里的茉莉花实际上是泡过的茶叶。浓郁茶香多是喷了香精之类的添加剂。

"垃圾茶"的农药残留和重金属含量都超出了标准，灰尘也多。饮用这种"垃圾茶"会给人体造成 3 种危害：

（1）血液中毒，抑制血液中酶的活性，阻碍血色素合成，甚至还会引发贫血和白血病。

（2）导致肝肾等脏器中毒，使这些器官的功能下降。

（3）造成神经系统损伤，植物神经紊乱等。

6. 忌喝生牛奶

刚挤出的生牛奶含有溶菌酶，能抑制细菌的生长，但此种酶维持作用时间不长。在挤奶、贮存、运输等过程中，生牛奶很容易被外界微生物污染，从而发生变质。同时，结核病、布氏杆菌病都是人畜共患病，如果乳牛患了这些病，可以通过奶汁传给人。所以，从牛奶场或者私人那里买来的生牛奶，没有经过消毒不能喝。

7. 忌喝生豆浆和"假沸"的豆浆

豆浆的营养价值相当于牛奶，是人们喜爱的饮品之一。但生豆浆或"假沸"的豆浆会使人中毒，因为生豆浆中含有使人中毒和难以消化吸收的皂素和抗胰蛋白酶，一般可在食后的 5 分钟发生恶心、呕吐、头痛、腹泻等症状，重者还会出现全身虚弱、痉挛等现象。皂素和抗胰蛋白酶在 90℃ 以上时才能被逐渐分解破坏。因此，豆浆必须煮到 100℃ 时再继续煮几分钟，使豆浆中的毒素全部破坏后才能喝。

8. 不能喝的五种水

水是人类赖以生存的、不可缺少的重要物质，但是并非所有的水都可以饮用。以下 5 种水在某种情况下会形成亚硝酸盐及其他有毒、有害物质，会对人体产生一定的危害，因此要引起关注。

（1）老化水。俗称"死水"，也就是长时间贮存不动的水。常饮用这种水，对未成年人来说，会使细胞新陈代谢明显减慢，影响身体生长发育；中老年人则会加速衰老；许多地方的人食道癌、胃癌发病率很高，据医学研究证明，可能与长期饮用老化水有关。有关资料表明，老化水中的有毒物质也会随着水贮存时间的延长而增加。

（2）千滚水。千滚水就是沸腾了很长时间的水，或反复煮沸的水。这种水因煮得过久，水中不挥发性物质，如钙、镁等重金属成分和亚硝酸盐含量都很高。长期饮这种水，会干扰人的胃肠功能，出现暂时腹泻、腹胀；有毒的亚硝酸盐还会造成机体缺氧，严重者还会昏迷惊厥，甚至死亡。

（3）蒸锅水。蒸锅水就是蒸馒头等剩锅水，特别是经过多次反复使用的蒸锅水，亚硝酸盐浓度很高。常饮这种水，或用这种水熬稀饭，都会引起亚硝酸盐中毒；水垢经常随水进入人体，还会引起消化、神经、泌尿和造血系统病变，甚至还会引起早衰。

（4）不开的水。人们饮用的自来水都是用氯消毒灭菌处理过的。用氯处理过的水可分离出 13 种有害物质，其中卤化烃、氯仿还具有致癌、致畸作用。当水温达到 90℃时，卤代烃含量由原来的每公斤 53 微克上升到 177 微克，超过国家饮用水卫生标准的 2 倍。因此，专家指出，饮用未煮沸的水，患膀胱癌、直肠癌的可能性增加21%～38%。当水温达到 100℃时，这两种有害物质就会随蒸气挥发而大大减少。如果水煮沸后继续沸腾 3 分钟，则饮用安全。

（5）重新煮开的水。有人习惯把热水瓶中的剩余温开水重新烧开再饮，目的是节水、节煤（气）、节时间。但这种节约不足取。因为水烧了又烧，使水分再次蒸发，亚硝酸盐会升高。常喝这种水，亚硝酸盐会在体内积聚，引起中毒。

9. 隔夜开水不能喝

把自来水烧开 3～5 分钟，亚硝酸盐和氯化物等有害物的含量最低，最适合人们饮用。亚硝酸盐在人体内可形成致癌的亚硝胺。开水放置 24 小时后，亚硝酸盐含量是刚烧开时的 1.3 倍。因此，最好是现烧现喝，或只喝当天的开水。

10. 刚灌装好的桶装水不要喝

出售的桶装水，无论是蒸馏水、逆渗透水、矿泉水或其他纯净水，在装桶前大多要用臭氧做最后的消毒处理。因此，在刚灌装好的桶装水里都会含有较高浓度的臭氧。对人而言臭氧是毒物，如果喝刚装好的桶装水，就会把毒物一起摄入。若将这些桶装水再放 1～2 天，臭氧就会自然消失，这时再喝就没有毒了。根据规定，生产的桶装水必须经检验合格后方可出厂，而这个过程需 48 小时，故喝按规范检验出厂的桶装水是安全的。

11. 久存的白糖不能吃

白糖储存时间长了，不仅透明度降低，颜色变暗，而且还会寄生螨虫。人吃了这种白糖，螨虫就进入了人体的消化道，它们会在此寄生，从而使人出现胃肠不适、隐隐作痛或腹泻等症状。如果螨虫侵入尿道，就会出现尿急、尿频等症状。螨虫的代谢产物还会使人出现过敏反应，如哮喘、支气管炎等。在调制饮料或做凉拌菜时，应注意将白糖加热处理，一般加热到 70℃，只需 3 分钟，螨虫就会死亡。

白糖的储存期限不得超过半年，尤其不要把白糖储存一个夏天。儿童和老年人食用白糖时，无论是否久储都需加热，或用开水溶解。

12. 鲜啤酒变浑浊不能喝

鲜啤酒在生产过程中没有经过灭菌，目的是为了保护活酵母菌，使啤酒口味好。在室温下超过一周，酵母菌就会死亡，而其他细菌就会趁机大量繁殖。人喝了这样的啤酒就会生病。所以，鲜啤酒变浑浊了不能喝。

13. 隔夜银耳汤不要喝

喝隔夜银耳汤对人体的健康是极为有害的。银耳汤虽然是一种高级营养品，但银耳汤中还含有较多的硝酸盐类物质。

如银耳汤放时间过长，在细菌分解作用下，硝酸盐会还原成为亚硝酸盐类。人喝了这种银耳汤，亚硝酸盐就会进入血液，使血液中的血红蛋白氧化成高铁血红蛋白，从而丧失携带氧气的能力，使人体缺乏正常的造血功能所需要的铁，从而导致贫血。所以，煮熟了的银耳汤不能久放，应该立即喝。

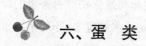

六、蛋 类

1. 生吃鸡蛋不好

有人喜欢吃生鸡蛋，认为生的比熟的营养价值更高。还有的人认为吞生鸡蛋能润喉、清嗓子。事实并非如此。

（1）生鸡蛋中的蛋白质不易被人体消化吸收。而且由于含有抗胰蛋白酶，鸡蛋中绝大部分蛋白质都不能被吸收，其他营养也只能吸收一半左右。鸡蛋煮熟后，抗胰蛋白酶失去活性，蛋白质结构发生变化这样才易于消化吸收。

（2）在生鸡蛋的蛋清中，含有一种对人体有害的碱性蛋白质——抗生物素蛋白，它在肠内与生物素紧密结合为一种牢固的复合体，没有活性，人体无法吸收，最终可引起人体生物素缺乏症。表现为全身乏力、食欲不振、恶心、呕吐、感觉过敏、皮屑性皮炎，以及嘴唇脱皮、脱眉等症状。鸡蛋煮熟后，这种抗生物素蛋白即被破坏。

（3）鸡蛋产下后，常有病原体侵入，煮熟后可以杀灭这些病原菌，而生吃则可能会引起疾病。此外，吃生鸡蛋还会增加肝脏的负担，因大量没吸收的蛋白质在大肠内腐败，会产生大量的有毒物质，吸收后要经肝脏解毒。对肝功不好者，吃生鸡蛋则可能会发生氨中毒而出现昏迷。因此，生吃鸡蛋是十分有害的。

2. 煮熟的鸡蛋用冷水激有害

很多人都习惯将煮熟的鸡蛋马上放到冷水中激一下，这样有利于剥鸡蛋壳。其实，这种做法不科学。将煮熟的鸡蛋浸入冷水中，的确能使鸡蛋壳变得更容易剥离。但是冷水中含有大量细菌，鸡蛋煮熟后，可以阻止细菌通过的蛋壳膜已被破坏。这样使蛋壳通气孔不再对细菌有阻挡作用，于是细菌极易侵入蛋内。正确的方法是，在煮鸡蛋的过程中，加入少量食盐，食盐既可以杀菌，又可使蛋壳膜和蛋清膜之间因收缩程度的不同而形成一定的空隙，这样蛋壳较易剥离。

3. 单面煎鸡蛋应尽量少吃

有的人喜欢吃单面煎蛋，觉得这样吃起来更加鲜嫩，而且能吸收更多营养。所谓单面煎蛋，是指煎鸡蛋时只煎一面，蛋黄呈"糖心"的蛋。但是煎鸡蛋要尽量少吃，尤其是单面煎的鸡蛋。因为未煎的一面容易残留致病菌，而贴着锅的一面经煎炸后容易变焦，变焦的鸡蛋可能含有致癌物苯并比。而且经常吃煎鸡蛋容易使油脂摄入过量，诱发高血脂和脂肪肝。

4. 忌食毛鸡蛋

很多人喜欢吃毛鸡蛋，认为其营养价值很高。但实际上，毛鸡蛋中原来含有的蛋白质、脂肪、糖类、无机盐及维生素等绝大部分营养成分都已经发生变化，被胚胎利用和消耗了，所剩营养成分很少。

此外，毛鸡蛋中还含有大肠杆菌、葡萄球菌、伤寒杆菌、变形杆菌等病菌，这些病菌对人体健康有害。食用毛鸡蛋易发生食物中毒、痢疾、伤寒、肝炎等疾病。因此，不要食用毛鸡蛋，尤其是儿童应忌食。

5. 忌食半熟的鸭蛋

鸭蛋和鸡蛋不同，鸭蛋必须熟透才能吃，半熟的鸭蛋绝对不能吃，因为鸭子容易得沙门氏病。这种病菌在鸭子体内能渗入正在形成的鸭蛋内，因而鸭蛋中往往含有大量沙门氏菌。只有经过一定时间的高温处理，才能杀死这种细菌。

鸭蛋一般要煮开15分钟才能食用。而且鸭蛋，煮熟后不要立即取出，应留在开水中，让其冷却后再取出。此外，鸭蛋也不应炒着吃，更不能做水浦蛋吃。水浦蛋又称水铺蛋，将水烧开后，把蛋打入，等九成熟时捞出，加入白糖即成。最好是将其加工成咸鸭蛋或松花蛋，腌好的鸭蛋也要煮熟后才能吃。

6. 忌多吃松花蛋

松花蛋又称皮蛋，由于加工时使用了石灰等，所以每个松花蛋中平均的含铅量达到0.8毫克左右，比腌制的鸭蛋还要高出1倍以上。成人对铅的吸收较少，而儿童则吸收较多。如果儿童长期食用含铅量较高的松花蛋，就会影响孩子的生长发育。尤其是破壳的松花蛋，更容易发生铅污染。铅中毒时表现为失眠、贫血、好动、智力减退等。在食用松花蛋前，应检查蛋壳是否早已破裂，如有破裂，则不能食用。

7. 忌吃水禽蛋

水禽在水中浮游觅食时，河塘中的沙门氏菌便会经水禽肛门进入泄殖腔，而泄殖腔是微生物生长繁殖的最佳场所。在泄殖腔里的沙门氏菌，会沿产卵道进入卵巢。卵巢从分泌卵黄、蛋清，到形成蛋的各个阶段都难免会被沙门氏菌感染。

如果用水禽蛋作蛋糕原料，或食用了含有细菌的水禽蛋，就会因沙门氏菌感染而发生食物中毒，轻则头痛、恶心、呕吐、腹痛、腹泻，重则惊厥昏迷。因此，要避免用水禽蛋作为蛋糕的原料，或直接食用水禽蛋。

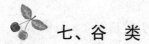

七、谷 类

1. 吃烤馒头不好

因为烤馒头时，馒头放在炭火上，炭火在燃烧时会产生有毒的物质——稠环芳香烃类物质。而馒头具有吸附的作用，会把稠环芳香烃类物质和一些碳的小颗粒吸附在馒头上。此外，淀粉在高温的条件下也会产生丙烯酰氨。所以，应该少吃烤馒头。

2. 增白的食品不能食用

市场上卖的馒头、包子等越来越白，还有银耳、粉丝等也白得很诱人。但是，这些色泽洁白、感官性好的食品是一些不法商贩在制作时添加了一种叫吊白块（化学名叫甲醛次硫酸氢钠）的食品增白剂，它在食品加工过程中会分解为二氧化硫和甲醛，使食品增白。

这种食品增白剂是国家明令禁止使用的，是国际上公认的致癌物质。如果长期食用会对人体的所有脏器都有不同程度的损伤，尤其是肾脏。因此，增白的食品不能食用。

3. 发霉的食物不能吃

食物发霉后，不仅改变了色、香、味，降低了食物质量，而且由于霉菌毒素直接侵入人体，导致病变。在目前已发现的100多种霉菌毒素中，以黄曲霉毒素的毒性最强，对人体危害也最大。

黄曲霉毒素十分耐热，可达270℃的高温。故一般烹饪加工难以彻底消毒。黄曲霉菌在温度28℃～32℃，相对湿度85%以上的环境下最易繁殖、产毒。

4. 街边煮玉米不能食用

大街小巷到处都有卖熟玉米的小贩，锅里总是煮着热腾腾的玉米。很多人都喜欢吃这种鲜亮甜软的煮玉米。专家指出，街边这种煮玉米不能吃，因为这些小贩在煮玉米时加了"增味剂"。

如果要使煮的玉米香甜软糯，就需要放入一种调配的"增味剂"。这种"增味剂"就是玉米精、色素和甜蜜素。添加了以后，煮的玉米就会香甜可口，且卖相好。甜蜜素属于非营养型合成甜味剂，其甜度为蔗糖的30倍，与玉米精、色素都属于食品添加剂，可以在制作食品的过程中使用，但有严格的剂量，不同食品中添加的量也不同。如果含量超标，会对身体产生较大的危害。而街边的小贩在煮玉米时，由于缺少监管，使用的剂量也很随意，所以往往会添加过量的"增味剂"。因此，街边的煮玉米不能吃。

5. 油炸食品不能多吃

油炸食品的危害性，主要表现在以下几个方面：

（1）产生有毒、有害物质。油脂反复高温加热后，其中的不饱和脂肪酸经高温加热所产生的聚合物——二聚体、三聚体等毒性较强。大部分油炸、烤制食品，尤其是炸薯条中还含有高浓度的丙烯酰胺，俗称丙毒，是一种致癌物质。

（2）营养素严重被破坏。食物经高温油炸，其中的各种营养素会被严重破坏。高温使蛋白质炸焦变质而降低营养价值。高温还会破坏食物中的脂溶性维生素，如维生素A、胡萝卜素和维生素E等，妨碍人体对这些营养素的吸收和利用。

（3）铝含量严重超标。不少人在早餐时会经常食用油条、油饼等。但由于其中加入了明矾疏松剂，使铝含量严重超标。过量摄入铝会对人体有害。铝是两性元素，与酸和碱都能起反应，其形成的化合物容易被肠道吸收，并可进入大脑，影响小儿智力发育，而且还可能会导致老年性痴呆症。另外，炸油条时的面团经过明矾处理后，碱性很高，会使维生素B_1都损失掉。

（4）诱发疾病。油炸食物脂肪含量高，不易消化，常吃油炸食物会引起消化不良，以及饱食后出现胸口饱胀，甚至恶心、呕吐、腹泻、食欲不振等。常吃油炸食品的人，由于缺乏维生素和水分，所以容易上火、便秘。

6. 黑斑的红薯不能吃

如果红薯储存时间太久，或储存处过于潮湿，就会使表皮呈褐色、有黑色斑点或干瘪多凹，薯心变硬、发苦。这说明红薯已受到黑斑病的侵袭。

黑斑病是由子囊菌所引起，子囊菌排出的毒素对人体的肝脏有毒害作用。即使是用水煮、水蒸或火烤，也不能破坏这种毒素。因此，生吃或熟吃有黑斑或黑斑病的红薯，都会引起食物中毒。中毒大多在吃红薯后数小时至数日内发生，其主要症状有胃部不适、恶心、呕吐、腹痛腹泻，严重的还可发生高热、头痛、气喘、呕血、神志不清、抽搐昏迷，甚至死亡。

7. 经常吃剩饭易引起中毒

我们常吃的米饭中所含的主要成分是淀粉，淀粉经口腔内的唾液淀粉酶水解成糊状及麦芽糖，经胃进入小肠后，被分解为葡萄糖，再由肠黏膜吸收。

淀粉在加热到60℃以上会逐渐膨胀，最终变成糊状，这个过程称为"糊化"。人体内的消化酶比较容易将这种糊化的淀粉分子水解。而糊化的淀粉冷却后会产生"老化"现象。老化的淀粉分子若重新加热，即使温度很高，也不可能恢复到糊化时的分子结构，人体对这种老化淀粉水解和消化能力都大大降低。所以，长期食用这种重新加热的剩饭，容易发生消化不良，甚至会导致胃病。凡消化功能减退的老人，婴幼儿或体弱多病者以及患有胃肠疾病的人，最好不吃或少吃变冷后重新加热的米饭。另外，含淀粉的食品最容易被葡萄球菌污染，因为这类食品适合葡萄球菌生长、繁殖。因此，吃剩饭也容易引起食物中毒。

8. 食用长期冷冻食品当心中毒

现在的不少家庭都有了冰箱、冰柜。许多人都认为，食物放入冰箱、冰柜是不容易腐化变质的，想放多久就放多久，想什么时候吃就什么时候吃。其实，任何食物都有保质期。放在冰箱、冰柜内的食物，虽然能够适当延长保质期，但并不能无限期延长。有些食物，如奶酪、肉酱等最多只能储存几天，鲜肉、面包储存最多也不过一周。如果冷冻的食品在冰箱的储存时间超过保质期，食用后就会发生食物中毒。

9. 当心"白色污染"从口入

现在很多小吃店、快餐店都喜欢用塑料袋装熟食。目前，市场上销售的一次性塑料袋，多数都是用聚氯乙烯和聚苯乙烯制成的再生塑料制品。有的是利用垃圾站回收的废旧塑料等再加工的，有些未消毒，可能含有病菌。用聚氯乙烯塑料袋装含油类食品及温度超过50℃的食品，袋中的铅就会溶入食品中，并释放出有毒气体污染食品。长期食用这种塑料袋包装的熟食品，会危害身体健康。

专家指出，并非所有的塑料袋都适合装食物。装食品的塑料袋必须是达到食品级标准的专用食品袋。很多小吃店、快餐店使用的大多是廉价的普通塑料袋。这些塑料袋很少经过消毒处理，直接放食品很容易产生有害的化学物质，对健康不利。因此，就餐时尽量不要选择用塑料袋盛装食品，确实需要时也要看清塑料袋是否有"食品专用"标志。

10. 忌在煤气炉上烤食物

不少人常在煤气炉上烤食物吃，如烤红薯、烤馒头干等。这种做法是不正确的。这是因为，所谓的煤气，大部分都是液化石油气，是由丙烷、丙烯、丁烯等碳氢化合物组成，并混有很多杂质。特别是当氧气不足时，液化石油气燃烧不完全，就会产生一氧化碳和烟灰，烟灰会刺激人的呼吸道黏膜，引起咳嗽和流泪。更为重要的是，食物在液化气的火焰上直接烘烤会被严重污染。煤气在燃烧过程中会产生一种强致癌物——稠环香芳烃。食物在煤气炉上烘烤后，这种致癌物就会附着在食物表面，然后进入人体，达到一定程度之后，就会使人罹患疾病。因此，在煤气炉上烤食物是不当的。为了身体的健康，在烘烤食物时，最好采用加热的办法，切忌将食物直接放在煤气炉上熏烤食用。

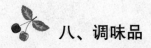

八、调味品

1. 变质生姜不能食用

生姜适宜放在温暖、湿润的地方，贮存温度以 12℃～ 15℃为宜。如果贮存温度过高，生姜就会很容易腐烂。即变质生姜含有毒性很强的物质"黄樟素"，一旦被人体吸收，即使量很少，也可能会引起肝细胞中毒变性。人们常说的"烂姜不烂味"，这种观点是错误的。

2. 生豆油不能食用

现在许多地方用轻汽油来提取豆油，目的是为了多出油。但是，用这种方法提取的豆油中含有一些对人体有害的物质，如果生吃豆油则会损害健康。所以，应当把生豆油烧熟，使有害物质挥发后再吃。此外，生豆油还含有苯，会破坏造血系统。

3. 烹饪酱油不能生吃

酱油是用豆饼、黄豆等经过接种发酵，再高温消毒制成的。酱油含有蛋白质、糖、钙、磷、铁、维生素 B_1 等多种营养成分。酱油分为烹饪酱油和佐餐酱油。烹饪酱油中含有许多微生物，有的微生物会引起胃肠不适或腹泻等症。另外，由于卫生条件的限制，酱油在生产、贮存、运输、销售中还会受到污染，带有各种病菌。所以，生吃酱油易引起肠道传染病。

4. 醋变浑浊不能食用

适当吃点醋有开胃、促进唾液和胃液分泌的功效。古代医学认为醋具有开胃、消食、解毒、散瘀等多种功效，所以醋不仅可以食用，还可药用。

如果醋放置时间过长，就会出现浑浊或发霉等现象。醋变浑浊表明醋在生产过程中被污染，或因存放时间、储存条件不佳，使醋在不清洁的环境中产生了醋鳗和醋虱两种形态不同的微生物。这些微生物都可吞食醋酸菌，使醋失去原有的香味和作用，醋的质量也会有所下降。

食用变浑浊的醋会影响人体健康，严重者还可造成食物中毒。

　　避免醋变浑浊的方法是，买正规厂家生产的小瓶醋，每次使用后都要盖好瓶盖，放在避光阴凉处，且要缩短醋的存放时间。

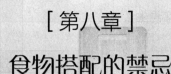

［第八章］
食物搭配的禁忌

　　随着人们对健康的关注，食物的营养越来越受到重视。但大部分人关心的只是某种单一食物的营养，如豆角有补肾的作用、多吃苦瓜能降血糖等。从现代营养学观点看，两种或两种以上的食物，如果搭配合理，就会起到营养互补、相辅相成的作用，发挥其对人体保健的最大作用。但是，如果搭配不合理，就会起相反的作用，对身体健康产生严重的危害。

　　由于对食物的成分不了解而导致搭配错误的现象时有发生。如果食物的搭配只从口味上考虑，就很有可能会造成对健康的损害。如人们常吃的茶叶鸡蛋。茶叶中除含有生物碱外，还有酸性物质，这些化合物与鸡蛋中的铁元素结合，对胃有刺激作用，不利于消化吸收。如"大丰收"这道菜，最好不要配黄瓜，因为黄瓜中含有一种酶，会破坏人体对其他蔬菜中维生素 C 的吸收。所以，食物搭配不当会造成营养的损失。

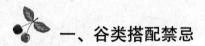

一、谷类搭配禁忌

1. 大米

　　（1）与蜂蜜同食，导致胃痛。

　　（2）不可与马肉同食；不可与苍耳同食。

　　（3）煮粥不能加碱。大米、小米、高粱米等都含有较多的维生素。维生素 B_1、B_2 在酸性环境中很稳定，在碱性环境中很容易被分解。

（4）米汤与奶粉同食，会破坏维生素 A。

2. 小米

小米忌杏仁。小米能健脾和胃，使人安眠。杏仁是主治风寒肺病、清热解毒的良药，如果两者同食，会致人呕吐、恶心。

3. 高粱

（1）不宜加碱煮。

（2）吃高粱，不能喝啤酒。如果同时食用，容易引起胃炎，长期食用容易得胃癌。

4. 黄豆

（1）不宜与猪血、蕨菜同食。

（2）不宜煮食时加碱。

5. 豆浆

（1）豆浆一定不要与红霉素等抗生素类药物一起吃，因为二者会发生拮抗化学反应。喝豆浆与服用抗生素的间隔时间最好在 1 个小时以上。

（2）喝豆浆时不宜食红薯或橘子。

6. 绿豆

（1）煮食时不宜加碱。

（2）服温热药物时不宜食用。

（3）服四环素类药物时不宜食用。

（4）服甲氰咪胍、灭滴灵、红霉素时不宜食用。

7. 红豆

（1）忌与米同煮，食之发口疮。

（2）不宜与羊肉同食。

（3）红豆忌加盐。红豆有一定的药效，可以促进心脏活化，利尿消肿，但若加盐，药效就会降低。

8. 豆腐

（1）与蜂蜜同食，易导致腹泻。

（2）菠菜不能跟豆腐一起煮，因为菠菜中的草酸与豆腐里的钙会结合成不易溶解的草酸钙，长期食用易形成结石症。

（3）小葱不要拌豆腐。因为小葱与豆腐中的钙结合成难以溶解的草酸钙，影响人体对钙的吸收，长期食用易形成结石。

（4）豆腐（豆浆）不要与牛奶同食。

（5）豆腐忌栗子，同食可形成结石。因为豆腐里含有氯化镁、硫酸钙，而栗子中则含有草酸，两种食物遇到一起可生成草酸镁和草酸钙。这两种白色的沉淀物不仅会影响人体吸收钙质，还容易形成结石。同理，豆腐也不能与竹笋、茭白、菠菜等同吃。

（7）忌与四环素同食。

9. 红薯

（1）不能与柿子同食，两者相遇会形成胃柿石，可引起胃胀、腹痛、呕吐，严重时还可导致胃出血等，危及生命。

（2）不宜与香蕉同食。

（3）不宜过量吃红薯。红薯的营养很丰富，但红薯不能吃太多。

10. 花生

忌与蕨菜、毛蟹、黄瓜同食。

11. 黑豆

忌与蓖麻子、四环素同食。

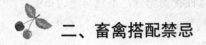

二、畜禽搭配禁忌

1. 猪肉

（1）肉类忌茶饮，否则易产生便秘。茶叶中的鞣酸会与肉类中的蛋白质结合，生成具有收敛性的鞣酸蛋白质，使肠道蠕动变慢，延长粪便在肠道停留的时间，容易造成便秘。

（2）与豆类同食，易引起腹胀气滞。从现代营养学观点来看，豆类与猪肉不宜搭配，这是因为，豆中植物酸含量很高，60% ～ 80% 的磷是以植物酸形式存在的，常与蛋白质和矿物质元素形成复合物，影响两者的可利用性，降低利用效率。豆类与瘦肉、鱼类等荤食中的矿物质钙、铁、锌等结合，可干扰和降低人体对这些元素的吸收。故猪肉与黄豆不宜搭配，猪蹄炖黄豆是不适合的搭配。

（3）与菊花相克，同食严重会导致死亡。

（4）与田螺相克，两者同属凉性，且滋腻易伤胃肠。

（5）与百合相克，同食会引起中毒。

（6）与鸭梨相克，同食会伤肾脏。

2. 猪肝

（1）吃完猪肝不能喝柠檬汁。因为猪肝富含铁质，柠檬中的维生素 C 会影响铁质的吸收。

（2）与西红柿、辣椒相克。猪肝中含有的铜、铁等元素，能使维生素 C 氧化为脱氢抗坏血酸而失去原来的功效。

（3）与荞麦相克，同食会影响消化。

（4）与麻雀肉相克，同食会消化不良，还会引起中毒。

（5）与豆芽相克。猪肝中的铜会加速豆芽中的维生素 C 氧化，失去其营养价值。

3. 猪血

（1）忌黄豆，同食会使人气滞。

（2）猪血与何首乌相克，同食会引起身体不适。

4. 羊肉

（1）羊肉与乳酪相克，二者功能相反，不宜同食。

（2）不宜与豆酱同食，二者功能相反。

（3）不宜与醋同食。羊肉火热，益气补虚。醋中含蛋白质、糖、维生素、醋酸及多种有机酸，其性酸温，消肿活血，应与寒性食物配合，不宜与羊肉搭配。

（4）与荞麦热寒相反，不宜同食。

（5）与南瓜同食，会胸闷腹胀。

（6）忌西瓜，同食会伤元气。

（7）忌竹笋，同食会引起中毒。

5. 羊肝

（1）忌与梅、赤豆、苦笋、猪肉同食。

（2）不宜与富含维生素 C 的蔬菜同食。

（3）与红豆相克，同食会引起中毒。

（4）与竹笋相克，同食会引起中毒。

6. 牛肉

（1）与栗子不宜同食，否则会引起呕吐。

（2）与橘子同食，会导致腹泻。

（3）忌红糖，同食会胀死人。

（4）不可与鱼肉同烹饪。

（5）不可与栗子、黍米、蜂蜜同食。

（6）与橄榄相克，同食会引起身体不适。

7. 牛肝

（1）忌与鲍鱼、鲇鱼同食。

（2）不宜与富含维生素 C 的食物同食，否则会使维生素 C 失去原有的功效。

（3）与鳗鱼相克，同食可产生不良的生化反应。

8. 鸭肉

（1）忌与木耳、胡桃同食。

（2）不宜与甲鱼同食，同食会使人阴盛阳虚，水肿泄泻。

（3）忌与鸡蛋同食，否则会大伤元气。

（4）与栗子同食，会发生中毒。

（5）野鸭忌与木耳、核桃、荞麦、豆豉同食。

9. 驴肉

（1）不宜与猪肉同食，否则易致腹泻。

（2）与金针菇相克，同食易诱发心绞痛，严重会致命。

10. 马肉

（1）不宜与大米（粳米）、猪肉同食。

（2）忌与生姜、苍耳同食。

（3）与木耳相克。

11. 鹅肉

（1）不宜与鸭梨同食，同食容易使人生热病发烧。

（2）忌鸡蛋，同食会伤元气。

（3）鹅肉忌茄子，同食伤肾脏。

（4）与柿子相克，同食严重的会导致死亡。

12. 麻雀肉

（1）不宜与猪肝、牛肉、羊肉同食。

（2）与土豆相克，同食会使面部产生色素沉着。

13. 鹧鸪肉

忌与竹笋同食。

14. 鹌鹑肉

不宜与猪肉、猪肝、蘑菇、木耳同食。

15. 兔肉

（1）忌芹菜，同食会引起脱皮、脱发。

（2）忌与小白菜同食，同食容易发生呕吐、腹泻。

（3）忌人参，同食会中毒。

（4）忌红萝卜，同食会中毒。

（5）与橘子相克，同食会引起胃肠功能紊乱，导致腹泻。

（6）与鸡蛋相克，同食易产生刺激胃肠道的物质而引起腹泻。

（7）与姜相克，寒热同食，易致腹泻。

16. 狗肉

（1）不宜与鲤鱼同食，同食可产生不利于人体的物质。

（2）不宜与大蒜同食，同食会刺激胃肠黏膜，也会助火，容易损人。

（3）食后不宜饮茶。吃狗肉饮茶，易便秘，使代谢产生的有毒物质和致癌物质积滞肠内被动吸收，不利于健康。

（4）忌绿豆，同食会中毒。狗肉与绿豆相克，同食会胀肚。

（5）忌黄鳝，同食会导致死亡。

（6）忌葱，同食会中毒。

（7）与姜相克，同食会腹痛。

（8）与朱砂、鲤鱼相克，同食会上火。

（9）与狗肾相克，同食会引起痢疾。

17. 鸡肉

（1）不宜与兔肉同食。

（2）不宜与鲤鱼同食，性味不反但功能相克。

（3）与大蒜相克。

（4）与芥末相克，两者同食，助火热，无益健康。

（5）忌芹菜，同食会伤元气。

（6）与糯米相克，同食会引起身体不适。

（7）与菊花相克，同食会中毒。

（8）与狗肾相克，同食会引起痢疾。

（9）与芝麻相克，严重者会导致死亡。

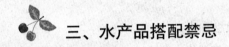

三、水产品搭配禁忌

1. 蟹

（1）不宜与柿子同食，否则会引起腹泻。

（2）不宜与梨同食，两者同食，伤胃肠。

（3）不宜与花生仁同食。从食物的药性上看，花生仁性味甘平，脂肪含量高达45%；而蟹性寒，微毒，为冷利之物。两者同食，极易导致腹泻。这对于胃肠虚弱的人来说，更应加倍注意。

（4）不宜与泥鳅同食。泥鳅药性温补，而蟹的药性冷利，功能正好相反，所以两者不宜同食。另外，蟹与泥鳅同食会形成复杂的生化反应，产生不利于人体的物质，影响健康。毛蟹与泥鳅相克，同食会引起中毒。

（5）不宜与香瓜同食，易导致腹泻。

（6）不宜与冰水、冰淇淋等冷饮同食。特别是在吃了蟹后，如果再食寒凉之物，容易使胃肠温度降低，从而导致腹泻。

（7）不宜与柑橘同食。柑橘的食物药性虽有偏温，但都含有聚湿的特性。而蟹性寒凉，若蟹与柑橘同食，容易导致痰气滞、腹胀等症状的发生。对气管炎患者来说，更应特别注意，否则会加重病情。

（8）与蜂蜜相克，同食会降低营养价值。

（9）与石榴相克，同食会刺激胃肠，出现腹痛、恶心、呕吐等症状。

（10）与红薯相克，同食容易在体内形成柿石。

（11）与南瓜相克，同食会引起中毒。

（12）与芹菜相克，同食会影响蛋白质的吸收。

（13）与大枣相克，同食容易患寒热病。

2. 虾

忌维生素 C。虾含有浓度很高的"五价砷化合物"。该物质本身对人体无毒害。但若在服用维生素 C 片剂或大量进食辣椒、蕃茄、苦瓜、柑桔、柠檬等富含维生素 C 的食物后，就会使无毒的"五价砷"转化为"三价砷"，即剧毒的"砒霜"。

（2）不宜与猪肉同食，否则会损精。

（3）忌与狗肉、鸡肉同食。

（4）与大枣相克，同食可转化为砒霜（价砷），有毒。

（5）忌与糖同食。

（6）虾皮与红枣相克，同食会中毒。

（7）与黄豆相克，同食会影响消化。

3. 甲鱼

（1）忌与猪肉、兔肉、鸭蛋、苋菜同食。

（2）忌与薄荷同煮。

（3）忌与鸭肉同食，久食会使人阴盛阳虚，水肿泄泻。

（4）忌芹菜，同食可使蛋白质变性，影响营养吸收。

（5）与苋菜相克，同食有剧毒。

（6）与鸡蛋相克。

（7）与黄鳝、蟹相克，孕妇吃了会影响胎儿健康。

4. 黄花鱼

（1）忌用牛、羊油煎炸。

（2）与荞麦面相克，同食会影响消化。

5. 鲶鱼

（1）不宜与牛肝同食。

（2）忌用牛、羊油煎炸。

（3）与牛肉相克，同食会引起中毒。

6. 鳝鱼

（1）忌狗血、狗肉，同食温热助火作用更强。

7. 海鳗鱼

（1）不宜与白果、甘草同食。

（2）与牛肝相克，同食会起生化反应，不利于健康。

（3）与柿子相克，同食会中毒。

8. 牡蛎肉

不宜与糖同食。

9. 鲤鱼

（1）忌茄子，同食会肚子疼。

（2）忌与朱沙、狗肉同食。

（3）与猪肉同食会中毒。

（4）与辣椒同食会形成痔疾。

（5）与芹菜同食，患痢疾。

（6）与黄瓜同食，成胎毒。

（7）与咸菜相克，同食可引起消化道癌肿。

（8）与赤小豆相克。

（9）与猪肝相克，同食会影响消化。

（10）与甘草相克，同食会中毒。

（11）与南瓜相克，同食会中毒。

10. 海带

忌猪血，同食会便秘。

11. 鲫鱼

（1）不宜与鸡肉、鹿肉同食。

（2）忌与山药、麦冬、甘草、沙参同食。

（3）与猪肉相克，同食会起生化反应，不利于健康。

（4）与冬瓜相克，同食会使身体脱水。

（5）与猪肝相克，同食具有刺激作用。

（6）与蜂蜜相克，同食会中毒。

12. 泥鳅

与狗血相克，阴虚火盛者忌食。

13. 咸鱼

忌西红柿，同食会产生强致癌物。

14. 墨鱼

与茄子相克，同食容易引起肚子疼。

15. 蛤

与芹菜相克，同食会引起腹泻。

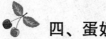

四、蛋奶搭配禁忌

1. 鸡蛋

（1）不能与白糖同煮。很多地方都有吃糖水荷包蛋的习惯。其实，鸡蛋和白糖同煮，会使鸡蛋里蛋白质中的氨基酸形成果糖基赖氨酸的结合物。这种物质不易被人体吸收，会对健康产生不良影响。

（2）不宜和兔肉同食。鸡蛋还有一个饮食禁忌，就是不能与兔肉同吃。《本草纲目》中说："鸡蛋同兔肉食成泄痢。"兔肉性味甘寒酸冷，鸡蛋甘平微寒，两者都含有一些生物活性物质，同食会发生反应，刺激胃肠道，引起腹泻。

（3）鹅、鸭肉忌与鸡蛋同食，否则会大伤元气。

（4）忌糖精。鸡蛋忌糖精，同吃会中毒，严重者还会死亡。

（5）不宜与甲鱼同食。

（6）不宜与鲤鱼同食。

（7）不宜与生葱、大蒜同食。

（8）茶叶不能煮鸡蛋。茶叶中除生物碱外，还有酸性物质。这些化合物与鸡蛋中的铁元素结合，对胃有刺激作用，而且不利于消化吸收。

（9）与红薯相克，同食会腹痛。

2. 皮蛋

忌红糖，同食会发生中毒。

3. 鸭蛋

不宜与甲鱼、李子、桑椹子同食。

4. 奶类

（1）刚喝完牛奶不宜吃橘子。在喝牛奶前后1个小时左右，不宜吃橘子。否则，牛奶中的蛋白质就会先与橘子中的果酸和维生素C相遇而凝固成块，影响消化吸收。此外，还会使人发生腹胀、腹痛、腹泻等症状。在喝牛奶时，同样也不宜食用其他酸性水果。

（2）牛奶中不宜添加果汁等酸性饮料。牛奶中的蛋白质80%为酪蛋白，牛奶的酸碱度在4.6以下时，大量的酪蛋白便会发生凝集、沉淀，难以消化吸收，严重者还可能会导致消化不良或腹泻。

（3）鲜牛奶不要加糖煮。牛奶中含有的赖氨酸，在加热条件下能与果糖发生反应，生成有毒的果糖基赖氨酸，不易被人体消化。食用后会出现胃肠不适、呕吐、腹泻病症，影响健康。鲜牛奶在煮沸时不要加糖，等牛奶稍凉以后再加糖。

（4）不宜和巧克力同食。牛奶含有丰富的蛋白质和钙，巧克力则含有草酸，两者同食会结合成不溶性草酸钙，影响钙的吸收。甚至还会出现头发干枯、腹泻、生长缓慢等现象。

（5）与米汤相克，同食会导致维生素A大量损失。

（6）与钙粉相克。牛奶中的蛋白和钙结合发生沉淀，不易吸收。

（7）与菜花相克。菜花含有的化学成分影响钙的消化吸收。

（8）与韭菜相克，同食会影响钙的吸收。

（9）与菠菜相克，同食会引起痢疾。

（10）喂婴幼儿不应喝掺水的牛奶。

（11）铅作业者不应饮用牛奶。

（12）与药物相克。有人喜欢用牛奶代替白开水服药。其实，这样会影响人体对药物的吸收。由于牛奶容易在药物的表面形成一层覆盖膜，使奶中的钙、镁等矿物质与药物发生化学反应，形成非水溶性物质，从而影响药效的释放及吸收。因此，在服药前后1个小时内最好不要喝牛奶。

五、果品搭配禁忌

1. 苹果

（1）不宜与萝卜同食。

（2）不宜与海味同食。海味与含有鞣酸的水果同食，容易引起腹痛、恶心、呕吐等。

（3）服磺胺类药物和碳酸氢钠时不宜食用。

2. 梨

（1）不宜与鹅肉、蟹同食。

（2）不宜食后饮开水，否则易致腹泻。

（3）忌与油腻、冷热之物同食。

（4）服用糖皮质激素后不宜食用。

（5）服磺胺类药物和碳酸氢钠时不宜食用。

3. 桃

（1）食用龟肉、甲鱼及服中药白术时不宜食用。

（2）服用退热净、阿司匹林、布洛芬时不宜食用。

（3）服用糖皮质激素时不宜食用。

4. 李子

（1）不宜与鸡蛋同食。

（3）不宜与蜂蜜同食。

（4）不宜与雀肉同食。

5. 荔枝

（1）不宜和动物肝脏同时食用。

（2）不宜与胡萝卜及黄瓜同时食用。

6. 枣

（1）不宜和黄瓜或萝卜同食。

（2）不宜和动物肝脏同食。

（3）不宜与海鲜同食，否则会使人腰腹疼痛。

（4）不宜与葱同食，否则会使人脏腑不合、头胀。

（5）不宜与虾肉同食，否则会中毒。

7. 香蕉

（1）不宜与白薯同食。

（2）忌芋头，同食会导致腹泻。

（3）忌哈密瓜，同食会使肾衰病人、关节炎病人病症加重。

8. 西瓜

忌羊肉，同食会伤元气。

9. 橘子

（1）忌与萝卜同食。萝卜含较多的酶类及硫化物，食后体内可产生一种抗甲状腺素，阻碍甲状腺对碘的摄取。而橘子含有的黄酮类物质，在体内可转化成羟基苯甲酸及阿魏酸，能加强硫氰酸对甲状腺的抑制作用，从而诱发或导致甲状腺肿大。所以，橘子与萝卜不能同吃。

（2）橘子与柠檬同食，会导致消化道溃疡穿孔。

10. 菠萝

（1）对菠萝过敏者不宜食用。

（2）不宜与萝卜同食。

（3）不宜与含有蛋白质丰富的牛奶、鸡蛋同食。

11. 葡萄

（1）不宜与海鲜类、鱼类同食。

（2）服人参者忌食。

12. 芒果

不宜与辛辣之物同食，多食会对人的肾脏有害。

13. 杏儿

（1）不能空腹吃，而且吃了杏后不能马上喝凉水，否则会很容易导致腹泻。另外，新鲜的杏对患有胃溃疡和胃炎的人有害，最好不要食用。

（2）忌与小米同食，否则会使人腹泻。

14. 香瓜

忌与蟹、田螺、油饼同食。

15. 杨梅

（1）忌与生葱同食。

（2）不宜与羊肝、鳗鱼同食。

16. 山楂

忌与胡萝卜同食。两者分别含有丰富的维生素 A 和维生素 C，但胡萝卜同时含有的维生素 C 分解酶，会加速维生素 C 的氧化，破坏维生素 C 的生理活性，使山楂的营养价值降低。

17. 柿子

（1）忌与蟹、水獭肉同食，否则会腹痛、大泻。

（2）忌与红薯、酒同食。红薯的主要成分是淀粉，多食后会有大量胃酸分泌，遇柿子中的单宁和果胶后，容易凝结成胃柿结石，重者并发胃出血、胃溃疡。

18. 银杏

（1）严禁多吃。婴儿吃 10 颗左右就可致命，3 ～ 5 岁小儿吃 30 ～ 40 颗可致命。

（2）不可与鱼同食，否则会产生不利于人体的生化反应。

19. 果汁

果汁与虾相克，同食会腹泻。

六、蔬菜搭配禁忌

1. 萝卜

（1）红白萝卜不能一起吃。专家指出，白萝卜中的维生素C含量极高，但红萝卜中却含有一种抗坏血酸的分解酵素，会破坏白萝卜中的维生素C。红白萝卜同食，白萝卜中的维生素C就会丧失殆尽。同时，在与含维生素C的蔬菜一起烹饪时，红萝卜都充当了破坏者的角色。此外，胡瓜、南瓜等也都含有类似红萝卜的分解酵素，同食也会影响维生素C的吸收。

（2）忌木耳，同食会导致皮炎。

（3）胡萝卜不宜和西红柿、辣椒、石榴、莴苣、木瓜等同食。因胡萝卜含有分解酶，可使其他果菜中的维生素损失。胡萝卜最好单独食用或与肉类一起食用。

（4）忌与牛奶、蟹、蛤同食。

（5）胡萝卜不宜与酒同食。因为胡萝卜素与酒精一同进入人体，会在肝脏产生毒素，引起肝病。

2. 韭菜

（1）不可与菠菜同食，两者同食会有滑肠作用，易引起腹泻。

（2）不可与蜂蜜同食，同食容易引起心绞痛。

（3）不可与牛肉同食，同食会使人发热动火。

（4）韭菜性温热，酒后不要吃。韭菜属于温热性，吃过量会神昏目眩，尤其是酒后不能吃。患有风热型感冒、上火发炎、麻疹、肺结核、便秘、痔疮等病人，不宜食用。韭菜的纤维特粗，有消化道疾病或消化不良者，不可一次吃得太多，否则会腹胀难受。

3. 茄子

忌与黑鱼、蟹同食，同食会伤胃肠。

4. 菠菜

（1）忌与豆腐等高钙食物同吃。菠菜、葱或其他蔬菜中所含的草酸，会与钙结合成不可溶解的草酸钙，影响人体吸收钙质，而且容易患结石症。

（2）菠菜不宜炒猪肝。猪肝中含有丰富的铜、铁等金属元素，如果与含维生素C较多的菠菜同食，金属离子就很容易使维生素 C 氧化而失去营养价值。

（3）忌与虾皮同食。菠菜中含有较多的草酸，虾皮中含较多的钙，二者同食，易形成草酸钙沉淀，不利于人体对钙的吸收。

（4）不宜与苋菜、蕨粉同食。

5. 南瓜

（1）不可与富含维生素 C 的蔬菜、水果同食。

（2）与油菜相克，同食会降低营养价值。

（3）不可与羊肉同食，同食易发生黄疸和脚气病。

（4）与醋相克，同食醋酸会破坏南瓜的营养成分。

（5）忌与辣椒同食。南瓜中含有丰富的维生素 C 分解酶，与辣椒同食会破坏辣椒中的维生素 C。

6. 竹笋

（1）不宜与豆腐同食，同食易形成结石。

（2）不可与鹧鸪肉同食，同食会使人腹胀。

（3）不可与糖同食。

（4）不宜与羊肝同食。

（6）与羊肉相克，同食易导致腹痛。

7. 茭白

不宜与豆腐同食，同食易形成结石。

8. 芹菜

（1）忌醋，同食易损伤牙齿。

（2）不宜与黄瓜同食。

（3）与鸡肉相克，同食会降低营养价值。

9. 芥菜

忌与鲫鱼同食，否则易引发水肿。

10. 黄瓜

（1）忌与西红柿同食，易破坏维生素 C。西红柿中含有丰富的维生素 C，而黄瓜中的分解酶会破坏维生素 C。若两者同食，不利于人体对维生素 C 的吸收。

（2）与香菜相克，同食会使维生素 C 受到破坏。

（3）忌与菠菜同食。菠菜中的维生素 C 含量相当高，若与黄瓜同食，会破坏人体对维生素 C 的吸收。

（4）忌与花生同食。黄瓜切小丁，和煮花生米一起调拌，作为一道爽口凉菜经常被食用。其实，这样搭配是不正确的，这两种食物搭配可能会引起腹泻。因为黄瓜性味甘寒，常用来生食，而花生米则多油脂。一般来讲，如果性寒食物与油脂相遇，会增加其滑利之性，可能会导致腹泻。

（5）忌与辣椒同食。辣椒中含有丰富的维生素 C，与黄瓜同食，会影响人体对维生素 C 的吸收。

（6）不宜和维生素 C 含量高的蔬菜同烹饪。

11. 西红柿

与土豆相克，同食会腹痛、腹泻。

12. 冬瓜

与鲫鱼相克，同食会降低营养价值。

13. 小白菜

与兔肉相克，同时会使优质蛋白受到破坏。

14. 菜瓜

忌与牛奶、奶酪、鱼类同食，易生疾病。

15. 马齿苋

不宜与甲鱼同食。

16. 蕨菜

忌与黄豆、花生、毛豆等同食。

17. 山药

忌与鲫鱼、甘遂同食。

18. 木耳

（1）马肉和木耳同食易得霍乱。

（2）田螺和木耳同食会中毒。

（3）萝卜和木耳同食会得皮炎。

（4）茶和木耳同食会降低人体对铁的吸收。

（5）麦冬和木耳同食会引起胸闷。

（6）忌与雉鸡、野鸭、鹌鹑肉同食。

（7）忌与四环素同服。

19. 金针菇

不能和驴肉同食。

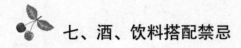

七、酒、饮料搭配禁忌

1. 白酒

（1）忌柿子，同食会胸闷，引起中毒。

（2）与汽水同食，会加速人体对酒精的吸收，并产生大量的二氧化碳，对胃肠、肝、肾等器官均能引起严重的损害：刺激胃黏膜而减少胃酸分泌，影响消化酶的产生，导致急性胃肠炎、胃痉挛、胃溃疡、十二指肠溃疡等症，加速酒精渗透到中枢神经，致使血压升高，甚至会出现昏迷状态，导致死亡。

（3）忌牛肉，同食容易上火。因为牛肉属于甘温，补气助火，而白酒则属于大温之品，与牛肉相配则如火上浇油，容易引起牙齿发炎。

（4）忌与核桃同食。核桃含有丰富的蛋白质、脂肪和矿物质，但核桃性热，多食燥火。白酒甘辛火热，两者同食易导致血热，严重者还可导致咯血、鼻出血。

（5）与茶同食，易造成肾脏损害。

（6）烧酒与黍米相克，同食会引起心绞痛。

2. 啤酒

（1）海鲜与啤酒同食，诱发痛风。

（2）不宜与白酒同时饮用。若白酒与啤酒同饮，会导致胃痉挛、急性胃肠炎、十二指肠炎等症，同时对心血管的危害也相当严重。白酒掺啤酒刺激心脏、肝、肾、胃肠。

（3）不能兑汽水饮用，否则很容易醉。

（4）不宜与腌熏食品同食。

3. 葡萄酒

（1）忌与部分海鲜同食。红葡萄酒配红肉符合烹饪学自身的规则。葡萄酒中的单宁与红肉中的蛋白质相结合，会使消化立即开始。尽管新鲜的大马哈鱼、剑鱼和金枪鱼由于富含天然油脂，能够与体重轻盈的红葡萄酒搭配良好。但红葡萄酒与某些海鲜搭配时，如多弗尔油鳎鱼片等，高含量的单宁会严重破坏海鲜的口味，葡萄酒本身甚至也会有令人讨厌的金属味。

白葡萄酒配白肉类菜肴或海鲜也是很好的选择。一些白葡萄酒的口味也许会被牛肉或羊肉所掩盖，但用板鱼、虾、龙虾或烤鸡胸脯佐餐，都会将美味推到极高的境界。

（2）忌与醋同食。各种沙拉通常不会对葡萄酒的口味产生影响，但如果其中拌了醋，则会钝化口腔的感受，使葡萄酒失去活力，口味变得呆滞平淡。葡萄酒与柠檬水是很好的搭配，这是因为其中的柠檬酸与葡萄酒的口味能够协调一致。

奶酪和葡萄酒是天生的理想组合，但是不要将辛辣的奶酪与体重轻盈的葡萄酒搭配。

（3）浓香辛辣食品配酒有讲究。辛辣或浓香的食品配酒可能会有一定的难度，但搭配辛香型或果香特别浓郁的葡萄酒，是最好的选择。

4. 酒忌咖啡

酒中含有的酒精具有兴奋作用，而咖啡中所含咖啡因同样也具有较强的兴奋作用。两者同饮，会对人产生很大刺激。如果是在心情紧张或是心情烦躁时同饮酒和咖啡，会加重紧张和烦躁情绪；若是患有神经性头痛的人，同饮会立即引发病痛；若是患有经常性失眠症的人，会使病情恶化；如果是心脏有问题，或是有阵发性心动过速的人，同饮的后果更为严重，很可能会诱发心脏病。

5. 酒忌鱼

含维生素 D 高的食物有鱼、鱼肝、鱼肝油等，如果饮酒吃此类食物时，会减少吸收 60% ～ 70% 的维生素 D。人们常常是鲜鱼佐美酒，但这种吃法却不是最好的吸收营养成分。

6. 喝酒时少吃熏腊味食物

大量饮酒或空腹饮酒都有损健康，尤其饮酒时佐菜选择不当更会"火上加油"。因此选择好饮酒的佐菜，不仅可以增加营养，饱口福，还可减少酒精对人体的伤害。

饮酒时不要多吃咸鱼、香肠、腊肉等熏腊味食物。因为此类食物不仅含盐高，还有大量色素与亚硝酸盐，不仅伤肝，还会伤害口腔与食道黏膜，甚至诱发癌症。酒精对肝脏有一定的刺激作用，而糖对肝脏及血液循环却有一定的保护作用。因此，下酒菜宜选择糖醋三丝、拔丝山药、拔丝苹果、糖醋鱼以及糖醋里脊、糖醋花生米等，也可选择富含无机盐类的菜肴。酒精有利尿作用，大量饮酒与频繁排尿会使钾、钠、镁等无机盐丢失，出现酸中毒、酒精中毒等症状。若能吃些海带、香菇、香蕉等，既可稳定水、电解质和酸碱平衡，又可防止酒精中毒。

7. 酒后禁忌

（1）酒后忌喝牛奶。酒后喝牛奶会导致脂肪肝，增加有毒物质的形成，降低奶类的营养价值，有害健康。

（2）酒后吃糖会导致血糖上升，影响糖的吸收，容易患糖尿病。

（3）酒后忌食辣物及芥末。

8. 冷饮

（1）冷饮与热茶相克。同食不仅会使牙齿受到刺激，易得牙病，而且对胃肠也有害。

（2）冰棒与西红柿相克，同食会中毒。

9. 汽水

（1）汽水与进餐相克，对人体消化系统极为有害，使胃的消化功能越来越差。

（2）汽水与辛辣食物同食，会使萎缩性胃炎病人胃脘疼痛。

10. 咖啡

（1）服单胺氧化酶抑制剂时，不应饮用咖啡。

（2）饮咖啡忌吃多酶片及维生素C。

11. 茶

（1）贫血病人服用铁剂时，忌饮茶。

（2）服人参等滋补药品时忌喝茶。

（3）喝茶水不宜加白糖。

（4）饮茶后不宜吃四环素类药物。

八、调味品搭配禁忌

1. 辣椒

忌与羊肝同食。

2. 香菜

（1）不可与一切补药同食。

（2）忌与白术、牡丹皮同食。

3. 葱

（1）不宜与杨梅、蜜糖同食，同食易气壅胸闷。

（2）忌与红枣、常山、地黄同食。

4. 蒜

（1）不宜与补药同服。

（2）忌与蜂蜜、地黄、何首乌、牡丹皮同食。

（3）大蒜与大葱同食会伤胃。

5. 花椒

忌与防风、附子、款冬同食。

6. 醋

（1）忌与丹参、茯苓同食。

（2）不宜与海参、羊肉、奶粉同食。

（3）忌壁虎，同食可致命。

7. 糖

（1）忌与虾同食。

（2）不可与竹笋同煮。

（3）不宜与含铜食物同食。

8. 蜂蜜

（1）不宜与葱、蒜、韭菜、莴苣、豆腐同食，同食易引起腹泻。

（2）与大米相克，同食会胃痛。

（3）与茶相克，同食会影响消化吸收。

（4）与豆浆相克，同食会影响消化，有损听力。

（5）与菱角相克，同食会消化不良。

（6）不可与苦菜同食。

（7）忌与地黄、何首乌同食。

（8）开水冲蜂蜜，破坏营养素。

9. 味精

炒鸡蛋时不宜放味精。因为鸡蛋本身含有许多与味精成分相同的谷氨酸。如果炒鸡蛋时放味精，不仅不会增加鲜味，反而会破坏和掩盖鸡蛋的天然鲜味。

九、药物与食物搭配禁忌

1. 任何药物都忌烟

服用任何药物后的 30 分钟内，都不能吸烟。因为烟碱会加快肝脏降解药物的速度，导致血液中药物浓度不足，难以充分发挥药效。实验证明，服药后 30 分钟内吸烟，血液中药的浓度约降至不吸烟时的 1/20。

2. 钙片与菠菜相克

菠菜含有大量草酸钙，进入人体后电解的草酸根离子会沉淀钙离子，不仅会妨碍人体吸收钙，还容易生成草酸钙结石。所以，服钙片前后 2 小时内不要进食菠菜，或将菠菜先煮一下再食用。

3. 抗过敏药与奶酪、肉制品相克

服用抗过敏药期间忌食奶酪、肉制品等富含组氨酸的食物。因为组氨酸在体内会转化为组

织胺，而抗过敏药会抑制组织胺的分解，造成组织胺蓄积，诱发头晕、头痛、心慌等不适症状。

4. 止泻药与牛奶相克

服用止泻药时不能饮用牛奶。因为牛奶不仅会降低止泻药的药效，而且其含有的乳糖还容易加重腹泻。

5. 利尿剂与香蕉、橘子相克

服用一些具有保钾作用的利尿剂后，钾会在血液中滞留，而香蕉、橘子中的钾含量非常丰富。如果两者一起服用，会造成体内钾蓄积过量，诱发心脏、血压方面的并发症。

6. 降压药与西柚汁相克

服用降压药时不能饮用西柚汁。西柚中的柚皮素会抑制肠道内某些代谢酶的产生，而且这些酶和降压药的代谢有关。如果两者同时服用，会造成药物无法正常代谢，蓄积在血液里，造成血液中的药物浓度过高，出现血压过低的危险。

7. 布洛芬与咖啡、可乐相克

布洛芬（芬必得）对胃黏膜有刺激作用，而咖啡中的咖啡因和可乐中的古柯碱则会刺激胃酸分泌，加重布洛芬对胃黏膜的副作用，甚至诱发胃出血、穿孔。

8. 抗生素与牛奶、果汁相克

服用抗生素前后2小时，不要饮用牛奶或果汁。因为牛奶会降低抗生素活性，使药效无法充分发挥。而果汁，尤其是新鲜果汁中富含的果酸会加速抗生素溶解，不仅降低药效，而且可能会增加毒副作用。

9. 阿司匹林与酒相克

酒在体内先被氧化成乙醛，然后形成乙酸，最后分解成水等排出体外。而阿司匹林会妨碍乙醛氧化成乙酸，造成体内乙醛蓄积，不仅会加重发热和全身疼痛等症状，还容易引起肝损伤。

10. 苦味健胃药与甜食相克

苦味健胃药主要是靠苦味刺激唾液、胃液等消化液分泌，促食欲、助消化。甜味成分一方面掩盖苦味，降低药效，另一方面还与健胃药中的很多成分发生结合反应，降低其有效成分的含量。

11. 止咳药与海鱼相克

服用止咳药期间不要吃鱼，尤其是深海鱼更不要食用，以免引起组胺过敏反应，导致皮肤潮红、结膜充血、头晕、心跳加快、荨麻疹等不适症状。

12. 异烟肼与鱼相克

异烟肼又称雷米封，是治疗结核病的最常用的有效药物，对痢疾、百日咳、麦粒肿等也有一定的疗效。但是，服用异烟肼期间，需要禁食鱼肉，尤其是富含组氨酸的青皮红肉鱼，否则可能会引起严重的不良反应。

13. 铁剂与油脂相克

大量食用动、植物油时，不宜服用铁剂（如硫酸亚铁、富马酸铁等）。因为油脂能抑制胃酸的分泌，从而减少铁在胃肠道的吸收；而驱虫类西药多为脂溶性药物，并且只在肠道内发挥局部治疗作用。如果摄入过多富含油脂的食物，可促进驱虫药在体内的吸收，既增加了药物的毒性，又降低了疗效。

14. 服用降压药等要少吃盐

盐的主要成分是氯化钠，起着调整体液和细胞之间酸碱平衡的作用。此外，食盐还可抑制降压药、利尿药、肾上腺素等药物的疗效。因此，服用这些药物时应少吃盐。

15. 抗生素与酱油相克

酱油含有丰富的金属离子，容易和四环素族等抗生素结合，形成不易被胃肠吸收的结合物，降低抗菌功效。此外，服用优降宁（治疗心血管疾病的药物）时，也不要吃酱油，否则会引起恶心、呕吐等副作用。

16. 碱性药物与醋相克

食醋为酸性物质，而碳酸氢钠、碳酸钙、氢氧化铝、乳酶生、胰酶素、红霉素、磺胺类等属于碱性药物。如果服用这些药物期间食醋，会使药性中和，失去药效。所以服用这些药物时必须忌醋。

17. 降压药、滋补品与辛辣食物相克

辛辣食物包括葱、蒜、辣椒、花椒等。辣椒会增加氨茶碱和降压药的吸收率，增加药物的副作用。气味辛辣的食物，其性燥热，能耗津动火，伤阴化燥，与地黄、何首乌滋阴养血的功能相反。所以，降压药、滋补品与辛辣食物应禁止同时食用。

18. 服药物时忌吃味精

药物一般经肾脏排出，而味精中含有大量的氨基酸。如果同时服用，会增加肾脏的负担。服用利尿药、肾上腺皮质激素时不能吃味精。

19. 忌用开水服的药

白开水服药是最安全的，也是副作用最少的。但是，有些药物对水的温度也是有限制的。下面这些药物是不能用开水送服的。

（1）助消化类药物，如多酶片、酵母片等，此类药中的酶是活性蛋白质，遇热后会凝固变性，从而失去应有的助消化作用。因此，服用多酶片时最好用低温水送服。

（2）维生素 C 是水溶性制剂，不稳定，遇热后易还原而失去药效。

（3）止咳糖浆类药物，若用开水送服，会稀释糖浆，降低在黏膜表面的稠度，不能生成保护性薄膜和减轻黏膜炎症反应，因而不能阻断刺激和缓解咳嗽。

20. 与维生素相克的食物

（1）服用维生素 A、D 时，忌食米汤。鱼肝油主要含有维生素 A 和维生素 D，其中维生素 A 的含量是维生素 D 的 10 倍。小儿缺钙服用鱼肝油滴剂时，有的家长会把滴剂放入米汤里同服，这是不科学的。因米汤中含有一种脂肪氧酶，能溶解和破坏鱼肝油中的脂溶性维生素 A、D（热米汤更甚）。富含维生素 A 的食物与米汤在不同的温度下混合时，其中的维生素 A 会大量被破坏。所以，服用维生素 A、D 时忌食米汤。

（2）服用维生素 B_1 时，忌食生鱼、蛤蜊。生鱼、蛤蜊中含有破坏硫胺素的硫胺酶。如果长期吃生鱼和蛤蜊肉，会造成维生素 B_1 缺乏。服用维生素 B_2 时，也应禁食这些食物，否则会降低药效。

（3）服用维生素 B_2 时，忌食高纤维素、高脂肪和生冷食物。任何加快肠内容物通过的速度的因素，特别是导致肠蠕动增强或腹泻的食物，都可降低维生素 B_2 的吸收。高脂肪食物会大大增加人体对维生素 B_2 的需要量，更会加重维生素 B_2 的相对缺乏。

（4）服用维生素 B_6 时，忌食含硼酸食物。维生素 B_6 实际包括三种衍生物，即吡哆醇、吡哆醛、吡哆胺，它们都容易被胃肠道吸收，吸收后吡哆醛、吡哆胺转为吡哆醇。吡哆醇与硼酸作用可生成结合物。茄子、南瓜、胡萝卜、萝卜缨等都含有较多的硼酸，与体内消化液相遇，再遇上维生素 B_6，则可能会生成结合物，影响维生素 B_6 的吸收和利用，降低药效。

（5）服维生素 C 时，忌吃动物肝脏。服用维生素 C 时，食用猪肝或其他动物内脏，都可使维生素 C 失去药效。因为维生素 C 是一种烯醇结构的物质，遇到微量金属离子，如铜、铁等离子会迅速氧化，特别是铜离子能使维生素 C 氧化速度增加 1000 倍以上。猪肝（包括其他动物肝脏）含铜丰富，能催化维生素 C 的氧化，使维生素 C 失去生物功能。

维生素 C 也与虾相克。服用维生素 C 前后 2 小时内不能吃虾。因为虾中的铜会氧化维生素 C，使其失去药效。虾中的五价砷易与维生素 C 发生反应，生成具有毒性的"三价砷"。

（6）服用维生素 K 时，忌吃黑木耳。因为维生素 K 具有治疗出血性疾病的功能。而黑木耳中含有妨碍血液凝固的成分，可使维生素 K 的凝血作用降低，达不到治疗的目的。

21. 不要用茶水送服药物

茶叶中含有的大量鞣质，能与药物中的蛋白质、生物碱或重金属盐发生相互作用而影响药效。如治疗贫血的硫酸亚铁和枸橼酸铁铵与茶水同服，会与茶水中的鞣质结合产生沉淀，几乎不被人体吸收。又如洋地黄、地高辛等强心药，如果与茶水同服，也会因产生不溶性沉淀物而难以吸收，使药物失效。各种助消化药，如多酶片、胃蛋白酶、胰酶、淀粉酶、酵母、乳酶生等都含有蛋白质，鞣质会与蛋白质结合，形成鞣酸蛋白，使助消化能力减弱，甚至无效。

茶叶中含有的咖啡因能兴奋大脑，当与催眠镇静药地西泮、苯巴比妥等同服时，会降低这些药的作用。咖啡因还可刺激胃酸的分泌，导致制酸药物如复方氢氧化铝（胃舒平）、氢氧化铝凝胶、复方铝酸铋（胃必治）等药效减弱。所以不要用茶水送服药物。

22. 与消化系统药物相克的食物

（1）碳酸氢钠、碳酸钙、氢氧化铝与酸性食物相克。因为酸性食物（如醋、酸菜、果汁等）与这些药物同食，可降低疗效。另外，因氢氧化铝饭后服不易与胃黏膜广泛接触，所以作用减弱。一般应在饭前 30 分钟服用。

（2）氢氧化铝与牛奶相克。慢性浅表性胃炎、慢性肥厚性胃炎的治疗常需服氢氧化铝凝胶、次碳酸铋等抗酸药物。若服用这类药物时饮牛奶，常会出现恶心、呕吐、腹痛等症状，甚至会导致钙盐沉积于肾实质，造成肾脏不可逆性损害。

（3）碳酸氢钠、碳酸钙与果汁、咖啡等相克。因服果汁或清凉饮料、咖啡及酒类，均会增加胃液中的酸度，不利于制酸药发挥疗效。

（4）健胃片、大黄苏打片与茶相克。服用碳酸氢钠药物，如健胃片、大黄苏打片、小儿消食片等不应同时饮茶，因为碳酸氢钠会与茶中的鞣酸发生分解反应，失去药效。

（5）胃仙 U、乐得胃与高脂食物相克。高脂肪（如肥肉、油炸食品）、豆类（如豆芽、豆腐）及刺激性食物（如辣椒、咖啡、酒等）等均可影响胃仙 U、乐得胃的疗效，增加其不良反应。所以，用药期间应避免食用这些食物。此外，胃仙 U、乐得胃还与酸性食物相克。含有酸性成分的食物，如山楂、乌梅等与制酸药同食，会发生酸碱中和反应，影响疗效。

（6）阿托品与蜂王浆相克。蜂王浆中含有两种类似乙酰胆碱的物质。实验证明，这两种物质所产生的作用与抗胆碱药物阿托品对抗，同时服用会明显降低抗胆碱类药物的疗效。所以蜂王浆不宜与抗胆碱类药同时服用。同时，因为阿托品对腺体分泌有抑制作用，饭后服会影响食物的消化。

（7）与胃蛋白酶相克的食物

①酒类。这是因为乙醇的量超过胃蛋白酶的20%时，可以引起胃蛋白酶的凝固而降低疗效。

②碱性食物。因为胃蛋白酶在PH值1.5～2.5之间时活性较强，在PH＞5时全部失效。所以，过量食用碱性食物（如菠菜、胡萝卜、黄瓜、苏打饼干、茶叶）会降低本品疗效。

③茶。慢性萎缩性胃炎由于胃酸分泌不足以及消化液分泌不足常有消化不良，需配合服用多酶片、胃蛋白酶，以助消化。而茶叶中的鞣酸可与蛋白质发生化学作用，会使其活性减弱以致消失而影响疗效。

④动物肝脏。因动物肝脏中所含的铜元素与胃蛋白酶中的酶蛋白质、氨基酸分子结构上的酸性基因形成不溶性沉淀物，而降低药物的疗效。

（8）与乳酶生相克的食物

①蜂蜜。蜂蜜味甘，可壅遏气机，影响脾胃的消化吸收功能，降低药物的疗效。所以，服健胃助消化药时不宜食用。

②高糖食物。苦味健胃药和驱风健胃药是借助于苦味、怪味刺激口腔味觉器官，反射性地提高中枢兴奋，起到帮助消化、增加食欲的作用。服药时吃高糖食物，则难以达到药物的疗效。

（9）与多酶片相克的食物

①动物肝脏。动物肝脏含有丰富的铜元素，如果服用胰酶、淀粉酶的同时食用动物肝脏，其所含的铜便可与酶蛋白质、氨基酸分子结构上的酸性基因形成不溶性的沉淀物，降低药物的疗效。所以，服用酶制剂药物时不应食用动物肝脏。

②酸性食物。多酶片在偏碱性环境中作用较强，若在服药期间过食酸性食物，则会使其疗效减弱。

23. 与中药相克的食物

中药忌口有一个总原则：服用温热或寒凉的中药时，应尽量食用中性平和的食物。如果中药与食物的性味相反，就会使药力抵消减弱，达不到应有的疗效；如果药与食物的性味相同，就会使药力增加，超过人体能承受的范围。

喝中药前后1小时左右最好不要喝茶、咖啡、牛奶或豆浆，以免中药成分与茶的鞣质、咖啡因及蛋白质等发生化学反应，影响药物的疗效。可以喝水，忌食生冷辛辣、油腻食物。

服用下列中药期间，不要食用一些对药效有妨碍和对病情不利的食物。

（1）吃人参等滋补类中药忌萝卜、大蒜。西洋参、边条参都是常见的补药，而萝卜有顺气、促消化的作用。如果同时服用，萝卜就会化解人参的药力。同样，在吃其他大补药时，前后1小时内也不能吃萝卜、大蒜等促消化的食物。

（2）吃双黄连忌大蒜。双黄连是清热解毒、治疗外感风热的常见药物，性凉，而大蒜性热。服双黄连的同时，如果食用大蒜，就会降低药效。

（3）吃板蓝根忌冷饮。因为板蓝根性凉，服用前后喝了冷饮，就会凉上加凉，胃肠难以承受发生腹泻。同样，绿豆、香蕉、黄瓜等凉性食物都不宜与板蓝根同食。

（4）服发汗药忌食醋和生冷食物。醋和生冷食物有收敛的作用，若与发汗药物同服，就会与药效相抵。

（5）皮肤疾患服药期间忌鱼虾、鹅肉。鱼虾富含蛋白质，鹅肉属于粗纤维肉，皮肤过敏的人容易对这两种物质过敏，所以忌食。

（6）忌生冷、油腻、辛辣的食物。生冷、油腻、不易消化的食物，既增加病人的胃肠负担，又影响对药物的吸收及中药的功效。

（7）服中药不能加糖。有些人吃中药怕苦，常加糖调味。其实，吃中药不能滥加糖，因为糖能抑制某些退热药的药效，干扰矿物元素和维生素的吸收。而某些苦味药就是靠其苦味刺激消化腺，促进消化液的分泌。

（8）其他。如甲鱼忌苋菜；常山忌葱；地黄、何首乌忌葱、蒜、萝卜；茯苓忌醋等。

24. 服阿莫西林别吃芹菜

阿莫西林最好是空腹服。在吃了芹菜等富含纤维素的食物后 2 小时内，最好不要服用阿莫西林。这是因为，阿莫西林会被粗纤维吸收，从而导致其在胃肠道的药物浓度下降，最终无法达到用药目的。除了芹菜、豆芽、茄子、韭菜、花菜、菠菜、胡萝卜等绝大多数蔬菜瓜果以及燕麦、海带、紫菜和豆类、菌类、薯类等，都富含粗纤维，在服用阿莫西林时最好都不要食用。

25. 酒与药的禁忌

服用大多数药物时，最好不要喝酒，调味的料酒也要少吃。酒能引起血管扩张，与降血压药，如利血平、心痛定等同食易造成低血压，严重时还可危及患者生命；酒还会增强降糖药的作用，引起低血糖。

（1）服用抗心绞痛药物时，不应饮酒。

（2）服用降压药时，不应饮酒。

（3）服用痢特灵、甲基苄肼、苯乙肼时，禁止饮酒。

（4）服用镇静安定药物时，禁止饮酒。

（5）服用降血糖药时，禁止饮酒。

（6）服用止血药时，不应饮用。

（7）服用水杨酸类药物时，不宜饮用。

（8）服用利尿药物时，不宜饮用。

（9）服用利福平、红霉素和抗血吸虫药硝硫氰时，不宜饮酒。

十、食物中的鸳鸯配

1. 豆腐配海带

豆腐营养丰富，含皂角苷成分，能抑制脂肪的吸收，促进脂肪分解，阻止动脉硬化的过氧化质的产生。但是，皂角苷会造成人体碘的缺乏，而海带中富含人体必需的碘。两者同食，可互相补充，有利于消化和吸收。

2. 豆腐配西红柿

西红柿果蔬兼具，味美可口，不仅含丰富的维生素和有机酸，而且含多种矿物质，占其总重量的 0.6%。其中以钙、磷、锌、铁为最多，此外，还有锰、铜、碘等重要微量元素。西红柿配含微量矿物质元素较为丰富的豆腐，将满足人体对各种微量元素的最大需要。另外，生津止渴、健胃消食的西红柿与益气和中、生津润燥、清热解毒的豆腐配食，其温补脾胃、生津止渴、益气和中的功效会进一步增强。

3. 西兰花配西红柿

这两种蔬菜各自的营养都极其丰富，结合起来食用，可谓强强联合，产生更多的营养成分，能更有效地减缓前列腺肿瘤的扩散。

4. 黄瓜配西红柿

西红柿含有全面、丰富的维生素，每人每天只要吃 2～3 个，就可满足一天的维生素需要，故西红柿具有"维生素压缩饼干"的美誉。西红柿还含有苹果酸、柠檬酸等有机酸成分，因而具有生津止渴、健胃消食的功效。西红柿配清除烦热、生津止渴、解毒利尿的黄瓜，功效会增强。适合于辅助治疗身热口渴、胸中烦闷、水肿、阴虚火旺、热性病伤阴、高血压等病症。

5. 瘦肉配大葱

大葱中含有一种二烯酸二硫化物的成分。此种成分可与肉中蛋白质结合，可促进蛋白质的消化、吸收与利用。此外，味道也更加鲜美，吃起来更为爽口。

6. 猪肉配大巢菜

大巢菜宜与猪肉或猪蹄等搭配食用。大巢菜又名野苕子、野豌豆，多生于田边及灌木林间，可做汤或炒食。大巢菜含有蛋白质、碳水化合物、脂肪、钙、磷等多种营养成分。从食物药性来看，大巢菜性味甘寒，具有清热利湿、和血祛瘀的功效。大巢菜与滋阴润燥、补中益气的猪肉相配，可为人体提供丰富的营养成分，具有滋阴健中、和血利湿的功效。最适合于治疗干咳、口渴、浮肿、心悸、体倦、乏力、便秘等病症。

7. 猪肉配洋葱

在日常膳食中，人们经常用洋葱与猪肉一起烹饪。这是因为洋葱具有防止动脉硬化和使血栓溶解的功效。同时洋葱含有的活性成分也能和猪肉中的蛋白质结合，产生令人愉悦的气味。洋葱和猪肉配食，是理想的酸碱食物搭配，可为人体提供丰富的营养成分，具有滋阴润燥的功效。适合于辅助治疗阴虚干咳、口渴、体倦、乏力、便秘等病症，还对预防高血压和脑出血非常有效。

8. 猪肉配黄瓜

黄瓜性味甘凉，具有清热、利尿、解毒的功效。补中益气的猪肉，具有清热解毒、滋阴润燥的功效。两者同食，适合治疗消渴、烦热、阴虚干咳、体虚、乏力、营养不足、便秘等病症。

9. 猪肉配藕

从食物的药性来看，藕性味甘寒，具有健脾、开胃、益血、生肌、止泻的功效。配滋阴润燥、补中益气的猪肉，可为人体提供丰富的营养成分。具有滋阴血、健脾胃的功效。适合治疗体倦、乏力、瘦弱、干咳、口渴等病症。健康人食用则可补中养神、益气益力。

10. 猪肉配黄花菜

黄花菜的营养价值很高，能安五脏、补心志、明目，与滋补肾气的猪肉配成菜肴，含有丰富的蛋白质、多种维生素等营养物质，具有滋补气血、填髓添精的作用。可防治神经衰弱、反应迟钝、记忆力减退等病症，还可 w 用作辅助治疗食欲欠佳、体虚乏力等病症。

11. 鸡肉配金雀花

雀花与温中补气、补髓添精的鸡肉相配，可为人体提供丰富的营养成分，具有滋阴补阳、健脾益气的功效。最适合治疗虚劳咳嗽、头晕头痛、腰膝酸软、耳鸣眼花、胃呆食少等病症。

12. 鸡肉配茉莉花

茉莉花与温中益气、补髓填精的鸡肉相配，有助于人体防病健身。适合五脏虚损而具有虚火之人食用，对于贫血、疲倦乏力者尤其适用。

13. 鸭肉配桂花

桂花含有许多芳香物质。从食物药性来看，桂花性味辛温，具有化痰、散瘀的功效，是治疗痰瘀、咳喘、牙痛、口臭的良药。鸭肉具有滋阴补虚、利尿消肿之功效。两者搭配食用，可滋阴补虚、化痰散瘀、利尿消肿。最适合阴虚、多痰、水肿等病人食用。亦可作为肺气肿、肺心病等病人的辅助饮食。

14. 鲤鱼配米醋

鲤鱼有除湿消肿的功效，米醋也有利湿的功能。两者同食，利湿效果会更好。

15. 鲤鱼配黄瓜

鲤鱼中含有人体所需的蛋白质、维生素、矿物质，它肉质细嫩，容易被人体消化吸收。从药性来看，鲤鱼性平、味甘，有开胃健脾、消水肿、利小便、安胎气、下乳汁的功效。黄瓜可抑制糖类转化成脂肪，有减肥和降低胆固醇的作用。故鲤鱼与黄瓜搭配同食，有利于人体健康，特别适合消化不良、下肢浮肿、高血压等病患者及孕产妇、肥胖者食用。

16. 鳝鱼配藕

补精最好是鳝鱼。鳝鱼所含的黏液主要是由黏蛋白与多糖类组合而成，不仅能促进蛋白质的吸收和合成，还能增强人体新陈代谢和生殖器官功能。藕所含的黏液也主要由黏蛋白组成，其还含有卵磷脂、维生素C、维生素B_{12}等，能降低胆固醇，防止动脉硬化。两者搭配食用，具有滋养身体的显著功效。此外，藕还含有大量食物纤维，属碱性食物，而鳝鱼属酸性食物。两者搭配食用，有助于维持人体酸碱平衡，是强肾壮阳的食疗良方。

17. 虾米配黄瓜

虾米可温补肾阳，配以黄瓜，可制成家常菜虾米拌黄瓜。该菜具有清热、利尿、补肾的功效。适合治疗消渴、烦热、咽喉肿痛、目赤、水肿、腰膝酸疼等病症。

18. 虾米配丝瓜

虾米具有补肾壮阳、通乳、消毒的功效，与止咳平喘、清热解毒、凉血止血的丝瓜搭配，具有滋肺阴、补肾阳的功效，常吃对人体健康极为有利。适合辅助治疗肺虚咳嗽、体倦、腰膝酸软等病症。

19. 羊肉配凉性蔬菜

吃羊肉时，可以搭配一些凉性蔬菜，如冬瓜、丝瓜、油菜、菠菜、白菜、金针菇、莲藕、茭白、笋、菜心等，能起到清凉、解毒、去火的作用。此搭配既能利用羊肉的补益功效，又能消除羊肉的燥热之性，如果放点莲子心，还有清心泻火的作用。

20. 牛肉配白菜

白菜含有的粗纤维，有促进胃肠畅通的作用。牛肉含有丰富的蛋白质和其他营养成分，有补脾胃、益精血的功效。白菜与牛肉素荤相配，互为补充，营养全面、丰富，具有健脾开胃的功效。特别适宜虚弱病人经常食用。对于体弱乏力、肺热咳嗽者有辅助疗效。

21. 牛肉配南瓜

从食物的药性来看，南瓜性味甘温，能补中益气、消炎止痛、解毒杀虫。牛肉性味甘平，归脾、胃经，具有补脾胃、益气血、止消渴、强筋骨的功效。南瓜与牛肉搭配食用，则更具有补脾益气、解毒止痛的疗效。适合辅助治疗中气虚弱、消渴、肺痈、筋骨酸软等病症。多用于防治糖尿病、动脉硬化、胃及十二指肠溃疡等病症。

22. 羊肝配枸杞叶

羊肝能明目宁心、温补肾气。枸杞叶有明目、益肾、壮阳之功效。两者同食，更可以补肾益精，防治眼疾。

23. 猪肝配洋葱

从食物的药性来看，洋葱性味甘平，有解毒化痰、清热利尿的功效，含有蔬菜中极少见的前列腺素，能降低血压。洋葱配以补肝明目、补益血气的猪肝，可为人体提供丰富的蛋白质、维生素A等多种营养物质，具有补虚损的功效。适合治疗夜盲、眼花、视力减退、浮肿、面色萎黄、贫血、体虚乏力、营养不良等病症。

24. 猪肝配苦瓜

猪肝性味苦温，能补肝、养血、明目。每100克猪肝含维生素A高达2.6毫克，非一般食物所能及。维生素A能阻止和抑制癌细胞的增长，并能将已向癌细胞分化的细胞恢复为正常。而苦瓜也有一定的防癌作用，因为它含有一种活性蛋白质，能有效地促使体内免疫细胞杀灭癌细胞。两者合理搭配，功力相辅，经常食用有利于防治癌症。

25. 鸡蛋配洋葱

洋葱不仅甜润嫩滑，而且含有维生素 B_1、B_2、C 和钙、铁、磷以及植物纤维等营养成分。特别是洋葱还含有"芦丁"成分，能维持毛细血管的正常机能，具有强化血管的作用。如洋葱与鸡蛋搭配，不仅可为人体提供极其丰富的营养成分，洋葱中的有效活性成分还能降低鸡蛋中的胆固醇对人体心血管的负面作用。鸡蛋配洋葱适合辅助治疗高血压、高血脂等心血管病。

26. 松花蛋配姜醋汁

松花蛋一般是用茶叶、石灰泥包裹鸭蛋制成的。这就使大量的儿茶酚、单宁和氢氧化钠侵入蛋体的蛋白质中，使蛋白质分解，并产生一定的氨气。所以，松花蛋有一股碱涩味。吃松花蛋配用姜醋汁，不仅可以利用姜辣素和醋酸来中和碱性，除去碱涩味，而且还可以利用姜醋汁中含有的挥发油和醋酸，破坏松花蛋在制作中使用的一种有毒物质即黄丹粉和松花蛋的蛋白质在分解过程中产生的对人体有害的硫化氢、氨气等。

27. 鸡蛋配丝瓜

丝瓜性味甘平，可清暑凉血、解热毒、润肤美容等。丝瓜含有丰富的营养物质，其所含的蛋白质、淀粉、钙、磷、铁、胡萝卜素、维生素 C 等在瓜类蔬菜中都是较高的。鸡蛋可润肺利咽、清热解毒、滋阴润燥、养血息风。两者搭配同食，具有清热解毒、滋阴润燥、养血通乳的功效。适合治疗热毒、咽痛、目赤、消渴、烦热等病症，常食还能使人肌肤润泽健美。

28. 鸡蛋配黄花菜

黄花菜与滋阴润燥、清热利咽的鸡蛋相配，具有清热解毒、滋阴润肺、止血消炎的功效，也可为人体提供丰富的营养成分。适合治疗咽痛、目赤、虚劳吐血、热毒肿痛、痢疾、便血、小便赤涩、营养不良等病症。

29. 南瓜配红枣

南瓜既可做蔬菜，又可代替粮食。其营养很有特点，不含脂肪，属低热量食物，含各种矿物质和维生素较全面，极有利于高血压、冠心病和糖尿病患者食用。南瓜和具有补中益气功效、有"维生素丸"美誉的红枣搭配，具有补中益气、收敛肺气的功效，特别适用于预防和治疗糖尿病，也适合动脉硬化、胃及十二指肠溃疡等多种疾病的患者食用。

30. 南瓜配赤小豆

南瓜是公认的保健食品，其肉厚色黄，味甜而浓，含有丰富的糖类、维生素 A 和维生素 C 等。由于其是低热量的特效食物，常食有健肤润肤、防止皮肤粗糙、减肥的作用。赤小豆也有利尿、消肿、减肥的作用。南瓜与赤小豆搭配，有一定的健美、润肤作用，还对感冒、胃痛、咽喉痛、百日咳及癌症有一定疗效。

31. 海带配白萝卜

海带白萝卜汤是最佳搭配。因为白萝卜能顺气宽中、消积滞、化痰热，是药食同源的食物。科学研究发现，白萝卜所含的吲哚类物质可抑制动物肿瘤的生长，白萝卜中的纤维木质素可提高巨噬细胞吞噬细菌、异物和坏死细胞的功能，从而加强人体的抗癌能力。

32. 十字花科蔬菜相互搭配

十字花科蔬菜中含有两种重要的抗癌成分。因此，将两种或以上的十字花科蔬菜一起吃，如西兰花与菜花，效果会更明显。

33. 花草茶相互搭配

很多人认为，花草茶都有生津解渴、清热解毒、开胃健脾等功效，于是自己到超市或药店购买一些花草茶回家混合泡着喝，结果导致了腹泻。

专家指出，每种花草都有自己的功效，如果不根据自身体质来服用，就很可能会产生负面效果。如热性体质的人，宜选用金银花、菊花等性寒的花草；但如果虚寒体质的人过多服用这些花草，则可能不利于健康。藏红花、玫瑰花等属于性温的花草，热性体质的人服用多了也不好。花草茶尤其不要混在一起饮用，因为不同的花草有不同的属性，功效也不同，混在一起饮用，有的功效相抵触，有的还可能会产生一些有害物质，引起腹泻、呕吐等反应。

花草茶的搭配超过3种易中毒，所以要搭配合理。

药性温的花草最好不要和性寒的花草搭配饮用。在搭配时，最好是在中医师的指导下合理饮用。由于每种花草茶中都含有各自的性味，而这些不同的性味很有可能会相克，容易产生对身体有害的物质，甚至毒性，严重者引起心慌、头昏等不良反应。专家指出，花茶搭配得越多，其功效就越多，同时对身体造成的不良影响也就越多。

6种合理的花草茶搭配：

（1）玫瑰花与加州脂花蜜枣，可有效排除体内多余的油脂，使身材苗条。

（2）马鞭草与柠檬草，能分解脂肪、利尿，能瘦下半身。

（3）玫瑰花与苹果花，可调经、补血、去粉刺、美白。

（4）减脂花与马鞭草、七叶胆，可清血脂，瘦身减脂。

（5）玫瑰花与枸杞子、杭白菊、乌梅，可以调节内分泌，消除疲劳。

（6）玫瑰花与茉莉花，养颜美容，对肝脏和胃有滋补功能，更可缓解紧张情绪。

34. 鲜柠檬配水

把柠檬切成片泡水喝，不仅能充分吸收其中的营养，而且具有一定的减肥作用。

营养学认为，柠檬具有很高的药用价值。对女性来说，它首先是一种非常有效的减肥果品。餐后喝点用鲜柠檬泡的水，非常有助于消化。

35. 麦片配草莓

因为人体对植物性铁的吸收率很低，所以如果将含铁食物与富含维生素 C 的食物搭配在一起食用，就能使铁的吸收率大大提高。草莓或猕猴桃和麦片一起吃，就是最好的搭配。

36. 全麦面包和花生酱

全麦类食品，尤其是全麦面包富含抗氧化剂维生素 E。这种物质不仅可以缓解剧烈运动后的肌肉疼痛，而且能对心脏起到一定的保护作用。由于维生素 E 只溶于油，因此将全麦面包和富含健康脂肪的花生酱或橄榄油一起食用，可以帮助身体吸收更多的维生素 E。

37. 酸奶配洋姜

酸奶中富含的钙质和乳酸菌可以提高人体的免疫功能。洋姜中富含的菊酚是一种不易消化的碳水化合物，可以促进体内有益菌群的生长，促进人体对钙质的吸收。这两种食物搭配食用为最佳。

38. 豆腐配鱼类

豆腐煮鱼，不仅味道鲜美，经济实惠，而且可预防骨质疏松、小儿佝偻病等。这是因为，豆腐中含有大量钙元素，若只吃豆腐，人体对钙的吸收率就会比较低，但与富含维生素 D 的鱼肉一起食用，就可大大增加钙被人体的吸收与利用。

39. 百合配鸡蛋

百合清痰火，补虚损。蛋黄能除烦热，补阴血。两种食物加糖同食，能滋阴润燥，清心安神。

40. 虾皮配鸡蛋

虾皮含钙多，鸡蛋也含有很多钙元素。两者同食，补钙的功效可成倍增加。

41. 韭菜配鸡蛋

韭菜与鸡蛋同炒，能温补肾阳、行气止痛，对尿频、痔疮等均有一定的疗效。

42. 西红柿配鸡蛋

鸡蛋吃多了，胆固醇容易升高。而西红柿含有丰富的西红柿红素，可以软化血管，起到保护心血管的作用。因此，鸡蛋与西红柿搭配，能降低胆固醇。此外，西红柿还含有丰富的维生素 C 和胡萝卜素，与鸡蛋同炒，就是植物蛋白和动物蛋白的完美结合。西红柿中含有胡萝卜素，鸡蛋中含有核黄素，这两种营养物质相融合，可以起到明目的作用。

因体虚、年老而感到眼睛昏花的人，女性在经期以及经后，贫血、血亏的人等不妨多吃西红柿炒鸡蛋。需要注意的是，胃寒的人吃西红柿炒鸡蛋时，一定要把西红柿完全炒熟。吃生的不易消化，会引起胃部不适。

43. 红糖水配胡椒

中医认为，胡椒有温化寒痰、排气的作用，可治疗胸膈胀满及受凉引起的腹痛泄泻、食欲不振等症。治疗这类疾病时，把 0.6 克～1.5 克胡椒研成末，伴水加红糖吞服；也可用胡椒泡酒抹胸口外，可治疗因受凉引起的胃痛。此外，把胡椒粒砸碎后，用开水冲，然后与红糖水一起泡 2～3 天，口服可治疗胃寒引起的胃痛。胡椒还能主治因受风寒而引起的感冒。将胡椒加红糖、姜丝，与可乐一起煮开服用，对预防感冒效果很好。

44. 羊肉配生姜

羊肉可补气血和温肾阳，生姜有止痛祛风湿等作用。两者同食，生姜既能去腥膻等滋味，又能有助于羊肉温阳祛寒，是冬令补虚佳品，可治腰背冷痛、四肢风湿疼痛等症。

45. 鸡肉配栗子

鸡肉为造血疗虚之品，栗子重在健脾。栗子烧鸡不仅味道鲜美，而且造血功能更强，尤以老母鸡烧栗子效果更佳。补血养身，适合贫血之人食用。

46. 鸭肉配山药

鸭肉补阴，可消热止咳。山药的补阴作用更强，与鸭肉同食，可消除油腻，同时也可以很好地补肺，适合体质虚弱者食用。

47. 瘦肉配大蒜

瘦肉中含有维生素 B_1，与大蒜的蒜素结合，不仅可以使维生素 B_1 的析出量增加，延长维生素 B_1 在人体内的停留时间，而且还能促进血液循环，以及尽快消除身体疲劳、增强体质。

48. 芝麻配海带

芝麻能改善血液循环,促进新陈代谢,降低胆固醇。海带含有丰富的碘和钙,能净化血液,促进甲状腺素的合成。两者同食美容、抗衰老效果会更佳。

49. 豆腐配萝卜

豆腐富含植物蛋白,脾胃弱的人多食会引起消化不良。萝卜有很强的助消化能力,同煮可使豆腐营养被人体大量吸收。

50. 红葡萄酒配花生

红葡萄酒中含有阿司匹林的成分,花生米中含有益的化合物白梨醇。两者同吃能预防血栓的形成,保证心血管通畅。

51. 甲鱼配蜜糖

甲鱼与蜜糖一起烹饪,不仅味甜可口,鲜美诱人,而且还含有丰富的蛋白质、不饱和脂肪酸、多种维生素,并有诸如辛酸、本多酸等特殊的强身成分,对心脏病、胃肠病、贫血等有显著的疗效。

52. 糙米配咖啡

把糙米蒸熟碾成粉末,加上牛奶、砂糖就可饮用。糙米营养丰富,对医治痔疮、便秘、高血压等有较好的疗效;咖啡能提神,若拌以糙米,则更具风味。

53. 菠菜配猪肝

人体内的铁元素不足,就有可能会造成贫血。而菠菜、猪肝中的铁、叶酸、锰元素都很丰富,两者一起炒吃,能有效地治疗贫血。

54. 红薯配胡萝卜

红薯含有丰富的纤维,因此不太容易被肠道吸收,但其吸水性强的特点使其对消除便秘非常有效。胡萝卜中含有的胡萝卜素和纤维素能进一步增强这种功效。所以,红薯和胡萝卜做成沙拉是不错的选择。

55. 香蕉配酸奶

酸奶堪称肠道的清道夫,它和香蕉的促进排便功能组合在一起,更能增强消除便秘的功效。

56. 桂圆配粳米

桂圆粳米粥是气血双补的食疗，适用于气血两虚的失眠的惊悸、健忘、心慌气短、神经衰弱、自汗盗汗等，亦可适用于妇女产后水肿、气血虚弱、脑力减退。若在粥内再加入 5～10 个大枣，则补益心脾的作用更强。

图书在版编目(CIP)数据

新主妇下厨房/杨帆,张成虎编著. —北京:华夏出版社,2014.1
ISBN 978 – 7 – 5080 – 7918 – 9

Ⅰ.①新… Ⅱ.①杨… ②张… Ⅲ.①厨房 – 基本知识 ②烹饪 – 基本知识
Ⅳ.①TS972

中国版本图书馆 CIP 数据核字(2013)第 304256 号

新主妇下厨房

编　著	杨　帆　张成虎	
责任编辑	梁学超　苑全玲	
出版发行	华夏出版社	
经　销	新华书店	
印　刷	北京市人民文学印刷厂	
装　订	三河市李旗庄少明印装厂	
版　次	2014 年 1 月北京第 1 版　　2014 年 1 月北京第 1 次印刷	
开　本	787×1092　1/16 开	
印　张	25.75	
字　数	574 千字	
定　价	39.00 元	

华夏出版社　网址:www.hxph.com.cn　　地址:北京市东直门外香河园北里 4 号　邮编:100028
若发现本版图书有印装质量问题,请与我社营销中心联系调换。电话:(010)64663331(转)